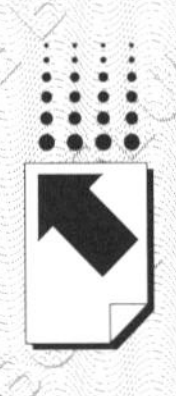

权威·前沿·原创

皮书系列为

“十二五”“十三五”“十四五”时期国家重点出版物出版专项规划项目

智库成果出版与传播平台

中国移动互联网发展报告（2023）

ANNUAL REPORT ON CHINA'S MOBILE INTERNET DEVELOPMENT (2023)

主　　编／唐维红
执行主编／唐胜宏
副 主 编／刘志华

社会科学文献出版社
SOCIAL SCIENCES ACADEMIC PRESS (CHINA)

图书在版编目（CIP）数据

中国移动互联网发展报告. 2023 / 唐维红主编. --
北京：社会科学文献出版社，2023.6
（移动互联网蓝皮书）
ISBN 978-7-5228-1716-3

Ⅰ. ①中… Ⅱ. ①唐… Ⅲ. ①移动网-研究报告-中
国-2023 Ⅳ. ①TN929.5

中国国家版本馆 CIP 数据核字（2023）第 066473 号

移动互联网蓝皮书
中国移动互联网发展报告（2023）

主　　编 / 唐维红

出 版 人 / 王利民
组稿编辑 / 邓泳红
责任编辑 / 吴云苓
责任印制 / 王京美

出　　版 / 社会科学文献出版社 · 皮书出版分社（010）59367127
地址：北京市北三环中路甲 29 号院华龙大厦　邮编：100029
网址：www.ssap.com.cn
发　　行 / 社会科学文献出版社（010）59367028
印　　装 / 天津千鹤文化传播有限公司

规　　格 / 开 本：787mm × 1092mm 1/16
印 张：25.75　字 数：388 千字
版　　次 / 2023 年 6 月第 1 版　2023 年 6 月第 1 次印刷
书　　号 / ISBN 978-7-5228-1716-3
定　　价 / 158.00 元

读者服务电话：4008918866

移动互联网蓝皮书编委会

主要编撰者简介

唐维红 人民网党委委员、监事会主席、人民网研究院院长，高级编辑、全国优秀新闻工作者、全国三八红旗手。长期活跃在媒体一线，创办的原创网络评论专栏“人民时评”曾获首届“中国互联网品牌栏目”和中国新闻奖一等奖，参与策划并统筹完成的大型融媒体直播报道《两会进行时》获得中国新闻奖特别奖。2020 年至今担任移动互联网蓝皮书主编。

唐胜宏 人民网研究院常务副院长，高级编辑。主持、参与完成多项国家社科基金项目和中宣部、中央网信办课题研究，《融合元年——中国媒体融合发展年度报告（2014）》《融合坐标——中国媒体融合发展年度报告（2015）》执行主编之一。代表作有《网上舆论的形成与传播规律及对策》《运用好、管理好新媒体的重要性和紧迫性》《利用大数据技术创新社会治理》《融合发展：核心要义是创新内容凝聚人心》等。2012 年至今担任移动互联网蓝皮书副主编、执行主编。

潘　峰 中国信息通信研究院无线电研究中心副主任，正高级工程师。主要从事无线网规划、无线网测评优化、无线新技术和产业发展方面的重大问题研究；组织研究 5G 产业和融合应用、移动物联网战略和产业规划，承担过多项“新一代宽带无线移动通信网”国家科技重大专项课题的研究工作。

孙　克　中国信息通信研究院数字经济与工业经济领域主席、中国信息通信研究院政策与经济研究所副所长，经济学博士、教授级高级工程师、客座教授、国家高端智库特聘研究员。联合牵头起草数字经济战略、“十四五”数字经济规划等国家级战略（规划）10余项，多次获得省部级科研奖励，在《人民日报》《经济日报》及其他核心报刊发表论文50余篇，先后出版《数字经济崛起》《数字经济概论：理论、路径与模式》《数字经济政策研究》等论著。

方兴东　浙江大学求是特聘教授，乌镇数字文明研究院院长，浙江大学国际传播研究中心执行主任。清华大学新闻传播学博士，南加大（USC）安娜伯格传播与新闻学院和新加坡国立大学东亚研究所访问学者。全球“互联网口述历史”（OHI）项目发起人，国家社科基金重大项目互联网史研究项目首席专家，中国互联网协会研究中心主任。互联网实验室和博客中国创始人。著有《网络强国》《IT史记》等相关著作30本。主编“互联网口述历史”“数字治理蓝皮书”“网络空间战略丛书”等系列丛书。

序

2022 年是党和国家历史上极为重要的一年。

党的二十大胜利召开，开启了强国建设、民族复兴的新征程。习近平总书记在党的二十大报告中指出，“坚持把发展经济的着力点放在实体经济上，推进新型工业化，加快建设制造强国、质量强国、航天强国、交通强国、网络强国、数字中国”“推动战略性新兴产业融合集群发展，构建新一代信息技术、人工智能、生物技术、新能源、新材料、高端装备、绿色环保等一批新的增长引擎”“健全网络综合治理体系，推动形成良好网络生态”，为移动互联网发展指明前进方向。

2022 年，面对风高浪急的国际环境和艰巨繁重的国内改革发展稳定任务，我国移动互联网展现了强大的韧性、潜力与活力，成为应对新挑战、助推经济社会高质量发展的重要力量，实现了跨越式发展。

基础设施更加坚实。截至 2022 年底，我国已建成全球规模最大的光纤和移动宽带网络，5G 基站总数达 231.2 万个，占全球基站总量的 60%以上，移动通信发展底座持续夯实。IPv6 地址数量达 67369 块（/32），IPv6 活跃用户数达 7.28 亿，有力支撑下一代互联网规模部署。移动物联网用户达 18.45 亿户，占全球总数的 70%，超过移动电话用户数 1.61 亿户，在全球主要经济体中率先实现“物超人”。

融合应用竞相涌现。2022 年，我国网上零售额在社会消费品零售总额中占比创新高，跨境电商进出口规模不断扩大，成为稳消费、稳外贸、稳增长的重要支撑。在线文旅、在线健身、云演出等数字化应用场景得以拓展，更好满足人民群众精神文化需求。数字政府、数字乡村、智慧城市建设蹄疾步稳，治理服务效能增强。互联网医疗规范化水平提升，“互联网+医疗”成为公立医院高质量发展的新趋势之一。

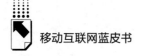

产业协同不断深化。截至2022年底，我国工业互联网全面融入45个国民经济大类，产业规模迈入万亿大关，加速赋能千行百业数字化转型。移动物联网终端应用进一步向公共服务、智能制造、智慧农业、智能交通、智能物流以及消费者物联网等领域拓展，推动经济高质量发展的引擎作用愈加明显。区块链围绕联盟链技术体系赋能实体经济应用的路径逐渐清晰，有效推动经济发展提质增效。

主流舆论巩固壮大。移动舆论场正能量充沛，主旋律高昂。主流媒体加强全媒体传播体系建设，积极塑造主流舆论新格局。除建设传统的“两微一端”及视频平台账号以外，各大媒体努力拓展新终端、新渠道，广泛触达各类终端用户群体。

网络治理日益完善。《网络安全审查办法》《数据出境安全评估办法》《互联网信息服务深度合成管理规定》《移动互联网应用程序信息服务管理规定》等法律法规发布，深入推进网络空间法制化。

我国移动互联网在取得举世瞩目发展成就的同时，也面临一些待解的现实问题。比如，芯片、基础软件、智能传感器等移动互联网核心技术攻关亟待加强。移动网络安全保障能力需要进一步提高。

当前，外部环境动荡不安，给我国经济带来的影响加深。随着我国经济企稳回升，移动互联网在经济社会中的基础支撑、创新驱动、融合引领、国际竞争作用将更加凸显。我们要全面贯彻落实党的二十大精神，以网络强国、数字中国建设新成效助力全面建设社会主义现代化国家、全面推进中华民族伟大复兴。进一步加快移动互联网发展，促进数字经济和实体经济深度融合。加快推进高水平科技自立自强，解决“卡脖子”问题。加强全媒体传播体系建设，塑造主流舆论新格局。健全网络综合治理体系，推动形成良好网络生态。

移动互联网蓝皮书至今已经连续出版12年。木星绕太阳一周约需12

年，故我国古时有称12年为“一纪”的说法，现代人又喜欢把生肖文化的12年称作“一轮”。在滚滚历史长河中“一纪”“一轮”很短暂，而互联网却已出现数不清的N次更新迭代。12年来，从快速成长期到繁荣期，蓝皮书综合呈现了移动互联网各领域发展的年度分析与趋势展望，忠实记录了我国移动互联网日新月异的发展。

本书是学界、业界理论研究和实践的最新成果。作为蓝皮书编委会主任，我愿将本书推荐给关心中国移动互联网发展的社会各界人士。期待此书的出版能够为网络强国、数字中国建设聚力汇智，为推动中国移动互联网的高质量发展贡献力量。

徐立京

人民日报社副总编辑

2023年4月

摘　要

2022年，我国移动互联网首次实现“物超人”，移动技术迈向规模化应用新阶段，激活经济发展新动能。移动应用助力社会民生新发展，网络安全与法规保障迈上新台阶，移动舆论场主流思想舆论进一步巩固壮大。未来，移动互联网将持续赋能中国式现代化。“物超人”将开启万物智联新时代，5G发展进一步推动数实融合，基础制度建设推动数据资源应用，网络安全进一步强化，Web3.0与卫星通信应用有效拓展，移动平台企业迎来新战略发展期。

2022年，移动互联网领域法规政策加快布局，持续推进网络信息犯罪治理、网络信息内容治理、网络新业态监管等。我国农村网络基础设施明显改善，移动互联网促进形成乡村产业“新农具”，打通乡村治理“最后一公里”。高质高量、内外兼施、互促互联、共治共享成为文化数字化发展的必然趋势。逆全球化浪潮和数字竞争加剧，“政府回归”成为全球网络治理的重要特征，如何在地缘政治和技术创新的博弈中寻求复苏新动能成为后疫情时代人类面对的共同议题。

2022年，5G与行业融合促使产业链延伸至融合产业生态，呈现“交替促进、阶段发展”的态势。网络建设规模全球领先，夯实基础设施底座，移动物联网发展快速推进。移动智能手机进入寒冬期，终端元器件核心技术创新步入产品期，移动互联网核心技术软硬协同深化。我国工业互联网进入发展关键期，政策体系不断完善、基础支撑更加坚实、平台体系持续壮大、安全保障同步完善、融合赋能加速落地。

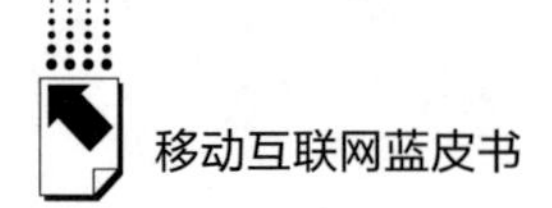

2022 年，中国移动应用行业规模持续扩大，以区块链应用为重点的区块链产业链结构已较为完善，“互联网+医疗”成为公立医院高质量发展的新趋势之一。智能网联汽车技术、政策法规进一步取得突破，在城市和城际典型交通应用场景中落地。虚拟现实类技术（含 VR/AR/MR 等）加速普及，出现一系列新产品及应用典型案例。跨境电商仍保持快速发展态势，教育数字化转型加速实施，智慧体育各领域更快开拓各类应用场景。

2022 年，移动数据在社会治理中的作用愈发凸显。各地基层政府不断通过技术应用和业务模式创新赋能基层治理，未来仍需进一步围绕协同问题进行数字化转型技术创新和模式创新。我国数字技能开发存在供给不能满足市场需求等问题，仍需完善顶层设计和有关政策。我国芯片产业初步建立生态体系，仍面临技术壁垒待攻破等困境和挑战。国内卫星互联网迅猛发展，未来相关应用将进一步普及。

关键词： 5G　“物超人”　网络安全　Web3.0　中国式现代化

目 录

I 总报告

II 综合篇

Ⅲ 产业篇

Ⅳ 市场篇

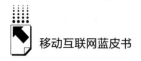

V 专题篇

皮书数据库阅读使用指南

总 报 告

General Report

B.1
迈上现代化新征程的中国移动互联网

唐维红　唐胜宏　廖灿亮*

摘　要： 2022年，我国移动互联网首次实现“物超人”，移动技术迈向规模化应用新阶段，激活经济发展新动能。移动应用助力社会民生新发展，网络安全与法规保障迈上新台阶，移动舆论场主流思想舆论进一步巩固壮大。未来，移动互联网将持续赋能中国式现代化。“物超人”将开启万物智联新时代，5G发展进一步推动数实融合，基础制度建设推动数据资源应用，网络安全进一步强化，Web3.0与卫星通信应用有效拓展，移动平台企业迎来新战略发展期。

关键词： 5G　“物超人”　网络安全　Web3.0　中国式现代化

* 唐维红，人民网党委委员、监事会主席、人民网研究院院长，高级编辑；唐胜宏，人民网研究院常务副院长，高级编辑；廖灿亮，人民网研究院研究员。

2022 年是党的二十大召开之年，也是全面实施“十四五”规划、开启全面建设社会主义现代化国家新征程的关键一年。面对新冠疫情与俄乌冲突等国际形势变化带来的复杂严峻环境和诸多风险挑战，我国移动互联网实现跨越式发展。移动网络终端用户首次实现“物超人”，5G、工业互联网等“新基建”加速推进，网络强国、数字中国建设蹄疾步稳，移动互联网和实体经济进一步深度融合，成为助推经济社会高质量发展的重要引擎。党的二十大擘画了全面建设社会主义现代化国家、以中国式现代化全面推进中华民族伟大复兴的宏伟蓝图，为移动互联网未来发展指明了方向。

一　2022年中国移动互联网发展概况

（一）移动互联网基础建设

1. 5G 网络建设全球领先

2022 年，我国 5G 创新发展成绩斐然。截至 2022 年底，新建 5G 基站 88.7 万个，总数达 231.2 万个，占全球基站总量的 60%以上[①]。5G 网络覆盖持续拓展，从乡镇拓展到部分行政村。用户规模进一步扩大，5G 移动电话用户达 5.61 亿户[②]，同比增长 58%，在移动电话用户中占比达 1/3。2022 年，中国广电正式迎来 5G 商用，并已实现全国 31 个省区市建成 5G 精品网络、192 号段全国开网放号、558 款终端支持广电 700MHz 5G 频率等阶段性进展。[③]

---

① 工业和信息化部：《2022 年通信业统计公报》，https：//www.miit.gov.cn/gxsj/tjfx/txy/art/2023/art_77b586a554e64763ab2c2888dcf0b9e3.html。

② 工业和信息化部：《2022 年通信业统计公报》，https：//www.miit.gov.cn/gxsj/tjfx/txy/art/2023/art_77b586a554e64763ab2c2888dcf0b9e3.html。

③《192 号段用户超 500 万　中国广电 5G 加速挑战三巨头》，《中国经营报》，https：//baijiahao.baidu.com/s?id=1754305209484136328&wfr=spider&for=pc。

2. 蜂窝物联网终端用户实现“物超人”

2022年，我国移动互联网迎来全面发展的重要节点。截至2022年底，我国移动网络的终端连接总数已达35.28亿户。其中，三家基础电信企业发展蜂窝物联网用户全年新增4.47亿户，达18.45亿户，占全球总数的70%，超过移动电话用户数1.61亿户，实现“物超人”，[①] 标志着我国移动物联网正开启万物互联的新篇章，引领全球移动物联网生态体系新发展。

3. IPv6网络“高速公路”全面建成

2022年，我国IPv6实现跨越式发展，信息基础设施IPv6服务能力已基本具备。国家IPv6发展监测平台数据显示，截至2022年底，我国IPv6地址数量为64318块/32，占全球16.48%。全国IPv6互联网活跃用户总数达7.28亿，占全部互联网网民的69.30%。全国IPv6终端活跃连接数达16.356亿，占全部终端数量的73.44%。99%的Top100移动互联网应用（APP）支持IPv6访问。[②]

4. 卫星互联网商业应用加速

2022年，华为发布“全球首款支持北斗卫星通信的智能手机”，标志着基于北斗卫星网络，我国已实现直连卫星手机终端的卫星短报文单向通信业务应用。深圳星移联信公司宣布完成国内首个5G星载宽带通信链路打通测试，智能手机通过低轨卫星实现宽带上网成为可能，标志着我国卫星直连手机、卫星通信与5G融合从探索阶段迈入初步商用落地阶段。

（二）移动互联网用户和流量

1. 移动用户增速趋缓

2020年以来，移动用户增长速度下滑，新用户增量变少。截至2022年底，移动电话用户总数全年净增4062万户，达16.83亿户[③]，同比增长2.43%。相

① 工业和信息化部：《2022年通信业统计公报》，https://www.miit.gov.cn/gxsj/tjfx/txy/art/2023/art_77b586a554e64763ab2c2888dcf0b9e3.html。

② 国家IPv6发展监测平台，https://www.china-ipv6.cn/complete/#/。

③ 工业和信息化部：《2022年通信业统计公报》，https://www.miit.gov.cn/gxsj/tjfx/txy/art/2023/art_77b586a554e64763ab2c2888dcf0b9e3.html。

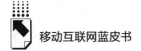

对于2021年全年净增4875万户，同比增长3%，增速小幅回落。

2022年，移动互联网用户规模稳步增长。截至12月末，移动互联网用户数达14.54亿户，比上年末净增3820万户①。相对于2017年净增17758万户，2021年净增6713万户，2022年移动互联网用户增幅进一步趋缓（见图1）。

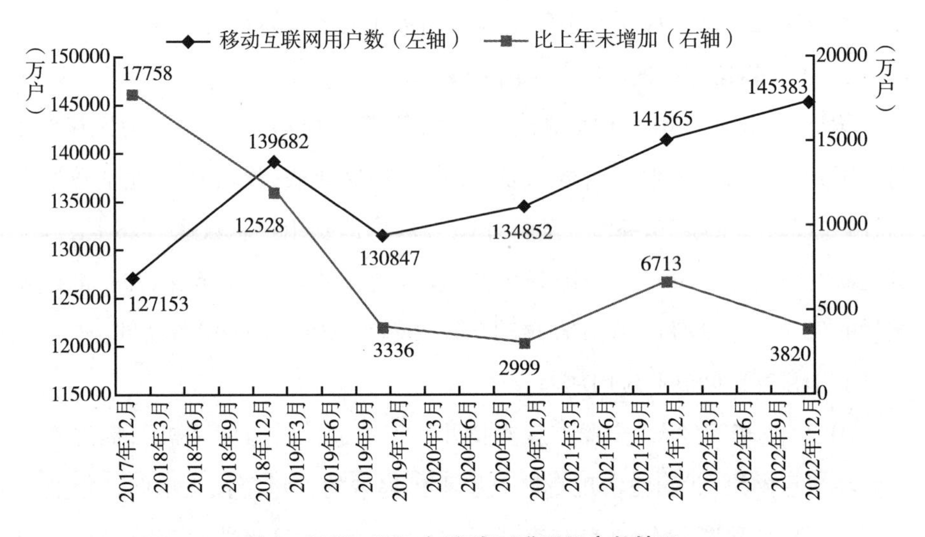

图1　2017~2022年移动互联网用户数情况

资料来源：工业和信息化部。

2. 移动互联网流量快速增长

2022年，短视频、直播、游戏、高清视频等大流量应用场景推动移动互联网流量实现高速增长。2022年，移动互联网接入流量达2618亿GB，同比增长18.1%；② 全年移动互联网月户均流量（DOU）达15.20GB/（户·月），同比增长13.8%（见图2）。③

① 工业和信息化部：《2022年1~12月通信业主要指标完成情况（二）》，https：//www.miit.gov.cn/gxsj/tjfx/txy/art/2023/art_ 3b6e618c48cc4d8faafb58be20a3435e.html。

② 工业和信息化部：《2022年通信业统计公报》，https：//www.miit.gov.cn/gxsj/tjfx/txy/art/2023/art_ 77b586a554e64763ab2c2888dcf0b9e3.html。

③ 工业和信息化部：《2022年通信业统计公报》，https：//www.miit.gov.cn/gxsj/tjfx/txy/art/2023/art_ 77b586a554e64763ab2c2888dcf0b9e3.html。

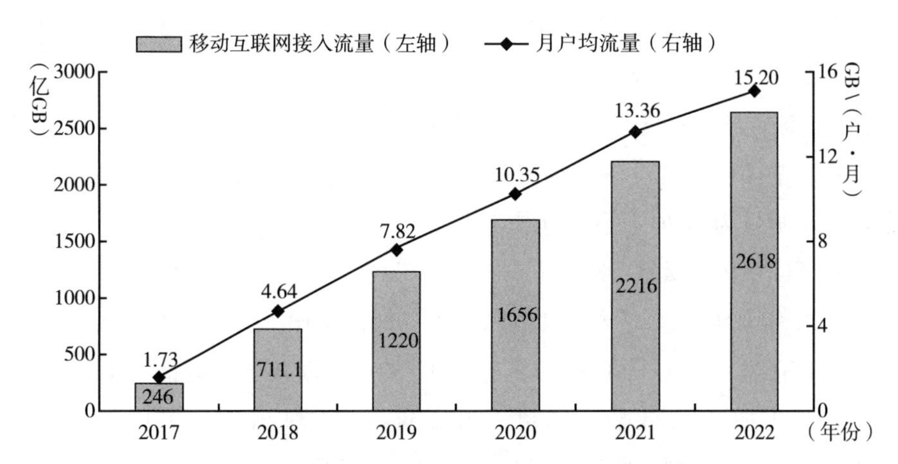

图 2　2017~2022 年移动互联网接入流量及月户均流量增长情况

资料来源：工业和信息化部。

3. 网络接入速率持续提升

随着我国 5G 网络的逐步完善，移动网络总体运行高效、平稳。2022 年三季度，全国 5G 网络下行和上行均值接入速率分别为 352.09Mbps 和 76.98Mbps，比一季度分别提高 17.1Mbps 和 6.77Mbps。全国 4G 网络下行和上行均值接入速率分别为 43.81Mbps 和 26.41Mbps，比一季度分别提高 4.79Mbps 和 4.78Mbps。①

（三）移动智能终端

1. 移动智能终端出货量呈下滑趋势

受消费信心不足、市场饱和、行业升级瓶颈以及换机周期加长等多方面因素影响，2022 年移动智能终端出货量出现大幅下跌。2022 年全年我国智能手机市场出货量约 2.86 亿台，同比下降 13.2%②。其中，vivo（维沃）手机出货量以 18.61%的中国市场份额位居第一，但同比下降 25.1%；HONOR

① 中国信息通信研究院：《全国移动网络质量监测报告》，http://www.caict.ac.cn/kxyj/qwfb/qwsj/202212/P020221208623971103509.pdf。

② 国际数据公司（IDC）：《中国手机季度跟踪报告》，https://www.isuike.com/archives/43060。

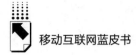

（荣耀）手机在美国无理制裁华为后逐渐夺回市场，以18.1%的中国市场份额重回第二，同比增长34.4%。中国企业陆续发布“全球首款北斗量子手机”“全球首款支持北斗卫星消息的智能手机”，智能手机功能升级出现质的变化。中国可穿戴设备市场出货量同样出现下滑，2022年前三季度可穿戴设备出货量为8670万台，同比下滑13.85%。①

2. 5G手机出货量下跌

2022年全年，5G手机出货量2.14亿部，同比下降19.6%，上市新机型累计220款，同比下降3.1%②。不过，在5G创新与快速推广下，5G手机进一步走向普及是必然结果。2022年5G手机出货量占同期手机的78.8%，上市新机型占同期手机的52.0%③，仍维持市场主流地位。随着经济复苏及5G网络的建设，加上国内三大运营商积极推动5G网络进入下沉市场，预计5G手机的出货量将会回升。

3. 泛智能终端成市场消费热点

作为“元宇宙”入口，2022年虚拟现实（VR）终端销量增长迅猛。根据Sandalwood④中国电商市场监测数据，2022年前三季度，中国电商市场VR一体机销量已达93万台，同比增长86%。PICO4（字节跳动旗下VR商品）上线仅18天，国内线上销量就达4.6万台。在天猫、京东平台“双11”网络购物节期间，VR头戴显示器总销量达5.7万台，增强现实（AR）显示设备为1.5万台。⑤ 汽车不仅是交通工具，还正逐步成为重要的移动智能载体。2022年1~11月，我国具备L2级⑥智能驾驶辅助功能的乘用车销

---

① 国际数据公司（IDC）：《中国可穿戴设备市场季度跟踪报告，2022年第一季度》《中国可穿戴设备市场季度跟踪报告，2022年第二季度》《中国可穿戴设备市场季度跟踪报告，2022年第三季度》，https：//www.idc.com/getdoc.jsp？containerId=prCHC49972522。

② 中国信息通信研究院：《2022年12月国内手机市场运行分析报告》，http：//www.caict.ac.cn/kxyj/qwfb/qwsj/202302/P020230217708836475452.pdf。

③ 中国信息通信研究院：《2022年12月国内手机市场运行分析报告》，http：//www.caict.ac.cn/kxyj/qwfb/qwsj/202302/P020230217708836475452.pdf。

④ 一家全球化的数据服务平台与洞察研究机构。

⑤ 申橙咨询：《2022“双11”VR/AR销售报告》，https：//www.abvr360.com/a/11925。

⑥ 指车辆实现部分的自动化。

量超800万辆，前装标配5G车联网交付上险量为32.75万辆，L4级别[①]自动驾驶实际道路测试里程超过4000万公里，红旗E-HS9、蔚来ET7等20余款量产车型搭载了蜂窝车联网（C-V2X）直连通信功能。[②] 工业机器人产业迎来新一轮增长。据中国机器人产业联盟数据，2022年全国规模以上工业企业累计完成工业机器人产量44.3万套，同比增长21%。[③]

（四）移动应用发展

1. 移动应用程序小幅增长

2022年，我国移动应用程序（APP）进一步丰富民众社交、娱乐、游戏、购物等移动数字生活。截至2022年底，国内市场上监测到的APP数量为258万款，同比增长2.4%。[④] 不过，一些APP存在违规收集个人信息、强制授权、“关不掉、乱跳转”等问题，舆论反映强烈，受到监管部门的重点关注。

2. 5G规模化应用提档加速

2022年是5G商用三周年，融合应用驶入“快车道”。截至2022年底，5G技术在工业、医疗、教育、交通等多个行业落地，覆盖国民经济97个大类中的40个，应用案例数超过5万个，并在工业、矿山、医疗、港口等先导行业实现规模推广。数据显示，5G已在全国523家医疗机构、179家工厂企业、201家采矿企业、256家电力企业中得到商业应用。[⑤] 与此同时，5G安防无人机、5G服务机器人、5G+AR/VR沉浸式教学等应用场景不断涌现。2022年北京冬奥会期间，国内媒体利用5G+4K、5G+8K和5G+8K+VR

---

① 指在限定的道路及环境中，车辆可完全不需人为干预，自行完成驾驶。

② 中国信息通信研究院：《车联网白皮书（2022年）》，http：//www.caict.ac.cn/kxyj/qwfb/bps/202301/P020230107447240886127.pdf。

③ 中国机器人产业联盟：《2022年全国规上工业企业的工业机器人累计完成产量44.3万套》，http：//m.bbtnews.com.cn/article/287819。

④ 工业和信息化部：《2022年通信业统计公报》，https：//www.miit.gov.cn/gxsj/tjfx/txy/art/2023/art_77b586a554e64763ab2c2888dcf0b9e3.html。

⑤ 中国信息通信研究院：《中国5G发展和经济社会影响白皮书（2022年）》，http：//www.caict.ac.cn/kxyj/qwfb/bps/202301/P020230107836826955809.pdf。

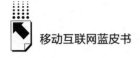

超高清技术，实现移动化、轻量化、超高清赛事转播，为全世界带来一场体育视听盛宴。新冠疫情防控期间，中国移动推出5G便民核酸采集工作站，有效提升采样效率。

（五）互联网投融资

1. 互联网企业市值下降

受全球经济形势变化等因素影响，互联网企业传统业务增长持续承压，上市互联网企业市值出现下跌。数据显示，截至2022年9月底，我国上市互联网企业总市值为8.8万亿元，较上季度环比下跌19.3%。①

2. 互联网投融资规模下跌

2022年，世界经济滞胀风险上升，我国互联网投融资表现低迷。2022年全年披露金额为104.3亿美元，同比（513.5亿美元）下跌79.68%；② 案例数1949笔，同比（2427笔）下跌19.69%（见图3）。③ 企业服务、医疗健康、电子商务、安全信息服务、元宇宙等领域成为投融资活跃度较高的领域。④

二　2022年中国移动互联网发展特点

（一）移动技术创新迈向规模化应用新阶段

1. 工业互联网成为推动产业数字化转型的关键支撑

2022年，我国工业互联网建设扎实推进，网络、平台、安全、产业等体系建设不断完善，持续赋能千行百业数字化转型。网络建设日趋完善（见图4）。“5G+工业互联网”深入发展，全国在建的“5G+工业互联网”

---

① 中国信息通信研究院：《2022年三季度我国互联网上市企业运行情况》，http：//www.caict.ac.cn/kxyj/qwfb/qwsj/202211/P020221116595504161100.pdf。

② 中国信息通信研究院：《2022年四季度互联网投融资运行情况》，http：//www.caict.ac.cn/kxyj/qwfb/qwsj/202302/P020230213570332426763.pdf。

③ 中国信息通信研究院：《2022年三季度互联网投融资运行情况》，2022年11月2日。

④ 中国信息通信研究院：《2022年三季度互联网投融资运行情况》，2022年11月2日。

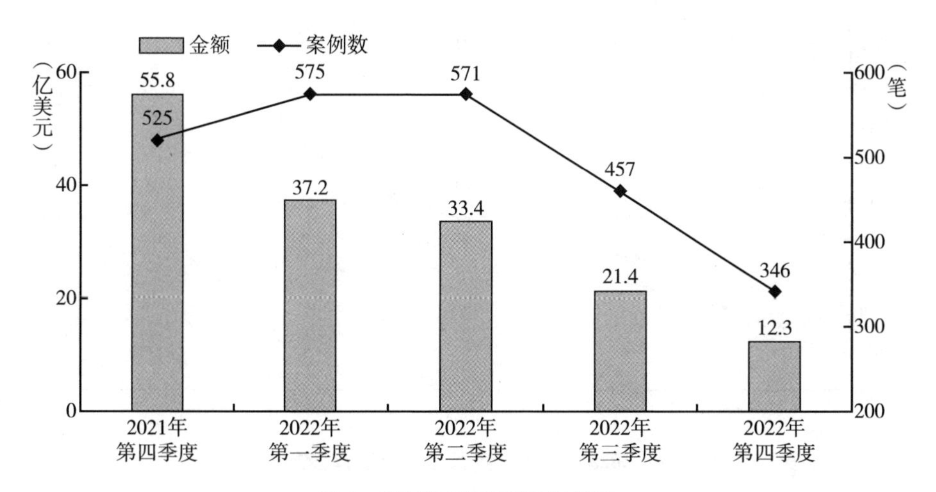

图 3　我国互联网投融资情况

资料来源：中国信息通信研究院。

项目已达 4000 个。工业互联网标识解析体系国家顶级节点全面建成，支撑工业互联网创新发展的关键核心设施取得关键性成效。平台队伍不断壮大。2022 年具有行业和区域影响力的工业互联网平台已达 240 家[①]，航天云网、阿里云、浪潮工业互联网等 28 家工业互联网平台入选工业和信息化部“2022 年跨行业跨领域工业互联网平台名单”，工业互联网平台体系加速形成。安全保障持续提升。2022 年，国家、省、企业三级协同联动的技术监测服务体系基本建成。《工业互联网安全标准体系》《工业互联网总体网络架构》（GB/T 42021-2022）等国家标准的出台，夯实工业互联网安全发展保障体系基础。产业联动融合发展。在工业互联网一体化进园区“百城千园行”等项目推动下，工业互联网逐步向地市县域落地普及。截至 2022 年底，工业互联网已全面融入 45 个国民经济大类，连接设备近 8000 万台/套[②]，成为推动产业数字化转型的关键支撑。

① 工业和信息化部：《2022 年工业和信息化发展总体呈现稳中有进态势》，https：//www. miit. gov. cn/gzcy/zbft/art/2023/art_ d08e8b350372457c9abc769b92e419b1. html。

② 工业和信息化部：《工业互联网规模破万亿大关》，https：//baijiahao. baidu. com/s？ id = 1754056697924514947&wfr = spider&for = pc。

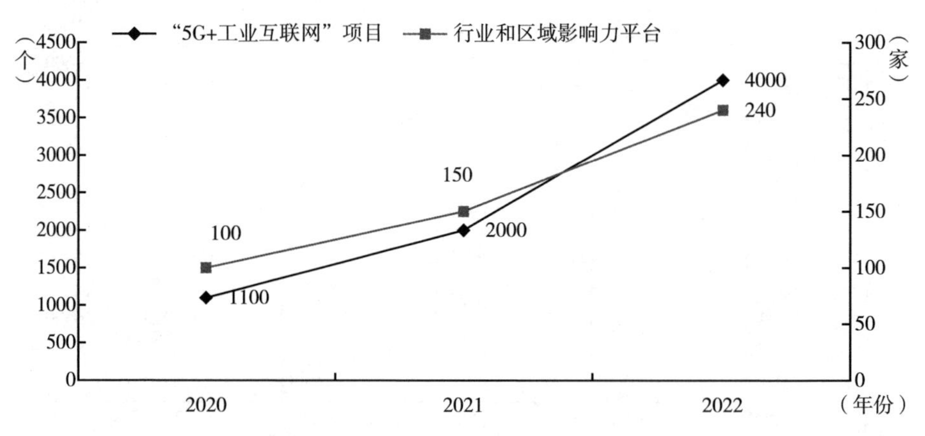

图 4　2020~2022 年我国工业互联网发展概况

资料来源：工业和信息化部。

2. 移动物联网打造经济社会数字化转型新引擎

当前，我国已经初步形成 NB-IoT（窄带物联网）、4G 和 5G 多网协同发展的格局，移动物联网发展“底座”持续夯实。应用场景不断拓展。NB-IoT 已形成水表、气表、烟感、追踪类 4 个千万级应用，农业、停车、白电等 7 个百万级应用。公共服务、智慧家居、智慧零售以及车联网等领域应用移动物联网终端的规模分别达 4.96 亿户、1.92 亿户、2.5 亿户以及 3.75 亿户。① 产业规模持续壮大。我国移动物联网模组、芯片、终端出货量等全球领先，产业链日渐成熟，基本形成覆盖应用服务、智能感知、信息传输处理等环节的完整产业链。移动物联网具有规模经济的特点，随着我国“物超人”的实现，移动物联网必将在庞大终端用户规模的基础上形成更多创新应用，推动经济发展提质增效。

3. 区块链技术应用规模化稳步推进

2022 年，我国区块链发展迎来新变化。政策体系不断完善。中央网信办等十六部门联合公布《国家区块链创新应用试点名单》，公安部等十部门

① 工业和信息化部：《我国移动物联网连接数占全球 70%》，https://baijiahao.baidu.com/s?id=1756415836121375345&wfr=spider&for=pc。

《关于进一步防范和处置虚拟货币交易炒作风险的通知》等文件陆续出台，对区块链行业监管持续发力的同时，引领区块链技术与应用健康发展；地方加快战略布局。截至2022年9月，29个省区市将发展区块链技术写入“十四五”规划，出台涉及区块链产业政策共31份①，积极扶持区块链产业与创新示范项目发展；企业级联盟链应用走向规模化。当前，国内已有星火链网、超级链开放网络、开放联盟链等十余种产品服务②，驱动联盟链走向开放共享新阶段。相比国外重点发展基于公有链的涉币应用，我国区块链围绕联盟链技术体系赋能实体经济应用的路径逐渐清晰。截至2022年底，国家互联网信息办公室共发布10批区块链信息服务备案清单，区块链被广泛应用于金融、溯源、数字藏品、数字存证、政务服务、企业信息化、版权保护与交易、供应链与物流等各领域。基于区块链技术的电子发票已覆盖餐饮、零售、交通等民生领域；天猫商城、京东等基于区块链的食品、药品等防伪溯源应用，实现了数以亿计件商品的溯源。

4. 人工智能技术应用实现新突破

2022年，人工智能政策、技术和治理进一步完善，在医疗、自动驾驶等领域应用持续拓展。政策强化战略地位。党的二十大报告提出“构建新一代信息技术、人工智能等一批新的增长引擎”。《关于支持建设新一代人工智能示范应用场景的通知》《关于加快场景创新以人工智能高水平应用促进经济高质量发展的指导意见》等政策文件的出台，进一步为人工智能核心技术攻关、产品落地应用提供政策支持，推动释放人工智能红利。算力规模水平持续提升。算力是人工智能发展的动力和引擎。截至2022年6月，我国数据中心机架超590万标准机架，算力总规模超过150EFlops（每秒15000京次浮点运算次数），排名全球第二③。商业化应用加速落地。2022

---

① 中国信息通信研究院：《区块链白皮书（2022年）》，http：//www.caict.ac.cn/kxyj/qwfb/bps/202212/P020230105572446062995.pdf。

② 中国信息通信研究院：《区块链白皮书（2022年）》，http：//www.caict.ac.cn/kxyj/qwfb/bps/202212/P020230105572446062995.pdf。

③ 《我国算力总规模超过150EFlops 排名全球第二》，中国经济网，https：//baijiahao.baidu.com/s？id=1740278044779119851&wfr=spider&for=pc。

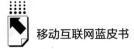

年，我国智能芯片、开源框架等关键核心技术取得重要突破，新技术持续探索落地应用。深势科技发布一站式药研计算设计平台 Hermite，国产人工智能在医疗领域取得新突破。商汤科技 SenseAutoV2X 车路协同平台、百度 ApolloRT6 第六代量产无人车发布，人工智能在自动驾驶等领域落地应用持续深入，无人车规模化量产加速。人工智能生成内容（AIGC）发展迅猛，给新闻传播、绘画、音乐、软件编程等众多行业带来重大创新，百度“文心一格”AI 艺术和创意辅助平台等商业化探索加速。市场规模不断增大。在政策、技术、市场等合力作用下，2022 年新增人工智能相关企业 42.08 万家，新增量同比增长 18.55%。2022 年我国人工智能核心产业规模（增加值）达 5080 亿元，同比增长 18%。①

（二）移动互联网激活经济发展新动能

1. 5G、工业互联网等投资带动成经济新增长点

当前，5G、工业互联网、车联网等移动应用及其投资对经济影响不断增强。5G 投资催生行业发展机会。2022 年，我国 5G 投资继续保持在较高区间，规模达到 1803 亿元②，助力新冠疫情下相关行业上下游企业产业链平稳运行。5G 对经济增长带动作用持续增强。2022 年我国 5G 预计直接带动经济总产出 1.45 万亿元，直接带动经济增加值约 3929 亿元，间接带动总产出约 3.49 万亿元，间接带动经济增加值约 1.27 万亿元。③ 在 5G 网络、智慧交通、智慧城市等的建设推动下，2022 年我国车联网市场规模估计达 2771 亿元④。工业互联网产业增加值稳健增长。2022 年我国工业互联网产

---

① 《国内人工智能相关企业年注册量增速连续 9 年正增长》，第一财经，https：//baijiahao.baidu.com/s? id=1757155711533473087&wfr=spider&for=pc。

② 工业和信息化部：《2022 年通信业统计公报》，https：//www.miit.gov.cn/gxsj/tjfx/txy/art/2023/art_77b586a554e64763ab2c2888dcf0b9e3.html。

③ 中国信息通信研究院：《中国 5G 发展和经济社会影响白皮书（2022 年）》，http：//www.caict.ac.cn/kxyj/qwfb/bps/202301/P020230107836826955809.pdf。

④ 中商产业研究院：《2022 年中国车联网行业市场前景及投资研究报告》，https：//www.seccw.com/Document/detail/id/16017.html。

业增加值规模估计达 4. 45 万亿元，占 GDP 比重达 3. 64%[①]，带动新增就业 105. 02 万人，有效支撑新冠疫情下的经济社会发展。

2. 网上零售、跨境电商促消费、稳外贸

2022 年，在经济增长放缓，社会消费品零售总额同比下降的背景下，我国网上零售、直播带货、跨境电商仍保持较快增长，成为稳消费、稳外贸、稳增长的重要支撑。网上零售额在社会消费品零售总额中占比创新高。2022 年，全国网上零售额 13. 7853 万亿元，比上年增长 4. 0%。其中，实物商品网上零售额 11. 96 万亿元，同比增长 6. 2%，占社会消费品零售总额的比重为 27. 2%，占比为近年来最高（见图 5）。[②] 直播电商等新业态新模式活力彰显。2022 年，商务部重点监测电商平台累计直播场次超 1. 2 亿场，累计观看人数超 1. 1 万亿人次，直播商品超 9500 万个[③]。抖音、快手等短视频平台与电商进一步深度融合，出现从娱乐平台逐步向生活消费综合平台延伸的趋势。数据显示，抖音 2022 年电商交易总额达 1. 41 万亿元，快手约为 9000 亿元。[④] 跨境电商进出口规模持续扩大。据海关总署测算，我国跨境电商进出口规模从 2021 年的 1. 98 万亿元增长到 2022 年的 2. 11 万亿元，同比增长 6. 56%。跨境直播电商市场规模超过 1000 亿元，同比增长率高达 210%。[⑤]

3. 在线文旅、云演出等打造消费新场景

2022 年，在线文旅、云演出、云健身等数字化文化消费新场景进一步发展。移动技术打造智慧文旅新生态。中央和地方相继出台各类纾困惠企政策，通过旅游消费券发放等促销活动，推动在线文旅行业复苏。移动技术进一步与文旅融合，文旅行业通过大数据、云计算、区块链、虚拟现实、增强

---

① 中国工业互联网研究院：《中国工业互联网产业经济发展白皮书》，https：//baijiahao. baidu. com/s？ id = 1748809674122257558&wfr = spider&for = pc。

② 国家统计局。

③ 商务部：《2022 年我国农产品网络零售增势较好》，http：//www. gov. cn/shuju/2023 - 01/30/content_ 5739182. htm。

④《抖音电商，一年成交 14000 亿》，《电商报》，https：//baijiahao. baidu. com/s？ id = 1754688197300425835&wfr = spider&for = pc。

⑤ 艾媒咨询：《2022 年中国跨境直播电商产业趋势研究报告》，https：//www. iimedia. cn/c400/83505. html。

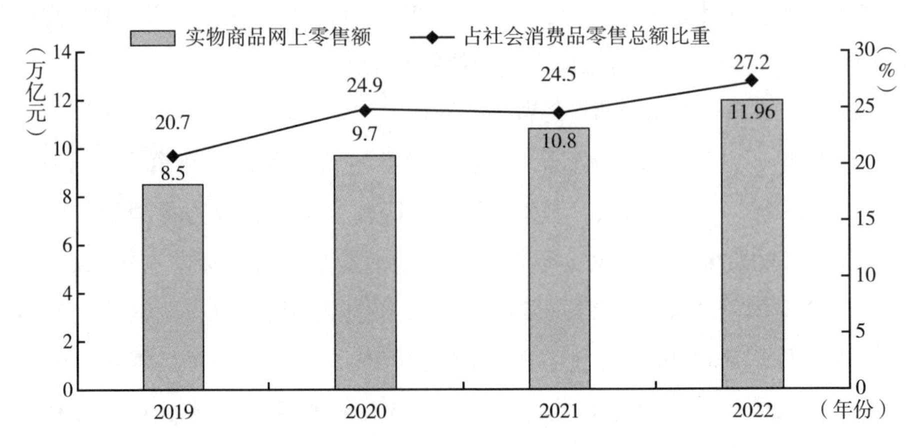

图 5　实物商品网上零售额及占社会消费品零售总额比重

资料来源：国家统计局。

现实等技术，积极打造沉浸式、体验式、互动式消费新场景，塑造云旅游、云赏剧、云看展、数字文旅等消费新时尚。例如，北京通过新一代信息技术，打造了亮马河沉浸式夜游体验等众多“数字文旅打卡”场景。与此同时，“云旅游”助文旅消费持续恢复。2022 年，仅抖音平台动物园直播就达 38515 场，观看总次数近 4 亿，同比增长 116%①。云演出释放公众文化消费需求。2022 年，各大网络视听平台持续探索包含“云演出”“云影院”“虚拟人演唱会”在内的新业态、新模式。艺人周杰伦“地表最强魔天伦”演唱会、罗大佑首场视频号线上演唱会等先后举办，引发现象级传播，总观看量将近 1 亿。北京人民艺术剧院、保利剧院以及诸多县级戏曲剧团等将其文化演出在网上播放，满足公众文化消费需求。云健身、云赛事、虚拟运动等拓展消费新增量。艺人刘畊宏健身直播在全网掀起“云健身”热潮，仅抖音平台全年记录的云健身就达 325 万次。上海虚拟体育公开赛“一江一河”虚拟赛艇、香港“2022 奥运日虚拟跑”等虚拟体育运动持续开展，全民健身数字化场景应用进一步拓展。

① 抖音：《2022 抖音数据报告》，https：//www. takefoto. cn/news/2023/01/12/10298581. shtml。

（三）移动应用助力社会民生新发展

1. 数字政府建设步伐加快

2022 年 6 月，国务院印发《关于加强数字政府建设的指导意见》，数字政府建设进入全面改革、深化提质的提速阶段。建设速度持续加快。数据显示，全国出台指导数字政府建设顶层规划已成规模，集约化政务云平台、政务数据中心等建设稳步推进。[①] 广东、浙江等地设立数字政府工作领导小组、政府数字化转型工作领导小组或数据管理机构，加强统筹协调领导，加快推进数字政府建设。建设水平不断提升。全国一体化政务服务平台基本建成，“跨省通办”“异地可办”陆续开启。地方数字政府建设方面，经济运行“一网监测”、社会治理“一网统管”、政务服务“一网通办”逐渐成为标配。2022 年，75%的省级政府和重点城市政府已经构建或正在构建市场监管大数据平台，约 40%的地方政府探索建设经济运行监测相关平台，约 50%的地方政府利用数字化手段开展生态环境治理。[②] 北京企业开办全程网办率超 95%，山东全省政务服务事项网上可办率超过 90%。[③] 创新模式不断涌现。如浙江打造一体化数字资源系统 IRS，管理全省各部门的各类数字资源，有力打破信息孤岛，加速数据融合共享。广东打造的涉企移动政务服务平台“粤商通”，利用其拥有 1400 万用户的优势，持续构建一流营商环境。满意度进一步提升。各地积极建设政务服务“好差评”系统，对政务服务可以像网购一样给予评价，2022 年政务服务好评率达 99. 5%。[④]

2. 移动互联网助力乡村振兴

2022 年是全面推进乡村振兴的关键之年，移动互联网持续赋能数字乡

---

① 《第二十一届政府网站绩效评估结果发布》，光明网，https：//tech. gmw. cn/2022－12/20/content_ 36245964. htm。

② 《第二十一届政府网站绩效评估结果发布》，光明网，https：//tech. gmw. cn/2022－12/20/content_ 36245964. htm。

③ 《第二十一届政府网站绩效评估结果发布》，光明网，https：//tech. gmw. cn/2022－12/20/content_ 36245964. htm。

④ 《第二十一届政府网站绩效评估结果发布》，光明网，https：//tech. gmw. cn/2022－12/20/content_ 36245964. htm。

村建设。政策持续引领数字乡村建设。2022 年，《数字乡村发展行动计划（2022~2025 年）》《“十四五”推进农业农村现代化规划》等政策相继出台，成为推进数字乡村工作的重要指引。农村互联网基础设施建设取得新成效。目前我国已实现“县县通 5G、村村通宽带”，农村电商和快递物流行政村覆盖率达到 90%。[①] 截至 2022 年 6 月，我国农村地区互联网普及率为 58.8%，较 2021 年 12 月提升 1.2 个百分点。人工智能、物联网等技术助力智慧农业。如黑龙江省搭建全省生猪检疫检测出证平台——智慧龙牧平台，行业人员用一部手机便能及时接收平台推送的畜牧生产、经营、运输生猪车辆备案等行业信息。中国电信在浙江湖州吕山乡建造的智慧循环产业园，实现了“5G 智慧养羊”。目前每只羊均佩戴“5G 芯片”，实现对农事操作的准确记录和追踪溯源。牧场还通过物联网的应用，自动调节温度、湿度与饲料流量，实现智慧养殖与管理。农村电商成为畅通农产品物流、增加农民收入新平台。2022 年，在“数商兴农”等工程的推动下，电子商务进农村和农产品出村进城持续推进。全年农村网络零售额达 2.17 万亿元，同比增长 3.6%。[②]

3. 移动应用助力疫情精准防控和保药保供

“多码合一”方便公众出行。2022 年新冠疫情防控期间，多地将乘车码、健康码、核酸检测和疫苗接种等信息有机融合、“一屏展示”，实现市内公共交通“一码通行”，助力疫情精准防控与市民便捷出行。移动应用成为“保供应”重要渠道。各大城市新冠疫情防控静态管理期间，手机外卖、手机快递、社区团购等应用广泛服务于市民生活物资“保供应”任务。数据显示，2022 年 9 月，成都市 9 家重点电商平台企业承担了城市 30%以上的生活物资保供任务。[③] 药物互助平台助力“余药共享”。抗击新冠疫情期

① 商务部：《2022 年农村电商和快递物流行政村覆盖率达到 90%》，https：//m.gmw.cn/2023-01/19/content_ 1303259836.htm。

② 商务部。

③ 《疫情防控中的“特别保供队”》，《四川日报》，http：//sc.people.com.cn/n2/2022/0921/c345167-40132372.html。

间，各大互联网平台纷纷上线“新冠防护药物公益互助平台”，用户可以通过平台快速进行药物求助，有多余药物的用户也可以通过平台分享给有需要的人。

4. 在线医疗和在线教育迎来新发展

政策利好在线医疗高质量发展。2022 年，《“十四五”医药工业发展规划》《互联网诊疗监管细则（试行）》《关于做好新冠肺炎互联网医疗服务的通知》等政策陆续出台，北京、广东等多省市明确表示要充分发挥互联网发热门诊作用，在线医疗迎政策利好。线上问诊爆发式增长。新冠疫情防控特别是疫情高峰期间，线上问诊需求增加，一定程度缓解了线下诊疗压力，推动在线医疗进一步发展。和睦家医疗数据显示，2022 年 11 月 25 日至 12 月 19 日，在线问诊量同比增长 500%。卓正医疗数据显示，2022 年卓正医疗线上服务共计超过 20 万人次，增长率超过 20%。互联网医院快速发展。我国互联网医院数量和诊疗服务需求量持续增长，2022 年，全国互联网医院超过1700 家。[①] 截至 2022 年 12 月，我国互联网医疗用户规模达 3.63 亿，较 2021 年 12 月增加 6466 万[②]。互联网医院的首诊权限在疫情特殊情形下实现了突破，新冠肺炎相关症状治疗可直接在线开具首诊处方。

2022 年，我国在线教育迎来新的变化。建成世界最大教育资源中心。整合了中小学、职业教育和高等教育三大资源的国家智慧教育公共服务平台于 2022 年 3 月正式上线。截至 2023 年 2 月，平台覆盖 200 多个国家和地区，总浏览量超过 67 亿次，访客量超过 10 亿人次。移动技术进一步与教育融合。如不少医护院校采用基础护理虚拟仿真解决方案来培训学生。依托数字仿真和虚拟现实等技术，多所高校打造了“云端实验室”，学生可以自主选择实验，有效提高学习效率。

---

① 钛媒体：《2022 互联网医院报告》，https：//baijiahao. baidu. com/s? id = 1749544559645925800&wfr = spider&for = pc。

② 中国互联网络信息中心（CNNIC）：《第 51 次中国互联网络发展状况统计报告》，2022 年 8 月。

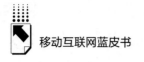

（四）移动网络安全与法规保障迈上新台阶

1. 聚焦网络安全

2022年，国家网信办、国家发改委等十三部门联合修订发布《网络安全审查办法》，将网络平台运营者开展数据处理活动影响或者可能影响国家安全等情形纳入网络安全审查，有效地维护了国家安全和社会公共利益。国家互联网信息办公室出台《数据出境安全评估办法》，明确数据处理者向境外提供重要数据、关键信息基础设施运营者和处理100万人以上个人信息的数据处理者向境外提供个人信息等应当申报数据出境安全评估，进一步规范了数据出境活动。全国人大常委会通过《中华人民共和国反电信网络诈骗法》。该法提出互联网服务提供者等承担风险防控责任，建立反电信网络诈骗内部控制机制和安全责任制度，加强新业务涉诈风险安全评估等规定，为反电信网络诈骗工作提供有力法律保障。

2. 深化网络内容与生态治理

2022年，网络内容生态法规拓展到具体的细分领域，内容监管法规体系更加完善。新版《移动互联网应用程序信息服务管理规定》《互联网跟帖评论服务管理规定》《互联网弹窗信息推送服务管理规定》《互联网用户账号信息管理规定》等法规陆续发布实施，对相关信息服务方式、边界、责任划分、处理办法等进行明确规范，对于维护良好网络生态环境发挥积极作用。2022年，网络内容与生态专项治理进一步开展。公安部网安局在全国范围内启动为期6个月的依法打击整治“网络水军”专项工作，国家网信办部署开展2022年“清朗”专项行动，打击网络直播、短视频乱象，清理涉政治经济、文化历史、民生科普谣言，深化网络生态治理，有效维护亿万网民精神家园。

3. 强化移动技术与应用监管

2022年，移动互联网治理对象进一步向算法、人工智能、移动智能终端、应用程序等技术与应用层面拓展。国家网信办等四部门发布《互联网信息服务算法推荐管理规定》，明确提出“向用户提供便捷的关闭算法推荐服务的选项”等规定。国家网信办等三部门发布《互联网信息服务深度合成管理规定》，规定深度合成服务提供者应当建立健全用户注册、算法机制机理审核、科技伦理审查等管理制度。工业和信息化部、国家互联网信息办公室联合印发《关于进一步规范移动智能终端应用软件预置行为的通告》，要求生产企业应确保移动智能终端中除基本功能软件外的预置应用软件均可卸载，并提供安全便捷的卸载方式供用户选择。中央网信办部署开展“清朗·移动互联网应用程序领域乱象整治”专项行动，对手机 APP、小程序、快应用等应用程序乱象进行深入治理，有效维护国家安全和公共利益。

（五）移动舆论场主流思想舆论进一步巩固壮大

1. 移动互联网舆论阵地建设进一步加强

2022 年主流媒体稳步推进全媒体传播体系建设，努力塑造主流舆论新格局。除建设传统的“两微一端一抖”① 外，各大媒体积极拓展新终端、新渠道，广泛触达各类终端用户群体。据人民网研究院统计，截至 2022 年 10 月，考察的 819 家报纸中，共有 614 家报纸（包括旗下网站、客户端）开通了腾讯视频号，开通率高达 75.0%；160 家报纸入驻了 B 站，开通率为 19.5%；118 家报纸入驻了知乎，开通率为 14.4%。《人民日报》、新华社、中央广播电视总台在所属官网、新闻客户端开设的“我为党的二十大建言献策”专栏，成为践行“走好网上群众路线”的重要抓手。各平台征求意见页面总阅读量达 6.6 亿次，共收到各类意见建议留言 854.2 万条，其中 97%为实名留言。与此同时，主流媒体与微博、抖音、快手等移动互联网平台联手，共同传播正能量、弘扬优秀传统文化、助推社会公益，获得舆论积极反响。如党的二十大召开前夕，人民网以新时代十年成就为背景，推出“跟着总书记看中国”融媒体系列报道，集中展示在以习近平同志为核心的党中央坚强领导下，我国在脱贫攻坚、改革发展、经济民生、生态文明建设等方面取得的历史性成就，充分体现总书记从人民中走来，植根人民、服务

① “两微一端一抖”指微博、微信、移动客户端、抖音。

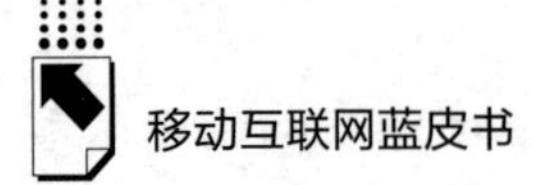

人民的领袖形象和人民情怀。相关报道在微博、抖音、快手平台频登热搜榜，阅读量累计超过 8 亿。

2. 移动舆论场主旋律高昂

党的二十大胜利召开，擘画了全面建成社会主义现代化强国、以中国式现代化全面推进中华民族伟大复兴的宏伟蓝图，明确了新时代新征程党和国家事业发展的目标任务。舆论反响热烈，网民“获得感”十足，展望未来信心倍增。在移动社交平台，点赞党的二十大，对大会描绘的蓝图热切期待，跟评“明天一定会更好”成为主旋律。北京成功举办 2022 冬奥会和冬残奥会，中国在冰雪运动上取得历史性突破，激发了全国人民的爱国热情与民族自豪感，民族精神再一次被凝聚。对冬奥的支持、开幕式的点赞、奥运健儿的鼓励成为舆论主流，“中国加油”“大国自信与气度”等高频词在微信朋友圈刷屏。我国新冠疫情防控最大程度保护了人民生命安全和身体健康，最大限度减少疫情对经济社会发展的影响，彰显中国特色社会主义制度优势。2022 年 11 月以来，围绕“保健康、防重症”，我国不断优化调整防控措施，在较短时间内实现了疫情防控平稳转段，2 亿多人得到诊治，近 80 万重症患者得到有效救治，新冠死亡率保持在全球最低水平，取得疫情防控重大决定性胜利，创造了人类文明史上人口大国成功走出疫情大流行的奇迹。[①] 网民对政府应对疫情举措满意度较高，舆论关注焦点转向更好统筹疫情防控和经济社会发展，推动经济全面快速复苏。

3. 移动传播“出海”实现突破

海外移动传播阵地进一步拓展。2022 年，主流媒体以移动社交媒体账号为抓手，不断提高国际传播能力。以《人民日报》为例，截至 2022 年底，《人民日报》海外社交媒体官方账号达 18 个，矩阵总粉丝数超过 1. 29 亿。与此同时，短视频海外社交应用 TikTok 以 6. 72 亿次下载量位居 2022 年全球应用下载量榜单榜首，在很多国家和地区已成为用户使用时

---

① 《中共中央政治局常务委员会召开会议　听取近期新冠疫情防控工作情况汇报　中共中央总书记习近平主持会议》，2023 年 2 月 16 日，http：//www. news. cn/2023 - 02/16/c _ 1129371509. htm。

长最高的应用。[1] 主流媒体国际传播力和影响力进一步提升。2022 年北京冬奥会期间，主流媒体利用 5G、VR 等技术，为观众带来了自由视角、子弹时间、沉浸式观赛、VR 互动等报道体验，受到国际用户的广泛关注与欢迎，获赞“一场全人类的盛会”。《人民日报》发布多语种版本的中国共产党国际形象网宣片《CPC》，在海外获得较大关注。中央广播电视总台以报道员第一视角记录俄乌冲突的《马斯拉克的战地日记》被海内外多家媒体、平台相继转载，多篇内容播放量破百万。

三 中国移动互联网发展面临的挑战

（一）芯片等核心技术待突破

当前，我国芯片、基础软件、智能传感器、自主可控操作系统等移动互联网核心技术对外依赖程度依然较高。例如芯片领域，2022 年，我国中低端芯片产品替代能力持续加强，但国产芯片市占率仍然较低，主流手机厂商的中高端产品中较少使用我国厂商 5G 射频芯片。此外，国内芯片厂商受制于 EUV（极紫外辐射）光刻机进口受阻，在 7nm 以下先进制程中进展缓慢，与国际头部芯片企业存在一定差距。要掌握我国移动互联网发展主动权，还须进一步推动关键核心技术攻关，加快前沿技术突破。

（二）网络安全保障能力待加强

2022 年，俄乌冲突中双方展开网络攻防战、西北工业大学遭遇严重的境外网络攻击等事件为我国敲响了移动网络安全的警钟，相关问题值得关注。具体而言，一是电力、交通、能源等基础设施易成为网络攻击对象，需要进一步升级城市数字安全体系。二是“5G+工业互联网”持续推进带来新

---

① 《TikTok 的 2022 年：用户规模继续高增长，商业化仍要寻求突破点》，界面新闻，2023 年 1 月 30 日，https://baijiahao.baidu.com/s?id=1756404354949561669&wfr=spider&for=pc。

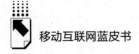

风险。一方面，千行百业内外网关联的同时，大量网络安全威胁可能从外网向工业内网渗透。另一方面，工业数据安全问题可能直接关乎国家安全。三是“物超人”开启万物互联新篇章，设备劫持、云端风险、数据安全等风险不可低估。四是人工智能、元宇宙、大数据、区块链等应用不断拓展的同时，带来个人信息安全隐患和数据滥用等问题。2022 年央视“3・15”晚会曝光企业违规采集顾客人脸信息，2022 年 11 月美国推出的聊天机器人程序 ChatGPT 成为全球热点，人工智能的潜在风险不断成为行业关注重点。

（三）5G 规模化应用待拓展

未来 3~5 年是我国 5G 商用和应用规模化发展的战略机遇期、发展攻坚期。当前，我国 5G 专网和模组终端等成本较高，尚未形成规模效应，为满足行业多样化、碎片化、定制化应用需求，迫切需要在个性化与通用性技术产品之间寻求平衡，形成高性价比、可复制推广的应用解决方案。此外，5G 应用的规模化发展还取决于相关行业自身的技术发展、信息化程度、数字化进程等，需要政策、技术、标准、人才、市场、资金等协同发力，使 5G 真正成为助力我国数字经济发展的重要引擎。

（四）智慧城市建设痛点待破解

2022 年疫情防控暴露的部分智慧城市项目“失灵”问题引发讨论。比如应急状态下各类政务平台故障事件多发，应急管理需求响应不足、不及时，缺少专业化统一的应急物资管理平台等问题，提示进一步完善移动互联网基础设施的紧迫性。此外，打通移动应用的数据壁垒，实现不同地区、部门数据共享，一直是智慧城市建设的热点话题。随着我国“新基建”的推进，新一轮智慧城市建设已处于风口，只有驱动智慧城市建设向更加“精细化”转变，才能最终实现社会治理现代化的跨越式发展。

（五）企业发展预期变弱待扭转

近年来，我国移动互联网用户规模增长趋缓，移动互联网普及率、用户上网时长等的增长都遇到瓶颈。与此同时，受全球经济大环境影响，移动互联网企业发展预期变弱，行业投融资一定时期内呈现低迷趋势。有移动互联网企业出现市值下降、裁员减业、收缩业务等现象，不利于移动互联网进一步发展。此外，美西方大力推行“全球5G去中国化”，打击、限制我国5G领域具有先发优势的企业，对于中国厂商争取海外市场也极为不利。要进一步推动移动互联网发展，还需进一步开发新场景、拓展新应用，持续支持发展物联网、工业互联网等移动互联网新的增长点。同时，加强产业链布局，拓展国际合作交流空间，最大限度地减少“受制于人”的影响。

四　中国移动互联网发展趋势

（一）“物超人”开启万物智联新时代

5G将进一步落地并赋能千行百业，不仅将进一步满足人们工作、学习、居住、娱乐、交通等需求，同时工业互联网、物联网、车联网、医联网等各领域链接物体终端不断超越链接人的数量，将极大推动万物感知、万物互联、万物智能的时代来临，推动智慧工厂、智慧农场、智慧家庭、智慧教育、自动驾驶、远程医疗等行业的落地发展。5G泛终端将迎来爆发式发展，包括无人机、机器人、头戴式VR显示器、智能汽车等更多5G终端类型将不断普及。与此同时，“物超人”后，物联网应用从消费型向产业型转移，向更广范围、更深程度、更高水平发展，“物联红利”持续释放。移动物联网将成为推动经济社会数字化转型的新引擎，开启移动通信高质量发展的新征程。

（二）5G发展进一步推动数实融合

党的二十大报告指出，“坚持把发展经济的着力点放在实体经济上”“加快发展数字经济，促进数字经济和实体经济深度融合，打造具有国际竞争力的数字产业集群”，与此同时，“适度超前部署数字基础设施建设”，稳步推进“东数西算”工程，移动互联网基础设施将迎来换挡升级。随着5G覆盖所有的乡镇，我国进入“双千兆”时代（千兆光网和5G），5G将在实体经济中更广范围、更深层次、更高质量融合应用，推动实体经济转型升级、高质量发展。利用5G专网进行行业应用拓展具有极大潜力和空间，这一前沿领域被世界各国普遍视为提高制造业实力的关键。2022年，中国上海商飞获得工业和信息化部发放的首张企业5G专网频率许可，用于在其工厂进行5G连接。5G专网的规模化建设与发展，将推动我国“5G+工业互联网”再次提档升级。5G发展也将推动元宇宙向着虚实结合、虚实共生的方向演进，丰富人们在文化娱乐方面的体验，更注重通过3D建模、智能感知、数字孪生等技术解决现实生产、生活与社会治理问题。在《虚拟现实与行业应用融合发展行动计划（2022～2026年）》等国家政策引领下，虚拟现实产业总体规模将进一步扩大，终端销量将进一步提升。

（三）基础制度建设推动数据资源应用

数据作为新型生产要素，是数字化、网络化、智能化的基础。2022年12月2日，《中共中央　国务院关于构建数据基础制度更好发挥数据要素作用的意见》（简称“数据二十条”）出台，提出围绕构建数据基础制度，逐步完善数据产权界定、数据流通和交易、数据要素收益分配、公共数据授权使用等规定，对数据基础制度体系的“四梁八柱”作出了战略布局，为我国大数据发展提供了良好的政策环境。截至2022年底，我国省级以上政府提出推进建设数据交易场所近30家①。随着各类数据商进场交易，我国数据交易市场交易规模将持续扩大、交易类型将日益丰富，未来选购数据产品或如逛超市一样方便。我国数据产权划分、交易流通等实施细则和标准规范也有望陆续出台，数据跨部门、跨层级、跨地区汇聚融合与深度利用将得到

① 国家发改委：《加快构建全国一体化的数据交易市场体系》，https：//www.ndrc.gov.cn/xxgk/jd/jd/202212/t20221219_1343660_ext.html。

广泛实践，推动数字乡村、数字政府以及智慧城市建设进一步提速，有力提升我国数据资源应用效能。

（四）网络安全与个人信息保护进一步强化

在党的二十大报告中，“安全”成为高频词，报告指出，“我国发展进入战略机遇和风险挑战并存、不确定难预料因素增多的时期”。要“强化经济、重大基础设施、金融、网络、数据、生物、资源、核、太空、海洋等安全保障体系建设”。网络空间对抗已成为大国博弈的常态化手段，筑牢网络安全防线已成为维护国家安全和社会稳定的关键。2022 年国家卫生健康委等部门公布《医疗卫生机构网络安全管理办法》，构建医疗卫生领域网络和数据安全系统；中国证监会、国家能源局、交通运输部等也就证券期货业、电力行业、公路水路等行业的专门性网络安全规范向社会公开征求意见。随着网络强国、数字中国建设发展，我国网络安全配套规定将逐步完备，个人信息、车联网、人工智能等重要领域数据安全标准将持续完善。值得关注的是，移动量子保密通信技术突破了传统信息技术安全保密和信息容量的极限，在特定领域的应用将更加普及。

（五）Web3.0与卫星通信应用有效拓展

Web3.0 在移动互联网业界持续走热，一些行业人士称其为“新一代互联网”“当下最重要的新技术战场”，不少人才和资金涌入新概念下的技术市场。当前，我国正在积极探索符合中国国情的 Web3.0 发展路线，阿里、腾讯等企业已启动 Web3.0 技术与应用探索的战略布局，平安、华为等企业也在不断推进区块链、数字身份等 Web3.0 关键底层技术研发。预计我国 Web3.0 相关标准与相关法律法规将加快制定，各地也将进一步推动区块链等技术赋能实体经济，Web3.0 应用有望产生更多实际价值。

随着卫星直连手机、卫星通信与 5G 融合探索不断推进，我国低轨卫星网络和空天地一体化的建设将加速，卫星通信在手机通信（如搭载卫星通信的手机）、民航（如机载 WiFi）、应急救灾（如应急救灾无人机）、金融交易等领域的应用将持续拓展，卫星互联网商业化程度将进一步提升。

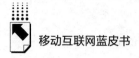

（六）移动平台企业迎来新战略发展期

2022 年以来，在强化反垄断、防止资本无序扩张的同时，国家多次强调鼓励平台创新，“支持平台企业在引领发展、创造就业、国际竞争中大显身手”，“设置好‘红绿灯’，促进平台经济健康发展，带动更多就业”，不断释放支持平台经济发展的利好政策。移动平台企业也开始致力于减少盲目扩张，强调赋能实体经济，不断提质增效。如腾讯提出建设“全真互联网”，重点在虚实融合；阿里巴巴多次宣称“始终扎根实体经济”。随着 5G、“东数西算”工程等移动互联网基础设施建设进一步推进，更多具有强大技术能力、吸纳资源能力、行业运营能力的工业互联网平台、元宇宙开发平台、生成式人工智能平台等或将涌现，为平台经济发展带来新动力和新红利。平台企业将迎来新的发展，在赋能实体经济、重构产业生态中发挥积极作用。

参考文献

工业和信息化部：《2022 年通信业统计公报》，https：//www. miit. gov. cn/gxsj/tjfx/txy/art/2023/art_ 77b586a554e64763ab2c2888dcf0b9e3. html。

中国信息通信研究院：《中国 5G 发展和经济社会影响白皮书（2022 年）》，http：//www. caict. ac. cn/kxyj/qwfb/bps/202301/P020230107836826955809. pdf。

中国信息通信研究院：《2022 年四季度互联网投融资运行情况》，http：//www. caict. ac. cn/kxyj/qwfb/qwsj/202302/P020230213570332426763. pdf。

综合篇

Overall Reports

B.2
2022年移动互联网法规政策发展与趋势

郑 宁　杨加冕*

摘 要： 2022年，移动互联网领域法规政策加快布局，在巩固既有成果的基础上，持续推进网络信息犯罪治理、数字政府建设、网络信息内容治理、行业数字化规范、网络新业态监管、数据安全保护以及特殊群体保障，为移动互联网安全发展营造良好法律政策环境。未来，移动互联网领域需要坚持发展与安全观念，加快推进法律衔接，健全网络安全治理规则体系，持续优化数字经济治理。

关键词： 移动互联网　法规政策　数字治理

* 郑宁，中国传媒大学文化产业管理学院法律系主任、副教授，研究方向为网络法、文化传媒法；杨加冕，中国传媒大学文化产业管理学院法律系，研究方向为网络法、文化传媒法。

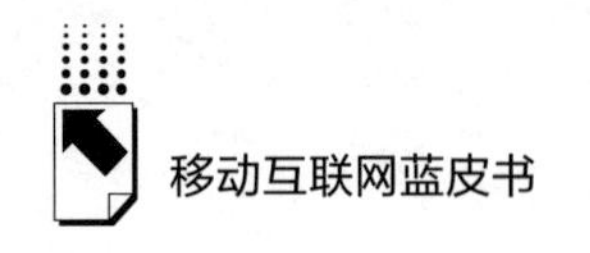

一 2022年移动互联网法规政策概述

（一）法规政策

2022 年，移动互联网领域在《网络安全法》《数据安全法》《个人信息保护法》的法律架构下，进一步推动释放数据红利、细化监管规则、加强协同治理、做好法律衔接，加速数字中国的立法政策建设，补足短板。

从政策层面来看，2021 年 12 月，国务院公布《“十四五”数字经济发展规划》，强调推动数字经济与实体经济的深度融合，加速建设数字经济现代市场体系；2022 年 1 月，国务院公布《“十四五”市场监管现代化规划》，从提升监管能力和优化市场竞争生态出发，进一步强调完善线上市场监管；5 月，中共中央办公厅、国务院办公厅公布《关于推进实施国家文化数字化战略的意见》，着眼于文化数字化建设的全面落实；6 月，国务院公布《关于加强数字政府建设的指导意见》，提出加快建设现代化数字政府；10 月，党的二十大报告中强调健全网络综合治理体系，推动形成良好网络生态；12 月，中共中央、国务院公布《关于构建数据基础制度更好发挥数据要素作用的意见》，提出构建四大数据基础制度，健全数据要素市场规则，释放数据红利。

从法律层面来看，2022 年 6 月，《反垄断法（修正案）》发布，着力解决数据和算法应用下制度供给不足的问题，进一步强化对平台企业垄断的规制，优化数字市场竞争环境；12 月，《反电信网络诈骗法》生效，该法作为我国反电信网络诈骗的首部专门立法，着眼于前端治理，强调构建预防性法律制度，加强协同联动工作机制建设，推动形成全链条、全行业、全社会的打防管控格局。

从行政法规层面来看，2022 年 3 月，国务院修订《互联网上网服务营业场所管理条例》，推动互联网上网服务营业场所经营单位切实履行信息网络安全职责。

从部门规章层面来看，2022 年 8 月，国家互联网信息办公室（以下简称网信办）公布的《互联网用户账号信息管理规定》生效，明确细化互联网信息服务提供者的信息内容管理责任；11 月，网信办、工业和信息化部（以下简称工信部）、公安部公布《互联网信息服务深度合成管理规定》，围绕深度合成服务提供者和技术支持者构建责任义务体系。

从其他规范性文件层面来看，2022 年 3 月，网信办等三部门公布《关于进一步规范网络直播营利行为促进行业健康发展的意见》，改善网络直播市场环境，引导网络直播依法合规经营；4 月，国家广播电视总局（以下简称广电总局）、中宣部公布《关于加强网络视听节目平台游戏直播管理的通知》，规范平台和企业在游戏直播领域的管理责任；同月，中共中央办公厅、国务院办公厅印发《关于加强打击治理电信网络诈骗违法犯罪工作的意见》，重点布局电信网络诈骗违法犯罪整治工作；同月，国家航天局公布《国家民用卫星遥感数据国际合作管理暂行办法》，推进遥感卫星数据跨国开放共享，明晰卫星遥感数据的安全管理责任；5 月，广电总局公布《广播电视和网络视听领域经纪机构管理办法》，对广播电视和网络视听领域经纪机构及其从业人员进行专门规范；同月，中央文明办等四部门公布《关于规范网络直播打赏　加强未成年人保护的意见》，聚焦网络直播中的未成年人保护；8 月，网信办修订的《移动互联网应用程序信息服务管理规定》生效，细化互联网应用程序提供者、分发平台的信息内容管理责任；同月，国家卫健委公布《医疗卫生机构网络安全管理办法》，明确医疗卫生机构网络运营的安全管理责任；9 月，网信办等三部门公布《互联网弹窗信息推送服务管理规定》，针对现实问题，强化对互联网弹窗信息推送服务的管理；11 月，市场监管总局等七部门公布《关于进一步规范明星广告代言活动的指导意见》，进一步明确明星、企业、广告公布单位的主体责任，规范明星广告代言活动；同月，中央网信办秘书局公布《关于切实加强网络暴力治理的通知》，从预警预防机制、当事人保护、信息传播扩散、相关主体处置等四方面，强化网络暴力治理效能；同月，工信部、网信办公布《关于进一步规范移动智能终端应用软件预置行为的通告》，提升移动互联网应用服务供给水平；12 月，网信办新修订的《互联网跟帖评论服务管理规定》正式实施，重点明确了跟帖评论服务提供者和公众账号生产运营者的管理责任，做好网络暴力预防性治理；同月，工信部公布《工业和信息化领域数据安全管理办法（试行）》，在工业和信息化领域贯彻落实数据安全基本要求。

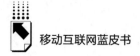

（二）执法

2022 年，移动互联网在执法环节持续加码，一方面聚焦现实痛点难点问题，继续巩固既有治理成果；另一方面集中推进对重点领域和新兴业态的治理，多部门联合整治呈现常态化，协同治理取得新进展。

1. 聚焦现实痛点，推动联合治理

2022 年，网信办加大执法力度，部署开展“清朗”系列专项行动，聚焦影响面广、危害性大、民众反映强烈的重点问题，围绕网络谣言、应用程序信息服务乱象、算法应用、互联网用户账号运营专项等 11 项内容开展专项行动，净化网络生态；公安部部署开展“净网 2022”专项行动，主动对接有关主管部门，严厉打击“电信网络诈骗”“侵害个人信息”“侵害个人隐私”“网络赌博”“跨地域网约犯罪”“网络水军”等危害网络秩序和群众权益的突出违法犯罪，深入整治网络黑灰产和网络乱象；国家版权局等四部门联合启动打击网络侵权盗版“剑网 2022”专项行动，强化侵权盗版重点领域和新业态的版权监管，持续巩固有声读物、网络音乐、游戏动漫、网盘等领域工作成果；10 月，工信部等五部门公布《虚拟现实与行业应用融合发展行动计划（2022~2026 年）》，为加快虚拟现实与行业应用的融合发展提供行动指南。

2. 鼓励协同治理，提高治理效能

面对新业态新模式，各监管部门在现有职能基础上加强合作，同时鼓励市场主体发挥自主性，参与协同治理，实现有效治理与有序发展并举。

2022 年，科技部等六部门联合公布《关于加快场景创新以人工智能高水平应用促进经济高质量发展的指导意见》，将协同治理作为基本原则之一，要求充分发挥政府和市场的积极性。

在文娱、元宇宙、NFT、数字藏品等领域，行业协会积极探索行业自律规范和标准建设，发布《电视剧网络剧摄制组生产运行规范（试行）》《网络直播主体信用评价指标体系》《元宇宙产业自律公约》《关于规范数字藏品产业健康发展的自律要求》《关于再次规范数字藏品健康发展的自律要求》《数字藏品技术与规范》《数字藏品合规评价准则》等文件。

（三）司法

2022年，在司法环节，检察院着力于公共利益保护，持续探索预防性公益诉讼，助力单位犯罪治理现代化，优化数据企业合规适用条件。法院持续深化智慧法院建设，优化技术服务司法审判服务，细化网络案件审理规则，提升司法保护效果。

1. 推进个人信息保护公益诉讼

2022年6月，最高人民检察院公布《关于加强刑事检察与公益诉讼检察衔接协作严厉打击电信网络犯罪　加强个人信息司法保护的通知》，总结个人信息保护公益诉讼经验，针对当下个人信息违法犯罪的发展态势，深化个人信息保护公益诉讼制度建设，降低诉讼成本，实现对风险的防御性治理。

2. 推进数据企业合规不起诉

2022年5月，上海市普陀区人民检察院公布全国首例数据非法“爬取”经合规整改后不予起诉案例。此案作为数据合规治理与合规不起诉制度的首次交集，在数据合规领域贯彻落实《关于开展企业合规改革试点工作的方案》，防范数据合规风险，平衡发展与安全需求，优化营商环境。

3. 深化智慧法院建设

2022年，最高人民法院先后公布《最高人民法院关于加强区块链司法应用的意见》《关于规范和加强人工智能司法应用的意见》，系统指导人民法院加强前沿技术应用，全面深化智慧法院建设，为人民法院提高技术应用水平、推进审判体系和审判能力的现代化指明了方向。

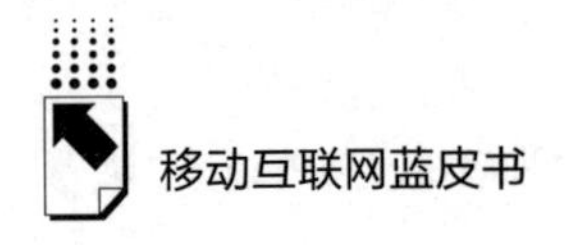

4. 细化网络案件审理规则

2022 年 3 月，最高人民法院公布《关于审理网络消费纠纷案件适用法律若干问题的规定（一）》，集中回应网络消费新业态、新模式的权利义务关系，全面保障消费者权益；同月，最高人民法院公布《关于适用〈中华人民共和国反不正当竞争法〉若干问题的解释》，对网络不正当竞争行为做出细化规定。

5. 多措并举助力网络权益保护

2022 年，各地法院契合互联网经济的安全与发展需要，多措并举提升司法保护网络权益的效果，助力形成公平竞争的互联网市场环境。2 月，上海市浦东新区人民法院就盗播北京冬奥会赛事节目发出 1 号行为禁令，第一时间制止不法行为，防止损失持续扩大；7 月，广州互联网法院办理全国首例涉人脸信息保护民事公益诉讼案件，并创新提出“恢复性司法+社会化综合治理”路径，建立公益损害修复的长效机制；10 月，西安市中级人民法院就《云南虫谷》案作出一审判决，该案判赔数额刷新全国网络影视版权案件赔偿纪录。

二　2022年移动互联网法规政策的特点

（一）加强网络安全法治建设

1. 健全数据安全保护规则

数字经济时代，数据已然成为移动互联网市场发展的关键要素和新动能，成为各市场主体争相竞争的重要资源。2022 年我国围绕数据要素安全保护出台一批规范性文件。在数据安全管理服务上，市场监管总局、网信办出台《数据安全管理认证实施规则》，规范数据安全管理认证程序与要求，提高数据认证服务质量；在数据出境安全管理上，网信办出台《数据出境安全评估办法》和《数据出境安全评估申报指南（第一版）》，为数据出境安全评估管理措施提供具体指引；全国信息安全标准化技术委员会（以下简称信安标委）公布《网络安全标准实践指南—个人信息跨境处理活动安全认证规范》，推进数据跨境认证规范化。

司法部门也针对数据特质，积极探索保护数据要素交易流通的司法方案。司法部公布《国际民商事司法协助常见问题解答》，明确涉诉数据信息的跨境调取规则；温州设立全国首家数据资源法庭，探索数据资源审理业务。

2. 全面落实关键信息基础设施安全保护

关键信息基础设施作为移动互联网信息内容传输、存储的重要载体，其安全关乎公共利益、国家安全和企业发展。2022 年，信安标委公布《信息安全技术　关键信息基础设施安全保护要求》推荐性国家标准，从分析识别、安全防护、检测评估、监测预警、主动防御、事件处置等方面，指导关键信息基础设施安全保护工作；证券期货、电力、医疗卫生、公路水路等领域，也将关键信息基础设施运行安全作为重点内容写入管理办法及征求意见稿中。

3. 突出信息网络犯罪预防性治理

信息网络犯罪具有违法行为隐蔽、传播速度快、危害范围广、个人维权成本高等特征，且日渐呈现个性化、场景化、复杂化的趋势，对此我国正逐步推动信息网络治理模式向事前预防转型，强调预防性治理。《全国人大常委会 2022 年度立法工作计划》将制定网络犯罪防治法列为预备审议项目之一；以电信网络诈骗为试点构建预防性法律制度，围绕《反电信网络诈骗法》出台《关于加强打击治理电信网络诈骗违法犯罪工作的意见》《关于办理信息网络犯罪案件适用刑事诉讼程序若干问题的意见》《关于加强刑事检察与公益诉讼检察衔接协作严厉打击电信网络犯罪加强个人信息司法保护的通知》，重点完善信息网络犯罪司法适用规则，构建集严密防范与严厉打击于一体的治理体系。

（二）加强数字政府建设

数字政府是政府应用现代技术手段转型升级治理模式、提升服务水平的必然结果。我国正处于数字政府建设的关键时期，2022 年首次从全国层面公布《关于加强数字政府建设的指导意见》，提出整合地方管理服务平台，构建全国一体化在线监管平台，并公布《全国一体化政务大数据体系建设指南》，推动政务信息归集共享和有效利用，强化监管数据治理。

（三）强化网络生态治理

1. 多维度深化网络信息服务与内容治理

互联网的去中心化与自由连通使互联网信息服务提供者成为网络信息内容治理的重要一环。互联网信息服务提供者通过制定和执行平台规则，已经初步具备了一定的立法权、行政权和司法权，成为公共治理的重要主体。

为了平衡公共利益保护和信息内容安全，网信办溯源产业链前端应用程序提供者和应用程序分发平台，出台《移动互联网应用程序信息服务管理规定》；针对民声反映强烈、侵权行为突出的新型技术应用，出台《互联网弹窗信息推送服务管理规定》《互联网信息服务深度合成管理规定》回应技术关切；针对网络信息内容治理，出台《关于切实加强网络暴力治理的通知》《互联网用户账号信息管理规定》，修订《互联网跟帖评论服务管理规定》，开展“清朗·打击网络谣言和虚假信息”专项行动，净化网络生态。

2. 持续推进反垄断和反不正当竞争规则完善

平台经济的健康发展是现代化产业体系建设和国家安全领域的重要议题。[①]《2022 年政府工作报告》强调“深入推进公平竞争政策实施，加强反垄断和反不正当竞争，维护公平有序的市场环境”。除《反垄断法（修正案）》《关于适用〈中华人民共和国反不正当竞争法〉若干问题的解释》外，《中华人民共和国反不正当竞争法（修订草案征求意见稿）》也结合数字经济领域竞争行为的特点，针对数据获取和使用、算法实施以及其他阻碍

① 郑彬睿：《党的十八大以来国家安全领域集成创新的三维审视》，《海南大学学报》（人文社会科学版）2022 年第 10 期。

开放共享等网络新型不正当竞争行为作出详细规定，进一步完善对平台经济、共享经济等新业态领域不正当竞争行为的规制规则。

（四）深化文娱领域治理成果

文娱领域在综合治理基础上，将治理经验转化为政策规范。2022 年出台《关于国产网络剧片发行许可服务管理有关事项的通知》《关于进一步规范明星广告代言活动的指导意见》《广播电视和网络视听领域经纪机构管理办法》《网络主播行为规范》等系列文件，加强网络剧片审核，推动建立明星广告代言行为规则，明确经纪人员、网络主播等从业者行为规范，加速构建常态化文娱治理机制。

（五）助力行业数字化规范发展

行业数字化改造是传统行业适应数字经济发展趋势，共享数字红利，促进行业经济再增长的重要途径。在传统行业数字化进程中，不同行业衍生出不同数字场景和数字保护需求，相关主管部门也正在探索不同领域的网络和数据安全监管。2022 年国家卫健委等部门公布《医疗卫生机构网络安全管理办法》，构建医疗卫生领域网络和数据安全系统；中国证监会、国家能源局、交通运输部等也就证券期货业、电力行业、公路水路等行业的专门性网络安全规范向社会公开征求意见。

（六）加强网络新产业新业态监管

移动互联网和数字经济的普及和发展，为政府治理带来了前所未有的挑战。各主管部门针对移动互联网领域的新产业新业态新模式新问题，公布《关于进一步规范网络直播营利行为促进行业健康发展的意见》《查处生产经营含金银箔粉食品违法行为规定》《药品网络销售监督管理办法》《药品网络销售禁止清单（第一版）》《网络产品安全漏洞收集平台备案管理办法》等文件，立足于网络新业态中的突出问题以及新兴产业主体管理，探索构建跨部门协同监管长效机制，提高治理效能。

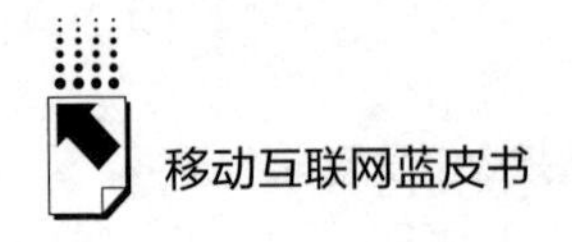

（七）加强对特殊群体的权益保障

1. 加强未成年人保护

未成年人因信息识别能力较弱、价值观念尚未健全，更容易陷入网络暴力、信息泄露、网络诈骗等陷阱中，需要加强特殊保护。2022 年，网信办会同司法部重新起草《未成年人网络保护条例（征求意见稿）》并再次公开征求意见，加快建立未成年人网络保护机制。[①] 同时，中央文明办等四部门公布《关于规范网络直播打赏　加强未成年人保护的意见》，在网络直播领域首次提出针对未成年人保护的专项意见，突出了源头治理、生态治理的理念。

2. 推动落实互联网产品适老化改造

老年群体是网络化、数字化进程中应当重点关注的一类弱势主体，推动老年群体共享数字红利，既需要老年人主动学习适应数字生活，也需要移动互联网应用积极探索适老化开发，多方合力让老年人融入数字生活。[②] 2022 年 1 月，工信部公布首批在“互联网应用适老化及无障碍改造专项行动”中通过适老化及无障碍水平评测的网站和 APP，包括 166 家网站和 51 款 APP，覆盖移动社交、新闻、出行、购物、音乐、视频、外卖等诸多门类。

3. 推动落实用户数据权益保护

在技术手段的背后，网络平台的话语权日益占据移动互联网空间，可能产生难以为社会和用户所察觉的负面影响[③]，因此有必要推动落实用户数据权益保护，督促企业践行个人信息保护。

在用户数据权益救济层面，《互联网用户账号信息管理规定》《互联网跟帖评论服务管理规定》《互联网信息服务深度合成管理规定》《互联网信

---

① 周丽娜：《社会共治视角下构建未成年人网络保护机制——〈未成年人网络保护条例（征求意见稿）〉解读》，《青年记者》2022 年第 9 期。

② 周裕琼：《网络时代，如何帮助老年人适应“数字化生活”?》，《光明日报》2020 年 10 月 23 日。

③ 杨淦：《个人信息保护社会责任的法律内涵及其实现》，《上海大学学报》（社会科学版）2023 年第 1 期。

息服务算法推荐管理规定》都明确新增作为救济机制的用户申诉或投诉举报机制，为移动互联网纠纷化解提供前端解决通道。

在个人信息保护层面，用户个人信息保护具体制度仍然存在细化空间。《电信和互联网用户个人信息保护规定（修订）》被列入10项工信部2022年内完成研究起草任务的项目之一；[①] 网信办、市场监管总局公布的《关于实施个人信息保护认证的公告》，鼓励个人信息处理者通过认证方式提升个人信息保护能力，自觉提高个人信息保护水平。

（八）持续推进网络空间命运共同体建设

1. 深化数字经济国际合作

数字变革是当下社会经济发展的重要驱动力，各国积极布局全球数字治理，争夺国际数据治理话语权。[②] 在促进数据经济发展层面，中国推动达成世贸组织《关于〈电子商务工作计划〉的部长决定》，支持继续延续电子传输免征关税；在数字经济合作方面，中国推动达成金砖经贸领域第一份数字经济合作专门文件《金砖国家数字经济伙伴关系框架》，明确数字经济的合作方向和重点领域，鼓励在能力建设和政策实践层面交流分享。

2. 共同应对国际信息网络安全威胁

2022年，中俄两国发表《关于新时代国际关系和全球可持续发展的联合声明》，强调加强交流与对话，并商定于近期通过两国在该领域的合作计划深化双边合作。在“中国+中亚五国”外长第三次会晤中，中亚各国通过中方提出的《全球数据安全倡议》，标志着发展中国家在携手推进全球数字治理方面迈出了重要一步。[③] 网信办与泰王国国家网络安全办公室、印尼国家网络与密码局分别签署《关于网络安全合作的谅解备忘录》《网络安全合

---

① 《工业和信息化部2022年规章制定工作计划》，工业和信息化部官网，https：//wap. miit. gov. cn/xwdt/gxdt/sjdt/art/2022/art_ 3ef3e1ea3c5a47158ad64bd2204316d3. html。

② 张蕴洁、冯莉媛、李铮、艾秋媛、邱泽奇：《中美欧国际数字治理格局比较研究及建议》，《中国科学院院刊》2022年第10期。

③ 国务院新闻办公室：《〈携手构建网络空间命运共同体〉白皮书》，http：//www. qstheory. cn/yaowen/2022-11/07/c_ 1129107483. htm。

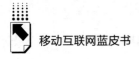

作行动计划》，进一步深化两国网络安全能力建设合作，维护网络空间稳定。

三　移动互联网法规政策趋势展望

（一）进一步织密网络领域法网

“十四五”时期是我国向数字经济迈进的关键时期，也是推进数字服务集成创新、快速发展、深度应用、结构优化的新阶段，需要同时优化国内数字法治环境、提升治理能力。为充分发挥网络安全法律体系整体效能，需要适时修订《网络安全法》等法律文件，厘清立法逻辑、做好法律法规的协调衔接、填补法律空白，进一步织密网络领域法网。[①]

（二）健全网络安全治理体系

1.完善数据保护规则

当下，网络安全的保护对象越来越聚焦到数字经济的核心要素——数据上，需要加速配套政策出台及立法，为充分释放数据要素价值提供可信赖的法律环境。

（1）完善配套规则，加强数据安全服务供给

随着数据的高速发展，对数据安全投入的需求也随之走高。在此趋势下，一方面要面向企业合规需求，出台企业责任清单，明确企业在数据开发利用过程中的安全管理义务，推进规划咨询和建设运维服务；另一方面要做好对数据安全服务主体的监管，明确提供安全服务者的责任义务，鼓励各类主体开展数据安全服务，推动数据安全服务高质量、制度化发展；另外，要加强对数据安全产业重点标准的供给，充分发挥标准对产业发展的引领

① 吴涵、张浣然：《回首峥嵘尽，连天草树芳：〈网络安全法〉首次修订的回顾与展望》，《安全内参》，https：//www. secrss. com/articles/47018。

作用。

（2）加快探索数据立法，助力释放数据要素价值

在数据产权制度上，建立健全数据分类分级确权授权使用机制，明确数据要素权益内容和产权运行，落实数据要素权益保护；在数据要素流通和交易上，完善数据全流程合规和监管规则体系，规范引导数据交易；在数据要素收益分配上，完善数据要素市场化配置机制，发挥政府在收益分配中的引导调节作用，实现效率与公平并举；在数据要素治理上，把安全贯穿数据治理全过程，加强重点领域执法司法，构建政府、企业、社会多方协同治理模式，规范数据市场发展秩序，使优质数据惠及各行各业。

2. 深化个人信息保护

在监管主体上，需要进一步明确网信部门和各行业主管部门在个人信息保护层面的职能分工，提高监管和执法效率；在配套规则上，需要进一步明确合规匿名的程度标准、已公开个人信息的合理使用限度、个人信息商品化的正当性、个人信息的交易规则等，促进个人信息权益保护与个人信息利用，释放个人信息价值；在具体条款适用上，还需要通过典型案例等方式，进一步发挥司法裁判对个人信息保护的指引和教育作用，辅助对《个人信息保护法》具体条款的理解。

3. 推进技术立法

随着数字技术的综合化、泛在化，网络空间中对新技术的利用愈加隐蔽且普遍。对此，一方面，需要针对新技术进行立法，以技术备案、风险评估等手段，优化对新技术新应用的管理和扶持，推动新技术在规范轨道上创新发展，防范技术应用带来的安全风险。另一方面，针对普及度高、风险较大的技术，可以加快推进“小快灵”立法，加强技术监管的灵活性，提高技术监管效能。①

4. 完善平台经济相关规则制度

一方面，要完善平台企业在数据安全、个人信息保护、反不正当竞争等

---

① 《网络立法白皮书（2022 年）》，中国信息通信研究院官网，http：//www. caict. ac. cn/kxyj/qwfb/bps/202301/t20230112_ 414232. htm。

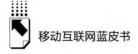

领域的配套适用规则，梳理并制定平台企业主体责任清单，完善平台企业相关市场认定、数据处理、内部生态治理规则，引导平台经济有序竞争，提升平台企业服务水平；另一方面，也要探索适应平台新经济发展的监管机制，针对以数据等具有特殊属性的商品为交易对象的平台，需要结合其特殊经营模式进行监管，[①] 同时通过加强体系性立法或出台《数字平台法》，在法律层面统一数字平台的基础责任；[②] 另外，在执法过程中还需要处理好发展和安全的辩证关系，加强对平台经济领域重大问题的协同研判，提供企业权益侵权救济机制，避免影响、中断平台企业正常经营活动，防范政策叠加导致非预期风险。[③]

（三）统筹发展与安全，深化数字经济与实体经济的融合

1. 加强统筹领导，树立数字产业安全发展观

党的二十大报告指出，要加快发展数字经济，促进数字经济和实体经济深度融合，打造具有国际竞争力的数字产业集群。为实现这一重大目标，贯彻落实《“十四五”数字经济发展规划》，需要加强组织领导，进行全局性、系统性规划建设。

2. 筑牢传统行业数字转型安全保护屏障

传统行业和数字技术的融合发展，以近乎颠覆的方式对传统行业进行了体系化的重构，由此产生的数据风险和网络风险亦成为传统行业转型升级的遏制因素。[④] 因此，需要加速出台重点领域的网络安全管理规则，构建网络安全管理体系和标准体系，为传统行业的数字化转型保驾护航。

（四）统筹国内法治和涉外法治

数字网络国际规范仍处在生成进程中，为强化在全球市场的数字竞争

---

① 单晓华：《数据平台滥用市场支配地位的认定障碍与应对》，《互联网天地》2022 年第 7 期。

② 《网络立法白皮书（2022 年）》，中国信息通信研究院官网，http：//www. caict. ac. cn/kxyj/qwfb/bps/202301/t20230112_ 414232. htm。

③ 王四新、刘德良、韩丹东：《网络综合治理体系如何构建》，《法制日报》2017 年 10 月 25 日。

④ 杨晨：《金融科技背景下数据治理的国际经验及路径构建》，《互联网天地》2022 年第 9 期。

力，扩大数字治理影响力，需要在现行法律框架下加快推进数据跨境流动规则建设，并为国际合作预留法律空间。对此，一方面，需要健全我国数据跨境治理体系配套规范文件，加速数据跨境安全管理规则、数据分类分级认定和标准合同等便捷制度建设，推动数据跨境流动制度化、规范化、标准化；另一方面，需要细化完善数据出境安全评估具体规则，提高制度操作规范性。同时，可以考虑引入数据保护“白名单”制度，加快构建数据跨境流动圈。①

参考文献

郑彬睿：《数字平台经济监管困局与破解路径》，《湖南大学学报》（社会科学版）2023 年第 1 期。

张蕴洁、冯莉媛、李铮、艾秋媛、邱泽奇：《中美欧国际数字治理格局比较研究及建议》，《中国科学院院刊》2022 年第 10 期。

刘金瑞：《迈向数据跨境流动的全球规制：基本关切与中国方案》，《行政法学研究》2022 年第 4 期。

曹芳、赵子飞：《对有益构建中国数据跨境治理方案的思考》，《中国信息安全》2022 年第 3 期。

① 曹芳、赵子飞：《对有益构建中国数据跨境治理方案的思考》，《中国信息安全》2022 年第 3 期。

B.3

移动互联网加速农业农村现代化进程

王 莉　郭亚楠　张 婧　李俊男　刘晨曦*

摘　要： 2022年，我国农村网络基础设施明显改善，移动互联网促进形成乡村产业“新农具”，打通乡村治理“最后一公里”，推动乡村公共服务普惠便捷。面对可能会出现的各类问题，需要加快补齐农村数字基础设施短板，大力拓展移动互联网应用场景，着力提升农村居民的数字素养与技能，筑牢农村网络安全防线，助力农业农村现代化建设迈上新台阶。

关键词： 移动互联网　农业农村现代化　数字乡村

习近平总书记深刻指出，“没有农业农村现代化，就没有整个国家现代化。”2022年10月，总书记在陕西延安和河南安阳考察时强调，“全面建设社会主义现代化国家，最艰巨最繁重的任务仍然在农村。”推进农业农村现代化，必须充分发挥信息化驱动引领作用。移动互联网作为信息化的重要手段，融合其他新一代信息技术赋能“三农”发展，对于进一步解放和发展农业农村数字化生产力、助力实现农业农村现代化具有重要意义。

* 王莉，中国信息通信研究院产业与规划研究所主任，高级工程师，研究领域为数字乡村、数字鸿沟等；郭亚楠，中国信息通信研究院工程师，主要研究领域为数字乡村、数字化转型等；张婧，中国信息通信研究院工程师，主要研究领域为数字乡村、数字经济等；李俊男，中国信息通信研究院工程师，主要研究领域为数字乡村、信息通信等；刘晨曦，中国信息通信研究院工程师，主要研究领域为数字乡村等。

一　移动互联网助力农业农村现代化的主要途径

（一）促进产业高质量发展

通过移动互联网，全面感知、可靠传输、先进处理和智能控制等技术优势可以在农业中得到充分发挥，大田种植、设施农业、畜禽水产养殖等农业生产领域向精确集约、优质高效、科学管控转变，农业资源可以得到合理使用，农业投入品利用率不断提高。例如，山东省邹平市“邹平掌上智农”应用程序通过共享数字农业农村服务管理平台数据，使农户足不出户即可远程查看地块的积温积雨、病虫草害、土壤墒情、作物长势等情况，同时，农户也可通过该应用程序进行分享交流、专家咨询，第一时间解决农业生产中遇到的问题。此外，移动互联网在乡村旅游、休闲农业、认养农业、民宿经济等乡村新业态领域加快普及应用，对传统乡村特色产业进行全产业链升级改造，形成网络化、智能化、精细化的创新运营与管理模式，为农村数字经济发展注入活力。

（二）促进乡村治理现代化

以移动互联网为代表的数字技术推动了乡村治理由党政主导转向党委政府、社会组织和农村居民等共同参与的“一核多元”治理格局。一方面，移动互联网技术能够打破空间限制，加快信息传递，降低组织成本，方便群众议事表决，有效提高村务决策民主性和科学性。另一方面，移动互联网技术能够畅通与群众的信息沟通渠道，通过微信群、小程序等高效向群众宣贯政策信息，同时“三务”信息也能够及时接受群众监督。例如，上海宝山区探索建立了以党建为引领、以移动互联网为载体、以村居党组织为核心、以城乡居民为主体、以有效凝聚精准服务为特点的智能化治理系统“社区通”，全区 104 个村全部上线，超过 63 万村（居）民实名加入，连通了多元主体，提供了精细智能的城乡服务。

（三）促进乡村数字惠民

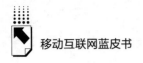

移动互联网等技术有效助推城乡公共服务资源的精准对接和顺畅流动，促使“互联网+教育”“互联网+医疗健康”“互联网+人社”等不断向乡村延伸覆盖，极大提升农村公共服务数量和质量。例如，河南省已实现远程医疗全覆盖，全面建成省、市、县三级网络远程医疗系统，并延伸至村卫生室，实现“村头问诊、云端看病”。此外，移动互联网极大丰富了农村居民的精神文化生活。农村居民积极参与网络文化传播，一批“乡村网红”以短视频平台为主阵地，立足乡村，开展乡村推介、直播带货、志愿服务等，宣传当地优秀传统文化，带动特色产业发展，为农村居民带来实惠。

二　移动互联网在农业农村发展中的应用现状

（一）农村网络基础设施明显改善

全国八批电信普遍服务试点深入实施，已实现“村村通宽带”“县县通5G”。截至2021年底，全国行政村通宽带比例达100%，通光纤和4G比例均超过99%，基本实现农村城市“同网同速”。截至2022年底，全国建成并开通5G基站231.2万个，所有地级市城区、县城城区和96%的乡镇镇区实现5G网络覆盖①。持续开展精准降费，面向农村脱贫户持续给予5折及以下基础通信服务资费折扣，已惠及农村脱贫户超过2800万户，累计让利超过88亿元②。农村地区互联网普及率稳步提升，截至2022年6月，农村地区互联网普及率达到58.8%，较“十三五”初期翻了一番，城乡地区互联网普及率差距缩小了近10个百分点③，2021年农村居民平均每百户接入互联网移动电话229部，比上年增长4.4%④。

① 工业和信息化部：《2022年通信业统计公报》，2023年1月。

② 工业和信息化部：《全面实现“村村通宽带”新闻发布会》，2021年12月。

③ 中国互联网络信息中心：《第50次中国互联网络发展状况统计报告》，2022年8月。

④ 中央网信办、农业农村部：《中国数字乡村发展报告（2022年）》，2023年3月。

（二）探索形成乡村产业“新农具”

移动互联网与物联网、云计算、大数据等新一代信息技术在农业生产领域的融合应用，促进了生产要素的优化配置与农业经济转型，有效提升农业质量效益和竞争力，2022 年全国大田种植信息化率超 21. 8%，植保无人机保有量达到 16 万架，带有北斗定位功能的智能化农机超过 90 万台[①]。2021 年全国农业生产信息化水平为 25. 4%[②]。农村电商引领农业农村数字经济加快发展，农村寄递物流体系不断完善，直播电商、社区电商等新型电商模式持续涌现，“三品一标”行动、脱贫地区农业品牌公益帮扶行动、农业品牌精品培育计划和“数商兴农”专场促销活动扎实推进。2022 年全国农村网络零售额达 2. 17 万亿元，同比增长 3. 6%，全国农产品网络零售额 5313. 8 亿元，同比增长 9. 2%[③]。移动互联网助力乡村旅游、休闲农业、民宿经济加快发展，2022 年推出乡村旅游精品线路 369 条，通过新媒体和互联网平台以供需高度适配带动居民消费、助旅纾困。[④]

（三）打通乡村治理“最后一公里”

“移动互联网+党建”在农村地区得到迅猛发展，逐渐成为加强党性教育、强化党员管理、推进从严治党的有力抓手，打通了基层党建工作“最后一公里”。各地积极探索政务服务移动端应用创新，涌现一批以“粤省事”“浙里办”“随申办”“蒙速办”等为代表的移动政务服务特色品牌，推动更多涉农政务服务事项“掌上办”“指尖办”，农民群众的满意度、获得感不断提升。2021 年全国县域涉农政务服务在线办事率为 68. 2%[⑤]。村级“阳光三务”工作全面深化和推进，依托移动互联网技术，将涉及“阳光三务”的各类事项纳入平台管理，切实保障农民群众的知情权、参与权和监督权。相关调查结果显示，农

---

① 央视新闻：《朝闻天下》报道，2022 年 12 月。

② 中央网信办、农业农村部：《中国数字乡村发展报告（2022 年）》，2023 年 3 月。

③ 商务部：《2022 年网络零售市场发展情况》，2023 年 1 月。

④ 文旅部：《2022 年第四季度例行新闻发布会》，2022 年 12 月。

⑤ 中央网信办、农业农村部：《中国数字乡村发展报告（2022 年）》，2023 年 3 月。

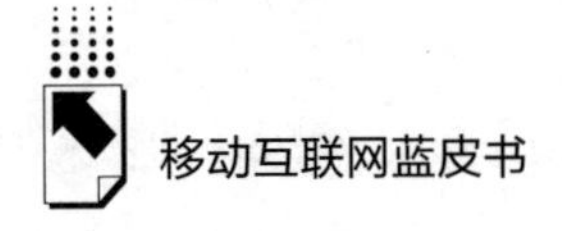

村移动互联网用户中约90%的用户加入了村里的QQ或微信聊天群，超过80%的村委会会议信息、决策信息、公示信息等通过聊天群传递①。移动互联网助力农村人居环境整治提升，在“全国农村人居环境”微信公众号上设置“随手拍”专栏，群众可进入专栏上传图文反映困难、问题和意见建议。

（四）推动乡村公共服务普惠便捷

移动互联网的蓬勃发展助力优质资源共享，让偏远农村地区的学生同步享有公平而有质量的教育。截至2022年底，全国各级各类学校互联网接入率达100%，99.5%的中小学拥有多媒体教室②。国家智慧教育平台扩大了优质教育资源覆盖面，城乡学生共享全国名师、名家、名校、名课资源，促进了教育均衡发展。乡村“互联网+医疗健康”服务持续提升，截至2022年9月，远程医疗服务平台已覆盖所有的地市和90%以上的区县，优质医疗资源不断下沉农村。相关调查结果显示，农村移动互联网用户中有30%至40%的用户通过聊天APP向村医问诊和享受远程医疗服务③。电子社保卡在农村地区得到快速推广应用，为农村居民提供参保登记、社保缴费及查询、待遇认证及领取等多项便民服务。移动支付便民工程向乡村纵深发展，不仅覆盖交通、医疗、零售、教育、公共缴费等传统生活服务领域，而且在农村特色产业、农产品收购等领域深入应用。截至2022年6月，我国农村地区网络支付用户规模达到2.27亿，占农村网民的77.5%④。

三　移动互联网在农业农村发展中存在的问题

（一）乡村信息基础设施整体仍然薄弱

信息基础设施是移动互联网在农业农村发展中的根基。一方面，受地形

---

① 《拓展“移动互联网+”应用　助力农业农村现代化》，《农民日报》2022年1月。

② 《2022教育数字化成绩单公布》，《北京日报》2022年12月。

③ 《拓展“移动互联网+”应用　助力农业农村现代化》，《农民日报》2022年1月。

④ 中国互联网络信息中心：《第50次中国互联网络发展状况统计报告》，2022年8月。

等因素影响，我国偏远地区、部分自然村仍存在网络信号覆盖盲点。截至2022年6月，我国农村地区互联网普及率达58.8%，与我国整体74.4%的互联网普及率仍有不小差距①，城乡数字鸿沟仍然存在。同时，农业现代化发展对网络基础设施性能提出了较高要求，例如无人驾驶要求低时延、精准种植要求高带宽，保证通信网络性能在不同场景下都能满足需求，对信息基础设施的网络通信质量提出了新要求。另一方面，涉农信息系统相互割裂，不同部门搭建的涉农信息系统在数据收集、相关系统填报、信息报送等方面协调力度不够，数据对接不足，难以形成合力，“数据孤岛”等问题仍然存在，涉农数据要素价值有待进一步释放，农业大数据基础支撑有待加强。

（二）移动互联网在“三农”领域融合应用不深

场景应用是移动互联网在农业农村发展中的核心。一方面，受涉农数字化技术创新研发动力不足等影响，高端智能农业装备的核心部件长期依赖进口，自主研发的传感器灵敏度低、稳定性差，作物生长模型、生产控制软件等与国外差距明显，导致移动互联网应用日益趋同，无法满足市场差异化需求，存在技术与市场需求脱节、融合应用场景较少等问题，移动互联网在智慧农业等领域的应用场景有待进一步挖掘。另一方面，农村信息化建设还存在过多依赖政府投入的现象，对社会资本的吸引和撬动不足。全国县域农业农村信息化建设的财政投入仅占国家财政农林水事务支出的1.4%②。同时，农业领域信息化建设周期长、回本慢等，导致社会资本参与意愿不强、积极性不高，尚未形成产业规模，多元共建、融合发展模式仍需深入探索和挖掘。

（三）农民缺乏对移动互联网应用的有效利用

农民群众参与是移动互联网在农业农村发展中的关键。一方面，由于终

---

① 中国互联网络信息中心：《第50次中国互联网络发展状况统计报告》，2022年8月。

② 农业农村部：《全国县域农业农村信息化发展水平评价报告（2021）》，2021年12月。

端普及、基础教育水平等方面问题，我国农村居民的信息化应用水平仍然不高，存在着较大的“使用鸿沟”，在掌握数字技术的知识、使用广度、使用深度等方面与城市居民存在较大的差距，农民数字素养与技能有待进一步提升。第七次全国人口普查的数据显示，我国农村 60 岁以上老人比例为 23.81%，65 岁及以上老人比例为 17.72%，比城镇分别高出 7.99 个和 6.61 个百分点[①]。我国数字素养城乡发展不均衡的问题突出，农村居民数字素养得分 35.1 分，比城市居民低 37.5%，32.9%的农村居民认为手机或电脑的应用个人就业/创业及收入提升“没有起到任何作用”[②]。另一方面，农村地区现有的信息系统、户外大屏等应用操作复杂、功能单一，且存在重复建设等现象，无法适应广大农民群众应用需求，农村信息化内生发展动力有待激发。

（四）农村面临的网络安全风险挑战日益严峻

网络安全是移动互联网在农业农村发展中的保障。一方面，受文化程度、生活环境等因素影响，农村居民上网多是进行娱乐消遣活动，对农业生产网络安全知识不够了解，个人信息保护、农业生产数据保护等意识薄弱，电信诈骗、网络诈骗等网络犯罪在乡村时有发生。另一方面，虽然“清朗”系列专项行动开展以来，清理违法和不良信息 200 余亿条，账号近 14 亿个[③]，但各类低级趣味、“标题党”等不良信息仍活跃在农村居民的网络空间，以培训名义搞传销、以高利诱惑搞“投资”、以虚假疗效卖保健品等不法侵害时有所闻，严重影响了乡村网络文化的健康发展，尚未满足农村居民获取优质网络文化内容等精神文化需求。

---

① 国家统计局：《第七次全国人口普查公报》，2021 年 5 月。

② 中国社会科学院信息化研究中心：《乡村振兴战略背景下中国乡村数字素养调查分析报告》，2021 年 3 月。

③ 中国这十年·系列主题新闻发布会，2022 年 8 月。

四　加快推动移动互联网助力农业农村现代化的建议

（一）补齐农村数字基础设施短板

一是加强农村网络基础设施建设。持续深入推进电信普遍服务，不断提升和完善偏远和欠发达地区网络基础设施供给能力，逐步推进 5G 网络和千兆光网向乡村延伸覆盖，提高农村网络服务质量。二是加快推进数据资源整合共享。充分利用城乡现有信息资源，统筹规划乡村涉农信息系统的建设数量和规模，避免重复建设和资源浪费，打通不同平台、不同应用之间的“数据壁垒”，提高涉农移动互联网应用的数据资源整合程度。

（二）大力拓展移动互联网应用场景

一是提高涉农信息终端实用性。持续丰富涉农应用的功能模块，优化操作步骤，提高农村居民对移动互联网应用的接受度和使用频率。继续推进应用的适老化改造，切实解决中老年农村居民运用移动互联网过程中可能遭遇的问题和不便。二是引导社会资本开发涉农专用 APP。鼓励企业深度参与农业农村现代化建设，结合“三农”领域特点深化研发适用于农村居民日常生产生活需求和场景的应用软件，推动移动互联网在农业生产、乡村治理、农民生活等农业农村实际场景中融合应用。

（三）提升农村居民的数字素养与技能

一是加强农民应用技能培训。不断完善农民数字素养与技能培训体系，以线上线下相结合的方式有序开展电子商务、智慧农业等领域的数字技能培训，持续深化移动互联网设备在农业农村的推广应用。二是支持地方人才培育。加快培育农村复合型“新农人”，推动农村居民生产力和创造力的数字化转型，发挥“第一书记”、大学生村官等驻村党员干部的示范作用，推进

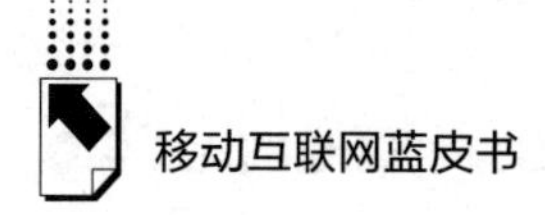

地方数字乡村建设人才队伍建立。三是鼓励城乡人才流动。加快建立农业农村专业人才统筹使用制度，完善人才扶持政策，吸引外出务工人员、高校毕业生回乡发展，打造一批数字乡村领域组织型人才和领军人才。

（四）筑牢农村网络安全防线

一是建立乡村网络安全管理规范。推进网络空间法治化进程，加快网络相关立法，提高网络综合治理水平和解决网络诈骗等网络安全问题的能力。加强数据治理和个人信息保护，减少个人信息泄露问题，净化乡村移动网络生态空间。二是加强涉农信息基础设施安全防护。落实等级保护制度，持续展开信息风险安全评估和安全检查，不断强化跨领域网络安全信息共享和工作协同，提升涉农网络安全威胁发现、监测预警、应急指挥、攻击溯源能力。三是加强网络安全宣传与培训。鼓励地方定期开展网络安全意识普及活动，通过列举典型案例、发放网络安全宣传手册等方式开展培训，提高农村居民个人信息保护意识。

参考文献

查雅雯、孙小龙：《移动互联网使用对农村居民幸福感的提升效果及政策建议》，《江苏农业科学》2022 年第 19 期。

李灯华、许世卫：《农业农村新型基础设施建设现状研究及展望》，《中国科技论坛》2022 年第 2 期。

李道亮：《农业 4.0——即将到来的智能农业时代》，《农学学报》2018 年第 1 期。

郭顺义：《移动互联网推动实现农村共同富裕》，载唐维红主编《移动互联网蓝皮书：中国移动互联网发展报告（2022）》，2022。

B.4

移动互联网与文化数字化的创新发展

钟艺聪　魏鹏举*

摘　要： 2022年发布的《关于推进实施国家文化数字化战略的意见》和党的二十大报告都强调了我国建设文化强国和网络强国的重要性。随着我国文化数字化战略的不断深化，在互联网数字技术的支撑下，新型文化业态和产业结构正蓬勃兴起。目前我国文化数字化基础设施正逐步完善，数字消费市场潜力深厚，有利于文化产业与国民经济其他部门的协调发展。其中，高质高量、内外兼施、互促互联、共治共享的格局构建也将成为我国移动互联网与文化数字化创新发展的特征与趋势。

关键词： 移动互联网　文化数字化　国家文化数字化战略

习近平总书记强调："要顺应数字产业化和产业数字化发展趋势，加快发展新型文化业态，改造提升传统文化业态，提高质量效益和核心竞争力。"移动互联网为文化数字化的发展提供了高效有序的窗口平台和技术支持。据《中国数字经济发展报告（2022年）》统计，中国数字经济总体规模已高达45.5万亿元，占GDP比重达39.8%。[①] 国家统计局对全国近7万家规模以上文化及相关产业企业的调查显示，2022年文化企业实现营业收

---

* 钟艺聪，澳门城市大学人文社会科学学院博士研究生，研究方向为数字文化与文化经济；魏鹏举，中央财经大学文化经济研究院院长、教授、博士生导师，研究方向为文化经济与政策。

① 中国信息通信研究院：《中国数字经济发展报告（2022年）》，2022年7月，http：//www.caict.ac.cn/kxyj/qwfb/bps/202207/t20220708_405627.htm。

入121805亿元，比上年增长0.9%。从新业态发展特征来看，与文化数字化相关的16个行业小类完成43860亿元营收，增长比全部规模以上文化企业快4.4个百分点。[①] 由此看出，我国文化数字化基础设施正逐步完善，数字消费市场潜力深厚，这是我国的独有特点。

当前，文化数字化是我国文化领域的关键方向，国家文化数字化战略对文化产业的可持续发展有至关重要的影响，有机会在未来催化出数以万亿级计量的产值。同时，战略的提出也将掀起文化产业的产业结构和业态布局的巨变，推进文化产业与国民经济其他部门的协调发展。

一　移动互联网背景下中国文化数字化的创新与发展

（一）文化数字化的发展历程

截至2022年6月，我国网民规模为10.51亿，互联网普及率达74.4%[②]，互联网应用的普及为文化数字化在中国的发展按下了“加速键”。2022年5月，中共中央办公厅、国务院办公厅发布了《关于推进实施国家文化数字化战略的意见》，提出到“十四五”时期末，基本建成文化数字化基础设施与服务平台；到2035年，建成国家文化大数据体系，实现中华文化全景呈现，中华文化数字化成果全民共享；加速对文化产业数字化的统筹规划，致力于培育新型文化企业等。

追本溯源，我国文化数字化发展已久。2012年，《国家“十二五”时期文化改革发展规划纲要》中提到涵盖从文化资源数字化到文化生产数字化，再到文化传播数字化的全面数字化工作部署。2019年，科技部与中宣部等

① 国家统计局：《2022年全国规模以上文化及相关产业企业营业收入增长0.9%》，2023年1月，http：//www.stats.gov.cn/tjsj/zxfb./202301/t20230130_ 1892476.html。

② CNNIC：《第50次〈中国互联网络发展状况统计报告〉》，2022年8月，http：//www.cnnic.net.cn/n4/2022/0914/c88-10226.html。

发布《关于促进文化和科技深度融合的指导意见》，针对网络强国建设、数字经济发展等工作做出相关安排。

2020 年 11 月，《中共中央关于制定国民经济和社会发展第十四个五年规划和二〇三五年远景目标的建议》中强调，在文化领域实施公共文化数字化与文化产业数字化。《文化和旅游部关于推动数字文化产业高质量发展的意见》中，提到要畅通“数字化采集—网络化传输—智能化计算”的数字链条。

2021 年 1 月，国务院发布《“十四五”数字经济发展规划》，倡导移动互联网平台和行业龙头企业等充分发挥产业优势，为传统企业、中小企业的数字化转型提供帮助。同年 9 月，国家广播电视总局发布了《广播电视和网络视听“十四五”发展规划》，提出发挥全国有线电视网络设施、广电 5G 网络在国家文化专网和国家文化大数据体系建设中的关键性作用。同年 10 月，习近平总书记在中共中央政治局第三十四次集体学习讲话中强调，发展数字经济是把握新一轮科技革命和产业变革新机遇的战略选择。

2022 年 4 月，国家发改委在“十四五”“102 项工程”中提出，要大力推进有线电视网络整合与 5G 一体化建设的进程，持续跟进国家文化大数据体系的建设工作。同年 10 月，党的二十大再次强调要实施国家文化数字化战略。多年来，随着我国互联网技术的进步和文化数字化战略的实施，科技与文化的融合逐渐朝复合立体化方向行进，从最初的互联网文化新业态升级到复合型数字文化新业态，从单一的线上数字化转向辐射广泛的虚拟共生数字化。

（二）文化新业态与产业结构

伴随我国文化数字化战略的不断深化，在互联网数字技术的支撑下，新型文化业态和产业结构正蓬勃兴起。我国文化新业态的发展可分为三大阶段。第一阶段是单一的互联网内容生产和内容消费。自 2000 年后，基于互联网的信息交互、内容服务、文化娱乐产品的生产与消费，以及网络平台的升级与发展（从门户网站到在线论坛，从图片传播到音视频传播，从短视频平台到直播平台），在2012年之后逐步成为文化消费的主流模式。第二阶段是互联网和传统文化领域间的双向融合，重点表现在文化出版、广播电视、娱乐演艺、文博展览、产品设计等传统文化领域的数字化。第三阶段是数字技术的全面集成式应用，集线上线下文化消费为一体的数字化，该阶段已不再停留于单纯的“互联网+”或者“+互联网”，而是利用数字技术全面赋能文化产业。

从发展模式和产业结构来看，我国的文化数字化业已涵盖以下部分：第一是起基础作用的数字化硬件设施的开发与更新，例如人工智能应用平台、数据处理云服务平台、VR/AR数字化平台、广电影视数字化摄录与传播平台、全息投影技术平台等；第二是软件工具层，重点包括内容生产和信息处理等方面的软件，例如3D特效软件、三维建模软件、智能图形生成软件、人工智能音视频软件等；第三是数字化内容层和信息流；第四是数字化产品层；第五是数字化消费终端层。

文化数字化以各类文化资源为依托，通过数字技术及信息网络平台完成文化传播和内容升级，是一项集创新、体验、互动为一体的文化服务和共享模式。当前，文化数字化渗透于人民群众现代化生活的各方面，成为社会经济结构转型升级的重要动能。

二　高质高量：移动互联网与文化数字化的生产与整合

（一）生产：新型文化业态赋能文化产业结构调整

近年来，移动互联网和网络社交媒体在数字文化建设的进程中方兴未艾，时刻吸引社会各方关注。2022年，我国在发展文化产业数字化方面，致力于跟进传统业态升级、文化新业态培育和中华文化的活化利用；不断扩充文化数字化内容，支持各类艺术样式通过数字化手段优化创新；培育一批新型文化企业，鼓励文化产业与其他产业间的融合发展。

推动文化数字化、赋能实体经济，势必离不开数字技术与文化产业的合作创新，移动互联网为数字文化与其他产业的深度融合提供了交流的平台。例如电商直播、虚拟数字导购、服装虚拟试穿等，许多零售业的营销模式和服务模式都因网络技术的应用发生着重大变革。再例如市场关注度较高的数字产业博物馆、数字文化街区等数字文化产品，它们的爆火充分体现了数字化在激发产业动能、促进产业结构转型升级中发挥的关键效能。随之还涌现了一批数字文化产品的交易平台。截至 2022 年 6 月 22 日，国内上线的数字文化产品交易平台已达 681 家，头部平台包括阿里鲸探、腾讯幻核、京东灵稀等，参与方包括互联网公司、文化传媒机构和各地文化交易所等。[①] 此外，国家对数字出版、数字影视、数字演播、数字艺术、数字文旅、数字印刷、数字创意、数字动漫、数字服务等新型文化业态也正加速改造，为提升传统文化业态、促进产业结构的优化和调整付诸努力。

（二）整合：中华文化数据库关联文化数据与实体

《关于推进实施国家文化数字化战略的意见》为国家文化数字化战略的实施点亮了前行发展的指路明灯，目标是到 2035 年建成国家文化大数据体系。其中，提出的第一项任务便是“关联形成中华文化数据库”，即综合利用现有的或正在建设的文化领域数字化工程和数据库，对中华文化资源进行整合，依据统一标准来梳理各类形态不一的文化资源或文化数据，连接文化数据源和文化实体，通过建立国家文化专网来构建国家文化大数据体系。

中华文化数据库的“大数据”是通过网络信息交流，将中华民族五千年来积累的文化资源转换成为文化生产要素，来搭建起一个统一的数据平

① 华经产业研究院：《2022 年中国数字文化产品平台数量及产业存在的问题及建议》，2022 年 8 月，https：//baijiahao. baidu. com/s？ id=1740924119164858495&wfr=spider&for=pc。

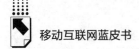

台，借助数据资产目录体系，经检索、订阅、申请来获得数据资源，或通过中间库、中间文件或应用程序编程接口（Application Programming Interface，API）等来进行数据分享，并向下深挖具有传承、发扬价值的中华元素、历史符号和文化标识，以更好地展现中华民族的强大文化基因和精神内涵，全景式地呈现中华文化。中华文化数据库向社会开放的展示和服务，有利于各地各级资源的持续整合，也为中华文化资源内容“实起来”、形式“活起来”和成果“用起来”奠定了良好的根基。

三　内外兼施：移动互联网与文化数字化的传播与贸易

（一）对内：文化数据服务平台实现跨越式的交流

1. 跨层级

《2022联合国电子政务调查报告（中文版）》显示，在近200个联合国会员国中，我国的电子政务排名从2012年的第78位上升到2022年的第43位，是全球增幅最高的国家之一，评估指标中“在线服务”指数排名位于世界领先行列。[①] 全国一体化政务服务平台作为政府数字化转型的基础工程，利用“互联网+”的优势为文化政务服务实现跨层级、跨部门的服务与交流，推进建设“文化一张网”，借助先进的平台技术，倡导让数据多跑路，让群众少跑腿，有利于提升社会治理效率。目前，在全国一体化政务服务平台中已有超10亿人次的用户完成了实名认证。[②]

2. 跨地域

全国文化大数据交易中心是由深圳文化产权交易所承建的交易中心，于

① 中共中央党校（国家行政学院）：《2022联合国电子政务调查报告（中文版）》，2022年12月，http://www.egovernment.gov.cn/art/2022/12/26/art_476_6605.html。

② CNNIC：《第50次〈中国互联网络发展状况统计报告〉》，2022年8月，http://www.cnnic.net.cn/n4/2022/0914/c88-10226.html。

2022 年 8 月开始试运行，成为跨地域的数据流通和协同治理的模范与表率。作为全国文化大数据体系的核心交易引擎，全国文化大数据交易中心与网络平台进行有效连接，致力于共建共享文化数据服务平台，为文化资源、文化数据和文化数字内容等提供多网多终端分发服务，有利于数据资源的合法合规交易。此外，全国文化大数据交易中心包含公共文化数据和商业数据，面向公共文化单位、高校科研单位、文化生产部门和个人等社会各类交易主体开放，打破地域限制，畅通跨地域文化交流与交易。

3. 跨系统

近年来，随着国内企业诸如腾讯、字节跳动、京东等头部公司纷纷入驻元宇宙赛道，元宇宙产业将持续承载下一代数字生态的热点方向，不仅会引发用户的社交、娱乐、消费等体验模式重大变革，而且会为传统行业例如制造业、房地产业、零售业等带来颠覆性的创新发展。元宇宙产业横跨了“端、管、云、内容”等全链条的技术需求，而与之相辅相成的互联网运营商们也早已从传统语音、流量等业务转向内容、终端、云、物联网等技术型服务。互联网运营商在连接、传输、算力、市场和生态等方面的优势满足了元宇宙跨系统交互的需求，为元宇宙产业链企业提供着高速、稳定、安全、广泛的网络连接。

4. 跨业态

以往，城乡间的产业融合更多是通过要素交换、产业链延伸、提供配套服务等方式来构建联系的。例如，城市工业和乡村农业的融合发展，便是借助产业链延伸将城市农产品加工企业与农场、农户置于同一价值链中，来合作共享产业成果。这类传统模式下的产业链上下游之间存在着大量信息差与行业壁垒，信息获取和挖掘利用更困难。而文化数据服务平台的应用则可以激活生产者、市场上下游主体以及消费者生产的海量数据，通过分析实现信息间的交互连接和融合使用，催生跨界新业态。例如借助消费互联网平台、工业互联网平台或共享生产平台等将信息、劳动力、物质、资金等要素重组，改变传统产业链结构，突破原始的产业边界，拓宽产业的融合空间。

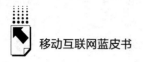

（二）对外：国际传播与文化贸易彰显文化软实力

从软实力和综合国力的全球性发展视野来看，文化强国是国家文化发展的战略性命题，也是现代化强国建设的一个核心任务。[①] 在文化产业数字化逐渐成为国际传播交流的主流形式背景下，文化数字化战略助推着中华文化转向国际化视野。2021 年，据商务部统计，中国对外文化贸易额首次突破 2000 亿美元大关，同比增长 38.7%。[②] 当下，网络游戏、网络文学、网络动漫、网络视频/短视频等正成为我国文化出海的主力军，特别是由中国企业搭建的文化数字化交易消费平台也在海外占据着相当重要的市场地位。从网络游戏来看，2021 年中国自主研发游戏海外市场的实际销售收入达 180.13 亿美元，同比增长 16.59%，约占文化服务进出口总额的 40.73%[③]；短视频平台出海成绩显著，文化服务贸易中以广告服务变现为主，2021 年仅 TikTok 一家广告收入就达到约 40 亿美元[④]；此外，中国的网络文学也受到了更多海外消费者的追捧，2021 年网络文学海外市场规模突破 30 亿元人民币，海外用户高达 1.45 亿人。[⑤] 文化产业逐步进入了存量竞争时代，不少企业在为寻找新的增长点而加紧布局海外市场。

推进对外国际传播与文化贸易建设，讲好中国故事，也有利于以全球视角、时代眼光、创意手段来展现中国文化形象，提高中国文化在海外的影响力。当前，国际市场的博弈已从单纯的依靠文化竞争升级为“技术+文化”的比拼，对海外受众而言，平台的通达度、视听的冲击感以及内容的创意性综合评判着一项文化产品的质量。在国际市场愈演愈烈的竞争局势中，不断

---

① 魏鹏举：《文化强国的数字化路径》，《人民论坛·学术前沿》2022 年第 23 期。

② 《商务部：2021 年我国对外文化贸易额首次突破 2000 亿美元》，2022 年 7 月，http://tradeinservices.mofcom.gov.cn/article/lingyu/whmaoyi/202207/135517.html。

③ 伽马数据：《2021~2022 中国游戏企业研发竞争力报告》，2022 年 3 月，https://mp.weixin.qq.com/s/iJ7v2UUm7xqqAWJvDSy6lw。

④ 晚点 LatePost：《TikTok 加速商业化，2021 年广告收入近 40 亿美元》，2022 年 1 月，https://baijiahao.baidu.com/s?id=1721755917744494258&wfr=spider&for=pc。

⑤ 中国作协网络文学中心：《2021 中国网络文学蓝皮书》，2022 年 8 月。

加强我国的文化数字化建设，通过数字化的形式来生动地呈现文化产品、文化品牌和文化服务，已然成为我国彰显文化软实力的必经之路。

四　互促互联：移动互联网与文化数字化的投入与消费

（一）投入：政府投入和各类社会资本调动市场力量

为整合和优化文化资源配置，建设公共文化服务体系，中央财政大力支持实施公共文化云、智慧图书馆、博物馆云展览等项目，并积极引入各类社会资本充分调动市场力量，借助互联网信息技术不断提升文化数字化服务的便利性、可及性和普惠性。

据财政部统计，2021 年，中央财政在建设公共文化云的项目工作中投入 3. 23 亿元，为广大群众提供视频直播、活动体验、才艺学习、场馆预订等线上服务，实现“政府端菜”和“群众点菜”需求的结合；[①] 在建设智慧图书馆项目中，中央财政安排 1. 54 亿元来布局覆盖全国的图书馆智慧服务，向老百姓提供海量的图书馆数字化资源，让普罗大众皆可以享受到高质量的数字资源服务，致力于促进知识内容和文化服务的均等化；在中央文博单位云展览建设方面，中央财政还积极响应国家博物馆、故宫博物院等的线上数字化项目，支持其网上博物馆和云展览的打造，利用互联网平台传播中华文化，尤其是在疫情期间，线上博物馆“云观展”的方式也为观众提供了更多元化的选择。

此外，在扶持其他文化数字化产业建设中，政府也持续强化金融支持，加大信贷投放，帮助文化企业合理优化融资结构；力推满足条件的数字化文化企业在科创板上市融资；继续完善文化市场运行机制，促进劳动力、资

① 《中央财政支持提升公共文化服务数字化水平》，2021 年 12 月 31 日，http：//jkw. mof. gov. cn/gongzuodongtai/202112/t20211231_ 3780325. htm。

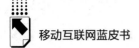

本、技术和数据等资源要素合理流动；通过持续探索文化金融服务中心模式来为文化企业提供更多综合性金融服务；鼓励和引导非公有资本依法入驻文化产业，维护民营文化企业产权和企业家的合法权益；扶持中小微文化企业的转型和升级，走好“专精特新”的路子；助力文化与旅游、体育、教育、信息、建筑、制造等融合，不断延伸产业链。

（二）消费：产消结合共创体系拓展文化消费新场景

1. 线上线下一体

实施文化数字化战略，需要借助互联网信息技术的共通、共享、共创特件来打通线上与线下互通的隔阂，打造可持续发展的产业链。例如对传统文化、工艺技法等通过图文或音视频的方式完成数字化收集，实现永久性的文化传播与保存。随着数字化应用不断辐射千家万户，2022 年用户规模增长率排名前 1000 位的应用软件主要分布在教育、生活、游戏及办公行业。[①]线上用户的开放式参与和交互式体验逐渐成为线下文化空间、消费场景的补充与延续。用户不仅是文化数字化内容的生产者，还能作为消费者参与其中，产消一体的身份使文化学习与信息传播都更便捷和高效，为生活和工作都节省了不少人力、物力资源。

2. 大屏小屏联动

经过移动互联网发展的黄金十年，智能手机已成为人们日常生活中必不可少的一部分，小屏改变大时代，移动互联网重构用户生活，互联网触点多元化，手机和 APP 成为当下主流量入口，且形成跨屏、链接线下的融合生态流量。[②] 在发展文化数字化消费新场景方面，大屏与小屏、屏内与屏外、人与内容的跨屏交互将取代传统的单向内容呈现方式，在强调升级“大屏”数字化应用方式的同时，也要为“小屏”打造更多个性化的文化内容，进

---

① QuestMobile：《2022 中国移动互联网“黑马”盘点报告》，2023 年 1 月，https：//www.questmobile.com.cn/research/report/1612656720567439361。

② QuestMobile：《2022 移动互联网发展年鉴（行业篇-下）》，2022 年 12 月，https：//www.questmobile.com.cn/research/report/1607619125026328578。

一步助力“大屏”“小屏”的融合发展。例如在博物馆，用户可以通过操作导览信息屏来深入了解文物的故事与细节；在景区，大屏营造的沉浸式环境令游客身临其境；在家中，人们可以使用手机小屏去连接高校课堂大屏的海量教育资源等。

五　共治共享：移动互联网与文化数字化的服务与管理

（一）服务：公共文化服务数字化推动服务普惠应用

依托于移动互联网技术的进步，我国公共文化数字化的发展进一步推动了公共文化服务质量的提升。《关于推进实施国家文化数字化战略的意见》中，强调国家文化数字化战略的重要任务之一即提升公共文化服务数字化水平，对公共文化服务数字化建设作出了战略部署和总体安排。《“十四五”文化发展规划》中再次强调，要提升公共文化数字化水平，推动科技赋能文化产业。

除了政策的支持和引导，一线城市地方政府开展的公共文化服务数字化与普惠应用也在2022年大放异彩。北京市采取“科技赋能文化、文化赋能城市”的模式，将北京的古都文化、红色文化、冬奥文化等与现代化科技相融合，在政府的指导下，大力开展基础服务和文化数字化建设项目，指导博物馆、图书馆等公共文化服务主体单位落实文化数字资源共享建设。上海市人民政府发布《上海城市数字化转型标准化建设实施方案》，强调文化数字化建设对惠民工程、民生保障的重要性，通过优化文化数字化共享机制的方式来满足特殊人群的文化需求；以“一网通办”为宗旨来建立文化资源信息应用平台，为人们提供高效快捷的一站式服务；持续实施智慧化数字文旅服务项目，便民利民为民服务。

其他地方政府也在推动文化数字化建设过程中不断展开积极探索。如江苏省文化和旅游厅印发《江苏文化和旅游领域数字化建设实施方案》，提出到2025年全省实现文旅政务数字化水平全面提升、文旅公共服务数字化应用便捷高效、文旅行业数字化监管有效覆盖、文旅产业数字化发展国内领先等关键性目标；四川省大数据中心主办数字创新大赛，首设智媒科技与数字文化赛道，聚焦文化旅游、数字传媒、生态环保等社会议题；广东省通过广东数字政府“粤省事”平台和广东省身份统一认证平台完成了对海量用户信息的共联、互通和互认，并整合了省内各级图书馆的共享资源，给予群众在全省内享受公共图书馆“一证通”的便利。

（二）管理：治理体系与人才科研保障市场发展环境

1. 数字化治理体系

实施国家文化数字化战略，还需不断提升各级政府的文化数字化治理能力，构建共治共享的文化数字化现代治理体系，在推动文化“软创新”的同时，也要加强科技“硬创新”，以实现深度融合的“巧创新”。具体措施体现在：一是政府运作模式、服务模式和业务流程数字化的全覆盖；二是文化数据要素市场交易监管的持续加强；三是文化数字化信用评价的应用和推广；四是在数据采集、加工、交易、分发、传输、存储等过程中，建立健全合规的文化数据安全标准和文化数字化统计监测体系。

2. 数字化人才培养

政策助力与市场需求推动了数字经济相关职业的涌现，“数字人才”炙手可热。《“十四五”数字经济发展规划》提出将数字经济领域人才归入各类人才计划的支持范围；在《中华人民共和国职业分类大典（2022年版）》中新增了97个数字职业。天眼查数据显示，“数字孪生”“数字化解决方案”相关职业招聘企业3年复合增长率分别高达225%和324%。[①] 为培养数字化人才，我国大力推进“校企联合”与“产学研用”的人才培养制度，针对性地增设文化数字化服务与管理等方向的课程；建立完善合理的人才引进、培育、安置等政策体系；在文化数字化应用较多的部门，扩充数字

① 天眼查：《2022中国数字经济主题报告》，2022年12月。

化人才储备，提供数字化人才发展的平台和机会。

3. 数字化科技创新

2022 年 1 月至 10 月，先进制造、医疗健康、企业服务占据超过 50%的企业获投，体现了当前发展技术创新、健康医疗、提升企业经营效益的社会需要。[①] 互联网技术作为文化产业进步的关键引擎，促使形成文化与科技优势互补的创新体系。围绕产业链和创新链展开双向统筹，我国致力于完善文化产业技术标准和服务标准，积极投身于国际标准制定。着重发展原始创新、集成创新，推进制约文化产业发展的共性关键技术开发；在影院放映、影视摄影与制作、后期特效、高清制播、娱乐演艺和智能印刷等高端文化技术领域持续突破瓶颈、更新技术；引导文化企业利用大数据、5G、云计算、人工智能、区块链、超高清等新技术来优化提升产业链，重塑现代化内容生产和传播模式。

参考文献

中国信息通信研究院：《中国数字经济发展报告（2022 年）》，2022 年 7 月，http：//www. caict. ac. cn/kxyj/qwfb/bps/202207/t20220708_ 405627. htm。

中国信息通信研究院：《全球数字经济白皮书（2022 年）》，2022 年 12 月，http：//www. caict. ac. cn/kxyj/qwfb/bps/202212/t20221207_ 412453. htm。

新元新经济智库：《国家文化数字化战略分析报告》，2022 年 12 月，https：//mp. weixin. qq. com/s/IFJ-R3p6lIqwcWfGtlRP_ w。

QuestMobile：《2022 中国移动互联网发展年鉴（整体篇）》，2022 年 12 月，https：//www. questmobile. com. cn/research/report/1602554928701739010。

① QuestMobile：《2022 中国移动互联网发展年鉴（整体篇）》，2022 年 12 月，https：//www. questmobile. com. cn/research/report/1602554928701739010。

B.5
数字化转型与竞争背景下的移动互联网发展与安全

李 艳 翟一鸣*

摘 要： 新技术与应用为移动互联网安全带来新风险，包括作为新型基础设施重要支撑面临的“基础性”压力、万物互联不断深入发展带来的“泛在性”压力、未来应用进一步拓展带来的“前瞻性”压力。此外，国际数字竞争对移动互联网安全影响深刻，建议在把握发展态势及其影响因素的基础上，提升安全防护能力，促进良性发展。

关键词： 数字化 地缘政治竞争 移动互联网

当前，大数据、人工智能等技术与应用正不断驱动信息社会发展进入新阶段，特别是在过去三年全球疫情影响下，“线上”形态的社会活动更加普及。2022 年，虽然俄乌冲突、美欧通胀、能源粮食危机等给全球发展与安全带来严峻挑战，但在新一轮科技革命和产业变革为全球发展注入新动能的背景下，数字经济表现亮眼、逆势增长。作为数字经济发展的主导力量，互联网特别是移动互联网发挥了至关重要的作用，不断助推社会数字化转型。与此同时，移动互联网安全问题呈现“泛在化”趋势，涉及多领域、多行业，已成为牵一发而动全身的问题。另外，技术隐患与社会风险相叠加，特

---

* 李艳，博士，中国现代国际关系研究院科技与网络安全研究所执行所长，研究方向为科技与网络安全；翟一鸣，中国现代国际关系研究院科技与网络安全研究所研究助理，研究方向为科技安全。

别是在地缘政治博弈加剧的背景下，政治因素对移动互联网安全生态的影响不容忽视。因此，移动互联网安全的复杂性与不确定性前所未有，有效维护移动互联网安全的重要性与艰巨性更加凸显。

一　数字化背景下全球移动互联网发展总体概况

国际电信联盟（ITU）于2022年底公布的数据显示①，随着世界人口突破80亿大关，全球使用互联网的人数达到53亿，约占全球人口的66%，同比增长约6.1%，2021年这一数字为5.1%。从数据来看，全球互联网使用人数增长率曾在2020年达到两位数的峰值，近两年趋于稳定。在过去10年间，移动宽带用户普及率平均每年增长14.8%，同时，2022年全球互联网服务成本有所下降，全球移动宽带服务中位数价格占人均国民总收入（GNI）的比重从1.9%下降到1.5%。与固定宽带相比，移动宽带成本低、增长快，成为互联网接入发展的重心，其发展态势呈现以下特点。

（一）移动互联网覆盖率达瓶颈，使用率提升空间较大

全球移动通信系统协会（GSMA）数据显示②，移动互联网全球使用率达到55%，截至2021年底，全球有43亿人使用移动互联网。移动宽带覆盖范围缓慢扩大，全球95%的人口已生活在移动宽带网络覆盖的区域，但其中仍有约32亿人未使用移动互联网。移动互联网覆盖率增长速度极慢，甚至一度保持相对不变，这表明覆盖剩余人口（主要为贫困地区和农村地区人口）极具挑战性。

国际移动通信巨头爱立信报告显示③，自5G推出以来，其用户数量增

① International Telecommunication Union, Measuring digital development—Facts and Figures 2022, https://www.itu.int/itu-d/reports/statistics/facts-figures-2022/.

② GSMA, The State of Mobile Internet Connectivity 2022, https://www.gsma.com/r/somic/.

③ Ericsson, Ericsson Mobility Report, https://www.ericsson.com/en/reports-and-papers/mobility-report/reports/november-2022.

长速度始终快于4G，截至2022年底，全球5G用户已达10亿。GSMA数据显示[①]，5G用户增长受5G手机销量上升、5G网络覆盖范围扩大等因素影响较大，5G已成为中、韩、美等国市场的主流。未来，在中等收入大型市场（如巴西、印度尼西亚和印度）推行5G，将刺激更低成本的5G设备大规模生产，进一步促进5G用户规模增长。预计2022~2025年，全球移动运营商将面临超过6000亿美元的资本支出（投资需求），其中约85%用于5G网络建设。

（二）移动数据流量呈“爆炸式”增长

爱立信报告显示[②]，全球移动数据总流量在2022年底将达到每月90艾字节（EB），不包括固定无线接入（FWA）产生的流量。若将FWA产生的流量计算在内，在已统计的数据中，2022年第二季度至第三季度移动数据流量环比增长约7%，全球每月总移动数据流量达到约108EB，而2020年第三季度时这个数字仅为55EB，移动数据流量在两年内翻了近一番。2022年底，5G数据流量将占全部移动数据流量的17%，高于2021年底的10%。

（三）移动互联网存在严重的数字鸿沟问题

互联网整体“平等接入”状况不佳。从地区视角看，2022年，欧洲、独联体和美洲国家互联网使用率[③]在80%到90%之间，阿拉伯国家和亚太地区国家互联网使用率分别为70%和64%，而非洲国家互联网使用率仅为40%，远低于全球平均水平。从收入水平视角看，高收入国家互联网使用率达到92%，中等偏上收入国家和中等偏下收入国家互联网使用率分别为79%和56%，而低收入国家这一数字仅为26%。移动互联网“平等接入”

---

① GSMA, The Mobile Economy 2022, https://data.gsmaintelligence.com/research/research/research-2022/the-mobile-economy-2022.

② Ericsson, Ericsson Mobility Report, https://www.ericsson.com/en/reports-and-papers/mobility-report/reports/november-2022.

③ 本报告将使用互联网的人口占总人口的比重定义为互联网使用率。

也面临巨大挑战。在全球未连接移动互联网的人口中，约94%生活在中低收入国家，中低收入国家（包含最不发达国家）和最不发达国家移动互联网使用率分别为55%和20%。这些国家发展移动互联网面临的问题不仅是覆盖率，其生活在农村地区的成年人使用移动互联网的可能性比生活在城市地区的成年人低33%，女性使用移动互联网的可能性比男性低16%，收入最低的人群使用互联网的可能性比最富有的人群低49%。[①]

在这股浪潮中，中国的整体表现亮眼。工业和信息化部发布的《2022年通信业统计公报》显示[②]，截至2022年底，中国移动电话用户规模持续扩大，总数增至16.83亿户，人口普及率升至119.2部/百人，高于全球平均的106.2部/百人；5G移动电话用户达到5.61亿户，在移动电话用户中占比约1/3，是全球平均水平（12.1%）的2.75倍；移动互联网接入流量达2618亿GB，同比增长18.1%。

二　新技术与应用带来的移动互联网安全新风险

随着信息与通信技术（Information and Communications Technology，ICT）与应用的迭代拓展，尤其是在大数据、物联网、人工智能、区块链等技术助力下，信息社会数字化转型升级进程突飞猛进，移动互联网的发展与安全对于数字社会的重要性不言而喻。但与此同时，必须清醒地认识到，移动互联网安全面临的挑战与风险亦是巨大的。

传统移动互联网安全风险主要体现在以下两大方面。一是网络安全问题。当前，4G移动网络已全面普及，5G规模化应用场景正不断扩展，更多用户、设备接入移动互联网，链接节点不断增多，网络犯罪分子针对移动互

① International Telecommunication Union，Measuring digital development—Facts and Figures 2022，https：//www.itu.int/itu-d/reports/statistics/facts-figures-2022/；GSMA，The State of Mobile Internet Connectivity 2022，https：//www.gsma.com/r/somic/.

② 中华人民共和国工业和信息化部：《2022年通信业统计公报》，https：//www.miit.gov.cn/gxsj/tjfx/txy/art/2023/art_77b586a554e64763ab2c2888dcf0b9e3.html。

联网终端、接入网、业务等采取的网络攻击手段亦在不断更新，各功能各类型的移动应用仍普遍存在高危漏洞风险。二是数据安全问题。中国互联网络信息中心发布的《第 50 次〈中国互联网络发展状况统计报告〉》显示，截至 2022 年 6 月，21.8%的网民遭遇过个人信息泄露。移动互联网的普及和深入发展推动数据量爆发式增长，但数据不当采集、数据泄露、数据分析滥用等安全问题仍然凸显，确保移动互联网领域数据安全是其未来健康发展的必要前提。

在数字化新技术与应用的助推下，万物互联场景正在涌现，网络安全态势整体正在发生质的变化。相较于传统意义上的网络空间，其变化主要体现在以下三方面：一是规模，伴随着新型互联设备、网络、服务和数据的涌现，网络或数字空间的规模远超人类认知；二是速度，通信与数据处理的速度不断加快，这对发展与安全治理提出了更高的要求；三是互联，网络本身与社会多元使用主体间的互动与依赖不断加深，其带来的复杂性亦显著增加。在此背景下，移动互联网也面临规模、速度与互联新变化带来的新问题，集中体现在以下几方面。

（一）作为新型基础设施重要支撑面临的“基础性”压力

新型基础设施建设（以下简称“新基建”）是以信息网络为基础，面向高质量发展需要，提供数字转型、智能升级、融合创新等服务的基础设施体系，移动互联网是“新基建”的重要支撑之一。与传统基建相比，“新基建”对攻击的容忍度更低，数据要素面临着更大的安全威胁。现在已有迹象表明，移动互联网传统风险威胁将在“新基建”领域显著放大。

1. 网络安全保护压力大

“新基建”相关设施因承载与国家安全、经济发展、个人隐私等密切相关的核心业务，易成为境外网络攻击的重点目标。随着“新基建”深入发展，网络安全防护对象范围不断扩大，需重点保护的设施数量呈指数级增长，但相应制度和防护手段建设仍不够成熟，“新基建”网络安全保护压力巨大。

2. 相关领域或成数据安全重大事件爆发重灾区

数据是“新基建”的重要支撑，“新基建”所涉数据资源体量大、承载重要数据多、聚集程度高、跨界共享流转速度快，数据权属关系模糊、数据隐私保护不到位等数据安全治理难题将更加突出。同时，数据集中化存储和平台化汇聚等现象降低了攻击成本，将增大数据泄露、篡改、滥用等风险。

3. 所涉关键核心技术受“钳制”的隐患突出

我国部分关键零部件、基础元器件、先进材料等硬件，以及工业系统、网络协议等软件的研发制造存在明显短板，对国外依赖程度较高。关键核心技术能力不足将极大限制原创性、颠覆性科技成果产出，限制自主技术路线和技术标准制定。移动互联网数字设备和系统中相关核心软硬件的供给稳定性、安全性等风险，在“新基建”规模化应用中将交织放大。

（二）万物互联不断深入发展带来的“泛在性”压力

伴随联网设备的迅速增加，整体数字化的升级与转型均依赖数据传感、移动通信和控制系统的自动化来完成。由此，社会依赖度与安全脆弱性呈现“双升”态势。

以车联网为例，网络和数据安全威胁是车联网长期以来面临的主要问题。在网络安全方面，智能网联汽车代码规模急速扩大，相关软硬件、车载网络和平台服务等的安全漏洞隐患凸显。同时，车联网系统涉及车辆、路基设施、云服务平台等多个组成部分，加上移动通信网、WiFi 等无线通信手段，以及车联网环境中的网络结构和数据流量特征极为多样，多重因素叠加更使车联网网络安全复杂化。在数据安全方面，目前智能网联汽车通常安装有毫米波雷达、超声波传感器、定位装置、摄像头录音机等数据采集设备，且融合人工智能技术和应用。从用户层面看，其不仅能够收集位置轨迹、车内录音录像等信息，还能在汽车终端针对用户生物特征、驾驶行为等进行分析，对用户个人隐私造成较大威胁；从国家层面看，其对道路和环境信息、交通状况、充电运行情况等数据的采集和使用将有可能影响国家安全。

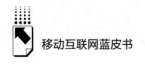

（三）未来应用进一步拓展带来的“前瞻性”压力

当前发展趋势表明，在6G、人工智能等技术应用的加持下，万物“互联”在不断拓展，亦在不断迈向万物“智联”。目前6G发展前景还未完全明确，但各类新技术将深度融入6G建设。6G不仅将在带宽、时延、可靠性等方面比5G性能更优，还将拓展空天地海一体化、万物“智联”等5G未实现的业务场景。同时，新技术、新场景的引入势必给6G带来新的安全挑战。

1. 技术层面

以人工智能和可见光通信为例。人工智能将在设计和优化6G架构、协议、操作以及安全性等方面扮演关键角色，但人工智能与6G结合是一把双刃剑，人工智能自身风险必然会渗透至6G领域，如针对人工智能算法缺陷的数据投毒攻击、对抗样本攻击、数据窃取攻击等手段，均会对部署人工智能系统的6G应用的安全造成威胁。

可见光通信是一种可以满足6G无线通信要求的实用技术，未来或将作为传统射频通信技术的有力补充而得到大范围应用；但可见光通信易受网络嗅探和窃听攻击、身份验证攻击等的影响，目前物理层针对可见光通信的安全体系和机制也较为薄弱，将在一定程度上影响6G安全。

2. 应用层面

以智能数字医疗和扩展现实为例。智能数字医疗将迅速推进，未来智能化医疗服务的中心通信平台可能会基于6G进行构建，6G将把智能医疗系统和用户手中的微型健康设备相关联，在这种情境下，微型设备的设备认证、安全数据采集、安全通信和访问控制等都将成为需要重点考虑的安全问题。

扩展现实涵盖虚拟现实（VR）、增强现实（AR）等技术，将深入打造可人机交互的虚拟环境，6G将支持扩展现实进步，或成为连接现实世界和虚拟世界的桥梁；但这同时意味着更大范围、更高精度、更深层次的用户数据采集、上传、存储和应用，6G数据安全问题在此场景中会更加凸显。

三　国际数字竞争对移动互联网安全的深刻影响

当前，关键与新兴技术（CET）已成为国际地缘博弈的前沿与重地，国际科技环境更趋严峻，未来移动互联网生态亦会受到“政治因素”的影响。因此，新时期新形势下，对于移动互联网安全的理解绝不能仅限于技术与应用的维度，不能只关注国内的发展，必须要具有国际政治与安全视野，才能更好战略性、宏观性与前瞻性地把握未来移动互联网安全的发展态势。

（一）大国前沿数字科技竞争进入新阶段

继“美国创新与竞争法案”确立通信技术、人工智能、高性能计算、量子信息科技等10项“关键技术领域”之后，2022年美国家科学技术委员会发布新版“关键与新兴技术清单”，明确优先和重点投资的科技领域。2022年10月出台的美《国家安全战略》将未来十年称为“决定性十年”，而技术是取得竞争胜利的“关键”，美未来将在移动通信、人工智能、量子科技等领域“重点突破”，且将利用各类手段打压竞争对手特别是中国的数字科技发展。

（二）数字技术政治化趋势或将难以逆转

美已将数字技术视作当前地缘政治竞争的中心，近年来始终延续捆绑高科技与价值观的做法，给数字技术打上民主、人权的标签，将技术问题政治化，将意识形态对抗引入技术战略竞争中。为增强其竞争有效性，美构建“排他性技术多边主义”框架，意图主导国际数字技术规则与秩序构建，在全球塑造数字时代的“布雷顿森林体系”，以此打压竞争对手前沿技术发展。美西方“技术联盟”正加速布局与联动，美欧贸易与技术委员会（TTC）是“技术联盟”体系的重心。2022年5月，TTC第二次部长级会议重申了TTC在新型跨大西洋伙伴关系中的核心作用，将进一步开展密切合作；12月5日，TTC第三次部长会议重点讨论了数字贸易和人工智能、加强对华出口限制等议题。美欧意图通过 TTC 推进战略协调、实现自身战略目标，持续主导 5G、6G、人工智能等领域的国际标准。

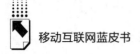

发展与安全是“驱动之双轮”“一体之两翼”，技术政治化带来的后果绝不仅仅限于技术本身，它带来的安全冲击与影响是潜在且深远的。目前已有迹象表明，移动互联网安全生态亦因此受到巨大冲击，尤其是对我国的影响主要集中体现在以下几方面。

1. 美持续加大对中国通信企业的打压

早在 2021 年，美联邦通信委员会（FCC）就以“对美国家安全构成不可接受的风险”为由将华为、中兴、海能达、海康威视和大华 5 家中国公司列入其“涵盖清单”①，并要求美网络运营商拆除和更换所有华为和中兴生产的设备；2022 年 11 月，FCC 再发新规，以保护美国通信网络安全为由禁止上述 5 家中国企业（包括其子公司或附属公司）在美销售通信与摄像设备②。2022 年期间，中国移动通信国际（美国）公司、中国电信美洲公司、中国联通美洲公司均被 FCC 列入所谓“安全风险清单”。美还通过宣传中国通信设备“对国家安全的威胁”向他国施压。早在 2020 年，英国政府就将华为列为 5G 网络“高风险供应商”，2022 年 10 月，英国政府向国内 35 家网络供应商和华为发出正式通知，限期在 2027 年底前将华为产品彻底从英国的 5G 公共网络中移除，且即时开始停止在 5G 网络建设中安装新的华为设备。2022 年 5 月，加拿大政府发布禁令，禁止华为和中兴参与其第五代网络建设，相关企业需在 2024 年 6 月前移除或停止使用华为和中兴的 5G 设备。上述问题绝不是简单的移动互联网公司或产业海外发展受阻，而是表明国际安全环境的恶化，必然会引发系列安全问题。鉴于移动互联网对于“新基建”、数字化的重要支撑作用，相关企业势必会成为网络攻击与破坏的重要目标，其网络安全与数据安全的维护将承受更大的压力。

① FCC，FCC Releases List of Equipment & Services that Pose Security Threat，https：//www.fcc.gov/document/fcc-releases-list-equipment-services-pose-security-threat.

② FCC，FCC Bans Authorizations for Devices that Pose National Security Threat，https：//www.fcc.gov/document/fcc-bans-authorizations-devices-pose-national-security-threat.

2. 5G 技术未来安全发展存在不确定性

为达到所谓“网络安全”的诉求、抵制中国5G标准，进一步占据通信领域国际市场空间、塑造有利于自身的产业生态，美近年来大力推广开放式无线接入网（Open-RAN）架构与中国竞争，势图重建其主导的全球5G发展版图。在美国和相关行业组织助推下，多国加快 Open-RAN 研发和部署步伐。英国对 Open-RAN 重视程度较高，政府不仅出资还与国内移动运营商就加速部署 Open-RAN 达成一致——到 2030 年，Open-RAN 网络将承载英国 35%的移动网络流量。2022 年 4 月，英政府发布 Open-RAN 原则；2022 年 12 月，英、澳、加、美共同发布了四国关于电信运营商多样化的联合声明，其中明确认可了英国于 4 月发布的 Open-RAN 原则。2022 年 5 月，日本总务省与美、澳、印政府主管部门签署了局长级《有关 5G 供应商多样化以及 Open-RAN 的合作备忘录》；2023 年 1 月，日本总务省又宣布与美签署备忘录，设想扩大美日 Open-RAN 技术合作并促进南美地区普及 Open-RAN。

但 Open-RAN 发展安全性及可行性仍未明确，屡遭质疑。2021 年底时，德国联邦信息安全办公室（BSI）发布报告称基于 O-RAN 联盟规范的 Open-RAN 存在较大安全风险。2022 年 5 月，欧盟委员会网站发布了一份有关 Open-RAN 网络安全的报告，其中指出 Open-RAN 引入新接口和 RAN 组件将加剧网络安全风险，其商用能力仍然存在较大不确定性，报告建议对转向 Open-RAN 架构应采取谨慎态度，其对欧盟 5G 供应链弹性可能会带来不利影响，甚至会增强对美国的依赖、削弱欧盟战略自主性。

总体来看，Open-RAN 并非完善的 5G 技术发展方案，美西方大力推行更多出于实现“全球 5G 去中国化”的目的，我国 5G 在全球的影响力也因此受限。受美国限制举措影响，华为、中兴等中国通信厂商的硬件难以与美系 Open-RAN 标准下的相应硬件对接，这对中国通信厂商争取海外市场极为不利。同时，美国“手握”Open-RAN 标准、建设所需核心芯片等优势，使我国 5G 产业在该发展路线上或会“受制于人”，在 5G 领域的先发优势也将受到打击。

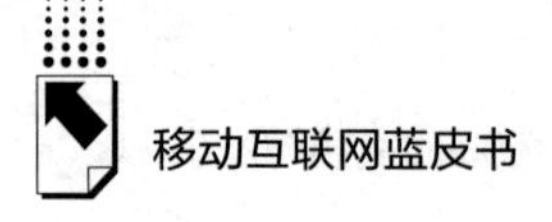

3. 美西方在相关领域“抱团”排华

美国高度重视在人工智能、6G 领域与中国的竞争，并通过政治化手段抢占下一代通信技术制高点。除了加强出口管制外，美国还试图通过打造伙伴关系，建立所谓“技术联盟”，主导国际规则制定来达到“划圈子”围堵和国际“规锁”的目的。如 TTC 就是其联盟体系版图的主要支撑机制，通过该框架，美政府加强与盟伴在人工智能、5G 以及 6G 等领域的协调。

近年来，美已针对下一代移动通信技术提前布局，通过“Next G 联盟”联合美西方主要通信运营商和设备制造商，并将中国相关企业排除在外，意图独掌 6G 及未来移动技术方面的主动权和领导权。2022 年 2 月，“Next G 联盟”发布了首份 6G 发展路线图，提出北美 6G 愿景并描述了行业、政府和学术界应采取的主要行动；2021 年底、2022 年 5 月和 2022 年 8 月，“Next G 联盟”分别与韩国 5G 论坛、日本“Beyond 5G 促进联盟”与欧洲 6G 智能网络和服务行业协会（6G-IA）签署合作谅解备忘录，持续加强与其他国家（地区）在 6G 方面的合作。

美西方种种“抱团”排华举措正在塑造未来包括移动互联网安全与发展在内的符合美西方利益的数字技术生态，中国或将面对一个以美国为首的更加庞大和系统的数字技术霸权体系，移动互联网相关技术发展或会面临政治性的“被规锁”风险。不仅技术企业可能将被国际主流市场供应链排挤，中国在相关技术标准制定、技术治理规则塑造等方面的话语权也可能会下降，进而在全球竞争中处于劣势。

综上所述，移动互联网发展与安全面临的形势无疑是严峻的，但对中国而言，在把握发展态势及其影响因素的基础上，提升安全防护能力，促进良性发展的大方向亦是清晰的。首先，鉴于移动互联网安全风险的泛在性，要对移动互联网的发展与安全秉持系统的观念。必须深刻认识到其受到内外环境、整体生态与技术、政治诸多因素的合力影响，因此，安全与发展战略或规划必须有全局性、系统性思考并整体性推进。其次，鉴于移动互联网安全的技术特点，一方面要不断更新安全治理理念，不能囿于简单的问题解决式、风险应对式思维，应该将“前瞻性治理”“零信任安全架构”等安全新理念纳入其中并不断加强实践探索。另一方面要不断探索技术防护新手段，完善移动互联网的安全“工具箱”。移动互联网的技术与应用不断升级，不断涌现新问题，必须及时有针对性地找到技术解决方案，特别是充分挖掘大数据、人工智能、量子等新技术潜力，赋能安全手段。最后，鉴于整体国际数字战略竞争形势，立足长远，高度重视国际政治等因素对移动互联网安全生态的冲击与影响，在重要与关键技术和“产业链”方面提前布局，早做预案。同时，拓展国际合作交流空间，在不断吸收国际先进技术与治理经验的同时，最大限度地对冲与化解技术管制与“规锁”影响。

参考文献

《工业和信息化部办公厅关于印发车联网网络安全和数据安全标准体系建设指南的通知》（工信厅科〔2022〕5号），2022年2月25日。

中国互联网络信息中心：《第50次〈中国互联网络发展状况统计报告〉》，2022年8月31日。

中国信息通信研究院：《车联网白皮书（2022年）》，2023年1月。

世界经济论坛：《未来系列：网络安全、新兴技术与系统性风险》，2020年11月，https：//www3. weforum. org/docs/WEF_ Future_ Series_ Cybersecurity_ emerging_ technology_ and_ systemic_ risk_ 2020. pdf。

刘艳红、黄雪涛、石博涵：《中国“新基建”：概念、现状与问题》，《北京工业大学学报》（社会科学版）2020年第6期。

B.6

2022~2023年全球移动互联网发展现状与趋势*

钟祥铭　方兴东　王小禾**

摘　要： 逆全球化浪潮和数字竞争的加剧，为2022年移动互联网领域的“互联互通”带来了挑战。“政府回归”成为全球网络治理的重要特征，美国政府高科技战略发生重大转向，欧洲仍然是全球数字治理制度建设的风向标，人工智能领域已经出现颠覆性变化。如何在地缘政治和技术创新的博弈中寻求复苏新动能成为智能时代人类面对的共同议题。

关键词： 俄乌冲突　政府回归　智能鸿沟　AI治理

一　2022年全球移动互联网新态势与新格局

2022年，全球网民数量超50亿，中国网民达10.51亿。亚洲网民占比已经超过全球的一半。欧美网民数量达10亿多，与中国网民数量基本相当。①

* 本文为2021年国家社科基金重大专项（21VGQ006）阶段性成果。

** 钟祥铭，博士，浙江传媒学院互联网与社会研究院秘书长，主要研究领域为新媒体、数字治理、互联网历史；方兴东，博士，浙江大学求是特聘教授，浙江大学公共外交与战略传播研究中心执行主任，乌镇数字文明研究院院长，主要研究领域为数字治理、网络治理、互联网历史；王小禾，浙江大学传媒与国际文化学院科研助理，主要研究领域为数字政府、媒介。

① World Internet Users and 2023 Population Stats，https：//www.internetworldstats.com/stats.htm.

人类开始进入一个“网民就是人民，人民就是网民”的真正二合一的融合新阶段。网民成为定义数字时代的主导性因素。① 根据数据分析公司DataReportal发布的*Digital 2023*：*Global Overview Report*，截至2023年初，世界人口已达到80.1亿，其中有51.6亿人是互联网用户，较上年同期增长了1.9%，占世界总人口的64.4%。② 移动互联网仍然保持着强劲的发展活力和市场潜力，用户规模不断扩大。DataReportal的数据显示，世界上绝大多数（92.3%）的网民在使用手机上网，手机占据了人们上网时间的56.9%以上，覆盖了世界网络总流量的近60%。③ 全球综合数据资料库Statista在调查中也发现，以智能手机和平板电脑为代表的移动互联网设备已经成为数百万人日常生活的固定装置，是人们通信、娱乐等必不可少的工具。④

移动互联网的快速发展离不开全面的技术支撑，移动通信网络技术则是移动互联网蓬勃发展的核心动力。全球越来越多的运营商正在试验和部署5G网络。根据全球移动供应商协会GSA的调查，截至2023年1月，全球已经有515家运营商投资建设5G网络，且其中的47%已经正式商用。⑤ DIGITIMES Research指出，2022年全球5G用户数突破10亿。移动互联网终端技术和应用技术的日益完善与快速更迭也是移动互联网发展的重要助推器。2022年，随着5G与行业融合越来越深，移动终端的类型日渐丰富，无人机、AR/VR眼镜、机器人等新型移动终端呈现巨大的发展潜力。⑥ Statistic的数据显示，2022年全球移动应用下载量高达2550亿，比2016年

---

① 方兴东、王奔：《中国互联网30年：一种网民群体画像的视角——基于创新扩散理论重新发现中国互联网的力量与变革之源》，《传媒观察》2023年第1期。

② DataReportal，*Digital 2023*：*Global Overview Report*，2023年1月26日，https：//datareportal.com/reports/digital-2023-global-overview-report。

③ DataReportal，Global Digital Overview，https：//datareportal.com/global-digital-overview.

④ Statista，Mobile internet usage worldwide-Statistics & Facts，2023年1月23日，https：//www.statista.com/topics/779/mobile-internet/#topicOverview。

⑤ GSA，GSA Infographics for December 2022，2022年12月23日，https：//gsacom.com/technology/5g/。

⑥ 唐维红主编《中国移动互联网发展报告（2022）》，社会科学文献出版社，2022。

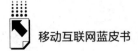

的1407亿增长了80%以上。[①] 移动互联网在覆盖率和使用率上取得了重要进展。根据全球移动通信系统协会GSMA发布的《2022年移动互联网连接状况报告》，移动互联网采用率持续增长，新增使用人口几乎全部来自中低收入国家。截至2023年1月，全球大约有43.2亿活跃的移动互联网用户，[②] 59.81%的网站流量来自移动设备。[③] GSMA认为，补上移动互联网的使用缺口是当前全球移动互联网发展的主要挑战，各国之间和各国内部的数字鸿沟日益扩大成为进一步发展的阻碍。[④]

在全球数字经济和新冠疫情的双重推动下，在线学习、远程会议、网络购物、视频直播等多种新业态、新模式的移动应用竞相发展。5G、大数据、云计算、人工智能、区块链等新一代数字技术对移动互联网的发展起到了极其重要的作用。快速更迭的数字技术不断丰富和优化用户体验，并推动移动互联网向人类社会生活的各个领域加速蔓延，引发了政治、经济、文化等全方位的变革。可以说，2022年，人类社会迈入数字新时代，移动互联网也迎来了新的创新机遇和发展浪潮。

移动互联网革命持续改变世界各地的互联网使用行为，社交媒体成为最受欢迎的互联网应用。当前，全世界共有47.6亿社交媒体用户，接近全球总人口的60%。此外，人们在社交媒体上花费的时间达到了新高，几乎每10分钟的上网时间就有近4分钟来源于社交媒体活动，特别是在新冠疫情“封锁”期间，几乎所有大型社交平台都报告了关键指标的惊人增长。[⑤]

---

① Statista, Number of mobile app downloads worldwide from 2016 to 2022, 2023年1月11日, https://www.statista.com/statistics/271644/worldwide-free-and-paid-mobile-app-store-downloads/。

② DataReportal, Digital 2023: Global Overview Report, 2023年1月26日, https://datareportal.com/reports/digital-2023-global-overview-report。

③ Statcounter, Desktop vs Mobile Market Share Worldwide, 2023年1月, https://gs.statcounter.com/platform-market-share/desktop-mobile/worldwide/#yearly-2011-2022。

④ GSMA, The State of Mobile Internet Connectivity Report 2022, 2022年11月1日, https://www.gsma.com/r/somic/。

⑤ DataReportal, Digital 2023: Global Overview Report, 2023年1月26日, https://datareportal.com/reports/digital-2023-global-overview-report。

Statista 数据显示，2022 年第二季度，全球网民有一半以上的在线时间是通过手机浏览网络的，而移动设备上最受欢迎的应用程序活动是聊天和交流，约 85%的巴西受访者和 77%的英国受访者表示使用手机在线聊天。[①] 2022 年，从月活跃用户数量来看，Facebook（脸书）仍然在全球社交媒体范围内名列榜首，以月活跃用户数 29 亿人遥遥领先，随后则是 YouTube（优兔）、WhatsApp 和 Instagram（照片墙）。排名第 5 的是微信，月活跃用户数达 13 亿，中国用户仍然占微信全球用户群的绝大多数。

自 2020 年新冠疫情出现后，海外短视频消费市场开始迅速崛起，海外巨头也纷纷加速布局短视频赛道。短视频平台 TikTok 仍保持着快速增长势头，Meta、YouTube（优兔）、Snapchat（色拉布）、Pinterest（拼趣）、Netflix（奈飞）等互联网巨头先后推出短视频功能，并呈现“TikTok 化”趋势。凭借强大的流量优势，短视频被视为最强大的营销工具之一。Omdia 的研究显示，2022 年在线视频广告收益为 1890 亿美元。在用户规模同为 10 亿 MAU（月活跃用户人数）的水平下，Instagram、YouTube 的广告收入高于 TikTok。到 2025 年全球广告主对基于视频内容（Video-Based）的广告预算，将超过基于文本（Text-Based）或搜索引擎的广告预算。预计 2027 年在线视频广告将产生超过 3310 亿美元，其中 37%的收入来自 TikTok，超过 Meta 旗下平台和 YouTube 的总和。[②]《2022 上半年 TikTok 生态发展与全球短视频生态布局报告》认为，TikTok 作为当下全球短视频生态系统的核心构成之一，已经展现其对全行业发展的影响与巨大的商业价值。但与此同时，面对庞大、陌生且复杂的全球市场，如何进行精准布局对于短视频生态的所

---

① Statista, Mobile internet usage worldwide-Statistics & Facts, 2023 年 1 月 23 日，https://www.statista.com/topics/779/mobile-internet/#topicOverview。

② Omdia, Omdia research reveals TikTok advertising revenues will exceed META and YouTube's combined video ad revenues by 2027，2022 年 11 月 18 日，https://omdia.tech.informa.com/pr/2022-nov/omdia-research-reveals-tiktok-advertising-revenues-will-exceed-meta-and-youtubes-combined-video-ad-revenues-by-2027。

有玩家而言都是一项艰巨挑战。[1] 目前，亚马逊正模仿 TikTok 的风格和内容在其应用程序内打造一项名为“Inspire（激励）”的新功能，即通过照片或短视频展示商品并进行销售。更重要的是，TikTok 崛起见证了智能传播机制的到来，基于数据和算法驱动的智能传播是人类主流信息传播演进中，第一次在传播流程中摆脱人的因素，而具备了传播力根本性跃升的潜能。同时，以 TikTok 为代表的中国互联网企业率先实现全球化的突破，使得这场全球变局真正开始破冰。

二　全球网络治理新范式的重要特征：“政府回归”

俄乌冲突的爆发不仅改变了国际秩序和规则，也重塑了网络空间格局，被美国《外交政策》杂志称为“2022 年最大的地缘政治事件”。俄乌冲突爆发之后，美国和北约借助数字技术的优势地位，发动了人类进入网络时代以来第一场全方位、全体系的“数字混合战”。俄乌冲突给现代战争和国际秩序带来了巨大的冲击，呈现全新的特点，颠覆了很多关于军事行动、国际传播与国际关系的固有认知。如今，“政府回归”已经成为全球网络治理新范式的重要特征。面向未来的全球网络空间，以及政府未来扮演的角色，亟须产生新的基础性理论，架构新的全球网络治理理论体系。

在互联网诞生的 50 多年中，美国政府都扮演了台前幕后“旋转门”的微妙角色。美国政府作为科研项目的支持者，缔造了今天互联网的前身阿帕网（ARPANET）。在 20 世纪 90 年代互联网商业化浪潮之后，美国政府一直主张互联网和网络空间的治理应该以非政府力量主导的多利益相关方模式（多方模式）为核心，政府力量只是其中的一方。尽管“9・11”事件之后美国就开始着手全球监管的“棱镜计划”，并将网络安全升级为国家战略，但是，美国政府与网络相关的政府机构，整体还是处于“犹抱琵琶半遮面”

---

① 《FastData：2022 上半年 TikTok 生态发展与全球短视频生态布局报告》，2022 年 9 月 26 日，https：//www. 163. com/dy/article/HI7MNUHO0511B3FV. html。

的状态，美国白宫和国务院的网络安全岗位也相对低调。随着 2015 年中美网络安全争端的缓解，以及 2016 年美国政府正式放弃主导互联网根服务器和关键资源的 ICANN 的管理权，多方模式似乎真正迎来了黄金时代。但是，随着中国的崛起以及特朗普政府上台，这种形势急转直下。当然，无论是中美科技竞争，还是向前防御的进攻性网络安全战略，原有的网络安全部门反而在一定程度上被削弱。在拜登政府上台，新冠疫情、科技竞争、全球互联网反垄断和俄乌冲突等背景下，美国政府作为互联网和网络空间的主导性角色终于走向台前。

约瑟夫·奈（Joseph Nye）在 2022 年 1~2 月号美国《外交事务》杂志刊发的《网络无政府状态的终结？——如何建立新的数字秩序》（“The End of Cyber-Anarchy? How to Build a New Digital Order”）文章中说道：“无政府的网络空间很难有重建秩序的希望……一幅已然失控的网络世界图景，其危险的影响边界也已从网络空间自身弥散开去，延展到经济运转、地缘政治、民主社会以及战争与和平这类基本问题”。[①] 而这一切问题都为政府的回归提供了合理且有力的注脚。政府角色的转变不仅顺应了人类发展进程的现实需要，也与社会信息传播机制、互联网技术演进历程，以及技术影响社会的严重程度密切相关。互联网重要性的历史性提升，恰恰是政府重回舞台中心的根源。

政府依然是数字时代社会秩序的主导者，但同时，政府也可能是问题产生的根源。美国政府对互联网开放性和全球网络治理的全面转向，无疑是今天全球互联网最大的威胁。从特朗普政府开启的利用“长臂管辖”的针对性制裁手段，到策动美国私有企业与产业链的全面联动，再到当前越来越将重点扩大到国际联盟，是美国在中美科技竞争的新进展。俄乌冲突后，美欧在网络空间和数据治理方面全面联手，这对于中美博弈的态势将是一次重大改变。尽管中国互联网发展取得了非凡的成就，与美国一起确立双强主导的

① Nye, J. , “The End of Cyber-Anarchy? How to Build a New Digital Order”, *Foreign Affairs* 2022, 101 (1): 32-42.

全球格局，但事实上，在新的历史时期和地缘政治加剧下，相较于美国，中国互联网在科技创新和全球化方面的差距仍然十分显著。特别是，近年来自上而下的地缘政治阻力正在不断增强，对移动互联网的整体发展进程造成了巨大影响。互联网领域的博弈，本质上是价值观的竞争，是真正的开放之争。美国政府将互联网政治化的历史性转向，成为全球面临的共同挑战。

当前，世界大国在争夺人工智能（AI）、机器学习（ML）、区块链、加密货币和数字基础设施以及许多其他技术领域全球领导地位的竞赛正在进行。英国、俄罗斯、以色列、日本、法国正实质性推行 AI/ML 研发（R&D）战略。所有国家的发展道路，无论其所在位置或经济规模如何，都将以数字基础设施和数字转型为指导。① 其中，爱沙尼亚、芬兰、挪威、丹麦、新西兰、以色列、加拿大、瑞典、韩国、荷兰和新加坡等国拥有较高的数字就绪度②。③ 由此可见，科技领域的竞争不再限于中美两国，对新兴数字技术力量的角逐正成为所有国家的竞赛。

（一）美国篇：拜登政府对华科技竞争升级，排兵布阵掌控全球数字规则，产业寒冬再临

美国已全面展开对数字时代国际规则制定权的争夺。自 2018 年以来，美国频繁发布管制措施阻止对华科技出口的同时，以安全为由阻止中国科技产品和科研人员进入，并对华为、中兴等中国领先高科技企业采用各种手段进行精准打击，企图遏制中国科技实力的增长，特别是在 5G、人工智能、量子计算、半导体等关键技术领域。在机构层面，2022 年 4 月 4 日，美国

---

① IDCA, IDCA Releases The Global Index of Digital Readiness of Nations, 2022 年 12 月 5 日，https://idc-a.org/news/idca/IDCA-Releases-The-Global-Index-of-Digital-Readiness-of-Nations-/ed736321-4dc4-4943-96bc-ef5017c3ba67。

② 数字就绪度（Digital Readiness）描述了一个国家整体数字基础设施的状况及其采用人工智能/机器学习、区块链、加密货币和其他新兴数字技术的能力，为一个国家是否有能力通过其数字基础设施的就绪程度参与技术军备竞赛提供了重要参考。

③ Andriole, S., The US-China Technology Arms Race. It's Not A Two-Country Race Anymore, 2021 年 12 月 13 日，https://www.forbes.com/sites/steveandriole/2021/12/13/the-us-china-technology-arms-race-its-not-a-two-country-race-anymore/?sh=144758777b84。

国务院宣布成立其第一个网络空间和数字政策局（CDP），该局强调联邦政府和外交领域的数字现代化。作为拜登政府的一项关键任务，CDP 重点关注国家网络安全、信息经济发展和数字技术三大领域，专注于应对网络威胁、维护全球互联网自由、监控风险，并与“民主国家”合作，共同制定新兴技术的国际规范和标准。其不言而喻的使命是进一步强化针对中国的竞争与遏制。CDP 的成立彰显了拜登政府对华科技竞争在战略清晰、立法规范和机构完善三大层面部署基本完成，进入了更具战略性和目标导向的阵地战新阶段。同时，作为布林肯国务院现代化计划的重要任务，标志着拜登政府在互联网与高科技领域政策与战略的重大转向，完成了初步的体制化。

在传播层面，2022 年 4 月 28 日，美国白宫发起《互联网未来宣言》在线签署仪式，包括美国、欧盟成员国在内的共 60 个国家和地区成为签署方，声势相当浩大。宣言倡导“开放、自由、全球性、可互操作性、可靠和安全”，实则以所谓的美西方价值观为标准，在全球一体化的互联网世界划出不同的阵营，排斥以中国为核心的国家。在全球机制缺失的严峻形势下，真正的“互联网未来宣言”由代表全球大多数国家和民众的联合国机制来推动，才是维护互联网开放、促进互联网发展、确保互联网未来的正道。网络空间是人类共同的活动空间，网络空间的前途与命运应由世界各国共同掌握。各国应该加强沟通、扩大共识、深化合作，共同构建网络空间命运共同体。此外，美国正试图以“自由与开放”价值观为主导，打造分裂与对抗的“小圈子”。2022 年 5 月 23 日，拜登访问日本期间宣布启动“印太经济框架”（Indo-Pacific Economic Framework，IPEF）以期分裂亚洲，胁迫地区国家在中美之间“选边站队”。通过扶持成本更低的东南亚国家，寻求“产业链多元化”“产业链脱钩”。①

2022 年 7 月 27 日，美国国会通过了《芯片和科学法案》。该法案对美

① 郭若冰：《揭开美国“印太战略”虚伪面纱：行分裂亚洲、挑衅搅局之实》，光明网，2022 年 6 月 17 日，https：//m. gmw. cn/baijia/2022-06/17/35817577. html。

本土芯片产业提供巨额补贴，是典型的差异化产业扶持政策。部分条款限制有关企业在华正常经贸与投资活动，将会造成全球半导体供应链扭曲，扰乱国际贸易秩序。自 2016 年 3 月美国首度制裁中国领军企业中兴通讯至今，美国针对中国发动的科技脱钩战略已经开启 6 年，贯穿美国三届政府。正式的科技竞争发端于个性独特、鲜明的特朗普政府时期，奥巴马政府阶段已经开始未雨绸缪。拜登政府显然坚定地延续了这一战略，并加以深化和升级。在中美科技竞争脱钩背景下，拜登政府的对华政策的关注点聚焦在关键产业链和供应链的保护，重点对产业链和科技领域进行“精准脱钩”和“封锁围堵”，正积极调整数字基础设施技术路线，弱化中国技术和产业链优势。2022 年 10 月 7 日，美国商务部出台一系列对中国半导体产业的制裁措施，并持续向荷兰、日本等盟国施加压力。2023 年 1 月 27 日，美国、日本和荷兰三国的国家安全事务高级官员在华盛顿举行的会议上就限制向中国出口先进制程芯片制造设备达成协议，试图切断中国获得先进技术的途径。据彭博社报道，随着美国政府加大对中国科技行业的打击力度，拜登政府正在考虑切断华为与其所有美国供应商的联系，包括英特尔公司和高通公司。[①] 科技博弈的本质是全球一体化的博弈，中美博弈的实力对比，必将是全球范围的较量。

在产业层面，苹果、Alphabet（字母表）、Meta、亚马逊、微软等科技巨头在 2022 年美国证券市场上，损失超过 3 万亿美元市值。2022 年 2 月 3 日，Facebook 母公司 Meta 股票开盘大跌，截至当日收盘，股价暴跌 26.39%，至 237.76 美元，市值蒸发约 2370 亿美元（约合人民币 1.5 万亿元）。2022 年以来，Meta 股价暴跌超过 70%，市值约为 2700 亿美元，不及 2021 年市值的 1/3。[②] 受经济低迷、扩张速度过快和供应链问题等因素影

---

① Leonard, J., King, I., Biden Team Weighs Fully Cutting Off Huawei From US Suppliers. Bloomberg, 2023 年 1 月 31 日, https://www.bloomberg.com/news/articles/2023-01-30/biden-team-may-cut-off-huawei-from-intel-other-us-suppliers?leadSource=uverify%20wall。

② Ponciano, J., Meta Stock Crash Steepens As Facebook Parent Grapples With Recession Fears. Forbes, 2022 年 10 月 26 日, https://www.forbes.com/sites/jonathanponciano/2022/10/26/meta-stock-crash-steepens-as-facebook-parent-grapples-with-recession-fears/?sh=59a45139176c。

响，美国科技行业正经历一轮“裁员浪潮”。包括 Alphabet、Meta、亚马逊、微软在内的多家大型科技公司均宣布了大规模裁员计划。美国彭博社 2023 年 2 月 6 日的报道称，戴尔计划裁员 6650 人，约占其全球员工总数的 5%。作为戴尔竞争对手的惠普公司也已在 2022 年 11 月宣布裁员 6000 人。[①] 统计全球科技行业裁员情况的数据追踪网站 layoffs. fyi 的数据显示，在过去的 2022 年中，全球 1044 家科技企业共裁员近 16 万人。截至 2023 年 2 月 13 日，全球知名科技企业（共计 340 家）裁员总人数至少已超过 10 万，达到 101807 人。[②]

（二）欧洲篇:《数字市场法案》正式落地，欧洲下一站的 AI 治理制度建构

近年来，欧洲接过了中俄倡导的“网络主权”理念，高举“数字主权”，强化欧洲在全球数字规则中的主导权，上升为全球互联网领域最大的“保护主义”力量。欧洲通过反垄断、数字税和数据保护等系统性的制度构建，进一步抵御美国数字科技的入侵。[③] 自 2019 年欧盟委员会主席乌尔苏拉·冯德莱恩首次谈到“数字主权”以来，“数字主权”理念已成为欧洲参与数字和科技事务的一项核心原则，也是欧盟国家推动新兴技术发展和数字政策制定的首要目标。[④] 2020 年 7 月，欧洲议会发布了《欧洲数字主权》报告，正式提出追求“数字主权”。欧洲议会将“数字主权”定义为欧洲在数字世界中自主行动的能力，是促进数字创新的保护性机制和防御性工具（包括与非欧盟企业的合作）。

---

① Ford, B. , Dell to Cut About 6, 650 Jobs, Battered by Plunging PC Sales, Bloomberg, 2023 年 2 月 6 日，https：//www. bloomberg. com/news/articles/2023-02-06/dell-dell-lays-off-about-6-650-employees-in-latest-tech-cuts？leadSource=uverify%20wall。

② 具体数据参见 https：//layoffs. fyi/。

③ 方兴东：《华盛顿组建“美欧科技联盟”阻碍重重》，环球网，2022 年 12 月 15 日，https：//3w. huanqiu. com/a/de583b/4AsItOoQEbp？p=2&agt=46。

④ Atlantic Council, Digital sovereignty in practice：The EU's push to shape the new global economy, 2022 年 11 月 2 日，https：//www. atlanticcouncil. org/in-depth-research-reports/report/digital-sovereignty-in-practice-the-eus-push-to-shape-the-new-global-economy/。

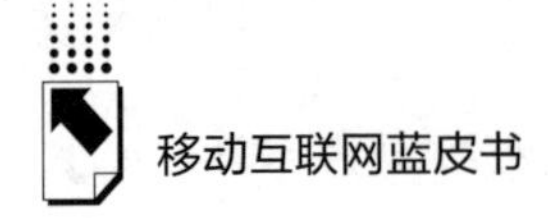

欧盟正在不断加强对数据国际流动的监管。自 2013 年斯诺登“棱镜门”事件曝光后，欧盟对国际数据传输安全性产生担忧，相继认定欧美之间的跨大西洋数据流动协议《安全港协议》和《隐私盾协议》无效。俄乌冲突极大地拉近了美欧关系，也迫使美国以退为进，在数据和隐私保护方面做出一定程度的让步和妥协，双方于 2022 年 3 月 25 日达成了《跨大西洋数据隐私框架》。这意味着美国将采取前所未有的措施保障欧盟个人数据的隐私。这无疑是欧洲在数据主权博弈中所取得的一项重大进展。

欧洲已经成为全球制度创新的高地。《数字市场法案》（*Digital Markets Act*，DMA）于 2022 年 7 月 18 日获欧盟理事会批准通过，并于 2022 年 11 月 1 日起生效。相较于之前的草案，它进一步确立了欧洲数字部门公平竞争的新规则，为大型在线平台定义新规则。《数字市场法案》最大的特点是跳出了传统反垄断规制框架，针对具有持久地位的超级平台提出的“守门人”概念，第一次全方位地界定了规模化平台承担的一系列特别责任，为其竞争行为建立了一套新的监管体系，而整体核心的指向，主要落实在数据的开放、流动、使用和监管之上。从另一个角度看，这也说明了当今互联网平台在人类社会生活中全新的力量和影响。《数字服务法案》（*Digital Services Act*，DSA）于 2022 年 10 月获欧盟理事会批准通过。该法案主要为数字服务供应商规定了明确的义务，包括：打击违法商品及内容并审查第三方卖家、设立机制以令用户检举违法商品或内容、扩大网络透明化机制之范围，等等。相比之下，DSA 聚焦在线平台对内容的监管义务，而 DMA 则是一项反竞争法，针对包括谷歌、亚马逊和 Meta 在内的“守门人”平台。它们共同构成了一套适用于整个欧盟的新规则，以创造一个更安全、更开放的数字空间。

欧盟对人工智能的态度以卓越和信任为中心，旨在提高研究和工业能力，同时确保安全和基本权利。早在 2018 年，欧盟委员会就开始着手将尖端技术与道德标准结合起来的工作。通过成立人工智能小组，收集专家意见并召集不同利益相关者的广泛联盟，起草人工智能伦理指南提案。2021 年 4

月，欧盟委员会提出《欧盟人工智能法案》（AIA），试图制定人工智能规则并减轻人工智能风险。欧盟政策制定者认为，制定全球标准是AI法案的一个关键目标。同时，这种框架意味着，不仅监管人工智能系统具有价值，而且对优先制定权的把握将对欧盟产生广泛的“布鲁塞尔效应”。[①] 2022年6月，西班牙推出第一个AI监管沙盒，旨在进一步推进AI监管。2022年9月28日，欧盟委员会通过了《人工智能责任指令》（*AI Liability Directive*，AILD）和《产品责任指令》（*Directive of the European Parliament and of the council on liability for defective products*，PLD）修订版两项提案，前者确定了针对人工智能系统所致损害的适用规则，后者将其适用范围扩展到配有人工智能的产品。2022年12月6日，欧盟理事会通过了AI法案的一般方法和折中文本，力求AI法案顺利通过。2023年将是欧盟人工智能法规和政策发展的重要一年。除了最终确定AILD、PLD和AI法案，欧盟还与美国合作为可信赖的AI开发国际标准、工具和存储库。此外，欧盟委员会也在推进制定第一份具有法律约束力的AI国际文书工作。

（三）亚非拉篇：数字鸿沟新形势、新挑战与发展困境

截至2022年7月31日，亚洲网民数量为29.34亿，比2000年增长了近25倍，占据全球数量的一半以上。不过，尽管亚洲的互联网用户数量领先全球，其互联网普及率（67.4%）仍低于全球平均水平（69%），且远落后于除非洲外的其他地区。[②]

4G占据亚太地区的主导地位，5G技术发展迅速，移动产业持续为经济和社会带来利益。到2025年，亚太地区将有超过4亿个5G连接，相当于移动连接总数的14%以上。在澳大利亚、日本、新加坡和韩国等发达亚太地

---

① Engler, A., The EU AI Act will have global impact, but a limited Brussels Effect, Brookings, 2022年6月8日，https://www.brookings.edu/research/the-eu-ai-act-will-have-global-impact-but-a-limited-brussels-effect/。

② Internet World Stats, Internet 2022 Usage in Asia, 2022年7月31日，https://www.internetworldstats.com/stats3.htm。

区，这一数字将更高（平均为67%）。在这些市场，4G的采用率已经开始下降。但是，该技术在该地区，特别是在南亚和东南亚的其他地方都有很大的发展空间。对于整个亚太地区，4G采用将在2023年达到峰值（71%），到2025年下降至69%。移动技术和服务继续为亚太经济贡献了5%的GDP，相当于7700亿美元的经济价值。[①] 此外，亚太地区多个国家的网络速度处于领先地位。

智能手机的普及率被认为是导致印度互联网增长趋于平缓的问题所在。印度是世界第二大手机市场，目前拥有约6.5亿智能手机用户，但增长速度已经放缓。市场研究公司Counterpoint的数据显示，2022年印度手机销量从2021年的峰值1.68亿部下降至1.51亿部。设备和数据流量价格成为影响印度智能手机普及率的重要因素，印度“功能机”（非智能手机）用户仍然有超3.5亿。2022年只有3500万印度人从功能手机升级到智能手机，而在新冠疫情之前，每年平均增长为6000万。[②]

在拉丁美洲，4G依然是移动行业的基础。GSMA发布的《2022年拉丁美洲移动经济报告》显示，拉丁美洲的网络用户普及率超过70%。在拉美主要国家中，智利有92%的人口能够上网，位居榜首，乌拉圭（83.4%）、阿根廷（83%）、哥斯达黎加（81.6%）、巴西（77%）和墨西哥（74%）位列其后。而哥伦比亚、古巴、巴拿马和秘鲁等国的网络普及率则不到70%，这主要与该地区高昂的网络费用有关。[③] 国际电信联盟将宽带价格可承受性标准设为人均国民总收入的2%。然而，拉丁美洲发展银行（Banco de Desarrollo de América Latina）的一份报告显示，在拉丁美洲，每月的移动宽带费用占月人均国民总收入的4.6%，远高于经济合作与发展组织成员国的0.8%。对于一些国家最底层的20%的人口而言，

① GSMA，The Mobile Economy Asia Pacific 2022，https：//www.gsma.com/mobileeconomy/asiapacific/.

② Biswas，S.，Why internet growth has stalled in India，BBC，2023年1月23日，https：//www.bbc.co.uk/news/world-asia-india-64293857。

③ GSMA，The Mobile Economy Latin America 2022，2022年，https：//www.gsma.com/mobileeconomy/latam/。

网络费用占其月收入的比重甚至高达8%~10%。另外，在委内瑞拉，电脑、平板电脑和智能手机都是进口商品，价格昂贵，超过70%的人口无法获得这些智能设备。在未来的发展中，新的移动通信需求和用户将持续推动4G在拉丁美洲的普及。目前，2G和3G大约占据了40%的移动连接，预计到2025年，2G将只占4%。一直到2024年，4G的采用率将持续上升。数据显示，2020~2025年，拉丁美洲的移动连接将增长1.8倍，该地区的5G网络刚刚推出，具有较大的发展前景。到2025年，9个拉丁美洲主要国家的移动互联网普及率将超过60%，而拉丁美洲的网络速度仍将低于全球平均水平。[①] 总体上看，拉丁美洲地区城乡数字鸿沟普遍存在，互联网接入的性别差距依然存在，在网络和信息技术服务获取上呈现阶层鸿沟。收入水平的差异直接导致了数字技术的普及差异和数字鸿沟之下的不平等现象。

互联网在非洲发展迅速。2022年，非洲地区拥有约5.7亿互联网用户，这一数字比2015年翻了一番多。电信基础设施的改善和移动设备普及率的提高促进了非洲的互联网接入。但是，非洲地区的互联网接入率仍然远低于全球平均水平，且各国之间互联网普及率与数字基础设施建设发展不平衡，尚未充分发挥其数字潜力。受人口、经济等多种因素影响，非洲各国/地区的互联网普及率也相差较大，从南部非洲的66%的峰值到中非的24%的低点。[②] 根据We Are Social数据，在互联网普及率方面，截至2022年1月，摩洛哥在非洲国家中排名第一，互联网普及率达84.1%，远高于非洲地区的平均水平；尼日利亚互联网人口规模超过1亿，普及率为51%。[③] 而国际能源署（IEA）发布的《非洲能源展望2022》数据显示，目前非洲仍有43%的人口无法获取电力，主要集中在撒哈拉以南的非洲地区。不仅如此，

① GSMA, The Mobile Economy Latin America 2022, 2022年, https://www.gsma.com/mobileeconomy/latam/。

② Internet usage in Africa-statistics & facts, https://www.statista.com/topics/9813/internet-usage-in-africa/#topicOverview.

③ We Are Social, Digital 2022: Global Overview Report, 2022年, https://www.sgpjbg.com/baogao/61598.html。

报告还指出，非洲拥有全球 60%的最佳太阳能资源，但仅占太阳能光伏装机容量的 1%。[①] 总体而言，数字经济为非洲发展带来了新的动力，数字技术在无形中重塑着非洲的商业模式、生活方式以及消费习惯等。同时，与数字经济相关的政策也处于不断丰富和完善中，非洲国家从数字基础设施建设、相关行业发展、关键环节建设、人才队伍建设、数字经济合作等多个方面不断完善政策并加大支持力度。

三　展望2023年：智能时代的复苏动能和技术创新趋势研判

自 20 世纪 80 年代以来，移动通信基本上以十年为周期出现迭代升级，随着全球 5G 网络规模化商用步入快车道，针对 6G 研发的战略性布局已全面拉开帷幕。目前，全球多个国家和地区、国际组织以及学术界、产业界均开展了 6G 研究。但全球范围内 6G 的研究仍处于起步阶段，整体技术路线尚不明确。不同于之前的 4G、5G，此次 6G 技术将会深化一些主要通信发达国家之间的标准化竞争。在 6G 时代，全球标准开发有可能会在比合作关系更密切的竞争体制下进行。Mobile Experts 的一份最新报告预测，在 6G 再次加速之前，5G 无线接入网络市场正在从扩张阶段过渡到增长放缓阶段，对该领域的投资也将在未来几年内下降。在供应商领域，爱立信处于领先地位，诺基亚位居第二，远超华为。[②]

技术创新仍然是全球移动互联网发展的核心推动力。2022 年末，ChatGPT 人工智能聊天机器人程序的推出可谓引爆全球。上线两个月后，ChatGPT 的用户数量便达到 1 亿，成为史上用户增长速度最快的消费级应

① IEA, Africa Energy Outlook 2022，2022 年，https://www.iea.org/reports/africa-energy-outlook-2022。

② Madden, J.,"RAN Revenue to Decline Before the 6G Wave", *Mobile Experts*, 2023 年 2 月 13 日，https://www.prnewswire.com/news-releases/ran-revenue-to-decline-before-the-6g-wave-301744139.html。

用程序。[1] 但是，这个被《纽约时报》称为“有史以来向公众发布的最好的人工智能聊天机器人”的背后，是其对全球信息传播的颠覆性变革，成为继 TikTok 内容分发突破之后的一种更彻底的智能传播的崛起。这也意味着人类整体的传播基础设施、传播方式和机制的彻底重构，以及国际传播和全球传播阵地的全局变动与整体切换。ChatGPT 必将成为一项史诗级的人工智能应用，对移动互联网发展的未来走向意义重大，然而，其背后所暗含的风险隐忧仍需各界深入探讨。

从 2000 年信息社会世界峰会（WSIS）进程开始，联合国 20 年来持续发力全球数字治理，但是，联合国本身的困境制约了它的作用发挥。尽管联合国欲振乏力，但仍在努力寻找数字时代的定海神针。2022 年 11 月 28 日至 12 月 2 日，第十七届联合国互联网治理论坛（IGF）在埃塞俄比亚亚的斯亚贝巴举行。本次论坛的主题是“韧性互联网，共享可持续和共同未来”，呼吁采取集体行动和分担责任：连接所有人保障人权；避免互联网碎片化；管理数据和保护隐私；实现安全、安保和问责制；探讨先进的数字技术。本次 IGF 的成果，还将作为 2024 年联合国“未来峰会”商定的“全球数字契约”（Global Digital Compact，GDC）的基础框架。“全球数字契约”作为联合国提出来的一个新概念，旨在为全人类构建一个开放、自由和安全的数字未来而制定共同原则，为数字未来发展提供关键的基本原则。契约将重点关注以下几个领域，促进全球各方就有关基本原则达成共识：①数字连接，重申让所有人接入互联网这一基本承诺；②避免互联网的碎片化；③为人们提供将如何使用其数据的选择；④网络人权；⑤通过引入对歧视和误导信息问责标准促成值得信赖的互联网。此外，“全球数字契约”还将促进对人工智能的规制，确保其

① Milmo, D. , ChatGPT reaches 100 million users two months after launch, The Guardian, 2023 年 2 月 2 日, https://www.theguardian.com/technology/2023/feb/02/chatgpt-100-million-users-open-ai-fastest-growing-app。

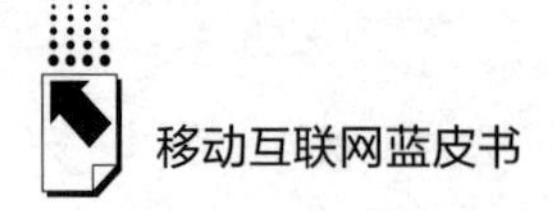

符合全球共同价值观。①

“未来已来，只是分布得还不太均匀。”作为接入鸿沟（数字鸿沟1.0）与素养鸿沟（数字鸿沟2.0）之后数字鸿沟3.0阶段的智能鸿沟，它是以数据为核心的智能技术引发的社会不平等和不公正。面对正在到来的智能赋能技术突破所造成的智能鸿沟问题，必须在人类治理的制度设计上，严阵以待。“一项技术的社会后果不能在技术生命的早期被预料到。然而，当不希望的后果被发现时，技术却往往已经成为整个经济和社会结构的一部分，以至于对它的控制十分困难。这就是控制的困境。当变化容易时，对它的需要不能被预测；当变化的需要变得明显时，变化却变得昂贵、困难和耗费大量时间，以致难以或不能改变。”这就是著名的科林格里奇困境，也就是技术控制的两难困境。联合国秘书长安东尼奥·古特雷斯警告称，虽然技术为人类提供了非凡的可能性，但“日益加剧的数字领域混乱正在让最具破坏性的力量受益，并剥夺普通人的机会”。② 随着ChatGPT的到来，人工智能领域已经出现颠覆性的变化。智能技术为人类的境遇增添了几分憧憬，而它所带来的挑战又增加了人类未来的不确定性。如何在地缘政治和技术创新的博弈中寻求复苏新动能，正在成为后疫情时代人类面对的共同议题。

参考文献

钟祥铭、方兴东：《智能鸿沟：数字鸿沟范式转变》，《现代传播》（中国传媒大学学报）2022年第4期。

钟祥铭、方兴东：《算法认知战背后的战争规则之变与AI军备竞赛的警示》，《全球传媒学刊》2022年第5期。

---

① United Nations, Global Digital Compact: Background Note, 2023年1月17日, https://www.un.org/techenvoy/sites/www.un.org.techenvoy/files/Global-Digital-Compact_ background-note.pdf。

② UN chief calls for action to put out ‘5-alarm global fire’, 2022年1月21日, https://news.un.org/en/story/2022/01/1110292。

方兴东、钟祥铭：《算法认知战：俄乌冲突下舆论战的新范式》，《传媒观察》2022年第4期。

Nye, J., "The End of Cyber-Anarchy? How to Build a New Digital Order", *Foreign Affairs* 2022, 101 (1): 32-42.

产 业 篇

Industry Reports

B.7
2022年中国移动互联网产业发展趋势、挑战与建议

孙 克*

摘　要： 2022年，我国移动互联网在基础设施、技术创新、应用赋能、国际化等方面取得积极进展。与此同时，我国移动互联网产业发展也面临着多方面挑战。建议增强数字基础设施支撑能力，持续推进技术及标准研制，加快推动移动互联网行业应用，提升行业监管水平，健全劳动者权益保障机制，不断增强国际竞争力。

关键词： 移动互联网　5G　数字经济　数字中国

* 孙克，中国信息通信研究院数字经济与工业经济领域主席，教授级高级工程师，经济学博士，高级访问学者，客座教授，研究方向为数字经济、数据要素、数字化转型等。

在人口红利、经济发展、基础设施、监管环境等方面的有力推动下①，我国移动互联网行业网络不断升级、创新日趋活跃、生态逐步成熟，实现了跨越式发展，综合实力显著增强②。2022 年我国互联网加速步入万物智联、融合创新、全域赋能的高质量发展阶段③，移动互联网应用进一步与实体经济融合，对我国经济社会发展的基础支撑作用进一步增强。

一　2022年我国移动互联网产业发展趋势

（一）移动互联网基础设施蓬勃发展

1. 5G 发展水平保持全球领先

近年来，相关部门和电信企业持续加大基础设施投入，5G 基础设施能力显著提升。我国成为全球首个基于独立组网模式规模建设 5G 网络的国家。截至 2022 年底，全国移动通信基站总数达 1083 万个，全年净增 87 万个。其中，5G 基站新增 88.7 万个，全国 5G 基站数量达到 231.2 万个，总量占全球比重超过 60%④。

2. 移动互联网用户规模优势凸显

移动电话用户规模持续扩大。2022 年，我国移动电话用户总数达到 16.83 亿户，全年净增 4062 万户。其中，5G 移动电话用户达到 5.61 亿户，占移动电话用户总数的 33.3%，比上年末提高 11.7 个百分点⑤，是全球平均水平的 2.75 倍。物联网用户规模快速扩大。截至 2022 年底，三家基础电信企业发展蜂窝物联网用户 18.45 亿户，全年净增 4.47 亿户，占移动网终

---

① 余晓晖：《从生产创新范式等多方合力推动互联网发展实现新变革》，《互联网天地》2021 年第 7 期，第 17~18 页。

② 中国信息通信研究院：《中国互联网行业发展态势暨景气指数报告（2020 年）》，2020 年。

③ 中国信息通信研究院：《中国互联网行业发展态势暨景气指数报告（2021 年）》，2021 年。

④ 工业和信息化部：《2022 年通信业统计公报》，2023 年 2 月。

⑤ 工业和信息化部：《2022 年通信业统计公报》，2023 年 2 月。

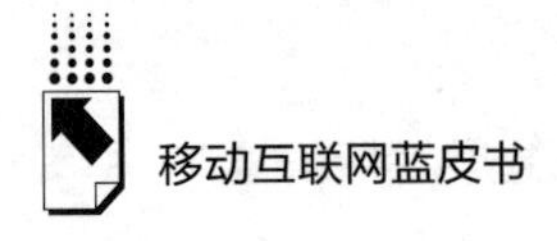

端连接数（包括移动电话用户和蜂窝物联网终端用户）的比重达 52.3%[①]。

3. 移动互联网应用快速增长

移动应用供给更加丰富。截至 2022 年底，我国各类高质量 APP 在架数量已超过 258 万款，智能化应用日趋为百姓生产生活增光添彩，不断满足人民群众对美好生活的需要。移动数据流量稳定增长。2022 年，我国移动互联网接入流量达 2618 亿 GB，比上年增长 18.1%。全年移动互联网户均流量（DOU）达 15.2GB/（户·月），比上年增长 13.8%[②]。

（二）移动互联网领域技术创新加速

1. 5G 标准持续迭代，技术行业标准化进程起步

2022 年 6 月 9 日，第三代合作伙伴计划（3rd Generation Partnership Project，3GPP）宣布 5G Realease17（5G 演进标准第 17 版）标准版本冻结，标志着 5G 第二个演进版本标准正式完成。相较于第 15 版（Realease 15，R15）和第 16 版（Realease 16，R16），第 17 版（Realease 17，R17）围绕商用特性改进、新功能引入、新方向探索持续演进。在商用特性改进方面，R17 重点针对 5G 规模部署面临的问题进行改进，提升容量、时延、能效等关键性能指标，如室内工厂定位精度提升至小于 0.5m。在新功能引入方面，轻量级技术（RedCap）完善中速物联网场景支持能力，天地一体新网络技术与地面通信共同构建空天地一体化立体融合网络，多播广播功能（Multimedia Broadcast Service，MBS）通过灵活的传输模式和反馈机制支持在公共安全、赛事直播等应用场景中实现高效可靠传输。在新方向探索方面，R17 首次设计分层化网络大数据智能分析架构，进一步拓展垂直行业应用。

2. 5G 与行业应用的融合标准取得初步进展

在共性技术标准方面，开展 5G 应用产业链相关研究及标准规划、制定

① 工业和信息化部：《2022 年通信业统计公报》，2023 年 2 月。
② 工业和信息化部：《2022 年通信业统计公报》，2023 年 2 月。

与推广，如 5G 应用产业方阵（5GAIA）等支撑中国通信标准化协会（CCSA）推动 5G 行业虚拟专网、5G 行业终端模组重点标准研制。在融合应用标准方面，面向电力、医疗、工业、车联网等行业已开展标准研究及立项工作，据统计立项标准达 62 项，例如中国通信标准化协会开展医疗、车联网领域的标准研制。同时，CCSA 联合工业互联网产业联盟，面向工业领域推进 12 项重点行业的应用场景及技术需求标准。此外，行业组织也积极制定适合本行业特性的 5G 融合应用标准，如中电联、钢铁工业协会等。

3. 6G 技术试验已在多个方面取得初步成果

6G 将呈现泛在互联、全域覆盖、普惠智能、绿色低碳、多维感知、安全可信六大特征。主要经济体正加紧部署 6G 技术的研发，抢占下一代移动通信技术制高点，我国也在这一领域持续推进技术研发。2022 年 8 月，在工信部指导下，IMT-2030（6G）推进组开展 6G 技术试验，当前在太赫兹通信、通感一体化、智能超表面、分布式自治网络、算力网络五方面制定了相关测试规范，并已得到初步验证结果。

4. 移动物联网终端和应用场景不断丰富

移动物联网终端用户数已超过移动电话用户数，我国已进入“物超人”时代，成为全球主要经济体中首个实现“物超人”的国家。移动物联网技术持续演进，以窄带物联网（Narrow Band Internet of Things，NB-loT）满足大部分低速率场景需求，以 4G Cat1（4G 同系列中的低版本，可以完全重用现有的 4G 资源，具有低功耗、低成本、高速率的特征）满足中等速率物联需求和话音需求，以轻量化技术（Reduced Capability，5G RedCap）满足中高速率场景需求，以 5G NR（New Radio，一种全球性 5G 标准）技术满足更高速率、低时延联网需求。当前，NB-loT 基站数达到 75.9 万个，实现全国主要城市、乡镇以上区域连续覆盖，已形成水表、气表、烟感、追踪 4 类千万级应用，白电、路灯、停车、农业等 7 类百万级应用，以及 POS 机、机顶盒等 N 个新兴应用。LTE Cat1（同 4G Cat1）广泛应用于可穿戴设备、工业传感、共享单车等领域。

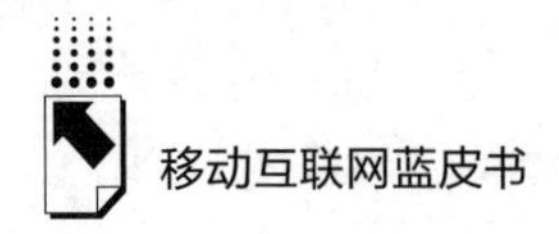

5. 人工智能与移动互联网结合的应用场景更加多元

我国人工智能技术持续深入发展，人工智能与产业融合进程不断加速。在基础理论方面，基于算法、算力、算数的模型成为热点方向，智能化、平台化基础设施加速构建，成为经济社会运行的重要基石。应用层面，深度学习、数据挖掘技术不断进步，在自动驾驶、医疗人工智能、工业人工智能等领域实现深度应用，被深入应用到资源组织、服务模式、生产运营等各个环节，打通了生产、经营和消费各领域。人工智能技术应用不断加快。2021年，“十四五”规划明确行业发展路线图。各地积极推动智能计算中心建设，我国在用的数据中心机架总规模已经超过650万标准机架，服务器规模超过2000万台，算力总规模位居全球第二①，已基本满足各地区、各行业数据资源存储和算力需求；我国人工智能开源开放平台超40个，语音、视觉、自然语言处理等人工智能开放服务能力进一步提升；人工智能与移动互联网相结合的应用开始广泛覆盖智慧城市、智慧交通等日常生活。

（三）移动互联网应用加速赋能生产生活

移动互联网应用加速从消费领域向生产领域拓展②，企业数字化转型意愿和动力大幅增强，制造业数字化转型朝着全面扩张、深度拓展的方向迈进。移动互联网在生产生活中的应用进一步渗透，从研发设计、生产作业多方面改善生产环节的供给能力，并不断渗透生活与民生服务的方方面面。

1. 移动互联网在工业领域应用加速

5G已在工业等多个行业领域发挥赋能效应，应用案例数超过5万个。2022年，“5G+工业互联网”取得新突破，“5G+工业互联网”512工程圆满收官，打造了5个产业公共服务平台，为工业企业应用5G技术提供服务支撑。

---

① 《国新办举行“权威部门话开局”系列主题新闻发布会“加快推进新型工业化　做强做优做大实体经济”》，2023年3月1日，http://www.scio.gov.cn/xwfbh/xwbfbh/wqfbh/49421/49637/wz49639/Document/1737009/1737009.htm。

② 金壮龙：《新时代工业和信息化发展取得历史性成就》，《学习时报》2022年10月3日，第1版。

在汽车、采矿等十余个重点行业建设了4000余个项目，协同研发设计、远程设备操控等20个典型应用场景加速普及，有力促进了企业提质、降本、增效。工业5G融合产品日益丰富，模组价格较商用初期下降了80%。各地掀起了5G全连接工厂建设热潮，加速5G向生产核心控制环节进一步深化拓展。

2. 5G赋能重点行业加速创新发展

以医疗行业为例，“5G+医疗健康”从试点进入规模化推广阶段。以“5G+急诊救治”“5G+远程诊断”“5G+远程治疗”“5G+重症监护”为代表的典型应用场景和以5G远程超声机器人、5G移动监护仪为代表的行业终端不断涌现，促进5G与医疗健康行业融合发展。以港口行业为例，随着港口业务量不断增长，港口行业对提升港口综合作业效率、保障安全生产、降低人工成本等方面有了新的诉求，借助“5G+工业互联网”构建智慧港口，实现创新发展。当前，多个“5G智慧港口”项目已经落地生效。有的港口企业通过打造模拟仿真系统，加强生产计划评估；有的港口企业通过搭建智能集成管理平台，实现节能减排；有的港口企业通过实现智能化识别，提升工作效率。

3. 移动互联网全面渗透生活服务各个方面

近年来，移动互联网激发了大量数字化转型新业态、新模式，创造出更多数字化转型需求，加速线下场景线上化迁移的进程，餐饮、文化、旅游等更多的传统行业加快提升数字化程度，企业或自己开发数字化平台，或与大的电商平台合作，通过互联网进行业务拓展、客户沟通、订单达成、物流和配送管理，生活服务业数字化、智能化成为未来发展新趋势。截至2022年6月，我国即时通信用户规模达10.27亿，较2021年12月增长2042万，占网民整体的97.7%；我国在线旅行预订用户规模达3.33亿，受疫情等因素影响较2021年12月减少6460万，占网民整体的31.6%；我国短视频用户规模为9.62亿，较2021年12月增长2805万，占网民整体的91.5%；我国网络游戏用户规模达5.52亿，占网民整体的52.6%[①]。

① 中国互联网络信息中心：《第50次〈中国互联网络发展状况统计报告〉》，2022年8月。

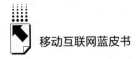

4. 移动互联网等新一代信息技术更大规模应用于公共服务

5G、云计算、人工智能、大数据等新一代信息技术的高速发展，大大提升医疗、教育、养老、政务体系的资源配置效率，优化社会服务，不断释放民生领域数字化转型的刚性需求。数字政府建设进入深化提质新阶段。各地政务服务建立“好差评”制度，政府服务可以像网购一样被给予评价，多地探索首席数据官制度。更多政务服务事项实现网上办、掌上办、一网通办。截至2021年底，全国一体化政务服务平台用户人数超10亿，实现了工业产品生产许可证、异地医疗结算备案、社会保障卡申领等事项“跨省通办”；截至2022年5月，国家政务服务平台及时推出“防疫健康信息码”（累计使用116亿人次），支撑各地区“健康码”信息共享交换648亿余次。截至2022年10月，我国已有208个省级和城市的地方政府上线了政府数据开放平台，其中省级平台21个（含省和自治区，不包括直辖市和港澳台），城市平台187个（含直辖市、副省级与地级行政区）。[①] 在移动互联网支持下，各类市场主体获取公共数据和公共服务的便捷性得以极大提升。

（四）移动互联网企业国际业务加速拓展

随着我国对外开放程度的提高，越来越多大型移动互联网重点企业走出国门，加快拓展国际业务，逐渐占领更大规模的海外市场。

1. 重点企业全球化发展进程加快，海外业务收入快速增长

阿里巴巴、腾讯、百度、字节跳动等大型互联网企业加速海外业务“跑马圈地”，产品商业化速度加快。出海应用数量持续提升。AppsFlyer《2022中国应用全球化趋势洞察报告》显示，2021年1月至2022年3月统计期内，我国主流出海应用数量超过8000个，我国出海应用总安装量同比增长9%，以游戏、互联网金融、社交、泛娱乐类产品为主[②]。

① 中国信息通信研究院统计数据，http：//www. caict. ac. cn/7889231。

② AppsFlyer：《2022中国应用全球化趋势洞察报告》，2022年5月。

2. 加快探索重点海外市场，在发达国家市场不断深耕、提高收益

海外市场以游戏、电商、互联网金融等变现能力强的领域为主，来自北美、东亚和欧洲等发达市场的收入占整体海外市场收入的80%以上。企业在新兴国家市场持续打开发展空间。在南亚、东南亚的布局力度不断提升，首次拓展至巴拿马、乌克兰等新兴国家。

3. 细分领域释放新活力，社交短视频加速开启海外商业化进程

数据分析公司 Sensor Tower 数据显示，截至 2022 年 4 月，TikTok 全球下载量累计超过 35 亿次，已超越谷歌成为全球访问量最大的互联网站点①。跨境电商业务模式取得创新突破。数据分析公司 Sensor Tower 数据显示，2022 年第二季度，在线购物平台 Shein（希音）超过亚马逊，成为全球下载量最高的购物 APP。工具应用不断探索新增长点。各大移动互联网重点企业尝试在精细化产品定位、生态化业务布局、场景化广告投放等方面加强布局，保持盈利能力持续强劲。

4. 企业海外经营能力持续提升

我国互联网企业海外经营策略正转向依靠技术创新、数据驱动、品牌牵引的长期经营战略，形成腾讯游戏、网易游戏、莉莉丝、Funplus、TikTok 等一系列国际知名品牌。AppAnnie 在 2022 年 4 月发布的《2022 Level Up 年度全球发行商 52 强榜单》数据显示，全球发行商 52 强中，我国发行商的数量已达到 16 家，超过美国排名全球第一②。

二　移动互联网有序健康发展仍面临一些挑战

1. 移动互联网基础设施地区间发展不平衡

5G 建设和用户普及情况存在较大地区差异。截至 2022 年 11 月末，我国东、中、西部和东北地区 5G 基站数分别达到 109.3 万、49.2 万、56.2

① Sensor Tower 商店情报平台：《2022 年上半年全球移动应用变现趋势洞察》，2022 年 7 月。

② AppAnnie：《2022 Level Up 年度全球发行商 52 强榜单》，2022 年 4 月。

万、14 万个，占本地区移动电话基站总数的比重分别为 23.3%、20.7%、18.5%、19.8%；5G 移动电话用户分别达 2.43 亿、1.26 亿、1.37 亿、0.35 亿户，占本地区移动电话用户总数的比重分别为 33.4%、32.2%、31%、29.3%①。相较于东部沿海发达地区，我国中西部欠发达地区的 5G 建设和普及率依然较为落后。城乡网络普及程度差距制约农村移动互联网应用拓展。截至 2022 年 6 月，我国城镇地区互联网普及率为 82.9%，农村地区互联网普及率为 58.8%；我国非网民规模为 3.62 亿，以农村地区为主，农村地区非网民占比为 41.2%，高于全国农村人口比例 5.9 个百分点②。当前，我国手机网民规模为 10.47 亿，网民中使用手机上网的比例为 99.6%③，对移动互联网的需求性和依赖度较高。大量农村居民无法有效接入移动互联网，将限制其访问和获取包括公共服务在内的各类数据资源。

2. 我国互联网企业的国际化水平差距不容忽视

与美国相比，我国互联网企业出海时间较短，国际化水平仍处于初级试水阶段。主要表现为出海企业的海外收入占比较低。例如，在电商、数字内容等重点业务领域，我国头部企业海外收入占比最高达 23%，与美国同类企业差距较大，亚马逊海外收入占比达 60%④。尤其是近年来受到文化价值观及文化偏好差异、各国贸易保护主义、对外资并购审查等因素的严重影响，我国大型互联网企业国际化进程面临较大阻碍。

3. 个性化差异大为移动互联网产业应用带来困难

一方面，与消费互联网应用不同，产业互联网服务的对象主要是政府、企业等组织，决策环节多、决策流程长，以个性化需求为主，标准化难度较大。即使是同类应用，国有企业和私营企业、大企业和中小微企业的需求痛点也可能各不相同，产品应用开发难度增大。另一方面，产业互联网的业务链条很长，模型复杂，情况多样，不仅仅需要提供工业互联网产品，还需要

① 工业和信息化部：《2022 年 1~11 月份通信业经济运行情况》，2022 年 12 月。
② 中国互联网络信息中心：《第 50 次〈中国互联网络发展状况统计报告〉》，2022 年 8 月。
③ 中国互联网络信息中心：《第 50 次〈中国互联网络发展状况统计报告〉》，2022 年 8 月。
④ 中国信息通信研究院：《中国互联网行业发展态势暨景气指数报告》，2021 年 9 月。

提供解决方案。另外，产业互联网在性能上有更高的要求，快速响应、可靠性、安全性要求更高，对资本需求比较大，无形中提高了移动互联网产业应用的门槛。

4. 移动互联网部署依然面临成本高等挑战

一方面，与传统互联网相比，企业应用5G等移动互联网技术必然要承担设备设施的采购、建设、改造及使用维护成本，对于中小型企业来说部署成本依然较高，削减企业部署热情。另一方面，在某些场景下，5G与光纤固网、工业WiFi等通信技术相比，缺乏明显的优势，应用成效有待验证。例如，在对设备移动性要求不高的场景中，光纤有线即可满足需要；在对可靠性要求不高的场景中，用户更愿意选择成本较低的WiFi方案①。

5. 市场不正当竞争行为屡禁不止，带来一定负面影响

一是平台违规侵害用户权益问题时有出现。移动APP逐利违规收集个人信息、侵害用户权益问题突出，“灰黑产”加速向违规收集使用甚至非法买卖个人信息聚集。同时，我国对互联网环境下消费者权益的保护，主要依靠《消费者权益保护法》《网络交易管理办法》等，难以充分保护用户的合法权益。二是个别平台企业滥用市场支配地位、强迫实施“二选一”、“大数据杀熟”等问题突出。各大平台“二选一”已构成滥用市场支配地位限定交易的行为，这些行为可能导致并加剧数据垄断风险、构筑市场壁垒，挤压中小商家的利润空间，从根本上颠覆市场竞争秩序和态势。三是互联网领域资本无序扩张现象凸显，抑制行业持续健康发展。资本短期的强烈逐利，会抑制或者扼杀技术创新并形成垄断，加上目前对互联网资本的快速扩张和渗透缺乏有效监管，影响行业创新及可持续发展。

6. 新业态劳动者社会保障仍需完善

一是以网约车司机、配送员等为代表的新业态劳动者人数快速增长，但相应的社会保障机制还无法适应新型劳动关系。参保条件无法满足、工作过

---

① 张孟哲、夏宜君：《5G在工业领域的应用现状、问题及推广建议》，《电信科学》2023年第1期，第126~135页。

劳、事故赔付等乱象已经影响社保缴纳、劳动保护、教育培训、休息休假等一系列劳动者权利的保护和实现。二是新业态劳动者职业上升通道受阻。新业态劳动者既不同于雇佣组织中的雇员，也不同于完全拥有自主权的自雇者，他们以平台上指派的需求而自主选择工作，使得平台企业难以对此类新职业开设专门培训通道。同时，相关职业技能的认定并不成熟，导致发展晋升通道严重受阻。三是常规的劳动关系和基于互联网平台的新业态，极易出现算法“内卷”现象，引发劳动者过劳、平台抽成比例高、分配机制不公开透明、随意调整计价规则等问题，侵害从业人员合法权益。

三　多措并举推动移动互联网产业可持续发展

（一）增强数字基础设施支撑能力

坚持适度超前网络部署原则，持续完善网络供给能力，为推动5G应用规模化发展、释放赋能经济潜力打造牢固网络基础。一是持续提升网络覆盖广度和深度。以优化网络体验为标准，加快城区室内和流量密集区域网络深度覆盖，利用中、低频段结合拓展农村及边远地区的覆盖广度①。二是逐步构建多频段协同发展的5G网络体系。持续深化5G网络共建共享，推动5G异网漫游试点与推广。三是推动重点行业5G虚拟专网网络模板的制定。为促进5G在重点行业快速落地部署及复制推广，根据行业自身需求，构建适用于行业部署和规模化推广的5G虚拟专网网络架构。

（二）持续推进技术及标准研制

一是加快推动5G的技术演进版本（5G-Advanced）国际标准研制，全面推进6G技术研发，充分发挥标准引领作用，加强跨行业融合标准体系建设，为移动互联网应用创新发展拓宽技术可能性边界。在满足数据业务流量

① 中国信息通信研究院：《中国5G发展和经济社会影响白皮书（2022年）》，2022年。

快速增长方面，着力提升宽带能力和效率；在满足行业应用需求方面，加快提升面向垂直行业的精细化设计能力；在未来技术创新演进方面，探索引入人工智能技术，推动无线网络更加灵活、智能化，满足多样化业务及应用场景需求。二是加强跨行业融合标准体系建设。系统推进重点行业5G融合应用标准研究制定，明确标准化重点方向，加快实现协议互通、标准互认。

（三）加快推动移动互联网行业应用

一是加快信息技术对传统行业企业的数字化改造，面向钢铁、机械、电子信息等重点行业，形成一批可复制、可推广的行业数字化转型系统解决方案。二是持续拓宽移动互联网技术赋能行业的广度。坚持分类施策原则，推动工业、矿山、医疗、港口、电力等先导行业加快成熟应用规模落地进程，推动文旅、物流、交通、教育、海洋渔业等潜力行业挖掘应用赋能价值，推动金融、水利等待培育行业积极探索刚性需求。三是探索加强移动互联网技术赋能行业的业务深度。推动产业各方联合开展技术攻关和融合探索，推动5G行业应用从局部试点、小规模示范应用到各业务生产流程环节的规模渗透。四是加大企业合作推广力度。鼓励垂直行业龙头企业加大与运营商、设备商联合创新力度，培育场景化、标准化、可复制推广的解决方案，落地实施一批高质量应用标杆，探索形成成熟的商业模式。五是推动国家工业互联网大数据中心加快建设，加快培育高质量工业APP。培育工业互联网模式创新，推广数字化研发、智能化制造等新模式，打造一批5G全连接工厂，持续深化“5G+工业互联网”融合应用。

（四）提升行业监管水平

一是完善相关监测规则。针对移动互联网企业的平台责任、竞争行为、数字劳动合同、算法运用等方面，建立和完善相应的监管机制和手段。强化移动互联网安全监管，开展企业级的网络安全治理评估工作。强化对移动互联网企业运行模式的监督管理，包括对滥用数据优势、平台自我优待、初创企业并购等行为的监管突破。二是强化市场监测体系。加强技术监测能力建设，加强对互联网企业运行情况的动态监测，探索构建大型平台系统性风险的预警体系。针对资本无序扩张问题，引导企业走出低水平竞争的怪圈，转向提升国内企业的核心创新能力和国际竞争力。通过引入第三方评估机构，进行全面深入的经济、法律和技术分析，加强对创新效果的评估。三是加强网络平台算法治理。推进网络平台服务算法原理和流程的公开，提高网络平台算法的透明度和社会公信力。鼓励网络平台服务企业算法代码公开或算法开源。加强对网络平台企业算法的公开交流和研讨。

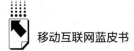

（五）健全劳动者权益保障

一是完善劳动者社会保障体系，明确平台企业在劳动者权益保障中的具体责任，完善网络平台和新从业人员之间的劳务关系、法律关系等。为劳动者建立多层次、多元化的社会保障体系。创新劳动保障监管方式，合理确定从业规则，维护从业人员基本权利。各级人社部门、劳动争议调解仲裁机构、工会组织等应加强协同，实现对新业态企业用工违法行为的联合预警防控。二是扎实做好新业态人才培养。以市场需求引领模式创新，鼓励高校根据互联网融合发展需求设置相关专业，培养更多适应现代产业发展的人才。强化新产业新业态领域就业创业技能培训。加快建设互联网人才大数据平台和互联网人才评价体系，支撑人才政策的科学编制与精准实施，指导人才培养改革与能力认证。支持各级各类企业自主开展技能人才评价工作，发放职业技能等级证书。三是完善消费者合法权益保障机制。加强重点领域、产品及服务的日常监管和执法检查。加大对网络市场中存在的未公示证照等有关信息、利用合同格式条款侵害消费者合法权益、销售假冒伪劣商品等违法违规行为的查处力度。加强网络消费领域算法规制，通过设立算法伦理专门机构、建立算法投诉审评机制、培育第三方技术鉴定机构，强化国家对平台经营者算法应用的监管。

（六）增强国际竞争实力

一是把握历史机遇主动参与国际规则制定。继续扩大与共建“一带一路”国家数字经济合作，积极探索反映发展中国家利益和诉求的规则体系，不断加强议题的引导能力，争取全球数字贸易规则制定主动权。抓住多边经贸规则的良好契机，把握数字经济合作机遇，在经贸投资等领域继续深化合作。寻求数字技术、数据流动、数字贸易等领域的国际合作新路径。二是鼓励移动互联网头部企业提高国际化水平，推动多领域深度对接交流，实现优势互补、互利共赢。根据国际产业分工格局，在互补性较强的领域加强与其他国家合作。支持我国领先企业联合产业链上国际先进企业建立稳定合作关系，并在国际移动互联网产业化标准化组织中发挥作用。同时，继续发挥我国大市场买方力量，推动落实相关配套优惠政策，吸引跨国企业建设研发中心和高端制造中心。

参考文献

金壮龙：《新时代工业和信息化发展取得历史性成就》，《学习时报》2022年10月3日，第1版。

中国信息通信研究院：《中国互联网行业发展态势暨景气指数报告（2021年）》，2021年。

中国信息通信研究院：《中国数字经济发展报告（2022年）》，2022年。

《国新办举行2022年工业和信息化发展情况新闻发布会图文实录》，国务院新闻办公室网站，2023年1月18日，http://www.scio.gov.cn/xwfbh/xwbfbh/wqfbh/49421/49502/wz49504/Document/1735611/1735611.htm。

《国新办举行“权威部门话开局”系列主题新闻发布会“加快推进新型工业化 做强做优做大实体经济”》，2023年3月1日，http://www.scio.gov.cn/xwfbh/xwbfbh/wqfbh/49421/49637/wz49639/Document/1737009/1737009.htm。

B.8
2022年中国无线移动通信发展及应用趋势分析

潘 峰 刘嘉薇 李泽捷*

摘 要： 2022年，我国开启5G政策横纵联动模式。网络建设规模全球领先，夯实基础设施底座。移动物联网发展快速推进，正式进入“物超人”时代。5G技术、产业和生态逐渐成熟，芯片、模组、终端新产品不断涌现，对行业的供给能力不断提升。5G融合应用实践实现“量质齐飞”。随着5G进入应用规模化发展的关键期，5G对经济社会发展的放大、叠加、倍增作用将逐步显现。

关键词： 无线移动通信 5G应用规模化 无线经济

一 2022年中国无线移动通信网络及业务发展状况

（一）央地横纵联动模式开启，营造高质量发展沃土

“十四五”时期是中国开启全面建设社会主义现代化国家新征程的第一个五年，也是中国5G应用规模化发展的关键时期。2022年，为全面贯彻

* 潘峰，中国信息通信研究院无线电研究中心副主任，正高级工程师，主要从事宽带无线移动通信技术的战略规划、政策研究、网络规划、测评优化、产业发展等工作；刘嘉薇，中国信息通信研究院无线电研究中心无线应用与产业研究部工程师，主要从事5G市场、产业和应用等相关技术研究和标准化工作；李泽捷，中国信息通信研究院无线电研究中心无线应用与产业研究部工程师，主要从事“新基建”5G/NB-IoT网络建设、新技术、融合应用等领域研究和咨询工作。

落实党中央、国务院指示精神，工业和信息化部（以下简称“工信部”）联合多部门及地方政府构建了跨部委横向协同、央地联动的政策体系。

一是国家层面高度重视5G发展。习近平总书记就加快5G发展多次做出重要指示，强调要加快5G等新型基础设施建设，丰富5G技术应用场景。2022年政府工作报告提出，要“推进5G规模化应用，促进数字经济发展”。《中华人民共和国国民经济和社会发展第十四个五年规划和2035年远景目标纲要》提出，要“构建基于5G的应用场景和产业生态”。

二是工信部陆续出台指导文件。为全面贯彻落实党中央、国务院指示精神，工信部制定《“十四五”信息通信行业发展规划》，明确5G未来5年重点任务和目标。2022年，工信部连续编制印发《工业和信息化部办公厅关于印发5G全联接工厂建设指南》《工业和信息化部办公厅关于开展2022年度5G应用安全创新推广中心申报工作的通知》《工业和信息化部网络安全管理局关于做好2022年5G应用安全创新任务实施工作的通知》《工业和信息化部网络安全管理局关于开展5G安全指南（2021）实施成效评估工作的通知》等文件，从应用场景、产业发展、安全创新等多方面加强政策指导和支持；设立高质量专项进行资金支持，精准聚焦产业发展方向，统筹推进终端模组等产业链重点环节发展，增强产业链供应链韧性。

三是跨部门联合出台政策文件。工信部联合9部门出台的《5G应用“扬帆”行动计划（2021~2023年）》印发一年以来，垂直领域进一步加强跨部门联合政策文件发布。2022年4月，工信部与能源局联合印发《关于征集能源领域5G应用优秀案例的通知》，征集试点示范项目。已与国家能源局、国家卫生健康委、教育部等部门联合出台政策文件，并正在积极与文旅部等其他行业主管部门对接沟通，深化推进5G与各个领域的融合应用创新发展。

四是地方政府发布系列政策工具。为了更好推进5G发展，各地政府相继出台文件，积极释放政策红利。中国信通院统计数据显示，截至2022年11月底，各省区市共出台各类5G扶持政策文件833个，其中省级110个、市级311个、县级412个。各地因地制宜，结合地方经济产业特点，明确

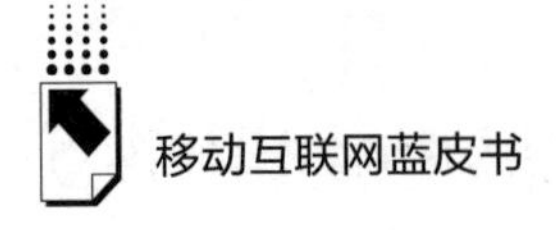

5G 产业和重点应用的发展方向及目标，制定了具有本地特色的 5G 应用发展政策。

（二）网络建设规模全球领先，夯实基础设施底座

为有效支撑 5G 应用规模化和数字经济的创新发展，我国坚持“适度超前”的原则，稳步推进 5G 网络建设，持续加强网络广域覆盖，优化提升网络质量，同时针对行业需求建设定制化网络，多措并举降低建网成本，推动网络供给能力和服务水平不断提升。

一是我国建成全球技术最先进、规模最大的 5G SA（独立组网）网络。5G 商用 3 年来，基础电信企业努力克服疫情等不利影响，积极稳妥推进 5G 建设。截至 2022 年底，我国 5G 基站总数达 231.2 万个，占移动基站总数的 21.3%，占全球比重超过 60%，在所有地级市城区、县城实现 5G 网络覆盖。① 值得关注的是，近些年来在政策驱动和产业支持不断完善的情况下，移动物联网发展成效显著，已初步形成窄带物联网（NB-IoT）、4G 和 5G 多网协同发展的格局，网络覆盖能力持续提升。其中，窄带物联网规模全球最大，实现了全国主要城市乡镇以上区域连续覆盖。4G 网络实现全国城乡普遍覆盖。

二是 5G 网络共建共享取得积极成效，异网漫游加快推进。工信部组织各地通信管理局、基础电信企业支撑 5G 集约建设，统筹推进 5G 网络共建共享。截至 2022 年 8 月底，中国电信和中国联通已共建共享 5G 基站 87 万个，累计节约投资超 2400 亿元。中国移动和中国广电已共建共享 700 MHz 5G 基站超 40 万个。4 家基础电信企业已完成 5G 异网漫游试点测试工作，为后续加快开展 5G 异网漫游现网试点奠定了良好基础。

三是 5G 行业虚拟专网建设加速，覆盖国民经济重点行业。基础电信企业加快 5G 行业虚拟专网建设，满足垂直企业数据本地化、网络监控自主化等个性化应用需求，为行业提供了稳定、可靠、安全的基础设施。截至

① 资料来源：工业和信息化部。

2022 年 9 月底，5G 行业虚拟专网建设总量超 1 万个[①]，覆盖工业、港口、能源、医疗等多个领域。尤其东部发展迅速，规模占比超半。据第五届“绽放杯”5G 应用征集大赛数据，超五成的项目使用了 5G 行业虚拟专网，成为行业信息化设施转型升级的重要数字底座。

（三）移动物联网发展快速推进，我国正式进入“物超人”时代

随着蜂窝移动通信技术不断演进，我国当前正在构建低中高速移动物联网协同发展综合生态体系，主要包括面向低速率应用的窄带物联网（NB-IoT）、面向中速率应用的 4G（LTE-Cat1[②]）和 5G RedCap[③]、面向高速率和低时延应用的 5G。2022 年 8 月工信部发布的数据显示，我国移动物联网终端用户数较移动电话用户数多出 2000 万户，标志着我国正式进入“物超人”时代，成为全球主要经济体中首个实现“物超人”的国家，极大促进了我国移动物联网的发展。[④]

一是移动物联网用户规模快速扩大。截至 2022 年底，我国移动物联网连接数达 18.45 亿，较移动电话用户多 1.61 亿户，比 2021 年底净增 4.47 亿户，占全球总数的 70%。[⑤]“物超人”比例（移动物联网终端用户数/移动电话用户数）持续提升意味着物理世界与数字世界的连接更加紧密，数字经济规模快速增长，生活智慧化、产业数字化、治理智能化的水平不断提升，城市和产业现代化进程不断加快。

二是移动物联网赋能行业应用迸发新动能。移动物联网与千行百业加速创新融合，使能数据产生价值，赋能经济社会各个领域，促进数字化转型升级。NB-IoT 满足大部分低速率场景需求，已形成水表、气表、烟感、追踪类 4 个千万级应用，白电、路灯、停车、农业等 7 个百万级应用，POS 机、

① 资料来源：工业和信息化部。

② 一种无线通信标准，它允许物联网设备采用单天线设计，同时保留相同级别的网络能力。

③ 指降低终端成本和功耗的轻量级 5G。

④ 余晓晖：《“物超人”，移动物联网迎来全面发展重要节点》，《互联网天地》2022 年第 10 期。

⑤ 资料来源：工业和信息化部。

电视机机顶盒、垃圾桶、冷链、模具管理等多个新兴应用。4G Cat1 满足中等速率物联需求和话音需求，在可穿戴设备、共享经济、工业传感、共享单车等领域具备更多的优势。5G RedCap 满足中高速率场景需求，5G NR（New Radio）[①] 技术满足更高速率、低时延联网需求，在工业互联网、车联网、物流、采矿等领域加速物联网应用场景探索和落地。

三是移动物联网产业发展成效凸显。市场研究机构 Counterpoint 的数据显示，2022 年第三季度全球蜂窝物联网模块芯片出货量十大厂商中，排名前五的供应商全部来自中国，分别是移远通信、广和通、日海智能、中国移动和美格智能。模组厂商出货量方面，中国龙头企业移远通信、广和通和日海智能 3 家企业占全球移动物联网模组市场一半的份额，达到 52.4%。在终端领域形成了三川智慧、金卡智能、宁波水表等龙头企业，除了在国内取得成功，还规模出海带动全球移动物联网发展，向全球提供中国方案。

（四）技术产业体系初步构建，形成新产品和新环节

目前，5G 技术 R17 标准宣布冻结，向 R18 演进方向逐步明确。5G 逐步满足行业应用的业务承载需求，超低时延、超高可靠、上行增强、高精度定位等技术进一步提升网络的业务承载能力。此外，随着各垂直行业对新一代移动通信技术的需求进一步明确，我国 5G 技术、产业和生态逐渐成熟，芯片、模组、终端新产品不断涌现，对行业的供给能力不断提升。

一是 5G 技术供给能力随标准不断提升，驱动行业应用关联技术逐步创新升级。在 5G 技术方面，我国已形成基于 3GPP R15 版本[②]的 eMBB（增强移动宽带）大带宽技术产品供给能力，部署了 5G SA 网络，支持大带宽、低时延性能，实现网络切片、边缘计算等网络能力，可满足 5G 个人市场及部分行业市场的需求。通过 5G 毫米波研发试验，我国 5G 毫米波产业具备商用基础。3GPP R16 和 R17 等标准已完成，正在开展轻量化 RedCap、5G

① 由 3GPP 开发，是 5G 网络空中接口的全球通用标准。

② 第三代合作伙伴计划（3rd Generation Partnership Project）的第 15 个公开版本协议。

LAN（5G局域网）等技术试验与示范，有望明年具备商用条件，降低行业应用的5G产品成本。在5G与ICT（信息通信）技术融合方面，5G与云计算、大数据、人工智能等技术在核心网、MEC（边缘云）等5G系统设备及机器视觉、行为识别等行业应用方面实现融合落地。在驱动行业技术升级方面，5G与自动化控制技术、机理建模技术、机器人技术等融合初步形成，驱动行业PLC（可编程逻辑控制器）等核心系统的云化变革，如浙江中控完成了5G+云化PLC等产品的试验验证。此外，在下一代移动通信技术研究方面，目前我国正积极推进6G愿景需求及关键技术研究，对持续保持我国在移动通信领域的技术产业领先优势具有重要意义。

二是5G应用融合产业体系初步构建，新型应用产品持续增加。在终端产品方面，5G通用终端数量和类型不断丰富，截至2022年9月底，国内共发布5G终端1153款，其中5G手机647款、模组163款、CPE（客户前置设备）175款、工业网关/路由器49款。[①] 行业5G终端的成本加速降低，如5G通用模组的价格已下降到400元，5G煤矿掘进机、5G港口岸桥吊等5G与行业终端/装备的融合产品初步显现。在网络产品方面，矿用5G隔爆基站、电力5G高精度授时基站等定制化5G基站产品以及轻量化核心网、行业定制UPF（用户平面功能）等网络设备开始部署。5G对外能力服务平台等集约化运营运维产品增强了钢铁、电力等行业企业的5G网络管理维护能力。产业各方积极拓展边缘计算能力，形成面向地市共享型、园区独享型、厂房轻量型MEC产品，容量可选、功能可选的分级分类MEC产品已形成，同时融合行业模型、算法的5G MEC应用APP已出现。

二　2022年5G融合应用实践实现“量质齐飞”

（一）全球5G发展渐入佳境，融合应用加速落地

主要国家积极推进5G网络建设，极大促进了全球5G发展。商用前三

① 资料来源：中国信息通信研究院。

年，5G网络和用户的发展速度明显快于4G。截至2022年10月底，全球已有88个国家/地区的233家[①]电信运营商开始提供5G业务（含固定无线和移动服务），其中43家运营商部署了5G SA（独立组网）网络。5G网络已覆盖全球27.6%的人口。[②] 另据统计，截至2022年9月底，全球5G用户达到8.53亿，同比增长113.5%，在移动用户中的占比为10.5%。中、美、日、韩四国5G用户在全球5G用户中的占比合计达86.2%。[③]

全球多个国家加速探索5G应用实践。据中国信息通信研究院不完全统计，在全球范围内已经开展的644项行业应用试验或落地部署中，工业互联网和文体活动领域的应用占比过半，智慧交通、医疗健康（含养老）等领域的行业应用较为广泛。美国非常注重国家在5G技术领域的领先，电信运营商、设备厂商、工业企业等一起合作测试开发5G工业用例，探索5G促进制造业增长的路径。韩国政府从2022年开始向产业全面推广5G融合应用。一方面，积极支持面向产业创新型应用及生活密切型应用的融合应用技术升级，另一方面，进一步激活5G产业生态，支持5G融合应用向全球拓展。欧盟通过政策发布和项目部署，构建5G与垂直行业融合应用的清晰路径，在7个重点关注行业以及港口、农业、交通运输等多个垂直行业开展了广泛的5G行业应用试验。综合考虑应用覆盖行业、场景应用落地情况等，主要国家5G行业应用多在起步阶段，示范项目众多，可大规模复制的成熟应用相对较少。

（二）我国融合应用奋楫争先，赋能赋智效果显著

5G应用加速形成“一业带百业”新局面。5G已从消费互联网拓展到工业互联网等更广阔的领域，形成了5G“一业带百业”的新局面。一是5G用户规模进一步扩大，撬动流量消费快速增长。5G用户占比达三成，发展领先全球水平。截至2022年底，5G用户达5.61亿户，占移动电话用户的比重比上年末提高11.7个百分点，5G用户渗透率达33.3%，是全球平均水

① 资料来源：中国信息通信研究院。

② 资料来源：GSMA。

③ 资料来源：工业和信息化部、GSMA。

平（12.1%）的2.75倍。二是5G应用在国民经济重点行业“遍地开花”，实现从“样板间”向“商品房”转变。5G应用融入国民经济97个大类中的40个，截至2022年9月底，我国5G行业用户数量超1.2万家。在工业领域，已有1354家大型工业企业开展5G行业应用，5G渗透率达17%；在矿山领域，已有超过200个矿山部署了综采设备远程操控、露天矿区无人挖掘等应用，煤炭开采和洗选业企业在现有5G行业用户中占比达41%；在港口领域，5G+远程控制龙门吊、5G+无人集卡等应用解决方案逐渐成熟，行业用户数约60家；在医疗领域，超过600个三甲医院开展了5G应急救援、远程会诊、5G动态监护等应用，有效提升诊疗服务水平和效率；在教育领域，已有超18%的“双一流”、一流高等院校开展了5G应用，覆盖教育教学、考试、评价、校园和区域管理的关键环节。①

5G应用推动经济和社会效益实现双突破。当前，5G应用有效推动智能设备互联、智能化生产运营、高效化物流、绿色化生产等，创造了显著的经济社会价值。一是经济效益有效提升。在降本方面，马钢通过5G+3D数字料场、5G+堆取料机无人驾驶等场景，预计整个料场可降低人工费用560万元。在提质方面，中国商飞利用5G+机器视觉实现复合材料无损检测，评判时间由人工检测的4个小时缩短为几分钟。在增效方面，湛江钢铁利用5G实现远程控制端到端时延至10毫秒级，实现生产效率提升60%，巡检效率提升60%。二是社会效益实现倍增。在安全方面，内蒙古准格尔麻地梁煤矿应用采煤机5G远程控制系统，将单个采煤工作面入井工人减少9~15人。在“双碳”发展方面，国网威海电力利用5G提升配电侧和用电侧电网运行状态感知能力，就地消纳清洁能源，减少对化石燃料的需求。

5G应用带来高质量变革性创新。5G与垂直行业的融合应用从“外围辅助”走向“核心环节”，形成新产品、新服务、新业态，为实体经济生产各环节的效率提升和附加值提高提供了新的途径。一是实现新产品创新研发设计，有效提升国产替代率。中石化物探院自主研发5G智能节点采集系统，实现质

① 资料来源：工业和信息化部、中国信息通信研究院。

控数据和地震数据高效回传，打破国外对数字地震仪技术的垄断。二是带动新模式升级拓展，支撑企业业务创新升级。国网杭州供电公司5G+微电网（虚拟电厂）带动5G+网荷互动服务创新，推动传统的刚性、纯消费型负荷，向柔性、产消兼具型负荷转变，高质量助力非化石能源占比提升6%。三是推动新业态初具雏形，加速产业实现弯道超车。三一重工和美的等企业进行5G+MEC设备云化改造，为我国设备自主化打开新空间。通过控制逻辑与传统专用硬件功能的解耦，提高设备灵活性和通用性，推动形成新的产业和市场。

（三）融合生态体系初见雏形，发展进入良性循环

5G应用生态实现从信息通信企业参与到IT（信息技术）、CT（通信技术）、OT（操作技术）企业融通融合，“团体赛”模式初步形成，进一步为千行百业数字化转型赋智赋能。一是生态主体更加多样化。工信部主办“绽放杯”5G应用征集大赛，参赛单位数量从2018年的189家增长至2022年的9000余家[①]，行业应用企业及解决方案供应商比例逐年增加。5G应用产业方阵的征集数据显示，已形成近200家面向制造业、能源等十余个领域的5G应用解决方案供应商。二是创新载体能级持续跃升。充分发挥创新载体在生态合作、技术能力等方面的优势，促进知识流动和联合创新，打造面向5G应用深度创新的共性技术平台。2020~2022年，5G应用产业方阵分三批共评定创新中心32家。更多垂直行业企业、应用开发企业、科研院所等单位，与信息通信企业联合开展面向行业应用的跨领域创新攻关和共性产品研发测试。

三　我国无线移动通信发展趋势及未来展望

（一）加强无线经济韧性，助力我国经济高质量发展

在新一轮科技革命和产业变革中，无线技术向经济社会各领域广泛渗透，

① 中国信息通信研究院：《5G应用创新发展白皮书》，http：//www.caict.ac.cn/kxyj/qwfb/ztbg/202112/P020211207595106296416.pdf。

引发生产生活方式和产业生态的变革，无线经济发展成为带动我国国民经济发展的核心关键力量。据《中国无线经济发展研究报告（2022 年）》统计，2021 年我国无线经济规模达到6.2 万亿元，占 GDP 比重达到5.4%。无线经济内部结构形成“四六”格局，无线赋能成为无线经济主要组成部分。2021 年，无线赋能规模为 3.6 万亿元，占无线经济比重为 58.06%。[①]

无线经济作为数字经济的重要组成部分，展现了顽强的韧性，成为我国高质量发展的重要支撑，在加速社会数字化转型、弥补城乡数字鸿沟、促进新型信息消费、带动就业等方面发挥了不可替代的作用。预计未来五年，我国无线产业创新发展能力将进一步提升，无线赋能成效日趋显现，无线治理体系将更加完善，无线经济竞争力和影响力稳步提升。

（二）释放5G 潜能，激发经济活力，拓宽应用产业可能边界

5G 应用作为无线经济赋能的重要组成部分，其规模化发展将推动 5G 在实体经济中更广范围、更深层次、更高质量[②]的深度融合应用，充分发挥数字化转型对经济社会发展的放大、叠加、倍增作用，实现经济效益与社会效益共赢。5G 将驱动行业信息化体系架构发生变革，催生新产品、新业态、新服务，为行业带来增量价值或革命性价值，凸显对数字化转型的变革性赋能作用。

（三）抓住用好5G 应用发展关键期，实现规模化发展

未来 3~5 年是我国 5G 商用和应用规模化发展的战略机遇期、发展攻坚期。当前，我国 5G 应用发展仍面临不小挑战，存在行业用户的 5G 专网和模组终端等成本较高、各行业数字化发展进程不一、行业应用需求呈现多样

---

① 中国信息通信研究院：《中国无线经济发展研究报告（2022 年）》，http：//www. caict. ac. cn/kxyj/qwfb/bps/202212/P020230105566469037454. pdf。

② 更广范围，即将 5G 应用到更多领域，更好推动 5G 应用赋能实体经济，加大支持和引导力度，让突破性进展和成熟应用加速复制推广到千行百业；更深层次，即拓展 5G 在各行业内的应用场景，推动 5G 深入各行业的核心环节；更高质量，即 5G 应用将为行业带来变革性提升。

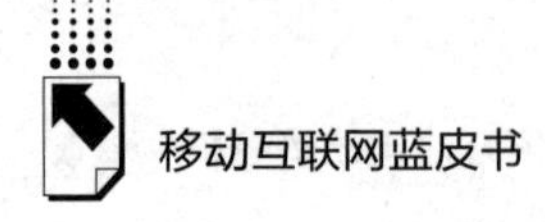

及碎片化等诸多难题，如何在个性化需求与通用性技术产品之间寻求平衡，形成可规模化、高性价比、高赋能价值的应用解决方案、产品及服务，成为当前的首要任务。一是继续夯实5G应用基础。提升技术供给能力，加速产业融合进程。统筹5G室内覆盖与室外覆盖，持续提升5G网络覆盖的广度和深度。二是不断提升5G应用价值。抓住重点行业重点场景，通过探索一批、挖掘一批、渗透一批、成熟一批、推广一批、复制一批，由浅入深不断扩展和深化应用场景，形成5G应用规模化发展正向循环。三是持续优化5G应用生态环境。应遵循产业发展规律，以市场需求为导向，集合产业各方力量，构建共生共长、完备稳健的融合生态系统，稳步提升技术产业供给与需求的匹配能力，推动我国5G发展走向繁荣，为全面建设社会主义现代化国家添薪蓄力。

5G应用规模化是一个持续提高应用价值、降低应用成本、优化应用环境的发展过程。尤其在垂直行业领域，5G应用的扩散速度不仅取决于5G等相关技术产业成熟度，还取决于行业自身信息化进程、需求迫切程度、行业发展环境等因素，5G应用规模化需要政策、技术、标准、人才、市场、资金等协同发力，兼顾经济效益和社会效益均衡发展，使之真正成为助力我国数字经济发展的重要引擎。

参考文献

余晓晖：《“物超人”，移动物联网迎来全面发展重要节点》，《互联网天地》2022年第10期。

中国信息通信研究院：《5G应用创新发展白皮书》，http：//www. caict. ac. cn/kxyj/qwfb/ztbg/202112/P020211207595106296416. pdf。

中国信息通信研究院：《中国无线经济发展研究报告（2022年）》，http：//www. caict. ac. cn/kxyj/qwfb/bps/202212/P020230105566469037454. pdf。

B.9

2022年中国移动互联网核心技术发展分析

王 琼　王翰华　黄 伟*

摘　要： 2022年移动智能手机进入寒冬期，终端元器件核心技术创新步入产品期，跨终端操作系统加快市场化探索，人工智能成为推动移动互联网发展的主要技术之一，移动互联网核心技术软硬协同深化。中国移动智能手机市场洗牌，各企业势均力敌，蜂窝物联网芯片快速发展，操作系统技术与生态加速建立。

关键词： 移动互联网　芯片　操作系统

一　全球移动互联网技术发展态势

（一）全球移动互联网总体发展现状

1. 全球移动终端发展进入寒冬

移动智能终端市场呈现负增长。由于全球通货膨胀和需求疲软，以及面临的其他宏观经济挑战等，全球智能终端消费需求被显著抑制。IDC Tracker

* 王琼，中国信息通信研究院沉浸技术与应用研究部高级工程师，从事软件产业、移动互联网、人工智能、AR/VR等方面研究；王翰华，中国信息通信研究院先进计算与ICT产业研究部工程师，博士，从事集成电路、移动通信、先进计算等方面研究；黄伟，中国信息通信研究院信息化与工业化融合研究所副总工，从事智能终端、操作系统、智能传感、移动芯片、人工智能、元宇宙/ARVR等方面研究。

发布的数据显示①，2022 年全球智能手机出货量为 12.1 亿台，降幅达到 11.3%，是自 2013 年以来的最低年度出货量，预计 2023 年仍将面临严重下行风险。2022 年全年全球智能手机市场出货量排名前五的厂商分别为三星、苹果、小米、OPPO、vivo，其中三星 2022 年全球智能手机市场份额为 21.6%，排名第一，智能手机出货量约为 2.6 亿台、同比下降 4.1%；苹果智能手机市场出货量约为 2.26 亿台，同比下降 4%，市场份额为 18.8%，位居第二。

表 1　全球市场智能手机出货量和增长率

单位：百万台，%

企业	2022 年		2021 年		出货量同比增长
	出货量	市场份额	出货量	市场份额	
三星	260.9	21.6	272.1	20.0	-4.1
苹果	226.4	18.8	235.8	17.3	-4.0
小米	153.1	12.7	191	14.0	-19.8
OPPO	103.3	8.6	133.6	9.8	-22.7
vivo	99.0	8.2	128.3	9.4	-22.8
其他	362.7	30.1	399.1	29.3	-9.1
总计	1205.5	100.0	1359.8	100.0	-11.3

资料来源：IDC Tracker。

高端手机与 5G 终端是当下市场增长主要力量。全球智能手机市场销量虽然下降，但平均售价（ASP）同比实现上扬，尤其是高端市场（800 美元以上）表现相对良好，IDC 2022 年 Q2 相关数据显示②，高端市场份额占比增长了 4 个百分点，达到 16%，其中可折叠设备增长最快。5G 设备仍保持增长态势，占约 50%市场份额，预计到 2026 年，5G 设备的销量份额将达到 79%，ASP 为 444 美元。相比之下，4G 设备 ASP 将在 2022 年达到 176 美元，到预测期结束时将降至 106 美元，在此影响下，整个智能手机 ASP 将

① IDC Worldwide Quarterly Mobile Phone Tracker, January 25, 2023.

② IDC 2022 年 Q2 全球手机出货量。

从2022年的413美元降至2026年的373美元。

2. 移动操作系统双寡头稳固

iOS和Android双寡头格局持续。iOS和Android合占99%以上市场份额，应用服务、工具链等产业链生态较为稳固，Samsung、KaiOS、Windows等操作系统的领军位置难以撼动。当前两大移动操作系统功能趋同化明显，谷歌2021年发布的Android 13对标iOS持续增强系统的隐私安全、面向屏幕和内存的系统优化等，苹果发布的iOS 16也对锁屏界面、短信、信息分享、Siri、识别等功能进行了优化和升级。其他厂商迎合多端多算力需求与两大系统进行差异化发展，如鸿蒙OS，谷歌fuchsia、KataOS等。当前，汽车操作系统成为物联网OS发展热点，操作系统内核被QNX微内核、RT-Linux、VxWorks垄断，但整体来看汽车智能驾驶操作系统仍处于发展初期。

3. 核心芯片市场竞争持续加剧

终端基带芯片出货量下滑，高通引领头部芯片厂商营收不降反升。根据Omida数据[①]，高通、联发科、苹果、三星分别占据2022年前三季度全球33%、22%、17%和9%的手机系统级芯片（System on Chip，SoC）市场份额，分居全球前四。其中，由于苹果公司手机SoC不包含基带处理功能，并在近三代手机产品中均使用高通的专用基带处理芯片，高通在整体基带处理器市场中已占一半份额。根据IDC数据[②]，在全球智能手机出货量下降的背景下，2022年前三个季度全球基带芯片出货量均出现同比下滑，合计降低11.2%，但由于单价更高的5G芯片出货量增多，2022年前三季度全球基带芯片市场营收同比增长23%，高通、联发科等公司营收反而实现增长。

高通发力终端射频芯片领域，几乎垄断毫米波前端市场。高通在2019年收购合资射频芯片厂商RF360股权中属于日本TDK公司的部分后，实现全资控股，开始发力终端射频芯片领域。根据IDC数据[③]，2022年前三季度

---

① Omida智能手机型号市场跟踪。

② IDC全球移动电话半导体市场份额（按供应商、代际和半导体类型）。

③ IDC全球移动电话半导体市场份额（按供应商、代际和半导体类型）。

全球手机射频前端市场中高通营收占有率已达到17.7%，位列全球第三，思科讯、科沃仍位居前二，而博通、村田两家传统射频前端厂商市场份额已低于高通。同时，在毫米波射频前端与天线集成模组方面，高通几乎处于垄断地位，全球仅有日本村田公司具有类似产品，但村田产品主要被用于苹果、谷歌两家公司手机产品，除此之外各家厂商支持毫米波频段的手机产品普遍采用高通天线集成模组。

终端企业通过自研芯片构建差异化竞争力。随着5G手机产业发展日趋成熟，基带、SoC芯片等上游供应商市场格局逐渐稳固，智能手机厂商积极推动芯片自研，提升市场竞争力。苹果长期采用自研SoC芯片，但为进一步摆脱对高通的依赖，近年已启动射频、5G基带、WiFi、蓝牙等芯片的自研工作。三星具有自研的Exynos系列SoC和Shannon系列基带芯片，但长期以来均主要被用于自身中低端机型，而在Shannon芯片成功进入谷歌Pixel 6手机供应链后，已与高通形成竞争。近两年，小米已发布多款芯片，包括影像处理芯片澎湃S1、充电芯片澎湃P1以及电源管理芯片澎湃G1。vivo则先后发布了三代图像信号处理芯片V1、V1+和V2。OPPO则推出了独立影像专用NPU芯片马里亚纳X和蓝牙音频SoC马里亚纳Y。

（二）2022年全球移动互联网核心技术发展趋势

1. 多技术协同升级，不断深化能力

芯粒（Chiplet）、高级封装等多路径探索推动芯片封装升级。摩尔定律自从7nm工艺节点以后发展速度逐步放缓，如何突破限制继续推进芯片性能提升、成本降低成为半导体行业技术发展的核心关注点。当前Chiplet、高级封装、2.5D/3D等先进封装已逐步成熟，部分龙头企业已采用Chiplet+先进封装的形式推进产品技术迭代。其中Chiplet通过异构、异质集成以及3D堆叠的方式提升芯片集成度，从而在不改变制程的前提下提升算力，解决摩尔定律失效问题。Chiplet方案会采用2.5D封装、3D封装、MCM封装等形式对芯片进行先进封装，这种封装方式会增加ABF、PCB载板层数，具体层数与技术指标要求取决于芯片的设计方案。而高级封装并不需要缩小

晶体管特征尺寸，而是使用封装的形式来提升集成度，此外高级封装还通过Chiplet的方式进一步提升先进工艺下的芯片良率并降低成本。Intel的Lakefield处理器使用多块10nm制造的计算芯片堆叠在使用22nm制造的基底芯片上，两种芯片之间使用TSV通孔做电气互联，同时计算芯片之间的通信则通过基底芯片中的互联来完成。

4nm及以下先进工艺加速成熟，部分实现量产。台积电在先进制程领域发展顺利，目前已实现4nm芯片量产并有70%良率指标，拥有苹果、高通、AMD等成熟客户源头，目前企业虽然还未量产3nm工艺但其良率已达80%，并且苹果已经预定其M3芯片采用台积电3nm制程，此外台积电2nm的风险试产良率也已超过了90%。而三星方面，3nm芯片率先采用环绕式栅极技术晶体管（Gate-All-Around，GAA）工艺且领先台积电量产，成为全球首个量产3nm的代工厂，并计划到2025年达到2nm，到2027年达到1.4nm。与此同时，Intel也制定了加速工艺发展的计划，计划到2025年将推进Intel 7、Intel 4、Intel 3、Intel 20A、Intel 18A五个流程节点，其中Intel 20A是和台积电2nm对标的工艺，Intel 18A则是2nm以下的布局。就现阶段发展进程来看，Intel已在采用7nm制程工艺大规模生产芯片，4nm制程工艺的半导体已准备开始生产，计划2023年下半年转向3nm制成工艺。

计算芯片升级CPU进入瓶颈、GPU加速发展。苹果A系列Bionic处理器从A13到A16，CPU方面单核性能提升幅度逐年降低并到10%以内，而多核性能的提升幅度基本能在15%以上；GPU方面性能分别提升48%、9.5%、42%、25%，基本隔代会出现一个大的跃升。高通骁龙8系列处理器，CPU方面单核性能得益于架构IPC性能的提升，能历代保持较高幅度的提升，而多核性能提升幅度比较有限，在骁龙888到骁龙8 Gen 1的升级过程中甚至出现了倒退；GPU方面，芯片性能提升幅度非常明显，目前基本已经具备和苹果A系列处理器一较高下的实力，尤其是骁龙8这一代，GPU性能提升幅度更是达到了惊人的50%~60%。①

① 高通，https：//baijiahao. baidu. com/s？id=1736515804162076149。

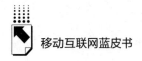

2. 核心 SoC 芯片功能持续优化

人工智能与芯片结合应用进一步加深。2022 年，高通公司推出的新旗舰 SoC 芯片产品骁龙 8 Gen 2 在人工智能应用方面具有多项创新，是首个商用部署 INT4 精度的移动平台，相比 INT8 精度，INT4 能降低人工智能推理功耗。同时，骁龙 8 Gen 2 还在数字信号处理器（DSP）与图像信号处理器（ISP）之间增加物理连接，让 ISP 能够充分调用人工智能算力，实现实时语义分割。而骁龙 8 Gen 2 在基带部分采用 X70 基带处理器，集成人工智能核心，可用于辅助波束管理、天线调谐等任务，能实现连接速度、信号时延以及续航等方面的提升。除高通外，苹果 A16、联发科天玑 9200、紫光展锐 T820 等移动终端 SoC 芯片领域头部厂商于 2022 年新推出的旗舰芯片均在人工智能处理能力上有进一步的增强。

光线追踪成为头部 SoC 厂商竞争焦点。头部厂商在移动 SoC 芯片 GPU 核心部分开始引入光线追踪技术，增强移动终端的光影渲染能力，优化游戏等娱乐体验。联发科天玑 9200 采用的新一代 11 核 GPU Immortalis-G715，性能较上一代提升 32%，支持移动端的硬件光线追踪和可变速率渲染技术，在阴影、反射、环境光遮蔽等画面中能展现更逼真的画质。高通在骁龙 8 Gen 2 的 Adreno GPU 加入了专门的光线追踪加速单元，每秒能处理数百亿次光线相交，还引入专门的骁龙阴影降噪器，经过阴影降噪器优化后的输出帧变得更为细腻自然。

3. 封闭软硬件生态逐步走向开源开放

指令集与芯片设计企业对生态的共建共治。RISC-V 开放指令集推动处理器行业商业模式由先找供应商再获取指令集架构方式，变成先选择 RISC-V 再寻供应商方式，极大提高对 core 资源获取的自由度。从技术发展来看，RISC-V 处理器核与 X86 ARM 的性能差距快速缩小，应用领域从专用控制器、微控制单元（Microcontroller Unit，MCU）向车载芯片、移动终端、数据中心等业务领域快速渗透。同时，国际开源社区积极投入 RISC-V 软件生态发展，例如 Debian 操作系统软件包对 RISC-V 的支持已超过 95%。从产业生态建设来看，RISC-V 已拥有超过 350 家成员并涵盖半导体设计制造公司、系统集成商、设备制造商、军工企业、科研机构、高校等各类组织，年出货量超过100亿个，市场规模约为3.8亿美元，预计到2024年有望超过10亿美元。[①]

软件支持跨终端、跨指令集的便捷移植与开发。移动操作系统为适应万物互联需求探索不同的便捷跨端开发服务，一方面采用微内核架构适应不同智能硬件配置需求，如谷歌fuchsia、KataOS等；另一方面为应用开发提供一次开发多端部署服务，如HarmonyOS提供了用户程序框架、Ability框架以及UI框架，支撑应用开发过程中多端的业务逻辑和界面逻辑复用，极大提高跨设备应用开发效率。工具软件加速对多指令集的兼容以支撑跨平台开发，如GCC支持ARM、Intel、AMD、IBM POWER、SPARC、HP PA-RISC、IBM Z等60余种硬件平台和各种操作环境；LLVM支持常用的ARM、PowerPC、X86、RiscV、MIPS等不同的体系结构，可在不做任何移植工作的前提下，把目标体系架构翻译为数十种后端体系结构。

4. 移动智能终端成为元宇宙主要入口

以移动智能手机为核心为准元宇宙提供初级体验。移动智能手机与AR/VR眼镜、耳机、手表等可穿戴设备相配合，为准元宇宙提供照片浏览、社交视频、游戏等初级体验服务。HTC推出首款元宇宙手机Desire 22 Pro，该手机预装充当"元宇宙入口"的Viverse App、建立虚拟分身的Vive Avatar，以及管理虚拟资产的Vive Wallet等多款"元宇宙"APP，并可与HTC轻量化VR头显Vive Flow一同使用，将画面通过无线串流到头显上播放。但移动手机等传统终端在虚实沉浸、自然交互、使用舒适方面存在适人体验的固有限制，难以提供元宇宙高沉浸感的体验。

拓展现实（Extended Reality，XR）终端成为现阶段元宇宙终端的主要焦点。当前XR终端通过VR、AR、MR等多种技术，能将虚拟世界中的视觉、触觉等传导到物理世界，从而支持不同空间的人在虚拟平台中互动，成为现阶段元宇宙的主要突破口。当前XR终端设备开始规模上量，适配

① risc-v官网，https：//riscv.org/china/。

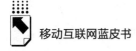

场景与功能定位体系日益清晰完备，华为 VR Glass 等轻量级 AR/VR 终端通过强化通信连接能力，以及摄像头提供虚拟助手等功能进而变身为手机伴侣；高通骁龙 XR1 集成异构计算架构，能在 60 帧/秒帧率下支持超高清 4K 视频分辨率，并能够以极低的功耗、极低的内存带宽快速完成图形渲染，提供高质量的视觉技术；微软 Hololens2 通过采用蝴蝶式设计的表面浮雕光栅波导，光学成像技术采用折叠光路系统，配备高通骁龙 850，能为办公、艺术、国防等领域提供远程协助、对现实世界进行测量和数据捕获、远程操作和运行机器设备、设计和制造一体化等服务；Facebook Quest 2 等高性能 VR 终端可作为电视与游戏机等传统文娱平台的产品演进形态。但当前 XR 终端的便捷性、显示交互能力与价格无法达到平衡点，限制其规模化快速发展。

脑机接口将成为元宇宙“终极形态”。脑机接口作为在认知神经科学脑功能成像技术基础上发展起来的技术，构建了生物与外部设备间用于信息交换的连接通路，为实现智能化人机交互奠定了基础。2022 年 Synchron 公司宣布开始在美国进行名为“COMMAND”研究的首次人体临床试验，首位 COMMAND 患者在纽约西奈山医院参加了临床试验。同时，特斯拉旗下的神经科技和脑机接口公司 Neuralink 已在动物身上试验，并成功读取动物大脑活动，预计 2023 年中期将进行首批人体植入。但目前来看脑机接口发展尚处于初级阶段，其安全性、准确率与效率与商用尚有较大差距。

二　2022年中国移动互联网核心技术进展

（一）中国移动互联网总体发展现状

1. 市场疲软态势持续

智能手机市场洗牌，各企业势均力敌。受市场饱和、换机周期加长、技术发展遇到瓶颈、5G 推动作用低于预期、缺乏新的杀手级应用、性能过剩等各种因素影响，我国智能手机市场连续下滑。IDC 数据显示①，2022 年中国智能手机市场出货量约 2.86 亿台，同比下降 13.2%，创有史以来最大降幅，vivo、荣耀（HONOR）、OPPO、小米、苹果基本均分市场。其中 vivo 全年出货量 5316.1 万台，市占比 18.6%，但总出货量同比下降 25.1%；HONOR 较上年出货量增长了 34%以上，是前五大品牌中唯一同比增长的，出货量 5100 多万台，市占比 18.1%；OPPO 出货量 4800 多万台，市占比 16.8%（见表 2）。

表 2 中国市场前五大智能手机厂商出货量市场份额

单位：%

厂商	2022 年	2021 年	出货量同比增幅
vivo	18.6	21.5	-25.1
HONOR	18.1	11.7	34.4
OPPO	16.8	20.4	-28.2
苹果	16.8	15.3	-4.4
小米	13.7	15.5	-23.7
其他	16.0	15.6	-11.2
合计	100.0	100.0	-13.2

资料来源：IDC Tracker。

2. 自主移动操作系统市场化进程加快

企业推动自有操作系统产业化落地。基于微内核的华为鸿蒙操作系统，定位手机与智能物联设备，自 2019 年 8 月首次发布以来，搭载鸿蒙操作系统（HarmonyOS）的华为设备量已达 3.2 亿台，较上年同期增长 113%；鸿蒙智联产品发货量超 2.5 亿台，较上年同期增长 212%②。按照谷歌全球开发者大会透露信息以及市场第三方市占率统计数据推导，目前全球范围内搭载移动操作系统（Android、iOS、WP）的活跃设备总量约 35 亿台，随着华为鸿蒙设备数突破 3.2 亿台，估算市占率约为 9.14%，与 16%的市场生死线仍有一定的差距。此外，各企业积极加速向新领域探索，如百度 Apollo

① IDC 中国季度手机市场跟踪报告，2022 年第四季度。

② 2022 年华为开发者大会。

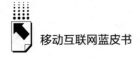

基于 QNX 的内核搭建了自动驾驶计算平台，华为拥有基于 Linux 自研鸿蒙智能驾驶操作系统 AOS，蔚来、小鹏等坚持基于 RTOS 自研操作系统用于旗下智能电动汽车。

3. 企业强化芯片供给能力

中低端产品替代能力持续加强。核心 SoC 芯片方面，紫光展锐在 2022 年迭代推出了新一代 5G 终端 SoC 芯片 T820，与前代 T770 产品相比，T820 仍使用 6nm 工艺，并将 AI 算力从 4.8TOPS 提升至 8TOPS。射频芯片方面，卓胜微、唯捷创芯、飞骧科技等国内终端射频芯片厂商迅速成长，其中放大器厂商卓胜微的滤波器产品已实现小批量试产，模组集成能力进一步提升，已具备放大器、低噪放、滤波器和开关的集成化模组，飞骧科技 5G 射频前端产品则被华为 P50 Pro 机型 5G 手机壳采用，硕贝德实现 5G 毫米波 AiP 模块的小批量试产。

芯片市占率仍然较低。核心 SoC 芯片方面，我国华为海思受到先进制程流片限制的影响，市场份额逐年降低，在 2022 年全球整体手机 SoC 芯片市场中份额已接近 0%。而我国紫光展锐虽然凭借 4G 中低端芯片产品优势在全球整体手机 SoC 芯片市场中占有约 10%的份额，但在 5G 手机 SoC 芯片市场中占有的份额仍然较低。射频芯片方面，2022 年第一季度我国射频芯片厂商合计已占有全球手机射频前端市场 10%的份额，但产品主要被用于 WiFi、蓝牙等短距离无线通信射频前端和 4G 射频前端，主流手机厂商的中高端产品中较少使用我国厂商 5G 射频芯片。

（二）核心关键技术领域的国产化进展情况

1. 计算芯片进展

持续推动端侧人工智能芯片技术创新。除 OPPO、vivo 两家国内终端企业推出了自研人工智能影像芯片外，国内多家芯片企业积极探索移动终端领域的人工智能芯片新技术与新应用。紫光展锐 T820 芯片具有 NPU 和 VDSP 双人工智能加速核心，提供软件、硬件、算法的全栈解决方案，降低下游厂商开发难度。知存科技在 2022 年 3 月推出的首颗存内计算 SoC 芯片

WTM2101，可提供语音、视频的人工智能计算加速，相比传统人工智能芯片具有更低功耗，已用于智能穿戴和物联网场景。嘉楠科技推出的基于RISC-V的端侧AIoT SoC芯片K230，内置人工智能加速核，可用于视觉、语音处理加速，用于智能家居、摄像头等场景。

蜂窝物联网芯片快速发展。我国蜂窝物联网芯片在近年成长迅速，呈现百花齐放的发展态势。在2022年第一季度全球蜂窝物联网芯片市场份额排名中，美国高通以42%的份额占据全球第一，而第二至第七名均为我国厂商，合计占有47%的市场份额。排名前七的我国企业中，除联发科占有5%份额外，其余5家企业均为我国大陆企业，分别为紫光展锐、翱捷科技、移芯通信、芯翼信息、华为海思。其中，紫光展锐占有全球25%份额，在全球范围内仅次于高通，比排名第三的翱捷科技高出18个百分点。[①] 但是，我国企业产品多集中于NB-IoT和4G物联网芯片，除紫光展锐外，缺乏5G物联网芯片产品。随着5G R17版本标准在2022年冻结，5G RedCap物联网标准已经发布，国内多家物联网芯片厂商也已宣布正在推动5G产品研发。

制造工艺与国际领军企业存在差距扩大风险。国际芯片设计企业方面，高通、苹果、联发科等厂商的手机SoC芯片均采用了台积电4nm工艺，而高通、联发科两家厂商的旗舰级基带芯片X70和T800也都采用台积电4nm工艺，国际主流厂商移动计算芯片工艺均已演进至4nm节点。国内芯片设计企业方面，紫光展锐最新5G手机SoC产品T820仍采用台积电6nm工艺，与国际头部芯片厂商设计能力存在明显差距。工艺制程技术方面，三星和台积电分别在2022年6月30日和12月29日宣布各自3nm工艺制程正式量产，而国内芯片代工厂受制于EUV光刻机进口受阻，中芯国际等厂商在7nm以下先进制程中进展缓慢。

2. 操作系统进展

以操作系统为核心加快实现多段无感切换。华为鸿蒙基于微内核的面向全场景的分布式操作系统，能够同时满足手机、电脑、平板、电视、汽车、

---

① Counterpoint Research, Global Cellular 10T Module Chipset Shipment Share by Uerdor, Q1 2022.

智能穿戴等各类终端的全场景流畅体验、架构级可信安全、跨终端无缝协同以及一次开发多终端部署的要求，并与芯片硬件、数据库、通信设备等能力配合，加速实现各类终端无感切换。鸿蒙具有分布式架构、确定时延引擎和高性能 IPC 技术、内核安全、通过统一 IDE 支撑一次开发实现生态共享等技术特点，可支持模块化解耦，对应不同设备可弹性部署。

操作系统开源生态加速建立。在开放原子开源基金会的推动下，华为 Open Harmony、腾讯 TencentOS Tiny、阿里 AliOS Things 等多个开源移动智能终端操作系统加快发展，其中 Open Harmony 的 Star 数量达 20472、Contributor 数量达 4862、Watch 数量达 35000、Fork 数量达 39486、PR 数量达 112950①；TencentOS Tiny 的 Star 数量达 5700、Contributor 数量达 48、Watch 数量达 303、Fork 数量达 1500、Commits 数量达 1218②；AliOS Things 的 Star 数量达 76、Contributor 数量达 6、Watch 数量达 136、Fork 数量达 263、PR 数量达 173③。在开放原子开源基金会的指导下，华为与 24 家伙伴签署 OpenHarmony 生态使能合作协议，覆盖金融、教育、交通、能源、政务、安平、制造、卫生、广电、电信等行业。

三 中国移动互联网核心技术升级展望

（一）持续强化核心元器件技术攻关

持续推进我国核心芯片技术研发，夯实产业高质量发展基础。射频芯片方面，发挥我国移动终端整机产业规模优势，推动产业链上下游协同，促进中频射频器件的研发与应用，适当推出毫米波规模化应用，促进国产毫米波器件规模化量产。处理器方面，持续加强对自主创新的 5G 基带芯片、移动终端 SoC 芯片关键技术攻关，注重移动端 GPU、DSP、ISP、人工智能加速

① 开放原子开源基金会官网。
② 开放原子开源基金会官网。
③ 开放原子开源基金会官网。

核心等异构核心研发与应用。增强集成电路制造设备以及封装工艺等产业链上下游支撑能力，探索构建基于28nm和14nm等较成熟工艺制程的基带芯片、移动SoC芯片国产替代产品体系。鼓励国内优秀芯片设计企业自发与国际先进代工对接，构建基于先进制程的产品体系，增强国际竞争力。

（二）聚焦新领域加快形成发展优势

持续夯实核心元器件、新型操作系统技术能力，聚焦智能车载终端、智慧电视、AR/VR等智能终端，加快发展应用服务，通过技术路径与生态相结合模式，打造跨多端产业移动生态。技术方面，夯实操作系统核心能力，加快实现全场景流畅体验、架构级可信安全、跨终端无缝协同共享生态等；面向汽车、电视等功耗不敏感场景和可穿戴设备等低算力需求场景，探索建立基于成熟制程工艺的产品体系，推动产业链深度合作，通过软硬件协同提升成熟制作产品的可用性。开源生态方面，依托开放原子开源基金会加快开源生态建设，推动软件项目由捐献厂商主导逐步向社会共同维护转变，集合设备开发企业、应用开发企业、大专院校、科研院所、个人贡献者等多方力量，共同推动消费者终端生态发展。

参考文献

孙冰：《国产手机“芯”：小米、OPPO、vivo重兵出击芯片产业》，《中国经济周刊》2021年第18期。

刘雅、翁玮文、陆松鹤、张龙：《RedCap蓄势待发　助力5G赋能千行百业》，《通信世界》2022年第23期。

中国信息通信研究院：《中国算力发展指数白皮书（2022年）》，2022年。

中国信息通信研究院：《人工智能白皮书（2022年）》，2022年4月。

B.10
2022年移动通信终端的发展趋势

李东豫　赵晓昕　康　劼　李　娟*

摘　要： 2022年全球和国内手机市场年出货量遇近十年最差成绩。国产品牌在国内市场仍然占据较大优势。折叠屏手机在2022年逆势增长，可穿戴设备出货量首次出现下降，但我国移动物联网终端实现大超越，市场规模不断壮大。未来，智能手机将着重发力提升产品性能，1英寸IMX989超大底传感器和10bit HDR视频将被应用到更多机型。融合快充技术将成为解决国内快充痛点的最优解。

关键词： 智能手机　折叠屏手机　融合快充技术　可穿戴设备

一　手机行业发展态势：规模大幅萎缩

（一）全球出货量遇近十年最差成绩

出于手机市场饱和、换机周期加长和缺乏颠覆性创新技术应用等多种原因，2022年全球智能手机出货量大幅下滑。国际数据公司（IDC）数据显示，2022年第四季度，全球智能手机出货量同比下降18.3%至3.003亿台

* 李东豫，中国信息通信研究院泰尔终端实验室工程师，研究领域为信息与通信、电气安全；赵晓昕，中国信息通信研究院泰尔终端实验室环境与安全部副主任，研究领域为信息与通信、电气安全；康劼，中国信息通信研究院泰尔终端实验室工程师，研究领域为信息与通信、电气安全；李娟，中国信息通信研究院泰尔终端实验室工程师，研究领域为信息与通信、电气安全。

(见表1)，创有记录以来最大的单季度跌幅。2022年全年出货量为12.10亿台，同比下降11.3%，为2013年以来最差年度出货量[①]。2016~2022年全球智能手机出货量变化趋势如图1所示。

表1 2022年和2021年第四季度全球手机出货量及市场份额

单位：百万台，%

厂商	2022年第四季度		2021年第四季度		同比增幅
	出货量	市场份额	出货量	市场份额	
苹果	72.3	24.1	85.0	23.1	-14.9
三星	58.2	19.4	69.0	18.8	-15.6
小米	33.2	11.0	45.0	12.2	-26.3
OPPO	25.3	8.4	30.1	8.2	-15.9
vivo	22.9	7.6	28.3	7.7	-18.9
其他	88.3	29.4	110.2	30.0	-19.8
合计	300.3	100.0	367.6	100.0	-18.3

资料来源：国际数据公司（IDC）。

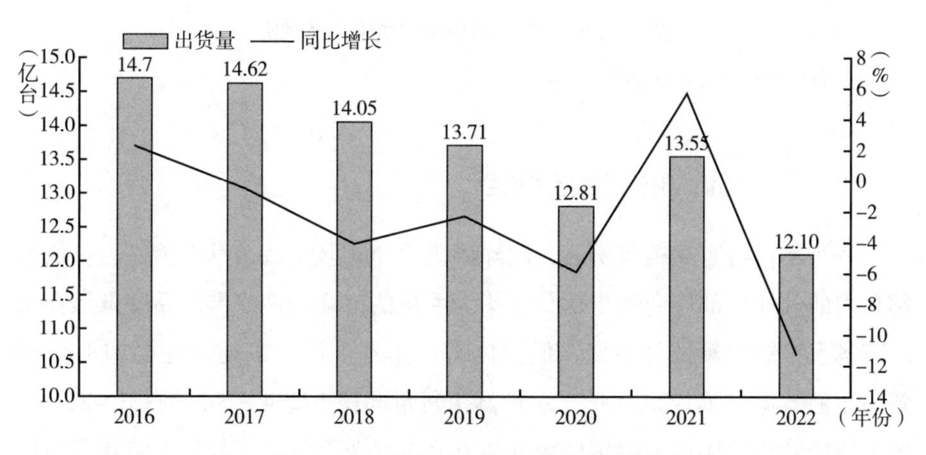

图1 2016~2022年全球智能手机出货量变化趋势

资料来源：国际数据公司（IDC）。

① IDC Worldwide Quarterly Mobile Phone Tracker, January 25, 2023.

2022年国内产能和消费活力受疫情影响较大，加上智能手机技术发展遇到瓶颈，5G推动作用低于预期，国内智能手机行业也经历了前所未有的“寒冬”。中国信息通信研究院的统计数据显示，2022年国内手机市场总体出货量累计2.72亿台，同比下降22.60%（见图2）。其中智能手机累计出货量2.64亿台，同比增长23.1%[①]。

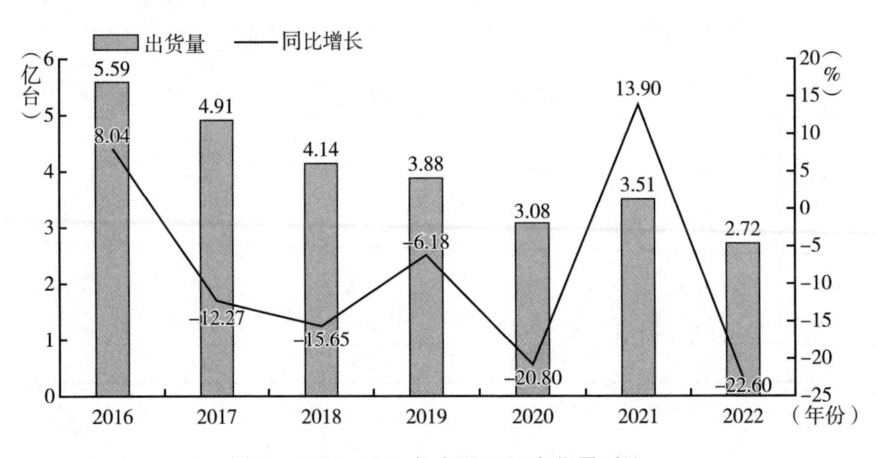

图2　2016~2022年中国手机出货量对比

资料来源：中国信息通信研究院。

（二）市场份额排名趋于稳定

华为不再持有荣耀股份后，国际国内手机市场出现“大洗牌”，包括荣耀在内的其他头部厂商逐步瓜分了华为手机的市场份额，国产品牌虽然在国际市场上市场份额排名不变，但整体占比出现下滑。市场研究机构IDC最新公布的数据显示，2022年三星虽然出货量同比下降4.1%，但仍以21.6%的市场份额稳居榜首，市场份额反而上升1.6个百分点。苹果紧随其后稳居第二，虽然出货量也出现下滑，但其市场份额相较2021年17.3%的占有率提升了1.5个百分点，缩小了和三星的差距。排名第3、第4、第5的分别是国产品牌小米、OPPO和vivo，三家企业出货量同比均下降20%左右，虽

① 中国信息通信研究院：《2022年12月国内手机市场运行分析报告》，2022年12月。

然市场份额排名不变，但市场份额出现一定幅度下滑，分别是12.7%、8.6%和8.2%[①]（见表2）。由此可见，在华为被美国制裁、手机市场份额大幅下滑情况下，尚未有其他国产品牌能够撼动三星、苹果在国际市场的地位。

表2　全球前五智能手机厂商出货量、市场份额、同比增幅

单位：亿台，%

厂商	2022年		2021年		出货量同比增幅
	出货量	市场份额	出货量	市场份额	
三星	2.61	21.6	2.72	20.0	-4.1
苹果	2.26	18.8	2.36	17.3	-4.0
小米	1.53	12.7	1.91	14.0	-19.8
OPPO	1.03	8.6	1.34	9.8	-22.7
vivo	0.99	8.2	1.28	9.4	-22.8
其他	3.63	30.1	3.99	29.3	-9.1
合计	12.05	100.0	13.6	100.0	-11.3

资料来源：国际数据公司（IDC）。

在国内市场中，根据国际调研机构Canalys公布的2022年中国市场智能手机销量数据，虽然vivo市场份额仍然位居第一，但第2~4名与之的差距非常小。在国内手机市场出货量下降的背景下，各品牌之间的竞争仍然激烈。荣耀在脱离华为的第二年，出货量逆势实现30%的同比增长，达到5220万台，几乎和vivo出货量持平。同样实现增长的还有苹果，以5130万台出货量稳居第三，虽然排名相较2021年没有变化，但市场份额上涨3个百分点。OPPO迭代了其Find N折叠系列并首次推出了上下折叠产品，以更低的价格收获了一大批粉丝，包括一加在内整体型号的良好表现让OPPO保持第四。相较于前四名之间的微小差距，小米2022年在国内出货量为3860万台，市场份额只有13%[②]（见表3）。

① IDC Worldwide Quarterly Mobile Phone Tracker, January 25, 2023.

② Canalys, China's smartphone market full-year shipment hits a 10-year low.

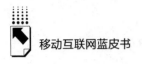

表 3　中国市场前五智能手机厂商出货量、市场份额、同比增幅

单位：百万台，%

厂商	2022 年		2021 年		同比增幅
	出货量	市场份额	出货量	市场份额	
vivo	52.2	18	71.5	21	-27
荣耀	52.2	18	40.2	12	30
苹果	51.3	18	49.4	15	4
OPPO	50.4	18	68.7	21	-27
小米	38.6	13	50.5	15	-24
其他	42.6	15	52.5	16	-19
合计	287.3	100	332.9	100.0	-14

资料来源：国际调研机构 Canalys。

对比国际和国内市场，虽然小米在国内市场表现低迷，但在全球市场依然表现强势，国际市场出货量远高于国内市场。反观 vivo 和 OPPO，虽然国内市场表现稳定，但国际市场和国内市场出货量基本持平。荣耀因为刚和华为分家，在国际市场还没有相对庞大的客户群体，所以在分家第二年国内表现强劲的情况下，在国际市场还有很大进步空间。

（三）5G 手机：国内市场无明显增幅，全球迎来大面积换机潮

中国信息通信研究院数据显示，2022 年全年，国内市场 5G 手机出货量 2.14 亿台，同比下降 19.6%，占同期手机出货量的 78.8%。2022 年全年，上市新机型累计 423 款，同比增长 12.4%，其中 5G 手机 220 款，同比下降 3.1%，占同期手机上市新机型数量的 52.0%①。由此得出，虽然手机整体型号下降较多，但 5G 手机上市机型数量并无明显变化，出货量占比小幅增加，另外从全年不同月份数据来看，5G 手机出货量占比处于相对稳定的区间（见图 3），说明 5G 手机市场受整体行业影响，进入相对饱和与稳定的状态。

据 Gartner 数据，虽然 2022 年手机市场整体不景气，在国内 5G 手机市

① 中国信息通信研究院：《2022 年 12 月国内手机市场运行分析报告》，2022 年 12 月。

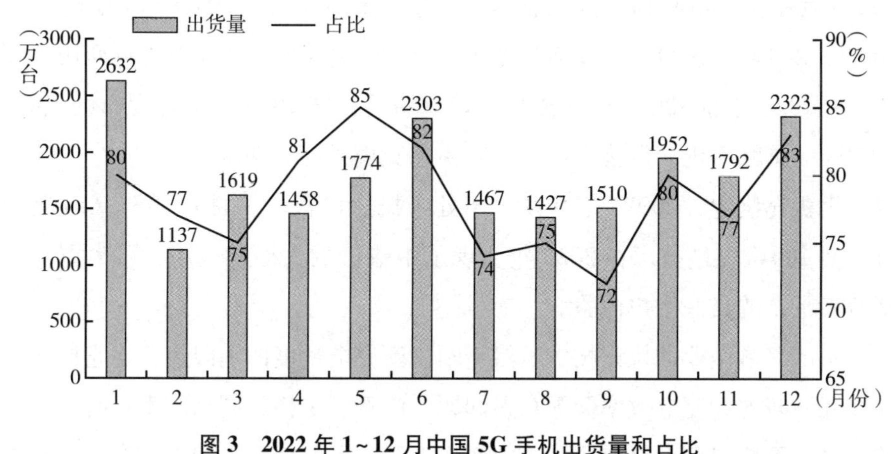

图3　2022年1~12月中国5G手机出货量和占比

资料来源：中国信息通信研究院。

场无明显增幅的情况下，全球5G手机出货量达到约7.1亿台，较2021年增长了29%。说明全球5G手机市场滞后于国内，在2022年迎来较大面积换机潮。这一方面得益于全球低价位5G手机型号增多，另一方面全球范围内5G基建设施逐步完善，5G应用场景逐渐丰富甚至成为消费者提升生活质量的一种手段。虽然低于之前的预期，但随着疫情所带来的影响逐渐弱化，2023年全球市场对5G手机的需求将进一步扩大。

（四）技术发展态势

消费者换机周期不断拉长，从最早的16~18个月，之后的20~24个月，到现在的36个月，但这并不影响头部手机厂商之间的精彩博弈。各头部手机厂商都在努力大幅提升产品的用户体验并寻找革命性的技术创新，以保证能够在未来手机市场占得先机。

1. 快充充出新速度，融合快充是大势所趋

快充技术是国产手机近些年在国际市场受到广泛好评的关键因素之一。充电速度不断突破上限。在手机能耗不断提升和电池技术发展停滞的状况下，头部厂商通过缩短充电时间解决智能手机续航短的痛点。2022年，

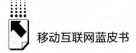

OPPO 发布了 240W 超级闪充技术，9 分钟即可将等效 4500mAh 电池充至 100%，240W 也被 OPPO 宣称为光速秒充，但遗憾的是还没有进行商用。而 vivo 继 2021 年将 120W 充电技术实现商用后，在 2022 年 7 月发布的 iQOO 10 Pro 的旗舰手机，直接支持 200W 快速充电技术，消费者只需 10 分钟即可将手机充满电。200W 充电技术还处于概念阶段或只能应用于高端旗舰机，而 100W 充电技术在 2022 年实现了中端机的大面积应用，可为更多的消费者带来的良好用户体验。

头部终端企业的快充技术虽然不断刷新充电速度的上限值，但它们之间存在互不兼容和充电效率低等众多问题，消费者更换不同品牌手机时，原有的充电器不能得到重复使用，从而产生大量电子垃圾，不利于快充技术健康可持续发展。在此背景下，由中国信息通信研究院牵头，华米 OV 以及国内快充产业链上下游头部企业联合提出融合快充技术。该技术在工信部的大力支持和指导下，在广东省终端快充行业协会、电信终端产业协会和中国通信标准化协会的共同推动下，于 2022 年得到快速高质量发展并实现落地商用，多家头部终端、芯片和配件企业相继发布融合快充产品。vivo iQOO 11 和 iQOO 11 Pro、OPPO Reno9 和华为折叠屏 MateXs2 等多款手机支持该技术，消费者可以直观体验融合快充技术。在国家大力发展“双碳”，坚持走可持续发展道路背景下，融合快充技术将是未来快充技术发展的新方向，也是提升消费者用户体验的最优解。

2. 折叠屏在逆势中稳步增长

虽然 2022 年中国智能手机市场出货量遇有史以来最大降幅，但随着柔性屏技术的进步和创新，整个折叠屏产业链上下游研发成本的下降，更多品牌和型号的折叠屏手机实现商用，折叠屏手机呈现向上增长的趋势。CINNO 机构数据显示，2022 年中国市场折叠屏手机销量达到 283 万台，同比增长 144.4%，各季度国内折叠屏手机销量均高于上年同期。折叠屏手机因设计原因成本要高于普通直板手机，但 2022 年折叠屏手机价格继续下探，15000 元以上产品销量占比 21%，同比大幅下降 41 个百分点，10000～14999 元销量占比由上年同期的 20%下降至 10%，5000～9999 元价格区间销量占比同比大幅增长 51 个百分点，达 69%①。

从市场份额来看，2022 年，华为的折叠屏手机配置虽不是最高的，但凭借其可靠的产品质量和多年来在消费者群体中积攒的良好口碑，销量稳步增长达到 144 万台，同比增长 132%，市场份额达到 51%，虽然同比下降 2.8%，但仍然占据了国内折叠屏手机市场的半壁江山。其中，华为 P50 Pocket、华为 Pocket、华为 Mate XS2 受到广大消费者的好评，尤其是 P50 Pocket 自上市以来连续三个季度蝉联国内折叠屏手机销量冠军。如果不是美国的制裁，导致华为缺乏 5G 芯片，折叠屏手机的销量可能会有更大的突破。三星作为在折叠屏领域起步最早的头部企业之一，同样积累了不少用户。三星智能手机在中国市场上份额长期徘徊在 1%，而折叠屏手机以 22.8%的市场份额稳居第二。OPPO 折叠屏手机销量虽然和华为、三星有较大差距，但凭借更有优势的性价比，市场份额同比上涨 4.3 个百分点，以占比 7.7%的市场份额位居第三，小米、vivo 和荣耀分别以 6.6%、5.8%和 5%的市场份额紧随其后。

从 2022 年国内市场上市的 15 款折叠屏手机产品来看，折叠屏手机价格持续下探，普及度越来越高，市场容量正不断扩大。

3. 影像技术突破发展

华为凭借多年的技术积累和创新，2022 年在手机影像领域实现突破。华为 Mate 50 系列的主镜头搭载了 10 挡可变的光圈结构，通过 6 片光圈叶片的开合、伸缩，能够实现 f1.4 到 f4.0 的调节。该机型搭载物理可变光圈，实现了进光量与景深的随心调节，在手机行业极为罕见。在夜间拍摄时，光圈开到最大、最大限度接收光线；在光线充足时，收缩光圈获得更大的景深，同时也能让画质更加锐利清晰。

2022 年 5 月 23 日，小米官宣和徕卡达成战略合作，双方的合作涉及光学、成像、图像处理、体验等智能手机影像全链路。7 月，小米便推出和徕卡合作后的第一款旗舰机小米 12S 系列，其中 12S Ultra 首次搭载来自索尼

---

① CINNO Research，2022 China Market Foldable Smartphone Brand Sales Ranking.

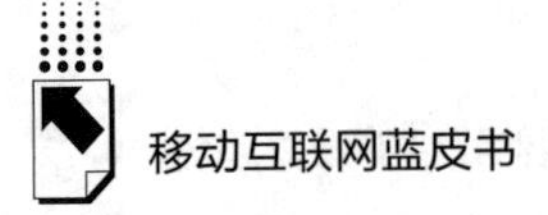

的 IMX989 超大底传感器，是国内手机行业首款搭载 1 英寸传感器的手机。8 片镜头都采用了原子层沉积（ALD）超低反射镀膜，还采用新型环烯烃材料，反射率低至 0.2%，透光率高达 93%。

2022 年 2 月，OPPO 宣布与全球知名相机厂商哈苏达成战略合作，OPPO 通过计算色彩、计算光学两大技术创新，与哈苏聚焦色彩的联合研发，将手机用户体验提升到一个新的高度。随后发布的 Find N 基于自研的马里亚纳 MariSilicon X 芯片，采用旗舰级的影像模组，加上 OPPO 十分重视悬停功能，一经上市就受到众多摄影迷的关注。另外，马里亚纳 MariSilicon X 芯片凭借强大的算力和能效比，赋予 Find N2 支持 4K 30FPS 超清夜景视频的拍摄能力，让折叠屏手机的视频拍摄能力有了较大的提升。

同样，vivo 在 2022 年推出了自研芯片 V2，相较于 V1 在影像技术上的进化步伐更大。V2 自研芯片是跟天玑 9200 芯片“互惠互利”的，vivo 研发的 FIT 双芯互联高速通信机制能够让两枚芯片在 1/100s 之内完成双芯的数据同步，达成了数据和算力的优化协调与高速协同，助力 vivo X90 系列手机大幅提升图像原始信息的实时 AI 降噪与 HDR 融合效果，让画质更紧凑、细节更扎实，也能在面对大光比、强烈明暗反差的场景时做到影调细腻、过渡平缓真实。

从小米、vivo、华为、OPPO 这些品牌的动作可见，2022 年国产手机行业的“影像之争”十分激烈，软硬件融合的程度更深。企业普遍在发力影像，相关竞争在 2023 年将更加激烈。

与此同时，个别厂商在其他领域实现巨大突破和创新。比如通过卫星发送消息，最有代表性的当属华为和苹果，两家企业 2022 年发布的旗舰手机开始支持卫星消息功能，该功能可以在没有 WiFi 和蜂窝网络覆盖的情况下，通过手机直连卫星发送消息，如华为 Mate50 系列支持北斗卫星消息功能，可以向联系人发送文字和位置信息，在紧急情况下及时给予帮助。除此之外还有昆仑玻璃，它凭借特殊的高温热处理工艺，搭配复合离子强化注入技术，形成致密的支撑结构，从而韧性得到大幅度提升，比普通玻璃抗跌落能力有 10 倍以上的提升，在消费市场也引起一定的关注。

二　泛移动智能终端发展态势

（一）可穿戴设备出货量出现下滑

可穿戴设备在前几年一直保持着较高速度增长，但由于在大流行的头两年市场急剧增长和充满挑战的全球宏观经济环境，2022 年可穿戴设备出货量将出现下滑（见图 4）。根据 IDC 预测，2022 年可穿戴设备出货量可能是自 2013 年以来首次出现全年下降，预计下降 3.3%至 5.156 亿台（见图 4）。IDC 发布的报告显示，全球可穿戴设备在前三季度出货量达到 3.42 亿台。

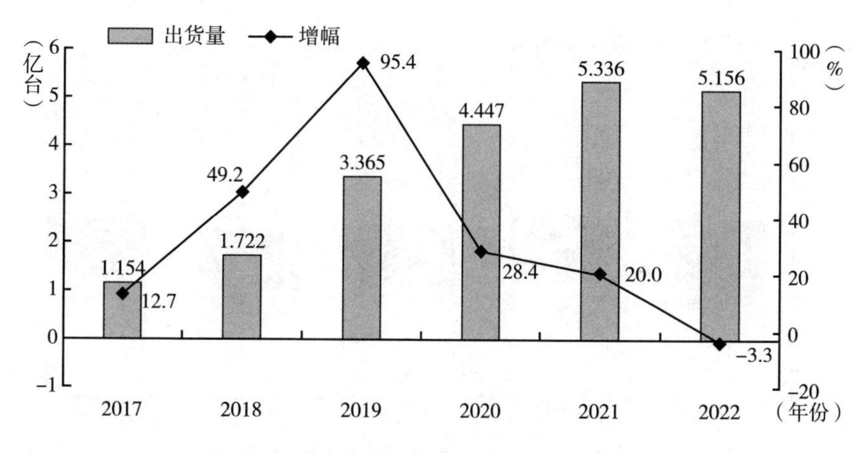

图 4　2017~2022 年全球可穿戴设备出货量

资料来源：国际数据公司（IDC）。

耳戴设备市场 2022 年第三季度出货量 1753 万台，同比下滑 12.1%。其中真无线耳机出货量 1365 万台，同比下降 11.8%。整体蓝牙耳机市场的智能化进程逐渐加快。随着上游方案成熟性进一步提升以及价格竞争日益激烈，真无线耳机在主动降噪功能上进一步下探，然而对市场需求拉动的边际效应呈现递减趋势。

智能手表市场 2022 年第三季度出货量 1080 万台，同比增长 1.8%。其中成人智能手表 538 万台，同比增长 13.3%；儿童智能手表出货量 542 万台，同比下降 7.6%。Apple 新品发布对成人智能手表市场拉动作用显著。儿童智能手表市场上“小天才”仍然稳居第一。IDC 预计，2023 年成人智能手表将呈现恢复性增长，出货量将增长 3.5%，市场挑战和机会并存。

手环市场 2022 年第三季度出货量 389 万台，同比下降 15.6%。手环市场降幅有所收窄，大屏化趋势逐渐明显。其中，小米手环新品对整体出货规模有所提升起到了一定作用。手环市场的持续下滑一方面受到这种入门腕带产品尝鲜体验的边际效应递减影响，另一方面也是手表产品逐渐被大众所接受的结果。手环市场未来依然会长期存在，并在大众市场对腕带产品起到一定拉新作用。

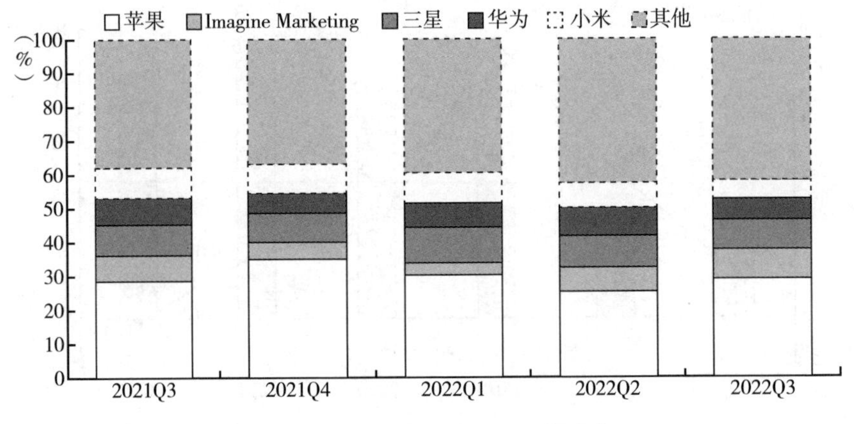

图 5　全球可穿戴设备市场份额分布

资料来源：国际数据公司（IDC）。

尽管可穿戴设备市场历来由苹果、三星、华为和小米等科技企业主导，但随着印度品牌的快速增长，这种组合正在发生变化。2022 年第三季度，前 10 大可穿戴设备公司中有 3 家来自印度，其中印度公司 Imagine Marketing 跃居全球第二，仅次于苹果。全球可穿戴设备市场份额分布如图 5 所示。展望未来，预计可穿戴设备市场将以 5.1%的五年复合年增长率（CAGR）健康成长，到 2026 年底出货量将达到 6.283 亿台。预计智能手表复合年增长率将为6.3%，包括运行高级操作系统的手表，例如Apple Watch或Wear OS手表，以及运行在实时操作系统RTOS上的操作系统，例如来自Polar、Withings、OnePlus或其他公司的操作系统；可听设备同期的复合年增长率将为5.1%①。

（二）移动物联终端实现大超越

工业和信息化部发布《“十四五”信息通信行业发展规划》，明确提出“推进移动物联网全面发展”②。移动物联网是基于蜂窝移动通信网络的物联网技术和应用，通过多网协同实现万物互联、连接泛在的数字信息基础设施，是新型基础设施的重要组成部分。当前，我国正构建NB-IoT（窄带物联网）、4G（含Cat1）和5G协同发展的综合生态体系。截至2022年8月，我国移动物联网连接数达到16.98亿，比上年末净增3亿，移动物联网连接数首次超过移动用户数，比移动用户数多2000万，我国成为全球主要经济体中首个实现“物超人”的国家，“物超人”占比达到102%（移动物联网连接数/移动用户数），高于美国（56.7%）、日本（24.3%）、德国（17.5%）、韩国（24.6%）等其他主要经济体。“物超人”比例表征了本地区移动物联网连接规模超越移动电话用户规模的程度，反映了本地区5G等移动物联网技术作为经济社会发展新引擎的具体水平③。

中共中央、国务院印发的《数字中国建设整体布局规划》提到，蜂窝物联网还未看到市场的上限，物联网应用场景仍在不断丰富。目前窄带物联网已形成水表、气表、烟感、追踪类4个千万级应用，白电、路灯、停车、农业等7个百万级应用。物联网技术被日趋成熟地应用到各行各业，例如智慧城市、医疗、工业制造和元宇宙等。移动物联网终端被应用于公共服务、车联网、智慧零售、智慧家居等领域的规模已非常大，分别为4.96亿、3.75亿、2.5亿和1.92亿户，且数量还在持续增长④。其中，车联网近年

① IDC Tracker Expects Wearables Growth to Stall as Macroeconomic Pressures Continue.

② 工信部：《“十四五”信息通信行业发展规划》，2022年11月1日。

③ 中国信息通信研究院：《2022年移动物联网发展报告》，2022年12月。

④ 《我国移动物联网连接数占全球70%》，《人民日报》2023年1月30日。

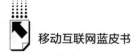

来在国家发改委、工信部、交通运输部等多部门发布的一系列政策支持下快速发展。《2022年中国车联网行业市场前景及投资研究报告》数据显示，近年来，中国车联网市场规模保持高速增长，2017~2020年年均复合增长率达到29.95%，预计2022年将增长至2771亿元，用户规模将达到20890万，渗透率接近60%①。技术方面，依托完备的汽车产业链及丰富的信息通信产业生态，我国智能网联汽车的智能化与网联化水平大幅提升，在智能座舱、自动驾驶等关键技术领域实现创新突破，促进了我国整车品牌的升级迭代。L2级别自动驾驶技术成熟应用并进入市场普及期。2022年1~11月，我国具备L2级智能驾驶辅助功能的乘用车销量超800万辆，渗透率升至33.6%②。另外，移动终端近些年在物流中得到非常广泛的应用。例如，通过GPS功能实现对物流定位；仓库工作人员利用无线移动终端，获得业务中心部门传送来的货物盘点信息和备货信息，并且对物流的数据记录、保存以及数据有效性的验证起到至关重要的作用，大幅提高了登记物流信息的效率。

与此同时，我国物联网在高速发展的进程中，也面临一些问题。例如，标准体系不够完善、网络安全存在漏洞、智能化水平较低等。随着我国政府出台多项大力发展物联网的政策，很多地方政府也相继出台相关发展意见、建设发展行动方案，物联网市场规模不断壮大，产业链资源不断整合。随着人工智能物联网（AIoT）的深入发展和赋能，物联网系统将成为超大规模、更加安全和更加智能化的万物互联平台，给终端用户带来更流畅、更便捷以及更成熟的服务。

三　移动智能终端行业趋势预测

（一）手机厂商继续发力提升产品性能

未来头部品牌软硬件优化将继续加深。1英寸的高分辨率传感器将成

① 中商产业研究院：《2022年中国车联网行业市场前景及投资研究报告》，2022年11月。

② 中国智能网联汽车产业创新联盟统计。

为常规固定装置，10bit 高动态范围成像（HDR）视频也将更多兼容应用到其他旗舰机型，这有助于降低价格并提升摄像头的低光摄影和整体图像质量。同时，国内厂商自研的马里亚纳（MariSilicon）X 芯片、vivo 的 V2 芯片势必会在未来有更大的突破。从市场数据来看，折叠屏手机的逆势增长说明其正走向消费前端，将会激发新的技术创新，但是否创造出更多的用户场景，还要看现有的应用能否和折叠屏互相兼容甚至更好地匹配，同时让视频播放、游戏和多窗口功能有更佳的用户体验。与此同时，5G 技术将进一步推广，5G 基建更加完善，手机行业将会出现更多基于 5G 应用场景的新技术，例如虚拟现实、增强现实等，将会大大提升手机行业的技术水平。

（二）融合快充技术将应用到更多产品上

在国内快充产业链上下游企业的共同努力下，融合快充技术经过两年的发展，从概念阶段成功进入落地应用阶段。虽然目前融合快充技术尚有不足，但其本质是解决各家私有协议互不兼容的问题，使该技术一旦得到大面积推广应用，将来最大的受益者将是消费者，因此未来两年其必将成为手机及终端产品广泛应用的重要技术。同时，随着物联网设备、移动电动设备、车载充电设备的大量普及，消费者习惯了手机快充体验后，对其他不同场景下的快充需求逐渐增大，融合快充技术也必将应用到其他具备充电功能的消费类产品上。同时对于高铁座椅充电口、插线排、墙插等不用充电器且已经逐渐具备 USB 充电功能的设备，融合快充具备的兼容性快速充电能力将成为首选。可预见的是，未来消费者不需要充电器或者在室内只需要一个充电器，即可对所有需要充电的设备进行快速充电。这在提高产品用户体验的同时，将为我国减少大量的电子垃圾。

（三）虚拟现实终端产品热度提升

2022 年 11 月，工信部等五部门印发《虚拟现实与行业应用融合发展行动计划（2022~2026年）》，该计划提出，到2026年，我国虚拟现实产业总体规模超过3500亿元，虚拟现实终端销量超过2500万台，培育100家具有较强创新能力和行业影响力的骨干企业，打造10个具有区域影响力、引领虚拟现实生态发展的集聚区，建成10个产业公共服务平台[①]。中国信息通信研究院数据显示，2021年全球虚拟现实终端出货量约为1095万台，同比增长63%，年出货量首次突破千万台，迎来行业进入复苏阶段的拐点。2022年8月25日，中国通信标准化协会扩展现实产业及标准推进委员会（TC625）成立，委员会主要聚焦扩展现实领域的关键技术、产业和生态研究，致力于推动扩展现实领域重点行业标准的实施与落地，协调产业链各方协同创新，建设健康可持续的产业发展生态。中国信息通信研究院副总工程师史德年提到，5G网络大带宽、低时延、干扰小等特点可为扩展现实应用提供良好的云化服务质量保障，保证用户的使用体验。5G是扩展现实产业走向可持续性发展的重要基石，扩展现实则是5G实现消费市场突破的重要方面之一。另外，2022年迎来元宇宙爆发式增长的一年，元宇宙概念大火，引发广泛关注。各大企业巨头纷纷入局，布局元宇宙赛道，国家在政策上也有很多扶持。预计在未来几年，虚拟现实终端产品将会迎来新一轮爆发。

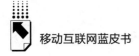

总体来看，虽然国际国内手机市场在2022年出现较大幅度萎缩，但手机市场的竞争仍然处在白热化状态，在目前尚未有变革性技术突破情况下，头部企业未来仍将在影像、快充和芯片等领域提升产品性能。尤其是在充电方面，随着欧盟通过统一充电接口法令，国产终端厂商意识到快充技术统一的重要性，融合快充技术在2022年迅速发展并实现落地，未来融合快充技术将被应用到更多产品形态上，有希望实现“一家一个充电器”的愿景。除此之外，随着5G基础设施的不断完善，元宇宙概念的大火，加上国家在政策上的支持，虚拟现实终端市场将迎来爆发。

① 工信部等五部门：《虚拟现实与行业应用融合发展行动计划（2022~2026年）》，2022年11月。

参考文献

IDC：Worldwide Quarterly Mobile Phone Tracker，January 25，2023.

中国信息通信研究院：《2022 年 12 月国内手机市场运行分析报告》，2022 年 12 月。

Canalys，China's smartphone market full-year shipment hits a 10-year low.

CINNO Research，2022 China Market Foldable Smartphone Brand Sales Ranking.

IDC Tracker Expects Wearables Growth to Stall as Macroeconomic Pressures Continue.

B.11
2022年5G融合产业发展态势分析

杜加慬　辛　伟*

摘　要： 2022年，5G与行业融合促使产业链延伸至融合产业生态。5G融合产业具有行业定制性、融合性两大特征，呈现“交替促进、阶段发展”的发展态势，在融合终端、定制化网络、应用三大子产业初步形成产业体系，并形成一定的产业规模。5G融合产业需发挥政策引导和市场牵引的双重作用，建设产品体系丰富、性价比高的产业供给体系。

关键词： 5G应用　5G融合产业　融合技术

一　5G融合应用驱动新兴融合应用产业形成

2022年，5G与行业融合促使传统面向消费者的产业链，拓展为面向各行业的产业生态，形成了新的技术路线、产品形态或产业环节，构建了5G融合产业体系。5G融合产业指5G与行业融合过程中，形成的面向行业优化及与行业原有设备或系统融合后，所形成的5G终端、网络及应用等产业环节。5G融合产业具有行业定制性、融合性的特征。在行业定制性方面，由于行业低成本、高安全、多业务、工作环境复杂等需求，需要对产品重新设计或研制，打造具有行业特色的设备，如防爆5G基站、精简化5G网络设备等。在行业融合性方面，5G融合产品需要实现与行业既有装备或通信

* 杜加慬，中国信息通信研究院5G应用创新中心副主任，高级工程师，主要从事5G应用技术、标准化及产业化推动工作；辛伟，中国信息通信研究院技术与标准研究所无线信息化部主任，高级工程师，主要从事5G、卫星互联网、行业专网的技术研究及产业推动工作。

协议的适配融合，形成新的融合产品或创新产品、业态，如5G行业应用解决方案、5G机器人等行业定制化终端等。

5G融合产业由5G行业终端、5G行业网络、5G行业应用三大部分组成，如图1所示。

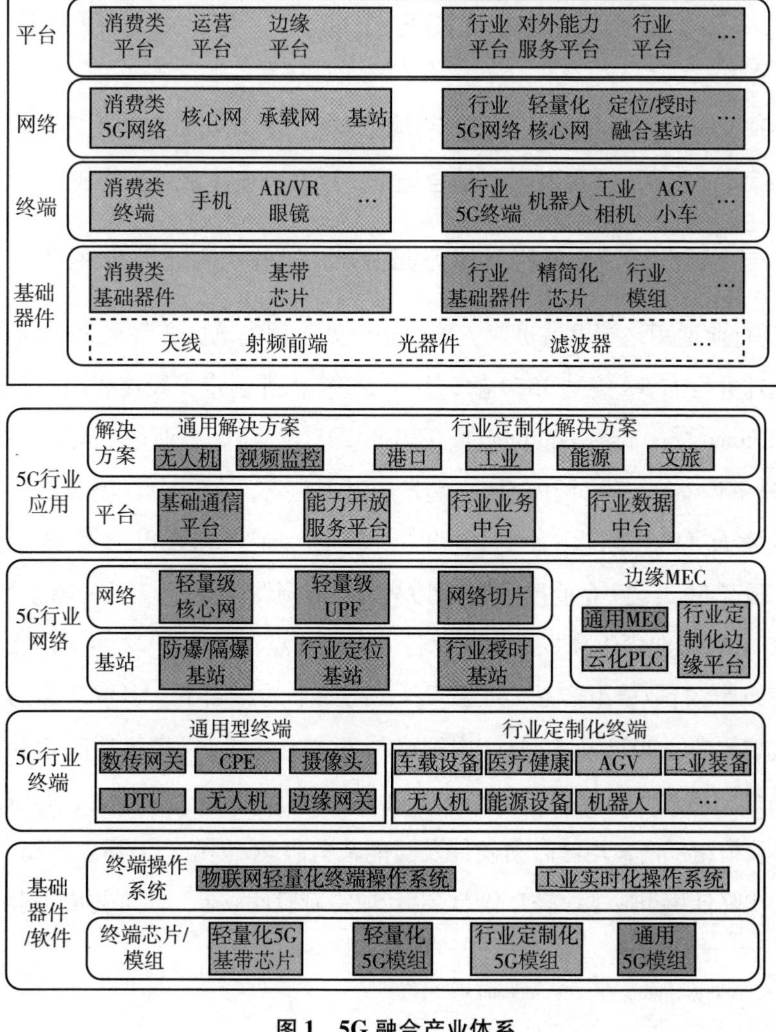

图1　5G融合产业体系

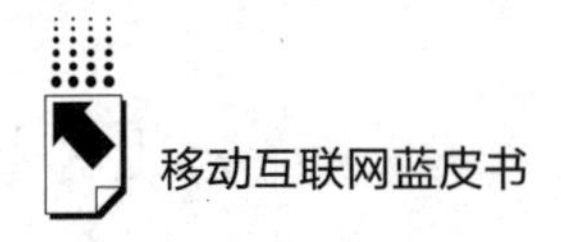

5G 行业终端部分是 5G 与行业原有装备/设备融合后形成的终端体系。该体系有别于传统消费市场，主要包含行业终端芯片/模组和行业终端整机两大子环节。5G 行业网络部分主要是 5G 行业虚拟专网的产品体系，由行业定制化基站、核心网和边缘 MEC（Multi-access Edge Computing，多接入边缘计算）等设备组成。5G 应用解决方案部分主要是 5G 面向行业提供的应用平台或系统，由行业平台和应用解决方案两部分组成。

二　5G 融合产业体系初步建成，三大产业初具规模

为适配行业网络复杂化、行业终端多样化、应用场景定制化等需求，我国 5G 商用三年来，多措并举、综合施策，融合产业体系初步建成。

（一）行业终端：通用产品占据主导，行业定制处于萌芽期

5G 行业通用终端发展迅速，国内企业处于领先地位。截至 2022 年 9 月底，全球共发布 5G 终端 1579 款，其中 5G 室内外固定无线接入用户驻地设备（Customer premises equipment，CPE）225 款，5G 工业/企业路由器/网关/调制解调器 99 款。国内 5G 终端发展遥遥领先，在全球 1579 款终端中我国企业发布 1153 款，占比高达 73%；其中，国产 5G CPE 175 款，占比 78%；国产 5G 工业/企业路由器/网关/调制解调器 49 款，占比 49%。5G 商用以来，5G 行业模组降本成为产业各方关注焦点，截至 2022 年 9 月底，全球共发布 5G 行业模组产品 186 款①，在高成本的影响下，多数产品尚未实现大规模出货。2022 年 10 月，中国电信发布定制版 5G 模组产品招募合作公告结果，单片产品价格下探至 389 元②。目前，移远、广和通、芯讯通等国内主流模组厂商，均已启动硬件及功能裁剪版 5G 模组产品研发测试工作，以进一步降低模组成本。轻量化 5G 芯片取得阶段性成果，其工艺成为业界关

① GSA 数据，https：//gsacom. com/x。

② GSA 数据，https：//gsacom. com/x。

注的重点。华为、中兴、中信科、诺基亚等设备商陆续开展关键技术的实验室和外场验证，翱捷、紫光展锐、vivo 等芯片或终端厂商积极推进研发进程，开展技术验证与性能测试。

（二）行业网络：虚拟专网规模化部署，定制化装备体系初步形成

目前国内主要是5G行业虚拟专网在行业落地，呈现规模化部署。截至2022年9月底，我国5G行业虚拟专网总数已超过10500个[①]。

面对千行百业的业务部署差异化、低成本等需求，5G行业网络的新型产品不断演进。基站设备方面，行业定制化基站成为发展重点。如中兴通讯与矿山行业集成商合作，共同推出了5G隔爆基站产品。核心网设备方面，轻量化、低成本成为发展方向。例如，中国移动与中国联通均通过与设备厂家的合作，推出了轻量级5G核心网一体机，中国电信研究院在自研5G用户面网元（User Plane Function，UPF）的基础上，成功在天翼云上部署了轻量级5G核心网。边缘计算设备方面，行业特色能力成为发展重点，运营商、互联网企业、设备商各自凭借自身优势，开展5G MEC边缘平台技术产品研发，融合行业特色的算法模型，推进5G网络与行业系统的深度融合。网络运维产品方面，“共管共维”成为发展趋势。中国电信打造5G定制网运营平台、中国移动构建5G专网运营平台 OneCyber、中国联通建设5G专网管家，并实现多个行业的应用部署。

（三）行业应用：通用解决方案呈现跨行业复制态势，定制解决方案正在培育

2022年第五届“绽放杯”5G应用征集大赛5G应用解决方案专题赛征集的项目达到1180项[②]，在工业、能源、医疗等重点行业初步形成了一批5G应用解决方案。在工业领域，已形成5G+机器视觉、5G+远程辅助等40

① 中国信息通信研究院数据，http：//www.dvbcn.com/p/136526.html。

② 中国信息通信研究院数据，https：//new.qq.com/rain/a/20220906A0B2SS00。

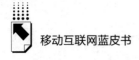

余个应用场景的解决方案。在采矿领域，5G+远程掘进、5G+智能综采、5G+井下设备远程操控、5G+无人矿卡等10余种解决方案已经实现试点或商用。在电力领域，初步形成5G+配网差动保护、5G+精准负荷控制、5G+机器人巡检等配用电环节的解决方案。在港口领域，5G+远程控制龙门吊、5G+无人集卡等应用解决方案逐渐成熟。在医疗领域，开始探索5G+急救车、5G+远程会诊、5G+远程院后康复治疗等场景应用。

三 5G融合产业处于导入期，面临三大发展难题

现阶段，5G和行业的融合还处于发展初期，5G核心网逐步下沉到企业中，5G CPE等行业通用终端与行业装备融合，实现行业装备的联网。但总体来看，5G融合产业仍处于市场导入期，垂直行业市场碎片化问题凸显，规模效应尚未显现，5G融合产业需适应各行业定制化、低成本的产品需求，逐步构建产品体系。5G融合产业发展还面临产业牵引强度不足、产品边际成本高、核心技术突破难等三方面问题。

（一）行业多元化造成融合产业“点多面广”，产业牵引强度不足

由于行业转型周期长、刚需场景释放较慢，其转型对于5G技术和产品的牵引效应不足。各个行业本身技术和产业具有很大的不同，每个行业都有自身的技术发展主线和装备/设备产业，导致5G融合产业需要针对不同行业分别进行技术和产业的适配融合，尤其在5G行业终端和5G行业应用解决方案两大环节。不同行业的创新研发体系、本身产业研发能力、产业改造能力、改造需求等都千差万别，市场空间和前景预期不明显，且5G融合应用处于发展初期，尚未显现对行业的颠覆性作用或形成新的替代型市场，致使融合产业信心不足，产品供给能力弱。

（二）创新付出和市场收益不足，5G融合产品边际成本高

目前，我国5G行业应用已经覆盖40余个国民经济门类，5G在与不同

行业的个性化装备、网络和应用系统融合的过程中，将形成行业特色化、功能及性能定制化的终端、网络及解决方案产品。5G面向行业构建的轻量化5G芯片、定制化基站、轻量化核心网等产品市场规模较小，出货量较低，技术落地成本高，企业研发动力不足，产品供给能力难以保障。因此，需求侧的低成本设备使用诉求和市场碎片化特征，与供给侧的供给成本形成明显的产业矛盾，导致5G融合在丰富产品类型时，研发成本、供给成本居高不下，造成供给侧规模化推广困难。

（三）行业系统封闭造成融合难，核心行业装备系统融合突破难

行业既有网络协议复杂、系统封闭性导致5G与行业信息化设施融合难度大，融合成本高。同时5G与行业融合，必然涉及对行业本身系统/装备的网联化、智能化改造，需要能够融合或改变原有系统/装备的核心技术。但行业既有核心业务系统被国外把控，国内企业使用的工业PLC、DCS系统以及医疗、工业等行业高端装备国产化水平相对较低，自主研发能力不足，导致5G与行业原有装备、系统融合的核心技术突破困难。

四　5G融合产业呈现“交替促进、阶段成熟”发展态势

依据应用进入行业的过程和深度，5G融合产业呈现“交替促进、阶段成熟”的发展态势，主要分为三个发展阶段，分别为叠加赋能、优化赋能和协同赋能，如图2所示。

（一）第一阶段：5G基础技术及产业叠加赋能阶段

此阶段5G融合产业将完成消费类向行业类产品的转变，构建通用性的产品供应体系。建立5G行业虚拟专网产品体系，构建面向行业的基础连接类和行业通用终端产品体系，实现轻量化网络设备和连接类终端产品供给能力，形成通用行业应用解决方案。该阶段5G行业终端类型主要是行业通用类，产品包括5G CPE、5G DTU（Data Transfer unit，数据传输单元）、5G视

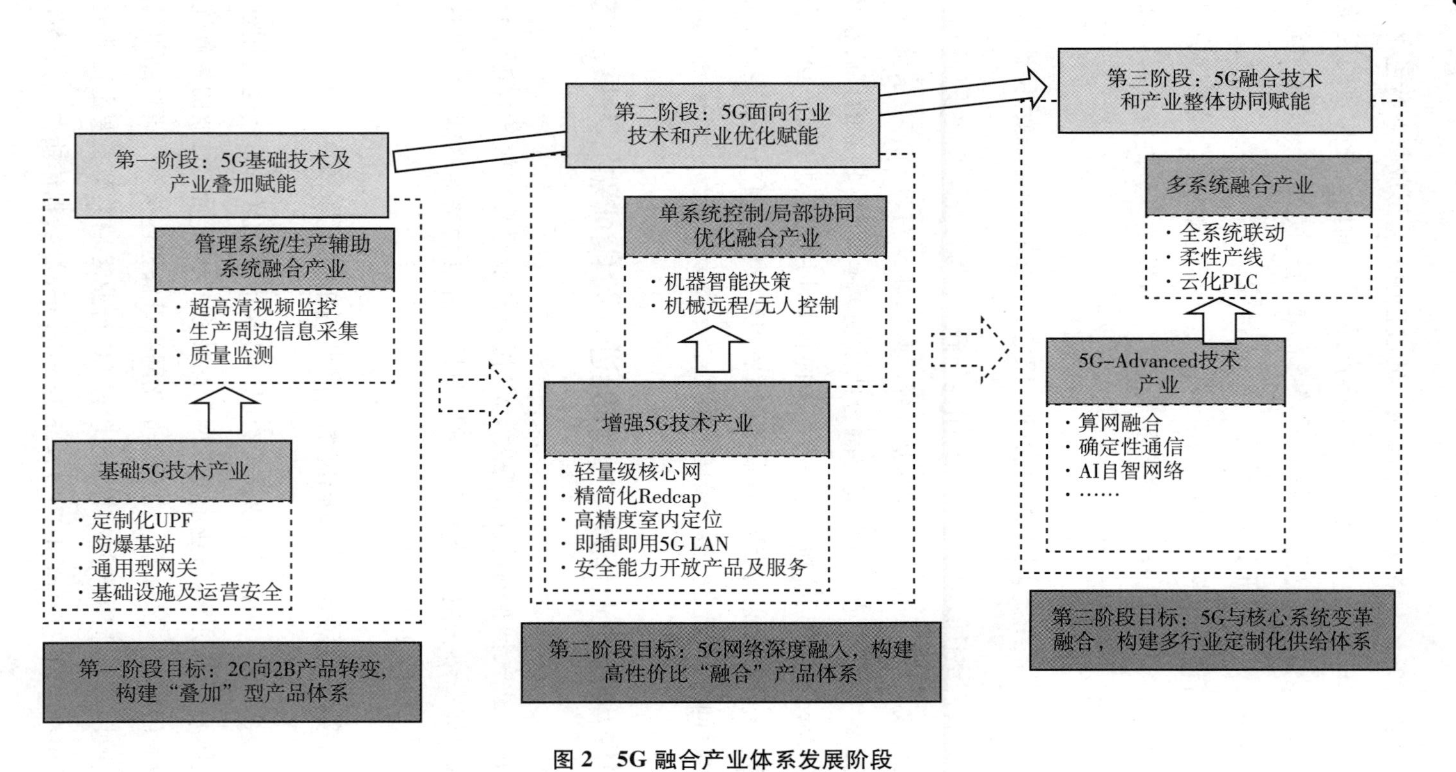

图2　5G融合产业体系发展阶段

频摄像头、5G+无人机等；5G 行业网络产品将向行业定制化、轻量化、性能分级的方向改造，满足行业复杂环境部署、低成本诉求。主要包括防爆/隔爆 5G 基站、大上行 5G 基站、轻量化 UPF 等；5G 行业应用主要面向通用型应用，即多个行业都具有的场景应用，产品包括 5G+数据采集、5G+安防摄像头等通用解决方案。

（二）第二阶段：5G 面向行业技术和产业优化赋能阶段

此阶段将构建与行业系统初步融合的产品体系，实现 5G 与行业系统嵌入式融合。5G 产业将构建与行业系统初步融合的产品，完成轻量化 RedCap 芯片、轻量化核心网产品、行业定制化基站等产品供应，提供初步融合的 5G 行业装备产品体系。5G 通过嵌入的方式改造现有的行业装备，实现行业装备由现场控制向远程控制转变，以形成新型行业 5G 终端产品，包括基于 5G 连接的无人天车、岸桥吊等融合装备。5G 行业网络产品增强支持与行业融合功能（如 5G LAN），包括轻量化 5G 核心网、支持定位/大上行/精准授时等能力的 5G 基站。5G 行业应用通过局部优化或控制系统优化，形成定制化 5G 行业应用解决方案，产品包括 5G+部分产线柔性（物流和生产联动）、5G+仓储系统联动等。

（三）第三阶段：5G 融合技术和产业整体协同赋能阶段

此阶段将构建 ICT（Information and Communications Technology，信息与通信技术）和 OT（Operation Technology，操作技术）深度融合的产品供应体系，形成行业融合智能化装备产品。5G 行业终端产品将与行业装备深度融合，推动行业装备由单体智能、本地控制向云化智能、无人控制方向转变，并实现多设备协同联动。产品包括 5G 云化工程机械、5G 云化机器人等；5G 行业网络产品将与行业核心系统融合，重构并形成新型智能化行业系统，实现对原有行业核心技术的“换道超车”，产品包括 5G+云化 PLC（Programmable Logic Controller，可编程逻辑控制器）等；5G 行业应用实现与行业核心业务深度融合，并实现多业务系统联动，构建面向行业的综合性、平台化的解决方案，包括 5G+数字孪生、5G+柔性产线等。

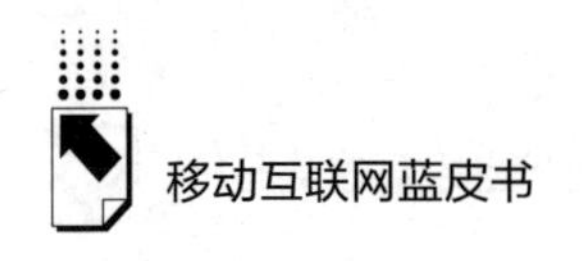

五 5G融合产业的发展建议

5G融合产业需发挥政策引导和市场牵引的双重作用，通过标准和通用型产品实现市场聚合，构建跨行业的产业合作体系，完善新型研发创新体系，构建新型网络规划运维模式，建设产品体系丰富、性价比高的产业供给体系。

（一）通过政策和市场引导，培育行业应用市场，为5G融合产业打开新的市场空间

增强融合产业信心，加速融合技术和产品落地。发挥国家顶层设计的指导引领作用，同时实现跨部委合作，鼓励大型或龙头企业加强与电信运营企业、设备厂商开展5G产业生态联合创新，推动互联网、中小型企业进入5G融合应用产业，联合构建“关键技术研究—融合设备/系统研发—应用落地试点”的产业培育和创新体系，提升技术产业的供给能力。

（二）分类施策，建立融合技术产业政策推动体系

深入落实《5G应用“扬帆”行动计划》和《“十四五”信息通信行业发展规划》等相关政策，鼓励矿山、钢铁等重点行业积极出台5G应用落地政策，支持各行业、各地区加快推进5G行业专网落地。通过国家专项、政策扶持、科技赛事等方式，鼓励创新型中小企业入局，提升国产供给能力，通过多供应商和差异化等方式，提升产业自主可控性。引导社会资本共同投资5G技术研发和产业发展。鼓励地方出台投融资优惠政策，加大对中小企业的金融扶持力度。

（三）构建跨界标准合作机制和共同运维新模式，形成跨行业融合标准

通过标准降低产品供给边际成本，通过建设共管共维平台破解企业运维

难题。建立跨界标准合作机制，完善技术标准体系。依托中国通信标准化协会、5G应用产业方阵等协会组织，与各行业开展标准合作，通过联合标准组、联合团标等多种方式，构建跨行业技术标准的合作机制，推动各行业研究制定5G跨行业融合标准。同时，推进跨行业标准试验区，建立技术标准落地验证体系。发挥5G应用产业方阵等联盟优势，在电力、矿山、石化等行业构建“实验室+试验外场”的标准验证体系，面向不同行业推进标准体系有效落地。

参考文献

工信部等十部门：《5G应用“扬帆”行动计划（2021~2023年）》，2021年。

中国信息通信研究院、5G应用产业方阵（5GAIA）和IMT-2020（5G）推进组：《5G应用创新发展白皮书——2022年第五届“绽放杯”5G应用征集大赛洞察》，2022年。

《5G应用攻坚克难，卫星通信推陈出新》，2023年。

B.12
2022年中国工业互联网发展情况及趋势分析

殷利梅　王梦梓*

摘　要： 2022年，我国工业互联网进入发展关键期，工业互联网政策体系不断完善、基础支撑更加坚实、平台体系持续壮大、安全保障同步完善、融合赋能加速落地，“5G+工业互联网”创新发展进入快车道，工业互联网赋能中小企业数字化转型向深发展，融合生态不断发展壮大，同时也面临工业互联网平台开放合作的利益屏障有待破除等问题与挑战。

关键词： 工业互联网　“5G+工业互联网”　工业数据　融合赋能

一　我国工业互联网2022年发展概况

2022年，我国工业互联网政策体系不断完善、基础支撑更加坚实、平台体系持续壮大、安全保障同步完善、融合赋能加速落地，工业互联网产业增加值规模估计达到4.45万亿元，占GDP比重为3.64%，带动新增就业105.02万人①。工业互联网已经成为我国加快制造业数字化转型和支撑经济高质量发展的重要力量。

---

* 殷利梅，国家工业信息安全发展研究中心信息政策所数字经济研究室主任、高级工程师，主要研究领域为数字经济战略、产业数字化转型、数据要素、数字素养；王梦梓，国家工业信息安全发展研究中心信息政策所数字经济研究室工程师，博士，主要研究领域为数字经济统计与测度、数字贸易测度、数字营商环境。

① 中国工业互联网研究院：《中国工业互联网产业经济发展白皮书》，2022年11月6日，https://baijiahao.baidu.com/s?id=1748789773179309198&wfr=spider&for=pc。

（一）政策体系不断完善

2022年，我国工业互联网进入发展关键期，政府相继出台政策文件促进工业互联网高质量发展（见表1）。从顶层设计看，工业互联网连续五年被写入政府工作报告，2022年10月，党的二十大报告强调“坚持把发展经济的着力点放在实体经济上，推进新型工业化，加快建设制造强国、质量强国、航天强国、交通强国、网络强国、数字中国”，为加快工业互联网发展指明方向。在相关部委层面，2022年4月，工业和信息化部（以下简称工信部）发布《工业互联网专项工作组2022年工作计划》，为2022年工业互联网的高质量发展列出详细工作计划。5月，发布2022年新增跨行业跨领域工业互联网平台清单，落实“十四五”规划中关于“在重点行业和区域建设若干国际水准的工业互联网平台”的重要部署。地方层面，多地政府通过大赛活动、资金补贴等多种方式推动本地工业互联网发展，例如，上海举行“上海市工业互联网安全深度行”，从分类分级管理、政策标准宣贯、资源池建设、应急演练、人才培训等5个方向加持工业互联网产业；安徽发布《2022年支持工业互联网发展若干政策资金项目申报指南》，针对各类工业互联网平台培育、“三化”改造等提供政策资金补贴。

表1　2022年我国工业互联网相关政策一览

序号	发布时间	名称	主要内容
1	10月	党的二十大报告	坚持把发展经济的着力点放在实体经济上，推进新型工业化，加快建设制造强国、质量强国、航天强国、交通强国、网络强国、数字中国
2	9月	《5G全连接工厂建设指南》	推进有条件的企业按需建设数据存储节点和工业互联网标识解析企业节点，为数据存储、加工、查询、调用等提供支撑。支持企业建设工业互联网平台或订阅相关服务，支撑生产运营管理
3	4月	《工业互联网专项工作组2022年工作计划》	网络体系强基行动、标识解析增强行动、平台体系壮大行动、数据汇聚赋能行动、新型模式培育行动、融通赋能“牵手”行动、关键标准建设行动、技术能力提升行动、产业协同发展行动、安全保障强化行动、开放合作深化行动、加强组织实施、激发数据要素潜力、拓宽资金来源、加大人才保障

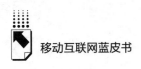

续表

序号	发布时间	名称	主要内容
4	3月	《2022年政府工作报告》	加快发展工业互联网，培育壮大集成电路、人工智能等数字产业，提升关键软硬件技术创新和供给能力
5	1月	《“十四五”数字经济发展规划》	建设可靠、灵活、安全的工业互联网基础设施，支撑制造资源的泛在连接、弹性供给和高效配置 实施产业链强链补链行动，加强面向多元化应用场景的技术融合和产品创新，提升产业链关键环节竞争力，完善5G、集成电路、新能源汽车、人工智能、工业互联网等重点产业供应链体系

资料来源：国家工业信息安全发展研究中心整理。

（二）基础支撑更加坚实

适度超前建设数字基础设施可以充分挖掘工业互联网潜力，激发产业数字化活力。当前，我国工业互联网发展进入快速成长期，“新基建”格局已初步形成。

低时延、高可靠、广覆盖的网络设施初步建成。全国在建的“5G+工业互联网”项目已超过4000个，工业企业利用5G等技术改造内网，5G行业虚拟专网数量突破1万个。高质量外网覆盖全国300余个城市，国家工业互联网大数据中心体系建设稳步推进。IPv6部署获得显著成效，推动工业互联网向扁平化、智能化和IP化方向发展。

标识解析体系国家顶级节点全面建成。武汉、广州、重庆、上海、北京五大国家顶级节点稳定运行，日均解析量显著提升，达到1.5亿次。二级节点基本实现全国省级地区全覆盖，服务企业超过24万家，有力促进了跨企业、跨行业、跨地域数据互通和共享。

标准引领作用不断显现。2022年初，工信部信息技术发展司推动制定的《工业互联网平台　监测分析指南》《工业互联网平台　服务商评价方法》《工业互联网平台　解决方案分类与编码》等3项国家标准正式获批立项。10月，首个工业互联网网络领域内的国家标准《工业互联

网 总体网络架构》（GB/T 42021-2022）出台，标准规范引领作用逐渐显现。

（三）平台体系持续壮大

我国工业互联网产业规模逐年递增，预计2022年我国工业互联网产业规模将达到1.2万亿元①。从局部试点到全面普及，从基础互联到深度优化，工业互联网生态体系逐步建立。

平台规模不断壮大。“综合性+特色型+专业性”的平台体系初具规模，具有影响力的平台超过240家。2022年5月，工信部遴选出卡奥斯COSMOPlat、根云、阿里云supET等28家国家级跨行业跨领域平台。这些“双跨平台”依托自身丰富的实践经验和技术优势，带动提升行业整体的数字化水平。

平台支撑作用日益凸显。重点平台工业设备连接总数超过8000万台套、工业APP数量近30万个，服务企业数量超过160万家。重点平台为广大中小企业提供了“低成本、快部署、易运维、强安全”的轻量化应用，提质降本增效作用不断显现。

平台产业创新活跃。我国深入实施工业互联网创新发展工程，突破一批关键领域产业化短板，创新水平稳步提升。平台创新应用试点示范近200个，优秀解决方案140余个，形成平台化设计、网络化协同、服务化延伸等基于工业互联网平台的新模式。

（四）安全保障同步完善

安全是发展的前提，发展是安全的保障。近年来，我国工业互联网在各行各业发展迅速，筑牢工业互联网安全屏障。构建政企协同、制度健全、技术先进的工业互联网网络和数据安全保障体系成为各方共识。

---

① 工业和信息化部统计数据，https://baijiahao.baidu.com/s?id=1757219915174985942&wfr=spider&for=pc。

国家、省、企业三级协同联动的技术监测服务体系基本建成。工信部2022年9月发布数据显示，工业互联网安全技术监测服务体系已覆盖近14万家工业企业、165个重点工业互联网平台①，全天候、全方位开展安全监测、风险预警、通报处置工作，初步实现工业互联网安全态势可感可知。

工业互联网企业网络安全分类分级管理试点工作深入推进。工信部在天津、吉林、上海等15个省市开展工业互联网企业网络安全分级分类管理试点工作，近百家平台企业完成了科学定级、风险评估和相关整改落实，强化了平台企业的安全能力建设，增强了企业安全的主体责任意识。

安全标准体系起步建设。截至2022年底，工信部已指导出台《工业互联网安全标准体系》，推动《互联网平台企业网络安全防护规范》国家标准立项，加快研制平台安全防护、测试评估、能力评价等10余项行业标准。

（五）融合赋能加速落地

近年来，我国工业互联网从无到有，从初步探索转入规模发展。工业互联网持续向研发、制造等核心环节延伸，有效赋能各行业数字化转型和经济高质量发展。

工业互联网融合应用日益深入。截至2022年9月，工信部培育8个国家级工业互联网产业示范基地，遴选381个试点示范项目，推动工业互联网深入万企千园、加速赋能千行百业。工业互联网已全面融入45个国民经济大类，助力制造业、能源、矿业、电力等各大支柱产业数字化转型升级。“5G+工业互联网”率先在钢铁、采矿等10个重点行业领域形成20个典型应用场景，促进传统企业提质降本增效。②

大中小企业融通发展。大企业通过工业互联网引领带动中小企业的“链式”数字化转型逐步成形。工业互联网产业联盟调查数据显示，工业互

---

① 工业和信息化部数据，https://m.thepaper.cn/baijiahao_19880742。

② 《加快工业互联网提档升级　助力制造业实现高质量发展》，《人民日报》2022年9月21日，https://baijiahao.baidu.com/s?id=1744559164428240344&wfr=spider&for=pc。

联网在中小企业中应用普及率近年来持续走高，近两年提升近5个百分点，83%的企业表示应用工业互联网后生产经营效率明显提升。①

二 工业互联网发展新特点、新趋势

我国自2017年大力推进工业互联网创新发展，取得显著成就。2022年，我国工业互联网发展特点和发展趋势都有新变化："5G+工业互联网"创新发展进入快车道，赋能中小企业数字化转型向深发展，融合生态不断发展壮大。

（一）"5G+工业互联网"创新发展进入快车道

从基础设施建设看，我国已建成全球规模最大、技术领先的5G独立组网网络，截至2022年底，5G基站数达到231.2万个。全国已形成超20个省级"5G+工业互联网"先导区项目，飞机、船舶、汽车等国民经济支柱产业开展"5G+工业互联网"创新实践，全国在建项目超过4000个。从配套政策措施看，国家已出台10余个政策文件，31个省（区、市）均已出台政策支持"5G+工业互联网"发展，央地协同的政策体系已经形成。

2022年11月，工信部《2022年度中国5G+工业互联网舆情研究报告》② 显示，自2021年11月1日至2022年10月31日，"5G+工业互联网"有关重点新闻报道与转载的信息量共有521.45万条，舆论热度持续高涨。在硬基建和软环境的双轮驱动下，"5G+工业互联网"应用的广度和深度不断拓展，5G持续向工业生产制造各环节赋能，5G全连接工厂、智慧钢铁、智慧矿山、智慧港口等成为行业重点部署和发展方向。

---

① 《工信部：超八成企业应用工业互联网后生产经营效率明显提升》，人民网，2022年9月9日，https：//baijiahao.baidu.com/s？id=1743483904769266868&wfr=spider&for=pc。

② 《〈2022年度中国5G+工业互联网舆情研究报告〉发布：舆论对我国"5G+工业互联网"行业发展予以积极评价》，中国工信产业网，2022年11月21日，https：//www.cnii.com.cn/gyhl/202211/t20221122_430067.html。

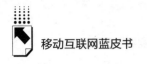

（二）工业互联网赋能中小企业数字化转型向深发展

数字经济时代，数字化转型成为所有市场主体面临的“必答题”，我国超过半数的中小企业在不同程度上已开展数字化转型，但目前进入数字化深度应用的比例仍不足10%[①]。工业互联网平台可以降低中小企业数字化转型的资金和时间成本，中小企业对工业互联网助力数字化转型的认可度不断上升。在当前我国工业互联网发展从起步探索转向规模发展的关键期，占全国企业总数97%的中小企业，是工业互联网规模化发展的主力军。工信部提出，在“十四五”时期着力实施中小企业数字化促进工程，到2022年底，组织100家以上工业互联网平台和数字化转型服务商为10万家以上中小企业提供数字化转型服务，推动10万家中小企业业务上云。工业互联网应用已从大型企业拓展到产业链上下游，将逐渐形成大中小企业融通创新发展的新格局。

（三）工业互联网融合生态不断发展壮大

平台企业与政府、园区等深化合作，共同推动工业互联网向县域、园区等渗透，工业互联网赋能路径创新发展。

工业互联网不断向县域下沉普及。安徽省郎溪县印发《郎溪县工业互联网创新发展三年行动计划（2021~2023年）》，以工业互联网为助手推动县域工业经济高质量发展；浙江省桐庐县招引、培育科技企业，为当地制笔产业、纺织产业打造工业互联网平台，推动中小企业向全业务、全流程数字化转型延伸拓展。

“平台+园区”模式发展空间广阔。2022年以来，在工信部指导下，“工业互联网+园区”赋能深度行活动在唐山、济南、常州等地相继开展。通过“工业互联网+园区”模式，有效拓展新场景落地应用，满足园区加快数字化转型的内在需求，同时进一步深化工业互联网平台应用，打通平台落

① 中国工业互联网研究院数据。

地“最后一公里”。

工业互联网聚合虚拟产业集群创新发展。工业互联网平台可以实施灵活的企业重组和产业集聚，是虚拟产业集群良好的“集聚核”，有力地促进产业链协同、企业上下游耦合。例如，卡奥斯 COSMOPlat 打造“1+N+X”工业互联网赋能路径，通过 1 个工业互联网企业综合服务平台，聚合 N 个特定行业特定领域工业互联网平台，链接 X 个示范园区，创新性地探索出一条工业互联网赋能企业路径。

三　工业互联网建设面临的问题与挑战

2022 年，我国工业互联网在平台开放合作、创新与人才、企业上平台用平台，以及工业数据价值挖掘等方面还存在短板弱项，有待进一步提升。

（一）平台开放合作难破利益屏障

当前，基本没有一家平台能够独立提供“端到端”的解决方案，因此工业互联网平台的发展，必须走市场化的开放合作之路。但由于技术标准体系尚未成熟，数据合作、共享机制尚未完善，开源技术体系尚不健全，平台企业对核心技术、数据、资源等方面的共享仍心存顾虑，大部分平台间的合作仍停留在战略谈判或商业模式探索阶段，价值共享机制和生态合作路径尚未真正形成。此外，跨层级、跨地区、跨行业的国家工业互联网大数据中心体系尚未建立，数据资源的汇聚与应用尚未实现，工业互联网赋能实体经济难以发挥最大效能。

（二）平台企业创新和人才储备仍是短板

与欧美发达国家相比，我国工业互联网市场体量小，龙头企业产品技术实力与国际先进水平还存在差距，特别是在研发设计软件、工业机器人驱动电机、工业控制核心设备和系统等领域自主化程度低。究其原因，一是由于创新应用风险高、成熟度低、推广难度大，平台企业普遍不敢加大力度探索。二是工业互联网专业人才不足，相关专业人才面临互联网行业高薪的虹吸效应，人才缺口日益扩大，不仅仅高层次领军人才匮乏，工业互联网APP开发人才也明显不足。有研究显示，到2025年工业互联网核心产业人才缺口数量达到254万人左右[①]。三是我国工业互联网相关政策对知识产权的保护力度不够，影响国内厂商自主研发积极性。

（三）企业"不愿用""不敢用""不会用"问题突出

截至2022年底，我国工业互联网平台应用普及率为22.16%，企业工业设备上云率仅为17.65%，[②] 我国工业互联网发展仍需解决企业，特别是中小企业上平台用平台的顾虑。企业不愿用、不敢用、不会用平台的原因在于：一是部分企业缺乏长远眼光，不愿跳出传统模式的"舒适区"，导致"不愿用"；二是部分企业未能长远考虑"上平台""用平台"带来的具体收益，担心应用平台时会导致业务出错或进度受阻，管理者害怕平台不够安全可靠而承担责任，而"不敢用"；三是有的企业重金购置了"上平台"的设备、系统，但由于缺乏成熟、可靠的解决方案供应商指导，"不会用"。

（四）平台积累的工业数据价值难以释放

平台积累的工业数据价值难以释放。一是由于设备数据兼容难。工业设备种类众多，各种工业设备的数据接口和格式往往采取自由标准，工业设备不互联、通信协议不兼容，不同设备数据格式不一致，导致工业互联网无法实现数据的汇集和分析，难以发挥工业大数据的价值。二是数据分析能力不足。数据种类不全、数据质量不高等问题，制约了工业大数据建模分析和工

① 《工业互联网需要破解人才难题》，光明网，2022年8月22日，https://m.gmw.cn/baijia/2022-08/22/35968515.html。

② 工业互联网平台应用普及率、企业工业设备上云率两项指标根据《工业互联网平台 企业应用水平与绩效评价》国家标准测算，资料来源于工业互联网平台应用推广公共服务平台（www.iipap.com）。

业APP功能，数据“清洗”工作甚至会占到工业APP开放时间的70%左右。三是数据安全可信交换共享不充分。目前数据仍是大部分企业生产经营的附属产物，数据的价值和成本难以从业务中剥离，数据确权定价的相关制度、标准和技术等都亟待突破。随着工业互联网数据流通共享需求不断增大，目前还缺乏工业互联网安全交换、安全共享、安全下载等服务方式和商业模式。

四 对策建议

工业互联网是制造业数字化、网络化、智能化的重要载体，也是全球新一轮产业竞争的制高点。我国要把握工业互联网发展机遇，强化工业互联网自主创新，培育共建共享的应用生态，加强数字人才引进与培育，持续深化国际交流与合作，提升工业互联网平台的国际竞争力。

（一）强化工业互联网自主创新

持续实施工业互联网创新发展工程，加强关键核心技术攻关，发展工业软件和工业APP，做大做强软件产业。鼓励、引导工业互联网企业加大研发投入，聚焦主业，丰富产品和服务供给，不断强化数字化转型支撑能力。深化产学研用协同创新，鼓励科研院所、企业、协会、高校等联合开展控制、传感、工业控制通信模块的集成创新，加快创新研发平台建设，各方协同推动工业互联网关键共性技术研究。

（二）培育共建共享的应用生态

推动工业互联网应用走深走实，促进大中小企业融通发展。鼓励生态主导型企业依托工业互联网，搭建大中小企业创新协同、产能共享、供应链互通的产业生态，加快中小企业的应用普及，鼓励中小企业业务向云端迁移。加强工业互联网平台企业和工业企业之间的供需对接，统筹推进工业互联网深度行系列活动，推动工业互联网面向工业园区、县域经济落地扎根。充分发挥工业互联网专项工作组作用，多措并举深化产融合作。

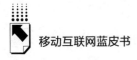

（三）加强数字人才引进与培养

深化工业互联网产教融合，建设工业互联网实训基地和高技能人才培养基地，鼓励平台企业内设培训机构，与高校形成联动，让学生在项目实训中迅速成长，将高校人才培养与实际岗位、工作场景紧密结合起来。培养高端研究型、应用实践型工业互联网领军人才和创新团队，针对科技发展前沿和产业需求，优化专业技术人才结构。加快推进以创新能力、质量、实效和贡献为导向的人才评价体系建设，充分发挥政府、市场、协会等多元评价主体作用，为各类人才畅通选用、培养、上升通道。

（四）持续深化国际交流与合作

进一步深化在技术、标准、应用、产业、人才等领域的国际交流合作。落实“一带一路”倡议，加强与主要国家和地区的工业互联网政策和规则协调，深化与各国家（地区）产业界在参考架构、技术标准等方面的交流合作，共同构建开放共享的工业互联网产业生态体系，建立政府、企业、协会组织之间的多样化伙伴关系。指导国内企事业单位、行业协会等与国外企业、组织开展务实合作，支持外企平等参与工业互联网创新发展，鼓励设立海外分支机构，为国内工业互联网企业拓展国际市场提供专业服务。

参考文献

工业和信息化部新闻宣传中心：《2022 年度中国 5G+工业互联网舆情研究报告》，2022 年 11 月 21 日，https：//www. chinanews. com/gn/2022/11-22/9899968. shtml。

《工业互联网需要破解人才难题》，光明网，2022 年 8 月 22 日，https：//m. gmw. cn/baijia/2022-08/22/35968515. html。

中国工业互联网研究院：《中国工业互联网产业经济发展白皮书》，2022 年 11 月 6

日，https：//baijiahao. baidu. com/s？ id=1748789773179309198&wfr=spider&for=pc。

中国工业互联网研究院：《工业互联网平台赋能中小企业数字化转型》，2021 年 12 月，https：//mp. weixin. qq. com/s/ilqQsmhcdcm7fpoK7jb9GA。

《国务院新闻办举行发布会　介绍 2022 年工业和信息化发展情况》，中国政府网，2023 年 1 月 19 日，http：//www. gov. cn/xinwen/2023-01/19/content_ 5737929. htm。

B.13
2022年中国移动物联网发展现状及产业分析

张生太　仇泸毅　侯　沁*

摘　要： 2022年，中国正式进入“物超人”时代。作为新型基础设施的重要组成部分，移动物联网已经进入千行百业，为传统行业注入新的发展动能，发挥其赋能产业升级、丰富社会生活、提升治理能力的巨大作用。未来随着移动物联网建设的快速推进，算力需求、网络安全、消费创新升级等问题需要在发展中不断得到突破，从而推动产业健康快速成长。

关键词： 移动物联网　产业数字化　生活智慧化　治理智能化

一　2022年中国移动物联网发展状况

（一）中国移动物联网行业呈现高速增长态势

移动物联网是新一代信息网络的重要组成部分，作为重要的数字化与智能化底层基础，在全球范围内成为推动制造业、服务业、农业等产业数字化

* 张生太，博士，北京邮电大学经济管理学院二级教授，博士生导师，北京邮电大学三网融合研究所所长，研究方向为网络科学与管理应用、移动互联网、企业数字化转型战略、知识管理等；仇泸毅，博士，北京邮电大学经济管理学院讲师，硕士生导师，研究方向为文化数字化、公共政策、智慧城市管理；侯沁，北京邮电大学经济管理学院，研究方向为数字化转型、战略管理。

转型的重要驱动力。随着数字经济时代的全面开启，移动互联从“人”的互联网进化到“物”的互联网。随着5G通信网络在世界范围内的快速铺设，移动设备对物联网网络的访问大幅增加。根据工信部发布的数据，截至2022年底，我国移动物联网连接数已经达到18.45亿户，首次实现了“物联”超过“人联”，正式进入“物超人”时代。在市场规模上，2022年移动物联网规模超3万亿，中国移动物联网发展驶入增长快车道[①]。根据中商产业研究院公布的数据，中国物联网市场规模由2016年的9120亿元快速增长至2021年的29232亿元，复合年增长率为25.3%。预测在未来三年内，中国物联网市场规模将保持18%以上的增长速度，预计2023年中国物联网市场规模将达到39310亿元。[②] 中国移动物联网行业迎来了极为强劲的发展契机。

（二）中国政府为移动物联网发展提供政策保障

近年来，中国政府对移动物联网产业发展的支持政策不断完善，大力引导和推动移动物联网的快速发展。2010年，物联网首次被写入政府工作报告，中国将物联网产业发展上升至国家战略高度。到2022年，中国政府已经累计出台20余项政策支持物联网产业发展。“十四五”规划中明确提出将物联网列为数字经济重点产业，奠定了中国全面发展物联网行业的基调。各部委基于“十四五”规划，也出台了多条政策重点强调移动物联网在基础设施建设、规范监督管理、促进节能减排以及落地民生四个方面的应用，促进移动物联网等新兴技术在消费场景的落地，打造智慧共享的新型数字生活。

2022年，国务院、国家互联网信息办公室、国家发改委等部门发布多项政策（见表1），强调要加快信息网络基础设施建设，加强基础设施的共建共享，推动物联网与5G、人工智能等新型技术的融合，更好地赋能产业

① 《我国移动物联网连接数占全球70%》，《人民日报》2023年1月。

② 中商产业研究院：《2022年中国物联网市场现状及发展趋势预测分析》，2022年4月。

发展、提高治理水平。各地方政府纷纷响应中央号召，针对细分行业，进行深度探索，加快移动物联网技术落地应用，推动标杆试点的部署工作，进而形成示范作用，加快行业稳步升级。

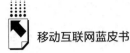

表1　2022年中国移动物联网发展的相关政策

时间	相关部门	政策
2022年9月	国家网信办	《数据出境安全评估办法》
2022年6月	民政部、中央政法委、国家发改委等九部门	《关于深入推进智慧社区建设的意见》
2022年2月	国务院	《"十四五"国家老龄事业发展和养老服务体系规划》
2022年1月	国务院	《"十四五"数字经济发展规划》
2022年1月	中央网信办、农业农村部、国家发改委等十部门	《数字乡村发展行动计划(2022—2025年)》
2022年12月	深圳市人民政府	《深圳市关于推动智能传感器产业加快发展的若干措施》
2022年9月	上海市人民政府	《上海市加快智能网联汽车创新发展实施方案》
2022年8月	重庆市、武汉市人民政府	《重庆市永川区智能网联汽车政策先行区道路测试与应用管理试行办法》 《武汉市智能网联汽车道路测试和示范应用管理实施细则(试行)》
2022年8月	深圳市人民政府	《深圳经济特区智能网联汽车管理条例》
2022年7月	深圳市人民政府	《关于深入推进智慧社区建设的意见》

资料来源：笔者整理。

（三）中国移动物联网建设成绩斐然

根据全球移动通信协会（GSMA）的定义，移动物联网主要包括面向低速率应用的NB-IoT（窄带物联网）、面向中低速率应用的4G LTE Cat1网络以及面向高速率和低时延应用的5G网络。中国已经初步形成NB-IoT、4G和5G多网协同发展的格局，网络覆盖能力持续提升。截至2022年底，NB-IoT基站总数达到75.5万个，实现全国主要城市、乡镇以上区域连续覆盖；4G基站总数达到593.7万个，城镇地区实现深度覆盖；5G基站总数达到

222万个，实现5G独立组网（SA）规模部署，覆盖所有地级市城区、县城地区和96%的乡镇镇区[①]。

另外据中国信通院报告，中国NB-IoT能满足大部分低速率场景需求，已经形成水表、气表、烟感、追踪4个千万级应用，白电、路灯、停车、农业等7个百万级应用，POS机、电视机机顶盒、垃圾桶、冷链、模具管理等N个新兴应用。4G LTE Cat1应用价格和功耗的优势逐渐凸显，在可穿戴设备、共享经济、工业传感等领域持续发展，出货量增势迅猛[②]。除此之外，中国5G应用创新活跃，与千行百业加速融合，在工业互联网、车联网、物流、采矿等领域加快物联网应用场景探索和落地，应用已覆盖国民经济40个大类，在全国200余个智慧矿山、1000余家智慧工厂、180余个智慧电网、89个港口、超过600个三甲医院项目中得到广泛应用[③]。

（四）中国移动物联网芯片/模组产业蓬勃发展

尽管面临国际社会的限制政策以及疫情导致的经济下行等消极影响，中国移动物联网终端接入量的高增长，还是使移动物联网产业中上游的厂商迎来了高景气成长。根据Counterpoint Research发布的最新数据，2022年第三季度前五大蜂窝物联网模块供应商都来自中国，分别是移远通信、广和通、日海智能、中国移动和美格[④]。移远通信作为全球通信模组的龙头强者，专注于无线通信模组及其解决方案。根据移远通信发布的业绩预告，2022年度净利润约为6亿元，同比增长约67.57%，模组业务稳步增长。移远通信在投资者互动平台上表示，“我们认为，在未来的5~10年看不到物联网天花板”。[⑤] 据统计，广和通2022年前三季度的营收达到37.2亿元，同比增长30.38%。广和通副总经理陈仕江称：“物联网模组行业已经在全球逐渐

---

① 中国信通院：《2022年移动物联网发展报告》，2022年12月。

② 《“物超人”提速　筑牢万物智联底座》《人民邮电报》2022年12月9日。

③ 新华社：《我国5G移动电话用户数达到4.28亿户》，2022年7月。

④ Counterpoint Research：《全球蜂窝物联网模组和芯片组应用追踪报告》，2022年12月。

⑤ 移远通信：《移远通信发布2022年业绩预告：业绩稳健增长，盈利能力持续提升》，2023年2月。

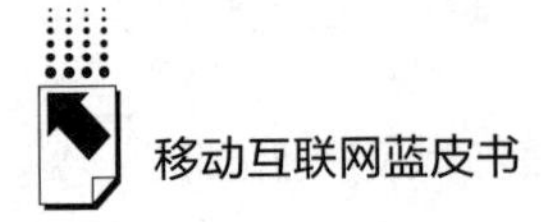

实现‘东升西落’的格局演化。”①

在中国模组市场持续提升竞争力的同时，通信网络底层的蜂窝物联网芯片的市场也快速崛起。日本的市场调研机构TSR数据显示，全球蜂窝物联网市场是一个高度集中化的市场，2022年前10家芯片厂商的份额超过98%，中国企业占据了6家，分别为紫光展锐、翱捷科技、移芯通信、联发科、芯翼信息和海思，市场份额达到了55%以上。受国际政局变动、市场演变等因素影响，中国各芯片厂商的业绩表现较2021年出现了明显不同。由于受到以美国为首的部分国家芯片禁令的影响，海思的库存持续被消耗，市场份额萎缩，同比下降54.4%；联发科则因为移动网络的更新换代，主营业务中的2G/3G芯片需求下降，市场份额也不断下滑，同比下降43.6%；与此同时，移远通信和芯翼信息这两家新锐企业把握住了此次市场波动的机会，成功跻身行业领导者。中国市场对蜂窝通信芯片的需求量已经连续多年处于加速增长状态，市场持续向好。②

伴随物联网行业的繁荣发展，中国移动物联网芯片和模组产业取得了极大的进步。中国进入“物超人”时代，物联网连接数仍然会保持快速增长，移动物联网产业发展也将一片向好。

二　中国移动物联网产业发展的生态环境分析

（一）中国移动物联网发展的产业图谱

物联网（IoT）是实现万物互联的核心技术，它赋予物品以感知力、控制力和决策力，推动各类生活场景沿智能化方向不断发展。从产业链条来看，移动物联网的产业链条由上而下可以分为感知层、传输层、平台层和应用层四个层级（见图1）。

① 《广和通三季度收入增26.27%　物联网模组行业正逐渐实现“东升西落”》，搜狐网，2022年11月。

② Techno Systems Research：《2022年蜂窝宽带设备和模块市场》，2022年12月。

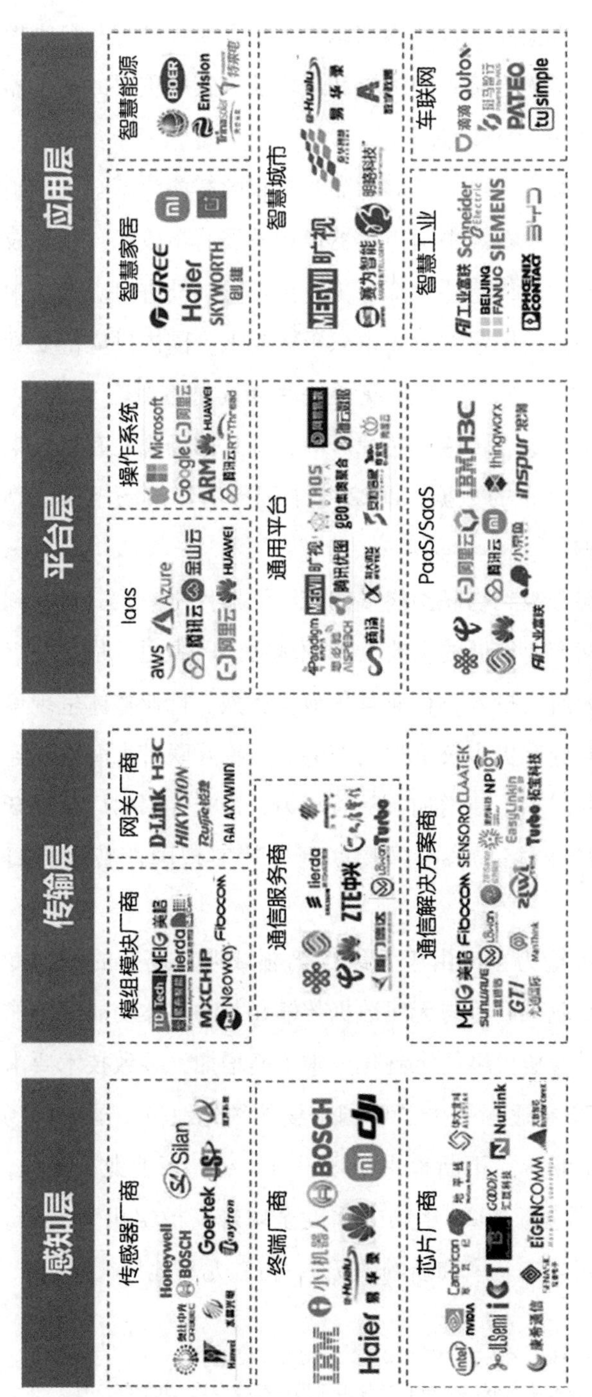

图 1　中国移动物联网产业图谱

资料来源：笔者整理。

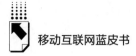

一是感知层，实现对物理世界的智能感知识别、信息采集处理和自动控制，并通过通信模块将物理实体连接到网络层和应用层。其中重要的两个器件是传感器和 MCU（微控制单元）芯片。

传感器作为数据采集的源头，可实现对物品和过程的智能化感知、识别和管理，是物联网产业的发展基石。中国传感器产业发展起步较晚，核心技术成熟度尚不够，敏感元器件与传感器大部分仍需要依赖国外进口。但在中国政府政策的支持和疫情导致的国际贸易受阻双重影响下，国内供应链受到激发，技术升级较快。2022 年中国国内涌现了一些如高德红外、西人马、士兰微、博通、大唐微电子等重点传感器芯片厂商，并且市场规模有望迎来进一步增长。据物联网智库公布的数据，2022 年中国传感器市场规模达到 3480 亿元，同比增长 17.9%①。

芯片作为驱动传统终端升级到物联网终端的核心元器件之一，一直受到业界高度重视，也是物联网产业发展的重要发力领域之一。高通、华为、三星等芯片龙头企业持续加大研发投入，行业竞争愈发激烈。行业整体呈现集中度高，高端基带芯片厂商拥有更多议价权的态势。万物互联带来海量的连接数，中国对物联网芯片的需求不断增加，随着华为、紫光等国内厂商逐渐打破高端芯片国外厂商主导的格局，中国物联网芯片实现国产替代指日可待。

二是传输层，以无线传输为主，由于无线传输领域涉及复杂的标准专利、射频技术等，一般由专业厂商将与无线数据传输相关的整体功能，制作成物联网模组。下游厂商对通信模组的定制化要求不断增加，导致技术要求不断提高。海外厂商在 2022 年逐渐丢失了中国市场的领先地位，国内市场竞争格局保持稳定，龙头企业产品不断抢占市场份额，维持行业龙头地位。根据 Counterpoint Research 数据，2022 年第二季度全球蜂窝模组出货量中，移远通信独占 38.9%，远超第二名广和通的 8.7%，占领龙头地位②。

① 物联网智库：《2023 年中国 AIoT 产业全景图谱报告》，2022 年 12 月。

② Counterpoint Research：《全球蜂窝物联网模组和芯片组应用追踪报告》，2022 年 9 月。

三是平台层，物联网 PaaS 平台将软件研发平台作为一种服务，以 SaaS 的模式提交给用户，具有应用支持、设备管理、连接管理、业务分析四大功能。由于物联网连接数及应用需求快速增长，物联网平台层作为产业链核心起到承上启下的关键作用。华为云、阿里云、施耐德电气、明略科技等多家企业入局平台层，竞争逐渐激烈，市场前景广阔。国内众多企业纷纷投入到自主研发物联网操作系统的热潮中，例如华为推出面向万物互联的全场景分布式操作系统鸿蒙 OS；中国移动推出国产化物联网实时操作系统 OneOS，聚焦安全、可靠。在规模链接的基础上，各个厂商向下延伸卡位入口，向上延伸拓展平台和应用的行业生态，初步形成了具有一定影响力的开源生态。

四是应用层，为用户提供实际应用场景服务，是最贴近应用市场的一层。作为最接近终端用户的服务主体，大多数产业内企业都在密切关注市场的动向，积极挖掘和响应用户的应用需求，使得物联网的应用领域不断扩展，竞争最为激烈，呈现多样化、碎片化发展的特征。应用层可以分为消费驱动应用、政策驱动应用、产业驱动应用。消费驱动应用包括智慧出行、智能穿戴、智慧医疗、智能家居；政策驱动应用包括智慧城市、公共事业、智慧安防、智慧能源、智慧消防、智慧停车；产业驱动应用包括智慧工业、智慧物流、智慧零售、智慧农业、车联网、智慧地产等。根据工信部发布的数据，2022 年中国移动物联网终端应用于公共服务、车联网、智慧零售、智慧家居等领域的规模分别达到 4.96 亿、3.75 亿、2.5 亿和 1.92 亿[①]。

（二）移动物联网应用的典型场景

从应用端来看，移动物联网应用主要分为三大主线：产业数字化、生活智慧化和治理智能化。

1. 产业数字化——以工业物联网为例

当前移动物联网正在成为推动现代社会传统行业数字化转型的重要引

① 《我国移动物联网连接数占全球 70%》，《人民日报》2023 年 1 月。

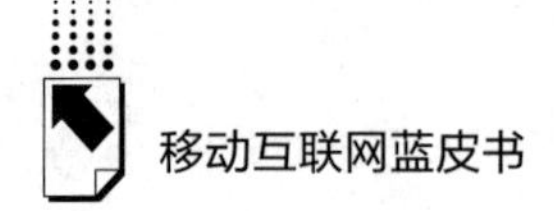

擎，是带动产业实力不断提升的新力量。其中，工业物联网通过工业资源的网络互连、数据互通和系统互操作，实现制造原料的灵活配置、制造过程的按需执行、制造工艺的合理优化和制造环节的快速适应，达到资源的高效利用，从而构建服务驱动型的新工业生态体系。工业物联网是推动智能制造发展的关键，随着工业物联网的应用广度和深度不断拓展，工业物联网领域已涌现大量参与企业。

工业物联网主要代表企业有用友网络、东方电信等，以 SaaS 服务为主。三一重工、海尔等制造业代表企业，依托其在生产制造领域的实践经验，积极开展布局，率先推出平台服务，实现对外赋能的业务拓展。同时，华为、腾讯、阿里等基于其在云服务方面的优势，进一步向智慧化解决方案提供商延伸，尝试提供端到端的全流程工业解决方案。虽然国内工业物联网起步较国外稍晚一些，但仍然有很大的机会能够实现反超。

海尔 5G 智能工厂应用创新示范项目成功入选工信部 2022 年移动物联网典型案例。以 5G MEC（多接入边缘计算）平台为切入点，海尔在信息化互联、精益生产、质量检测、智慧物流等七大维度开展 5G 应用的创新，在机器视觉、智慧天眼等 30 余个场景部署 5G 工业应用，实现对智慧工厂的全流程赋能。据披露的数据，郑州海尔热水器互联工厂利用大数据、5G 边缘计算等技术，实现了工厂、客户、供应商之间的紧密联系，订单响应速度提高了 25%，生产效率提高了 31%，产品质量提高了 26%，实现了高精度、零缺陷的智能制造①。此工厂已经入选世界经济论坛评选的“灯塔工厂”名单，成为世界热水器行业数字化转型的第一座“灯塔”。此外，海尔 5G 智能工厂应用创新示范项目已经在海尔 7 大园区、9 个工厂落地应用，终端部署规模达到 1100 台以上，展现出了强大的可复制能力，全面助力海尔工厂实现 5G 场景的落地应用、快速部署。

2. 生活智慧化——以智能家居为例

物联网技术的发展和终端的普及，使之已经具备了走进千家万户的条

① 《5 座“灯塔工厂”：海尔“灯塔经验”领航“中国智造”》，每日经济新闻，2022 年 10 月。

件，带动现代生活的智慧化升级，形成了面向需求侧的消费性移动物联网。智慧家居领域的各大企业正在积极探索新领域，孕育了穿戴设备、智能家居、智能出行、健康养老等规模化的消费类应用，推动产业规模的不断壮大。

智能家居以住宅为平台，将网络通信、自动控制、物联网、云计算及人工智能等技术与家居设备相融合，形成便捷、舒适、健康、安全、环保的家庭人居环境。随着各项技术应用场景渗透加快以及中国国民消费结构转型升级，智能家居单品品类得以不断创新与扩张。中国已经成为全球最大的智能家居市场消费国，占据全球50%~60%智能家居市场消费份额，利润占据全球20%~30%的市场份额。2017年以来，中国智能家居行业总体长期保持中高速的增长趋势，2021年智能家居行业市场规模在5800亿元左右，2022年规模达到6515亿元[①]。

全屋智能市场的发展大致有四个阶段，包括网联化、场景化、感知化和自主化。目前国内的全屋智能发展处于智能感知化阶段，即智能家居产品在场景的连接基础之上，产品交互和感知方式多元丰富，不断提升交互主动性。在此阶段，已有众多不同行业“玩家”加入布局，推进市场的快速发展。有全屋智能垂直类品牌，如欧瑞博、绿米等，其在技术、产品和渠道方面的布局较为深厚，并逐步形成自身竞争特色；还有以华为、小度为代表的IT品牌，以海尔、美的为代表的家电品牌以及安防品牌，各行业品牌纷纷入场，其在原行业具备的优势对现有市场格局带来冲击，促使市场竞争逐步加剧。

从细分产品来看，据IDC公布的数据，家庭安防领域的出货量持续上升，如2022年中国智能摄像头市场出货2047万台，同比增长3.8%；中国智能门锁市场出货659万台，同比增长15.4%；智能照明市场出货量预计为2913万台，同比增长52.8%[②]。家庭安全监控和智能照明有望成为未来5年

① 中商产业研究院：《2022年中国智能家居市场四大趋势》，2022年3月。

② IDC：《2023年中国智能家居市场十大洞察》，2023年1月。

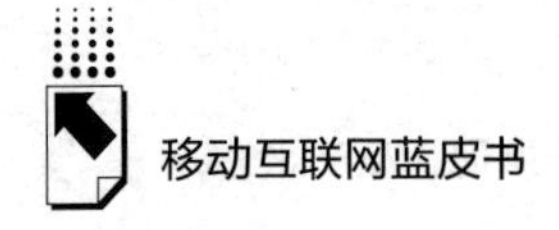

引领智能家居市场发展的子品类。

绿米联创的“基于全屋智能技术实现太保家园崇明和普陀康养社区智能化项目”成功入选工信部2022年移动物联网典型案例。在太保家园崇明和普陀康养社区智能化项目中，绿米联创提供了全屋智能、环境监测、睡眠监测等硬件设备，结合IoT平台、AI平台和数据开放平台等软件实力，实现多模数据融合，既能满足住户在生活方面舒适、便捷、安全等诉求，同时基于数据挖掘、技术扩展等系统平台能力提供大量辅助医学诊断的分析工具。同时，绿米联创携手上海报业、太保，进行内容类应用补充，用户可以在平板、手机上通过语音唤醒APP并输出内容，打造智慧型养老社区。该项目紧扣老年用户的安全健康需求，通过硬件设备和系统平台的结合提升突发事件的响应能力；通过跨界合作，配合智慧平台服务，为社区提供品质高效的管理，全方位丰富老年用户的生活体验。①

3. 治理智能化——以智慧城市为例

随着技术的发展，智慧城市先后经历了以“PC+互联网为基础、电子政务和电子商务为主要应用场景”的1.0时代，以“智能手机+移动互联网为基础、移动支付为主要应用场景”的2.0时代。随着物联网技术的诞生，智慧城市开始进入以“物联网为城市神经网络、人工智能为城市大脑”的3.0时代，最终将实现城市中的“物与物、人与物”的全面信息化，主要应用在智慧环保、智慧交通、智慧消防等场景。

据中国信通院等数据统计，中国智慧城市市场规模近几年均保持30%以上增长。据中国智慧城市工作委员会公布的数据，预计2022年中国智慧城市市场规模达到25万亿元。2022年11月9日，住房和城乡建设部发布通知，将北京市等24个城市列为智能建造试点城市，这也是中国首批智能建造城市试点。截至2022年底，中国有超过500个城市在进行智慧城市试点，并均出台了相应规划，计划投资规模超过万亿元。

根据前瞻产业研究院核算，2015~2022年我国智慧城市建设行业利润率

① 上海通信圈：《Aqara绿米：太保家园崇明和普陀康养社区智能化项目》，2023年1月。

呈下降趋势，主要是受宏观经济承压、行业竞争加剧等因素影响。2020 年我国智慧城市建设毛利率为 31%，2021 年利润率下降到 30%，2022 年一季度疫情导致毛利率继续下探到 28%[①]。随着中国政府陆续开展和推广智慧城市试点工作，受政策红利、社会需求、技术升级等利好因素影响，社会资本不断进入智慧城市行业。近年来，百度、阿里、腾讯等互联网企业，格力、长安等传统制造厂商，小米、科沃斯等创新企业不断加入，成为催生新业态新模式的新动力。

中国移动物联网公司推出的“OneNET 城市物联网平台”成功入选工信部 2022 年移动物联网典型案例。该平台定位为城市物联网新型基础设施，聚焦政务、教育等重点行业，提供全域感知、数字集成、数据治理、数字孪生、应用开放、运营可视等六大物联感知能力。平台在 2G/4G/WiFi 网络的基础上，扩展 NB-IoT 物联网的接入能力，实现窄带物联网的规模化集成，完成对中低速物联网终端接入的布局，同时加快 5G 终端的接入，打造支持固移融合、宽窄结合的物联接入能力，加快在多行业领域的推广和应用[②]。基于以上技术集成，OneNET 城市物联网平台致力于解决城市感知分散难管理、数据价值难挖掘、应用孤岛难互通、技术多样难融合等治理痛点，提升城市数智治理水平，实现城市从物联、数联到智联的转变。[③]

三 移动物联网发展形势研判

（一）万物互联强力激发算力需求

中国已经正式迈入“物超人”时代，移动物联网连接数超过移动电话用户数，互联网的发展不再单独依靠人口红利，工业互联网、智慧城市、智

① 前瞻产业研究院：《2022 年中国智慧城市建设行业全景图谱》，2022 年 8 月。

② 物联网智库：《2023 年中国 AIoT 产业全景图谱报告》，2022 年 12 月。

③ 重庆市物联网产业协会：《2022 重庆市物联网十大应用案例丨OneNET 城市物联网平台》，2022 年 12 月。

慧家居等应用将带来互联网的爆发式增长。在带来新机遇的同时，移动物联网发展也将面临新的更大挑战。移动物联网和大数据紧密关联，物联网的第一环是感知数据，然后是传输和分析数据，最终支撑智能决策。“物超人”意味着数据的大增长，也意味着需要处理大量数据以更好地发挥数据的生产要素作用，即需要更强大的算力进行支撑。

在全社会加快数字化建设的今天，算力作为数字经济时代最核心的生产力之一，在经济社会各领域和层面都得到了广泛的应用。目前，我国已启动“东数西算”工程。国家发改委公布的数据显示，2022 年以来，全国 10 个国家数据中心集群中，新开工项目 25 个，数据中心规模达 54 万标准机架，算力超过每秒 1350 亿亿次浮点运算①。数据中心作为“新基建”的重要组成部分，将对移动物联网行业的高质量发展起到重要作用。数据中心基础设施建设持续加码，将为移动物联网的未来发展保驾护航。

（二）移动物联网安全将是大规模应用的前提

当前社会正在步入一个前所未有的数字世界，海量链接、超低时延，数以万亿计的终端设备已经嵌入了生活生产的各个角落，形成了“万物互联”的全新景象。在这样的背景下，移动物联网终端安全事故引发的安全事件却在世界范围内频繁发生。一些威胁者利用终端或网络的安全漏洞，对物联网进行网络攻击，导致通信中断、设备受损、数据泄露等严重后果，对居民的日常生活和社会的正常运转都造成了极为恶劣的影响。随着移动物联网设备越来越普及，这些网络风险也将伴随式增长，成为行业发展的重大威胁。

步入 2023 年，随着移动物联网设备的数量呈爆发式增长，企业、设备制造商和安全专家都应当对安全问题给予高度重视。首先，需要加大安全防御措施的资源投入。安全保护应当是事前防御工程，一些常见的攻击手段，如通过欺骗方式窃取用户信息的网络钓鱼攻击，利用安全漏洞的木马程序攻击等，都可以采取基本的预防措施进行阻止。其次，政府应当越来越多地参

① 《加速织就全国算力“一张网”》，中国政府网，2022 年 6 月。

与安全工作。一方面，政策将引领移动物联网安全行业的发展，加强移动物联网的安全防护和数据保护。另一方面，政府应当建立完整的移动物联网网络安全管理机制，明确运营企业、产品和服务提供商等不同主体的责任与义务。同时政府也可以加强与私营部门的合作，释放双方的优质资源，为行业健康发展保驾护航。

（三）消费物联网行业需不断创新升级

近年来，全球范围内物联网终端数量高速增长。根据 GSMA 的预测，2025 年该数据将达到 250 亿个，其中消费物联网终端数量约占 110 亿个[①]。伴随众多企业加入市场角逐，消费物联网的市场潜力将会得到逐步释放。在未来一段时间内，随着 NB-IoT 技术的成熟并落地应用，其低功耗、广覆盖等特点将使如智慧家居、可穿戴设备等消费物联网行业如虎添翼，市场将保持高速增长，持续迸发活力。

而机遇的出现也意味着一场挑战。“智慧生活”的理念固然能吸引用户关注，但面向消费者业务的核心仍然是满足用户需求，优化用户体验。随着人工智能、大数据等新兴技术的出现，C 端用户对智能化生活抱有的热情将会演变成为较大的期待。如果物联网产品不能满足用户期望，将对培养用户习惯造成极大的阻碍。除此之外，随着用户对单品使用体验的不断提高，用户将不再满足于单一事物的智能化，而是进一步渴望“万物互联”场景的实现，追求更加智能化、更具有交互性的规模化解决方案。

消费者不断增长的新需求对产品提出了更高层次的要求——更优化的硬件、更便捷的软件、更集成的平台和更个性化的服务。首先，这对智能硬件品类提出了更高的要求，体积要越来越小、精确度要越来越高、能耗也要越来越低。其次，这对软件系统也是不小的考验，要充分利用大数据、人工智能等技术，基于海量的数据，挖掘数据背后的价值，让用户以最低的成本获取最舒适的个性化定制服务，真正做到智能化。最后，对应的平台和服务也

① 中商产业研究院：《2022 年全球物联网支出规模及终端连接数预测分析》，2022 年 6 月。

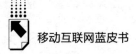

需要完善升级，集成更多功能，降低用户的使用成本并优化使用体验，增加用户黏性。因此，居民对智慧化生活水平的要求逐步提高，在消费型物联网的市场规模大幅增长的同时，也将对智能化服务水平提出更高的要求，从而推动消费物联网行业不断升级创新。

参考文献

《我国移动物联网连接数占全球70%》，《人民日报》2023年1月。

中商产业研究院：《2022年中国物联网市场现状及发展趋势预测分析》，2022年4月。

中国信通院：《2022年移动物联网发展报告》，2022年12月。

移远通信：《移远通信发布2022年业绩预告：业绩稳健增长，盈利能力持续提升》，2023年2月。

市 场 篇

Market Reports

B.14
2022年中国移动应用行业生态与未来方向

张 毅　李漫婷*

摘　要： 2022年，中国移动应用行业规模持续扩大，移动应用数量逐渐增多。目前，中国移动应用主要分为泛娱乐、购物、社交、生活服务、商务办公五大类。中国移动应用行业呈现适老化发展、多品类应用出海探索两大特征。未来，新移动应用赛道将不断拓展，海外市场仍是竞争主战场，移动应用将朝着适老化、规范化方向发展。

关键词： 移动应用　行业生态　适老化

* 张毅，艾媒咨询首席分析师兼CEO，主要研究方向为移动互联生态、新经济等；李漫婷，艾媒咨询分析师，主要研究方向为移动应用产业、新消费。

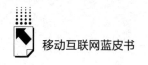

一 移动应用行业发展驱动力分析

（一）政策引导

移动应用各项指引及规范性政策持续出台，促进行业健康有序发展。2022年2月，国务院印发的《“十四五”国家老龄事业发展和养老服务体系规划》指出，要持续推进互联网网站、移动互联网应用适老化改造，优化界面交互、内容朗读、操作提示、语音辅助等功能，鼓励企业提供相关应用的“关怀模式”“长辈模式”，将无障碍改造纳入日常更新维护。同年6月，国务院正式印发的《关于加强数字政府建设的指导意见》提出，要打造掌上办事服务新模式。行业促进政策的推出及实施，从市场、技术、行业生态等方面为移动应用行业提供方向指引及政策保障，催生基于移动互联网的约车、租房、支付等新经济业态，助力政务服务等各类移动应用繁荣发展。8月1日，国家互联网信息办公室发布的新修订《移动互联网应用程序信息服务管理规定》正式施行，旨在进一步依法监管移动互联网应用程序，促进应用程序信息服务健康有序发展。11月30日，工业和信息化部（以下简称工信部）、国家互联网信息办公室联合出台《关于进一步规范移动智能终端应用软件预置行为的通告》，对APP预置行为有关事项补充细化，加强对预置APP的监督检查和违规处理。

（二）经济支撑

国家统计局数据显示，1978年以来，中国居民人均可支配收入呈逐年上升趋势，2021年达35128元（见图1）。中国居民可支配收入稳步增长，居民生活水平不断提高，消费逐渐升级，为移动应用市场提供了良好的消费基础。

中国信息通信研究院数据显示，2015~2021年，中国数字经济规模从18.6万亿元增长到45.5万亿元，数字经济占国内生产总值比重由27.0%提

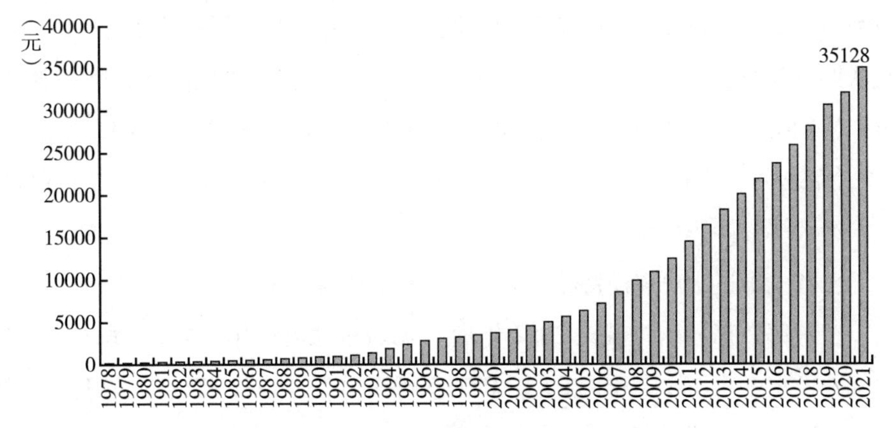

图 1　1978~2021 年中国居民人均可支配收入

资料来源：国家统计局。

升至 39.8%（见图 2）。数字经济成为推动经济增长的重要驱动力，由此也促进了移动应用行业持续繁荣。

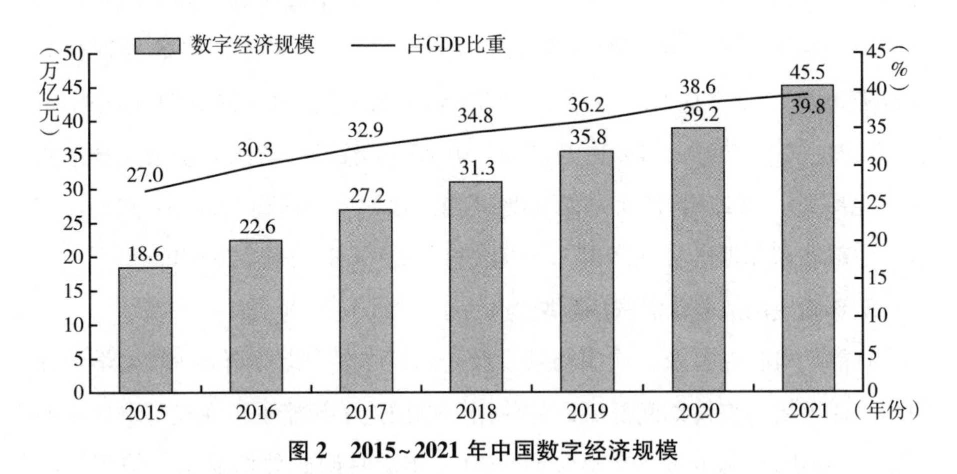

图 2　2015~2021 年中国数字经济规模

资料来源：中国信息通信研究院。

（三）社会需求

1. 网民规模持续增长，互联网普及率不断提升，手机上网较为普遍

中国互联网络信息中心公布数据显示，截至 2022 年 6 月，中国网民规

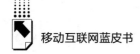

模为 10.51 亿，较 2021 年 12 月新增网民 1919 万；互联网普及率达 74.4%，互联网普及率较 2021 年 12 月提升 1.4 个百分点。在农村地区互联网基础设施建设的推动下，农村地区互联网普及率达 58.8%，较 2021 年 12 月提升 1.2 个百分点。上网设备方面，使用手机上网的网民比例高达 99.6%，覆盖中国绝大多数网民群体。①

2. 移动电话用户规模持续扩大，接入流量快速增长

工信部数据显示，截至 2022 年底，我国移动电话用户规模为 16.83 亿户，普及率升至 119.2 部/百人，高于全球平均的 106.2 部/百人。其中 5G 移动电话用户达 5.61 亿户，在移动电话用户中占比为 33.3%，是全球平均水平（12.1%）的 2.75 倍。②

2022 年，移动互联网接入流量达 2618 亿 GB，较 2021 年增长 18.1%。2022 年移动互联网月户均流量（DOU）达 15.20GB/（户·月），同比增长 13.8%；12 月当月 DOU 达 16.18GB/户，较 2021 年底提高 1.46GB/户。从地区分布来看，东、中、西部和东北地区移动互联网接入流量分别达到 1117 亿 GB、592.2 亿 GB、773.3 亿 GB 和 135.1 亿 GB，较 2021 年分别增长 17.9%、20.0%、18.1%和 12.2%，中部地区移动互联网流量增速全国领先（见图 3）。2022 年 12 月，西部地区当月户均流量达到 17.8GB/户，比东部、中部和东北地区分别高出 1.68GB/户、2.15GB/户和 5.64GB/户。③

3. 移动应用适老化需求逐渐增强

智能手机日益普及，应用场景日趋多元，许多中老年群体④开始学习并使用智能手机。疫情期间健康码的使用，也加速了智能手机在老年群体中的渗透。iiMedia Research（艾媒咨询）2023 年 2 月调研数据显示，使用智能手机的中老年群体占 91.3%，并有 44.2%的老年群体选择将学习电脑、智

① 中国互联网络信息中心：《第 50 次〈中国互联网络发展状况统计报告〉》，2022 年 8 月 31 日。

② 工业和信息化部运行监测协调局：《2022 年通信业统计公报》，2023 年 1 月 19 日。

③ 工业和信息化部运行监测协调局：《2022 年通信业统计公报》，2023 年 1 月 19 日。

④ 本文中的中老年群体是指 45 岁及以上的人群。

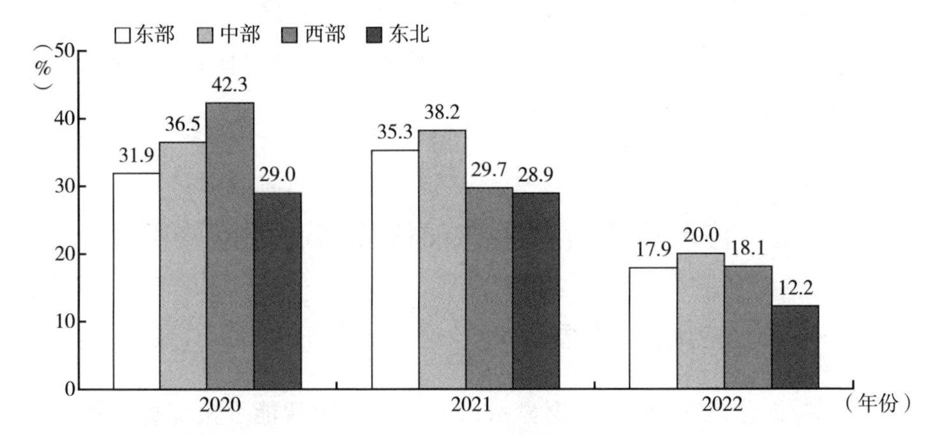

图3 2020~2022年东、中、西、东北地区移动互联网接入流量增速情况

资料来源：工业和信息化部。

能手机及上网作为主要社交娱乐方式。中老年群体使用的APP类型主要涉及社交通信、休闲娱乐、生活服务、健康医疗和电商购物等应用场景，覆盖生活方方面面。

各类APP应用为中老年群体带来生活便利及丰富的娱乐形式，但中老年群体仍面临诸多挑战。iiMedia Research（艾媒咨询）调研数据显示，字体太小（54.4%）、误点其他（46.6%）、界面复杂（40.9%）是中老年群体遇到的主要问题。此外，中老年群体还遭遇不会使用、无法求助、经常卡、不会安装升级、语音不识别、广告营销太多等现实困难。此外，适老模式及功能的打开入口难寻也使各类APP在老年群体中的推广成效受限。在可操作性、可感知性、可理解性方面，中老年群体对APP的改进需求较多。

（四）技术进步

硬件设施建设及软件技术蓬勃发展，使移动应用行业生态不断完善。国家持续推动数字“新基建”，移动网络基础建设取得显著成效。工信部公布，2022年我国5G基站新增88.7万个，目前5G基站已达到231.2万个，总量占全球60%以上。全国已有110个城市达到千兆城市建设标准，移动物联网连接数达18.4亿户。[①] 人工智能、云计算、5G、跨端互联、VR等技术的发展创新，促进移动应用敏捷开发，为多元功能设计及性能完善提供坚实技术支撑，持续提升用户智能化体验。

二 移动应用行业生态现状及核心数据分析

（一）移动应用行业发展现状

国际数据公司（IDC）数据显示，2022年中国智能手机市场出货量约2.86亿台，同比下降13.2%，创有史以来最大降幅。IDC初步数据[②]显示，2022年中国出货量较多的五大智能手机厂商分别为vivo、荣耀、OPPO、苹果、小米，各占18.6%、18.1%、16.8%、16.8%和13.7%，共占据84%的市场份额。[③] 主流智能手机厂商应用商店仍是移动应用行业的重要投放渠道。目前，中国智能手机市场逐渐饱和，智能手机出货量出现下滑趋势，移动应用行业存量竞争将更加激烈，用户忠诚度及用户留存成为企业占领市场的关键。

宏观经济的复苏及发展提振了用户消费信心，移动应用市场需求呈现增长。data.ai数据[④]显示，2022年全球移动应用下载量增长至2550亿次，同比上涨11%；使用时长达到4.1万亿小时的新高，同比增长9%。2020~2022年中国移动应用下载量逐年攀升，远超排名第二、第三的印度及美国。但受经济波动影响，用户在所有应用商店（含中国第三方Android市场）的支出同比下滑2%至1670亿美元。

① 《国务院新闻办举行发布会 介绍2022年工业和信息化发展情况》，新闻办网站，2023年1月，http：//www.gov.cn/xinwen/2023-01/19/content_ 5737929.htm。

② 据IDC《中国2022年手机季度跟踪报告》中“2022年中国前五大智能手机厂商——出货量、市场份额、同比增幅”，表格下方标示数据为初版，存在变化可能。

③ IDC：《中国2022年手机季度跟踪报告》，2023年1月。

④ data.ai：《2023年移动市场报告》，https：//www.djyanbao.com/report/detail？id=3412747&from=search_ list。

中国移动应用行业规模持续扩大，移动应用数量逐渐增加。工信部数据显示，截至2022年6月末，中国市场监测到的APP数量为232万款，移动应用开发者数量达102.2万个，第三方应用商店在架应用累计下载量达22049亿次。[①] 截至2022年底，中国各类APP在架数量已超过258万款。[②]

（二）移动应用行业典型分类及细分领域发展分析

中国移动应用涉及领域繁多，主要分为泛娱乐、购物、社交、生活服务、商务办公五大类。其中，泛娱乐应用包括移动游戏、影音娱乐等细分类别，生活服务包括旅游出行、外卖等细分类别。从活跃用户规模看，腾讯系、阿里系、字节系和百度系应用在市场占据一定优势（见图4）。

排名	应用	行业分类	活跃人数（万）
1	微信	聊天	100,861.26
2	抖音短视频	短视频	75,966.09
3	QQ	聊天	75,029.20
4	支付宝	支付	68,063.04
5	百度输入法	输入法	60,770.68
6	搜狗输入法	输入法	56,117.30
7	淘宝	综合平台	52,156.47
8	百度	移动搜索	50,368.83
9	高德地图	地图导航	49,099.98
10	快手	短视频	48,034.74

图4　2022年12月中国移动应用月度活跃人数TOP10

资料来源：iiMedia Research（艾媒咨询）北极星系统。

① 工业和信息化部运行监测协调局：《2022年上半年互联网和相关服务业运行情况》，2022年7月27日。

② 《国新办举行2022年工业和信息化发展情况新闻发布会》，国新网，2023年1月，http://www.scio.gov.cn/xwfbh/xwbfbh/wqfbh/49421/49502/wz49504/Document/1735611/1735611.htm。

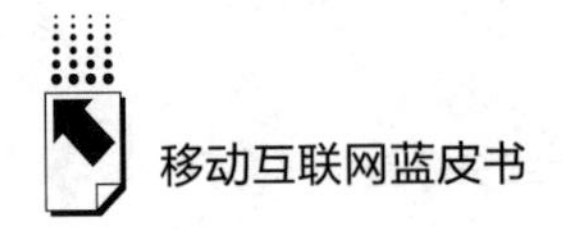

1. 泛娱乐应用

影音娱乐类应用中，短视频成为热门类别，用户规模持续增长。中国互联网络信息中心数据显示，截至 2022 年 6 月，我国短视频的用户规模增长最为明显，达 9.62 亿，较 2021 年 12 月增加 2805 万，占网民整体的 91.5%。[①] iiMedia Research（艾媒咨询）北极星系统数据显示，截至 2022 年 12 月，影音播放移动应用市场 TOP10 的 APP 分别为抖音、快手、腾讯视频、优酷、爱奇艺、酷狗音乐、QQ 音乐、酷我音乐、芒果 TV 和咪咕音乐。[②]

短视频类 APP 中，抖音以 75966.09 万人的月活跃用户数稳居第一，快手的月活跃人数达 48034.74 万人；腾讯视频、优酷、爱奇艺的月活跃用户规模占据综合视频类 APP 前三，月活跃用户数量相差较小，均在 4 亿人以上。

在泛娱乐场景中，用户对交流共享的需求不断增强。受技术、设备以及传统商业模式下产品路线等限制，传统的线上泛娱乐应用无法为用户提供共享体验。随着泛娱乐场景不断拓展，以及物联网、云计算、RTC 实时互动等技术迭代，基于云社交的观影体验共享、游戏体验共享等共享体验模式将成为新趋势。

2. 购物应用

随着互联网渗透率的提高，人们的购物习惯发生深刻变化，线上渠道成为居民购物的一大选择。2022 年，中国网络零售市场总体稳步增长。国家统计局数据显示，2022 年全国网上零售额达 13.79 万亿元，同比增长 4%。其中，实物商品网上零售额达 11.96 万亿元，同比增长 6.2%，占社会消费品零售总额的比重为 27.2%。[③]

---

① 中国互联网络信息中心：《第 50 次〈中国互联网络发展状况统计报告〉》，2022 年 8 月 31 日。

② 除特别标注外，本文数据均来源于艾媒咨询，网址为 data.iimedia.cn。

③ 商务部新闻办公室：《商务部电子商务司负责人介绍 2022 年网络零售市场发展情况》，2023 年 1 月，http://www.mofcom.gov.cn/article/xwfb/xwsjfzr/202301/20230103380919.shtml。

中国网络零售市场的持续发展，也为购物应用带来了庞大的用户群体。iiMedia Research（艾媒咨询）数据显示，2016~2022 年中国移动电商用户规模逐年增长，2022 年达 10.23 亿人（见图 5）。

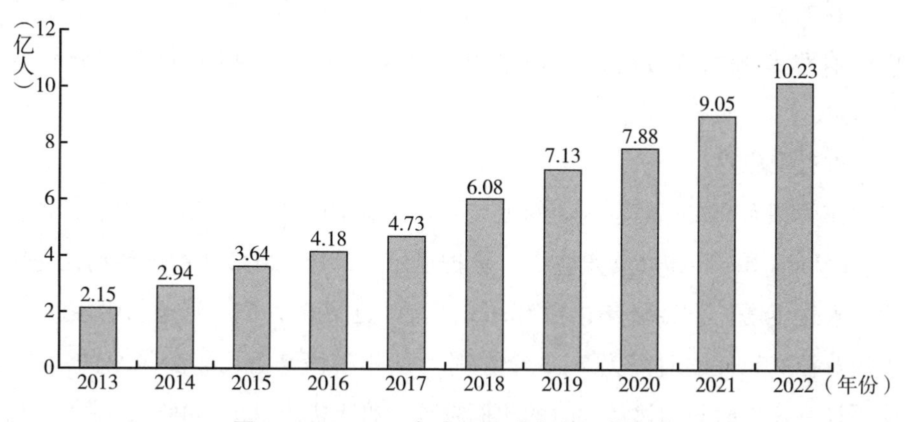

图 5　2013~2022 年中国移动电商用户规模

资料来源：艾媒数据中心。

以淘宝、拼多多、京东为代表的购物应用，属于综合平台类购物应用，拥有规模庞大的月活跃用户。iiMedia Research（艾媒咨询）北极星系统数据显示，2022 年 12 月，淘宝、拼多多、京东的月活跃用户量占据购物类应用前三位置，但三者在体量上存在一定差距，分别为 52156.47 万人、41936.03 万人、31548.33 万人。

随着国内电商体系逐步成熟，直播电商成为电商行业的热门模式。[①] 商务部发言人表示，2022 年直播电商全年累计直播场次、累计观看人次、直播商品数量、活跃主播人数均较 2021 年成倍增长。[②] 中国贸促会研究院数据显示，截至 2022 年 6 月，我国电商直播用户规模为 4.69 亿，较 2020 年 3

① 艾媒咨询：《2022~2023 年中国直播电商行业运行大数据分析及趋势研究报告》，2022 年 6 月，https://www.iimedia.cn/c400/86233.html。

② 《国新办举行 2022 年商务工作及运行情况新闻发布会》，国新网，2023 年 2 月，http://www.scio.gov.cn/xwfbh/xwbfbh/wqfbh/49421/49554/wz49556/Document/1735988/1735988.htm。

月增加2.04亿，占网民整体的44.6%。[①] iiMedia Research（艾媒咨询）数据显示，2022年，中国直播电商市场规模达到14354亿元。

在直播电商的带动下，抖音、快手等短视频和小红书等社区APP找到了新的发力点。iiMedia Research（艾媒咨询）调研数据显示，2022年中国消费者参加抖音电商及快手电商“双十一”购物节的比例分别为28.9%、23.1%。[②]

3.社交应用

作为聊天交友、信息沟通的工具，社交应用已经成为移动用户的必备应用。iiMedia Research（艾媒咨询）数据显示，2016~2022年中国移动社交用户规模逐年增长，2022年达到10.03亿人（见图6）。55.57%的中国用户每天浏览社交软件的时间为2~3个小时。从年龄段来看，年龄越小的用户，使用社交软件时间超过2小时的比例越高。聊天需求（57.14%）、熟人通信（51.27%）、分享生活或观点（47.55%）是中国用户使用社交软件的三大动因。iiMedia Research（艾媒咨询）北极星系统数据显示，聊天类社交应用中腾讯系的微信和QQ占据主导，月活跃用户数量分别为100861.26万人、75029.20万人；社区类社交应用中，新浪微博和小红书的月活跃人数处于第一梯队，分别为33647.55万人、17078.00万人；其他长尾应用之间差距较小。

iiMedia Research（艾媒咨询）调研数据显示，约五成（49.71%）移动社交APP用户通过“好友推荐添加”来扩充朋友圈，附近/同城速配也是用户添加好友的主要方式。随着“90后”及“00后”群体的崛起，移动社交APP用户的社交模式不再局限于熟人社交，通过线上速配方式结交新朋友成为新趋势。

线上社交为人们带来了沟通的便利以及交友的途径，但也催生了网络诈

---

① 《中国电商直播用户规模超4.6亿跨境电商助稳外贸促消费》，《人民日报》（海外版）2022年11月，https：//dzswgf.mofcom.gov.cn/news/phone/182/2022/11/m-1669599172151.html。

② 艾媒咨询：《2022年中国电商“双十一”消费大数据监测报告》，2022年11月，https：//www.iimedia.cn/c400/90673.html。

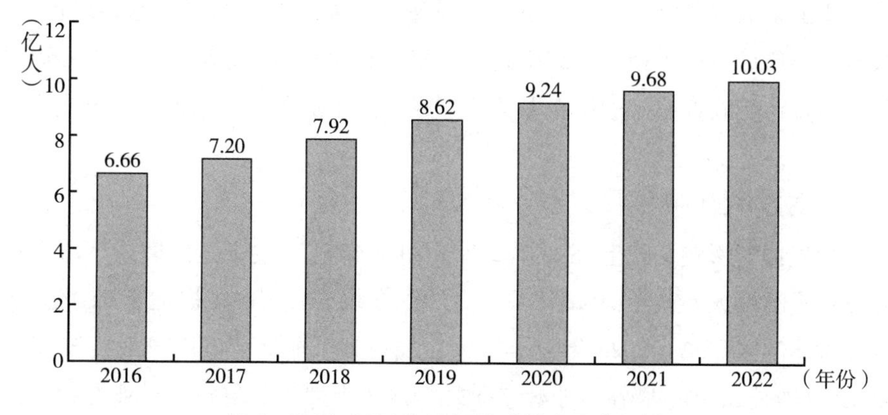

图6　2016~2022年中国移动社交用户规模

资料来源：艾媒数据中心。

骗、诱导打赏、低俗信息传播、谣言扩散等问题。因此，许多平台会强制用户实名认证。iiMedia Research（艾媒咨询）调研数据显示，中国用户进行实名认证的原因有：保证网络安全（37.77%）、平台强制要求（25.44%）、防止受虚假信息影响（22.11%）和觉得实名可以认识到更真实的朋友（14.48%）。

4. 生活服务应用

生活服务应用涉及领域较为多元，包含本地生活、快递物流、外卖、演出购票、上门服务、租房等细分类别。iiMedia Research（艾媒咨询）北极星系统数据显示，从月活跃人数来看，截至2022年12月，中国生活服务类移动应用市场TOP5的APP分别为美团、大众点评、58同城、美团外卖和饿了么。美团系的美团、大众点评应用用户规模处于第一梯队，月活跃人数分别为30743.44万人、16531.62万人。58同城、美团外卖和饿了么位于第二梯队，月活跃用户数量在6000万人以上。其中，美团外卖和饿了么在外卖类生活服务应用中占据规模优势。下厨房、安居客、贝壳找房和菜鸟裹裹为第三梯队应用，月活跃用户数量介于1000万至2500万人之间。

生活服务类移动应用市场中，头部应用依旧占据市场主导地位，用户集中于美团、大众点评等应用平台，长尾应用的市场规模仍有待发展。近年

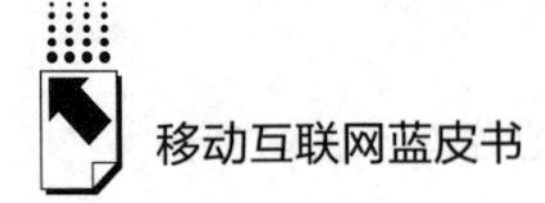

来，线上生活服务领域不断扩展，涉及餐饮外卖、共享出行、电影票预订、旅游门票预订、酒店预订、到店餐饮、租房和生鲜超市等场景，其市场边界不断拓宽，受到许多互联网企业关注。未来，生活服务应用市场竞争或将进一步加剧。

5. 商务办公应用

受疫情的影响，线上办公在2020~2022年成为主流办公模式，数字办公市场不断壮大。截至2022年6月，中国在线办公用户规模达4.61亿，占网民整体的43.8%。2022年上半年，在线视频、电话会议用户规模较2021年12月增长5.9%。① 在企业数字化转型的大背景下，钉钉、企业微信、腾讯会议等商务办公应用迅速发展。截至2022年3月，钉钉已经服务超过2100万个机构用户，腾讯会议注册用户超3亿。②

2022年12月，钉钉和企业微信作为主流在线办公应用平台，月活跃人数均超1亿人，以1.79亿人、1.20亿人月活跃用户规模分别位居2022年度商务办公应用榜单的第一、第二。垂直工具类办公应用中，WPS Office和QQ邮箱具有良好的客户基础，分别以9665.52万人、7901.33万人的较高月活跃用户规模排在第三、第四位；腾讯会议则在视频会议细分领域中占据市场优势，月活跃人数为4742万人。

随着线上线下融合办公日益常态化，企业内商务办公应用场景将不断扩展，B端需求持续涌现，商务办公应用市场发展空间巨大。

三　移动应用行业典型特征分析

（一）移动应用呈现适老化发展

在国家政策引导及人口老龄化加剧背景下，互联网企业纷纷开启适老化

① 中国互联网络信息中心：《第50次〈中国互联网络发展状况统计报告〉》，2022年8月31日。

② 《“云办公”越来越普及　中国在线办公用户规模达4.61亿》，光明网，2022年12月，https：//m.gmw.cn/baijia/2022-12/05/36207727.html。

升级。2022 年 1 月 20 日，工信部发布了“互联网应用适老化及无障碍改造专项行动”首批通过适老化及无障碍水平评测的网站和 APP 名单，包括 166 家网站和 51 款 APP，实现了移动社交、搜索、新闻、出行、购物、音乐、视频、外卖等主要门类的全覆盖。[①] 2022 年 4 月，在国新办发布会上，工信部新闻发言人表示，首批 325 个网站和手机应用软件完成适老化改造，为老年人使用智能技术提供辅助。[②] 2022 年 7 月，工信部信息通信管理局负责人指出，互联网应用适老化改造深入推进，452 家（款）网站和 APP 完成适老化改造并通过评测。[③]

移动应用的适老化改造主要有“内嵌式改造”“适老版应用”两种方式。内嵌式改造一般是提供传统模式及适老模式切换功能，而适老版应用则是基于原版应用针对中老年群体需求开发的应用。功能改造及设计方面，各类型 APP 针对老年人等特殊需求群体打造各种专属功能。以微信为代表的社交通信类 APP，将默认字体放大，并添加功能指引以及文字转语音功能。以美团为代表的生活服务类 APP/小程序，增加语音点外卖、线下门票预订关怀版专区等功能。以百度地图为代表的出行服务类 APP，进行屏幕大小显示调节、口音识别优化等适老化功能调整，并提供语音定制等新功能以及无障碍设施地图。以中国银行为代表的金融类 APP 推出了针对老年群体的银发专区，推出适老化金融产品，并通过常用功能区域汇集水电煤缴费、话费充值等高频场景相关功能。

（二）多品类移动应用出海探索

中国移动应用行业存量特征愈发凸显，市场扩容趋势明显放缓，多类别应用国内渗透率趋于饱和，而国际市场则较为广阔，泛娱乐、社交等品类

① 《2022 移动互联网蓝皮书：加快移动互联网适老化改造让老年人共享数字建设成果》，人民网，2022 年 6 月 30 日。

② 《“适老模式”涵盖不同应用场景　图标和功能数量进一步“瘦身”》，央视网，2022 年 11 月，http：//www. cac. gov. cn/2022-11/21/c_ 1670663828055933. htm。

③ 《国新办举行 2022 年上半年工业和信息化发展情况发布会》，国新网，2022 年 7 月，http：//www. scio. gov. cn/xwfbh/xwbfbh/wqfbh/47673/48554/wz48556/Document/1727317/1727317. htm。

APP 厂商在政策激励下纷纷推出海外版，开拓海外市场。

从商业价值看，游戏、短视频等泛娱乐应用的海外吸金能力强劲。美国、日本、韩国是国内游戏类 APP 出海的热门地区。根据 Sensor Tower 数据，2022 年上半年，美国移动游戏市场共有 23 款中国手游进入畅销榜 TOP100，合计收入 14.1 亿美元，占 TOP100 游戏总收入的 20.6%，《原神》位列中国出海美国游戏收入的榜首。日本移动游戏市场共有 31 款中国手游进入手游畅销榜 TOP100，合计收入 15.7 亿美元，占 TOP100 游戏总收入的 27%。中信证券预估 2025 年中国移动游戏出海收入可达 328.98 亿美元。以 TikTok 为首的短视频应用也在全球各地推行，吸引众多海外用户。2022 年，TikTok 保持强劲的增长势头，收入逼近 35 亿美元，同比上涨近 60%，是 YouTube 的 2.4 倍；下载量方面，TikTok 以 7.3 亿次位居 2022 年全球娱乐应用下载榜 TOP10 榜首。①

四 移动应用行业未来发展方向

（一）新移动应用赛道不断拓展

随着物联网技术的发展，基于智能音箱、车载音乐、大屏电视等新终端不断涌现，移动应用将拓宽赛道，挖掘新的用户潜力。iiMedia Research（艾媒咨询）数据显示，我国移动物联网用户规模快速扩大，截至 2022 年底，连接数达 18.45 亿户，比 2021 年底净增 4.47 亿户，占全球总数的 70%。②在各类移动应用中，音频应用在终端的布局较早，如喜马拉雅开发了智能音箱，酷我音乐、云听等则与车企合作，发力车载终端。此外，华为上线的华为应用市场 Windows 版，能够搭载移动应用引擎，支持用户在 PC 端安装移动应用，将移动应用生态扩展到 PC 桌面，进一步拓展移动应用的覆盖空

---

① SensorTower：《2023 年全球移动应用（非游戏）市场展望》，2023 年 2 月。

② 《我国移动物联网连接数占全球 70%》，光明网，2023 年 1 月，https：//m.gmw.cn/baijia/2023-01/30/1303266716.html。

间。未来，在跨端互联等技术及物联网产业驱动下，穿戴设备等终端领域仍有待进一步挖掘。

（二）海外市场仍是竞争主战场

中国的移动应用行业发展较为迅速，用户规模基本与网民数量持平。随着网民数量增速放缓，中国移动应用市场增量空间逐渐缩小。而海外许多国家及地区的互联网渗透率增长空间较大，移动应用领域存在较大的市场机会。北美、欧洲、东亚等发达地区仍是中国移动应用出海的热门地区，而东南亚、非洲等地区也有较大的市场增长空间。同时应看到，国际市场监管趋严形势下，海外各国及地区对应用的规范性提出了更高要求，中国移动应用出海过程中面临侵犯隐私、数据安全等方面的潜在经营风险。

（三）移动应用适老化将持续加码

目前，国内大部分中老年群体已经开始使用智能手机，各类应用逐渐渗透到该群体的日常生活中。随着中国城镇化进程推进，老龄化程度日益加深，中老年群体占比持续增加。国家统计局数据显示，2022 年中国 60 岁及以上人口占全国人口的 19.8%，空巢老人数量也将随老龄化进程增长。移动应用能够解决空巢老人的各种生活问题，如买药、上门服务，这将催生更多中老年人群体的新需求，特别是对于 APP 功能、界面等方面适老化的需求也将不断提升。未来，APP 将朝着可感知性、可操作性、可理解性、兼容性和安全性等方面持续优化。

（四）移动应用将进一步规范化

近年来，各监管部门不断加强对 APP 的监管，持续开展 APP 超范围/高频次违规索权、欺骗误导用户下载等违规行为的整治，加大常态化检查力度，切实提升 APP 治理能力及移动应用服务能力。工信部公布数据显示，2022 年上半年累计完成 630 万次 APP 检测，实现对我国主流应用商店在架

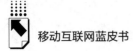

APP 的全覆盖。[①] 2022 年第四季度，工信部开展 APP 侵害用户权益整治“回头看”，公开通报 38 款违规 APP。[②] 2022 年，工信部共组织 6 批次 APP 抽检工作，共检测 151 万款 APP，抽检合规率同比大幅提升。[③] 此外，各部门对应用分发平台的监督指导也尤为重要，能充分发挥应用分发平台“守门员”的作用。2022 年第四季度，工信部推动 7 家重点分发平台建立 APP 签名认证机制，累计为近 8 万款 APP 提供服务。[④] 个人信息保护工作仍是行业关注重点。目前，行业中企业对于隐私保护的政策和措施严重不符合相关规范，例如，许多应用提供的隐私协议存在各种不合理的免责条款。2022 年 4 月，工信部网络安全管理局局长表示，工信部将加快发布实施《移动互联网应用程序个人信息保护管理规定》。[⑤]

各类行业监管的强化切实保障了用户合法权益，规范各主体经营行为，促使移动应用朝着规范化方向发展。下一步，各部门将持续开展专项整治、突出整治重点问题、加大技术检测，从完善制度、强化监管、优化感知等多个方面入手，开展综合治理，为用户营造安全可靠的网络环境，推动移动应用行业健康有序发展。

参考文献

袁穗灼：《手机 App 网络信息服务适老化现状、问题及策略分析》，《内蒙古科技与

---

① 《国务院新闻办就 2022 年上半年工业和信息化发展情况举行发布会》，新闻办网站，2022 年 7 月，http：//www. gov. cn/xinwen/2022-07/19/content_ 5701715. htm。

② 工业和信息化部：《工业和信息化部关于 2022 年第四季度电信服务质量的通告》，2023 年 2 月 8 日。

③ 《国新办举行 2022 年工业和信息化发展情况新闻发布会》，国新网，2023 年 1 月，http：//www. scio. gov. cn/xwfbh/xwbfbh/wqfbh/49421/49502/wz49504/Document/1735611/1735611. htm。

④ 工业和信息化部：《工业和信息化部关于 2022 年第四季度电信服务质量的通告》，2023 年 2 月 8 日。

⑤ 《国新办举行打击治理电信网络诈骗犯罪工作进展情况发布会》，国新网，2022 年 4 月，http：//www. scio. gov. cn/xwfbh/xwbfbh/wqfbh/47673/48097/wz48099/Document/1722819/1722819. htm。

经济》2022 年第 21 期。

中国银行上海分行：《智能应用软件适老化如何改出温度——基于中国银行 APP 适老化改造的经验》，《金融电子化》2022 年第 6 期。

张晓雅：《国内移动互联网隐私保护风险与隐私安全重建路径研究》，南京师范大学硕士学位论文，2020。

B.15
2022年中国互联网医院发展现状与趋势分析

杨学来　尹　琳*

摘　要： “互联网+医疗”是公立医院高质量发展的新趋势之一，是完整医疗体系不可或缺的部分，也是百姓就医的刚性需求。短短几年时间，我国互联网医院实现了从个位数到千位数的增长，为各地患者就医提供了安全、有效、便捷、可及的医疗照护，提升了人民群众的获得感，也促进了公立医院的高质量发展。

关键词： 互联网医院　“互联网+医疗”　远程医疗　公立医院　高质量发展

一　中国移动互联网医疗的代表形态：互联网医院

（一）互联网医院的定义和发展目标

1. 互联网医院的定义

“互联网+医疗”的本质仍是实体医疗的延伸，是将医疗变得更加方便和高效，让群众就医更具可及性。

2015 年，我国首次出现了“互联网医院”的概念。2018 年 7 月，为贯

* 杨学来，博士，副研究员，中日友好医院发展办副主任，国家远程医疗与互联网医学中心办公室副主任，研究方向为远程医疗、互联网医学；尹琳，副研究员，中日友好医院发展办主任科员，研究方向为“互联网+医疗”。

彻落实《国务院办公厅关于促进“互联网+医疗健康”发展的意见》有关要求，进一步规范互联网诊疗行为，发挥远程医疗服务积极作用，提高医疗服务效率，保证医疗质量和医疗安全，国家卫生健康委和国家中医药管理局发布了《卫生健康委　中医药局关于印发互联网诊疗管理办法（试行）等 3 个文件的通知》，包含《互联网诊疗管理办法（试行）》《互联网医院管理办法（试行）》《远程医疗服务管理规范（试行）》3 份文件，明确了互联网医院的准入管理。截至目前，不论何种模式的互联网医院，必须依托实体医疗机构来开展。[①]

根据《互联网医院管理办法（试行）》规定，目前所称的互联网医院包括作为实体医疗机构第二名称的互联网医院，以及依托实体医疗机构独立设置的互联网医院。对于依托的实体医疗机构级别和类别，《互联网医院管理办法（试行）》没有明确要求，仅规定鼓励城市三级医院通过互联网医院与偏远地区医疗机构、基层医疗卫生机构、全科医生及专科医生的数据资源共享和业务协同，促进优质医疗资源下沉。

《互联网医院管理办法（试行）》明确规定了互联网医院是由省级卫生健康行政部门管理，并需要建立监管平台系统。自 2018 年国务院和国家卫生健康委出台准入和监管政策以来，各省（区、市）也相继出台了互联网医院的管理办法，并批准发放了大批互联网医院执业许可证。

2. 互联网医院的建设目标

第一，通过信息通信技术便民惠民。主要体现在：理顺互联网医院的诊疗服务流程，优化诊疗服务模式；利用互联网高效、便捷的优势，打破时间、空间限制，将医疗服务从院内延伸到院外，实现线上线下诊疗服务一体化；优化患者就医体验，提高患者就医获得感和满意度，让信息多跑路，让患者少跑腿，减少因“就医”产生的社会总成本。

第二，提升基层医疗机构诊疗服务能力。提升基层医疗机构的诊疗服务

① 《卫生健康委　中医药局关于印发互联网诊疗管理办法（试行）等 3 个文件的通知》（国卫医发〔2018〕25 号），中国政府网，2018 年 7 月 17 日。

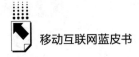

能力，很大程度上依赖于与各院区、各医联体成员单位之间的医疗资源共享、信息互联互通、业务高效协同，扩大医院优质医疗资源的辐射半径，进而推动分级诊疗和优质医疗资源下沉。

（二）互联网医院建设模式

当前，互联网医院建设模式大体可分为四类：医院自建自运营、医院自建委托第三方运营、医院主导与第三方合作共建，以及独立设置型互联网医院。[①] 其中，采取医院自建自运营模式的互联网医院占50%以上，医院主导与第三方合作共建模式占近40%。由此可见，作为医院第二名称的互联网医院是目前最主流的建设发展模式。

对于实体医院来说，自建自运营的互联网医院模式比较自主可控，虽然医院要投入大量建设成本，但是医疗质量和运营行为完全符合线下管理章程，容易实现线上线下一体化管理，因此成为一种普遍存在的模式。

医院主导与第三方合作共建模式也较为普遍。其中，实体医院负责提供医疗服务，管理医疗质量和患者安全；第三方可以发挥其技术和运营管理优势，弥补医院在信息化和运营管理中的短板。双方通过合作协议明确各方在医疗服务、信息安全、隐私保护等方面的责权利。

（三）互联网医院建设内容

互联网医院开展实体医院的线上业务，一方面可提供值得信赖的线上线下一体化的闭环式医疗服务，缓解医院门诊压力；另一方面可利用线上平台在不同等级医院间建立转诊通道，实现优化医疗资源供给结构的目的。

1. 信息化基础配套建设

第一，夯实信息化支撑，强化技术保障。互联网医院的基础配套建设，重点体现在信息化建设支撑、质控安全管理、数字技术融合应用等几个方面。围绕互联网医院业务，开发迭代功能模块、搭建信息平台、打通信息系

① 国家远程医疗与互联网医学中心、健康界：《2022中国互联网医院发展报告》，2022年8月。

统连接。5G 通信、人工智能等技术的赋能，可丰富医疗场景，提高问诊效率，提升互联网医院的服务能力。

第二，加强信息安全，包括系统安全、数据安全和患者隐私保护以及身份安全三个方面。医院实施信息系统安全等级保护（如信息系统安全等级保护三级测评），建立和健全信息安全体系，保证系统内信息的完整性、真实性、可用性、保密性和可控性。区块链技术具有分布式记账、算法加密、数据追溯、集体维护等特性，可以让患者的医疗敏感信息处于独立、安全的“保险柜”中，利用区块链技术正逐渐成为互联网医院在信息安全方面的建设趋势。

第三，加强诊疗质控安全管理，包括对患者、医务人员、运维人员等的准入及身份认定。首先要明确互联网诊疗的对象。通过系统设定，在线诊疗的服务对象是通过实名认证的就诊人身份信息与 HIS 系统里的患者身份信息校验，一定时间内（通常 3~6 个月）在线下就诊过、有就诊记录，病情比较稳定的常见病、慢性病复诊患者，未就诊过的患者无法发起在线复诊申请。2022 年，国家卫生健康委发布《关于印发互联网诊疗监管细则（试行）的通知》，对互联网诊疗病例认定做了明确的要求：线下已确诊的病例，需提供门诊病历、住院病历、出院小结、诊断证明等作为确诊依据。①

第四，重视医务人员的准入和实名执业，做好人员身份安全管理。线上医疗服务过程涉及医师诊疗、药师审方、医疗费用线上支付、药品配送等多个环节，对应的是医师、药师、患者身份的认证，必须建立完整的身份认证体系，保障身份安全。加强对医、护、药师线上准入与资质审核，线上接诊和线上用药的规范培训，规范线上诊疗行为，保障医疗质量。此外，对运维人员和第三方合作机构，也需要严格的审核准入和规范培训。

2. 拓展服务场景

互联网医院的线上服务可以分为核心诊疗、辅助服务、便民服务三类。②

① 《关于印发互联网诊疗监管细则（试行）的通知》（国卫办医发〔2022〕2 号），国家卫生健康委官网，2022 年 2 月 8 日。

② 国家远程医疗与互联网医学中心、健康界：《2022 中国互联网医院发展报告》，2022 年 8 月。

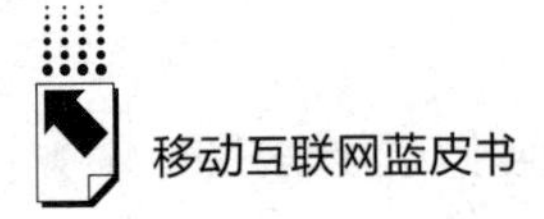

核心诊疗包括疾病救治、患者治疗、需求准入。核心诊疗按业务重点不同又可以分为两类：互联网诊疗和远程医疗。其中，互联网诊疗包括在线复诊、慢病管理、家庭医生签约、药事服务、护理服务、疾病筛查、患者随访等；远程医疗包括远程会诊、远程联合门诊、远程影像、远程检验、远程心电、远程培训教育等。核心诊疗正逐渐成为互联网医院业务的重点。

辅助诊疗服务重点是健康促进。包含处方流转、药品配送、医学咨询、健康管理、健康科普宣教、电子健康档案及新冠咨询等。互联网医院当前拓展辅助诊疗服务的重点是加强药品配送、处方流转和健康管理。

便民服务是非诊疗业务，业务重点是“挂缴查”。业务范畴包含预约挂号、在线自助支付、智能导诊/预问诊、检验检查预约开单、报告查询、自助核酸检测申请、病案查询/复印/邮寄、建卡/电子卡证、医保在线结算、住院预交款、电子发票打印、自助入院/出院等。便民服务提升的重点是提高患者线上诊疗的准确性和易用性，缩短患者线下等待的时间，改善患者在非诊疗环节的就医体验。

3. 优化流程，加强管理

第一，重点围绕互联网诊疗、远程医疗、便民服务等几个维度，开发迭代互联网医院产品功能模块。基于互联网诊疗服务平台，利用移动互联网、大数据、人工智能等技术，实现院内及跨院区的 HIS 系统、LIS 系统、PACS 系统、药房系统等相关信息系统的对接，医院与医院之间共享医疗资源和患者数据，实现传统医疗与互联网医疗的有机结合。

第二，优化并拓展服务流程。面向患者，主要围绕诊前、诊中、诊后展开全方位的线上就医服务，集预约挂号、智能导诊、在线复诊、检验检查预约、报告查询、线上缴费、药品配送、出院随访、健康宣教等服务于一体。面向基层医疗机构，可以提供远程医疗服务，并通过线上线下统一的医疗监管，保障线上医疗行为的质量安全。

第三，加强患者就诊全流程的质控监管，为患者提供健全、完善和可靠的线上就诊服务。通过医生数字签名认证、省级互联网医院监管对接、合理用药系统、视频实时监控等，对整个诊疗过程进行跟踪、记录，并随时对诊疗过程进行审查。在互联网医院处方流转、药品配送过程中，利用区块链技术也能实现源头可追溯，实现“事前有检查、事中有跟踪、事后可追溯”。

4. 整合资源，加强院内线上线下衔接和院际协同发展

第一，打通线上线下医疗流程，打造一站式服务闭环。联通院内业务系统和临床数据，实现诊前、诊中、诊后全覆盖，为患者建立一套系统的评估、照护、个案自我照顾能力提升的方案。在线诊后环节管理是互联网医院的业务亮点之一。例如，借助智能可穿戴设备及通信技术开展远程监测服务，对慢病患者的肺部听诊音、心律、血氧饱和度等相关体征进行监测，为患者复诊提供基础数据分析。

第二，加快区域平台及诊疗中心建设。包括区域远程医疗平台、远程会诊中心、大数据中心等。远程医疗平台支持远程会诊、远程联合门诊、双向转诊、移动会诊等远程医疗业务。此外，与医联体医院开展远程会诊，依托牵头医院优质资源，搭建临床检验、放射影像、医学病理、消毒供应、心电诊断等区域专业共享中心。充分整合调配区域医疗资源，实现医疗健康业务流程再造，提高区域内各个医疗机构间的协作水平，最终形成“基层首诊、双向转诊、急慢分治、上下联动”的格局，有效落实分级诊疗和优质医疗资源的下沉。

二　2022年中国互联网医院的建设成效

（一）运行总体数据

截至 2022 年 12 月 31 日，全国互联网医院数量已超过 1700 家。2022 年 8 月，国家远程医疗与互联网医学中心联合健康界在全国范围内开展调研。结果显示，由公立医院建设的互联网医院是其中的主流。互联网医院的服务内容构建覆盖诊前、诊中、诊后的线上线下一体化医疗服务，推动了医疗健康与互联网的深度融合。[①]

① 国家远程医疗与互联网医学中心、健康界：《2022 中国互联网医院发展报告》，2022 年 8 月。

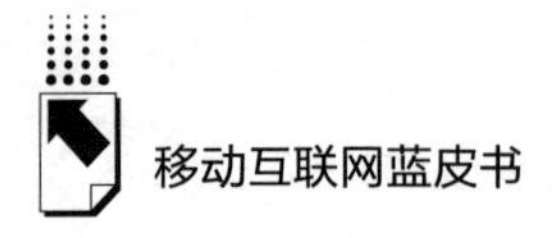

本次调研征集了138家互联网医院案例和运营数据，从不同维度进行分析。同时，对30余位行业内专家进行访谈，包括政府主管部门领导、“互联网+医疗”领域运营专家和医疗护理专家，对调研结果进行评价解读，力求把握互联网医院建设现状，总结规律，为行业政策制定者和互联网医院从业者提供参考借鉴。调研还得出以下结论。

1. 日均在线诊疗人次

调研显示，参与调查的互联网医院日均在线诊疗人次为133人。对比上一年度数据，同比增长141.8%。日均在线诊疗人次超100人的互联网医院占42.7%。对不同医院在线诊疗人次分区间统计分析发现，日均在线诊疗人次在100人及以下的占57.3%，日均在线诊疗人次在100~300人的占29.3%，日均在线诊疗人次在300~500人的占10.7%，2.7%的医院日均在线诊疗人次超过500人。

通过分析对比不同级别、不同类型医院的日均在线诊疗人次发现，省级医院是地市及县级医院的3倍，日均在线诊疗人次与医院的疾病诊疗能力、医院影响力等息息相关。此外，专科医院日均在线诊疗人次普遍高于综合医院。综合医院日均在线诊疗人次为124人，专科医院日均在线诊疗人次为164人。从日均在线诊疗人次这一数据来看，专科医院更能借助互联网医院发挥其专科优势，提升诊疗能力和医院经营管理效率。

2. 参与线上接诊科室和医生数量

调研显示，互联网医院参与线上接诊科室的平均数量为36个，较上一年度增长14.3%；参与线上接诊医生平均人数348人，同比增长8.7%。

对不同医院参与线上接诊科室数量进行分区间统计发现，参与线上接诊科室数量在15个及以下的互联网医院占12.5%，在15~30个的占27.5%，在30~50个的占40.0%，还有20%的医院参与线上接诊科室数量超过50个。互联网医院的诊疗范围正在向综合学科扩展。

对不同医院参与线上接诊医生数量进行分区间统计发现，参与线上接诊医生数量在100人及以下的互联网医院占17.6%，在100~300人的占25.9%，在300~700人的占45.9%，还有10.6%的医院参与线上接诊医生数量超过 700 人。相比往年，医生线上执业积极性和参与度有了较大程度提升。

调研结果还显示，参与线上接诊科室、医生数量，省级医院均显著高于地市及县级医院。综合医院参与线上诊疗科室数量和参与线上诊疗医生数量均显著多于专科医院。

（二）政策的新发展

2016 年以来，《国务院办公厅关于促进和规范健康医疗大数据应用发展的指导意见》《国务院办公厅关于促进“互联网+医疗健康”行业发展的意见》《关于深入开展“互联网+医疗健康”便民惠民活动的通知》《关于进一步推动互联网医疗服务发展和规范管理的通知》《关于深入推进“互联网+医疗健康”“五个一”服务行动的通知》等政策文件相继出台，为互联网诊疗提供了良好的政策环境，也为互联网医院依法执业划明了底线。近年来，党中央、国务院高度重视“互联网+医疗健康”工作，相继出台多项政策与法律法规，推动和规范这一领域的发展。

1. 公立医院高质量发展新趋势

2021 年 6 月 4 日，《国务院办公厅关于推动公立医院高质量发展的意见》（国办发〔2021〕18 号）发布。意见指出，要强化信息化支撑作用；推动云计算、大数据、物联网、区块链、第五代移动通信（5G）等新一代信息技术与医疗服务深度融合；推进电子病历、智慧服务、智慧管理“三位一体”的智慧医院建设和医院信息标准化建设；要大力发展远程医疗和互联网诊疗。[1]

2021 年 9 月 14 日，国家卫生健康委、国家中医药管理局发布《关于印发公立医院高质量发展促进行动（2021～2025 年）的通知》（国卫医发

---

① 《国务院办公厅关于推动公立医院高质量发展的意见》（国办发〔2021〕18 号），中国政府网，2021 年 6 月 4 日。

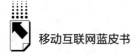

〔2021〕27号）。通知指出，到2025年，建成一批发挥示范引领作用的智慧医院，线上线下一体化医疗服务模式形成，医疗服务区域均衡性进一步增强。①

2. 保护数据和个人信息安全

继2016年颁布《网络安全法》后，2021年《中华人民共和国数据安全法》与《中华人民共和国个人信息保护法》相继出台并施行，三部法律共同构成了护航互联网信息安全的“三驾马车”。

《数据安全法》明确了数据、数据处理、数据安全的范畴，厘清了数据安全防护的主体责任，明确了数据的收集、存储、使用、加工、传输、提供、公开等环节，为后续的执法检查、标准制定、数据安全防护、个人权益保障等奠定了基础，也对互联网医院收集、处理、利用医疗健康数据的合法性做了规定。②

《个人信息保护法》规定，医疗健康信息属于敏感个人信息；只有在具有特定的目的和充分的必要性，并采取严格保护措施的情形下，个人信息处理者方可处理敏感个人信息。医院作为信息收集主体，需要取得被收集信息主体的同意才能对信息主体的个人信息进行合法的收集和使用。要通过管理制度和技术手段保障患者个人信息安全。③

3. 规范互联网诊疗行为

2022年2月，国家卫生健康委和国家中医药管理局联合发布《互联网诊疗监管细则（试行）》（以下简称《细则》）。《细则》以保障互联网诊疗全流程的服务质量与安全、促进互联网诊疗健康发展为目标，强调依托实体医疗机构，线上线下一体化管理，进一步明确了互联网诊疗监管要求。

《细则》中明确了互联网医院机构和人员的“校验”制度，强调了后续

---

① 《关于印发公立医院高质量发展促进行动（2021~2025年）的通知》（国卫医发〔2021〕27号），中国政府网，2021年9月14日。

② 《中华人民共和国数据安全法》（2021年6月10日第十三届全国人民代表大会常务委员会第二十九次会议通过），中国人大网。

③ 《中华人民共和国个人信息保护法》（2021年8月20日第十三届全国人民代表大会常务委员会第三十次会议通过），中国人大网。

的评价和退出机制；《细则》要求医疗机构建立网络安全、数据安全、个人信息保护、隐私保护等制度，并与相关合作方签订协议，明确各方权责关系。这些要求，都是为了实现互联网诊疗与实体医院线上线下诊疗同质化，确保诊疗质量安全。

4. 检查检验结果互认

2022 年 2 月 14 日，国家卫生健康委、国家医保局、国家中医药管理局、中央军委后勤保障部卫生局联合发布《关于印发医疗机构检查检验结果互认管理办法的通知》。[①] 远程医疗领域一直保持着良好的检查检验结果互认的传统。当申请方提出远程会诊申请时，检查检验结果会随着申请书提交给会诊专家，会诊专家也会认真判读结果数据，决定是否采信这些结果。这些做法与《医疗机构检查检验结果互认管理办法》的精神符合。互通共享的数据平台，有利于检查检验结果更好地在医疗机构之间“流转”，将成为互联网医院发展的推动力量。

（三）技术的新进展

数字技术和通信技术可以为“互联网+医疗”赋能。互联网医院通过5G、区块链、人工智能、物联网等有效配置医疗资源，打破时空局限，消弭医疗资源的碎片化和不均衡性，助力疾病整体诊疗能力的提升，为患者提供更广泛、精准的服务，打通优质医疗资源服务“最后一公里”，实现百姓在家就医的诉求。

互联网医疗让技术和管理模式的结合更加深入，也带来更多相关研究。可以围绕全生命周期管理进行配套资源整合，利用动态连续医疗健康数据评估预测个人健康风险，进而提供主动式服务。例如，在国家呼吸医学中心的远程门诊，数字听诊技术可以帮助医生对千里之外的患者进行远程肺部听诊，人工智能可以迅速做出辅助诊断，为医患共同决策提供信息支持。[②] 各

① 《关于印发医疗机构检查检验结果互认管理办法的通知》（国卫医发〔2022〕6 号），国家卫生健康委官网，2022 年 2 月 14 日。

② 卢清君：《人工智能在呼吸疾病诊治中的应用》，《生命科学》2022 年第 8 期，第 943 页。

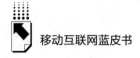

种可穿戴设备也极大延伸了医疗机构检查的触手，成为患者家庭日常可以获得的监测手段。这些技术发展为更进一步改善互联网医疗提供了可能。

（四）服务的新模式

新冠疫情加速了医院和医患双方共同“触网”的需求，也催生了在线诊疗服务新模式。疫情期间，通过互联网医院实现线上健康知识科普、医学咨询、线上问诊、新冠病毒核酸预约检测等多种业务，有效分解线下诊疗压力，帮助慢病患者做好病程管理，体现了“互联网+医疗健康”对实体医院业务的补充作用。

2022 年 12 月 11 日，国务院联防联控机制医疗救治组印发《关于做好新冠肺炎互联网医疗服务的通知》，明确医疗机构可通过互联网诊疗平台，为出现新冠相关症状且符合《新冠病毒感染者居家治疗指南》的患者，在线开具治疗新冠相关症状的处方，并鼓励委托符合条件的第三方将药品配送到患者家中。① 而此前，互联网诊疗仅被限定在常见病、慢性病的复诊领域。根据上述通知，互联网医院的首诊权限在疫情特殊情形下实现了突破，新冠相关症状治疗可直接在线开具首诊处方。

（五）互联网医院优秀案例

中日友好医院互联网医院基于远程医疗协同网络连接 6000 家医疗机构、18 个专科医联体、36000 余名医师，同时对接各大品牌应用平台、各大医院远程医疗中心，构建开放、共享的互联网医院综合协同平台。这种创新发展模式能在很大程度上破解资源、数据、信息的互联互通共享的难题。同时，这种互联网医院建设发展模式有效地推进分级诊疗落地，实现了线上线下、院内院外业务深度协同、优质医疗资源高效有序下沉。该模式的探索具有较高的推广借鉴价值。

---

① 《关于做好新冠肺炎互联网医疗服务的通知》（联防联控机制医疗发〔2022〕240 号），中国政府网，2022 年 12 月 11 日。

四川大学华西医院互联网医院采用典型的以患者需求为导向的互联网医院建设模式，利用医疗机构线下医疗服务优势，构建覆盖患者诊前、诊中、诊后的全周期、全流程的线上线下一体化服务体系。综合应用5G、人工智能、大数据、云平台、物联网等数字技术，构建了应用于医、教、研、管等全流程、全维度的智慧管理医院数字大脑。通过互联网医院平台实现上下联动、区域协同、医防融合、中西医并重，推进优质高效医院体系建设，推动医院高质量发展。

浙江大学医学院附属邵逸夫医院互联网医院提出“互联网+医院联盟+医生+健康产业”的医疗4.0模式，打造了全流程移动化智慧医疗服务系统和区域整合型医疗健康服务生态，形成了“线上线下一体”“院内院外一体”“上级下级一体”的区域整合型医疗健康服务体系，实现了区域内医院间、医生间以及医疗与其他健康产业间的紧密连接和业务协同，有效推动了区域分级诊疗政策的落地。

三　互联网医院发展的机遇、挑战及未来展望

（一）政策因素

党和国家大力支持“互联网+医疗健康”的发展，新冠疫情发生以来，对于利用“互联网+”技术助力抗疫，国家也出台配套性政策进行鼓励。可以说，互联网医疗已经成为国家战略实施的一部分。国务院办公厅《关于促进“互联网+医疗健康”发展的意见》2018年出台以来，在各项配套政策支持下，我国互联网医疗服务“跑出了加速度”，业务量明显增长。

同时也要看到，我国“互联网+医疗”整体仍处于发展起步阶段。虽然互联网医院相关政策不断推陈出新，准入和运营机制逐步健全，但相应的法律法规仍然不够全面。互联网诊疗一旦出现问题和纠纷，对于责任划分，利益受损者的维权方式、途径等还没有明确的法律条文给出规范。如何进一步建立行业标准，加强市场监督，加强对患者、医院和运营平台多方权益的保

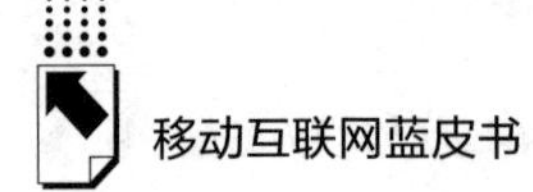

护，成为在互联网医疗发展道路上需要解决的问题。各级卫生健康行政部门需要加强政策引导，进一步加强对互联网医院的监管，对于核心诊疗服务，必须严格管控，相关资质证明必须得到正规第三方机构认证，符合国家和行业规范。

打造“三医联动”闭环是互联网医院发展的政策难点之一。国家层面已经出台了一系列“互联网+医保”的政策文件。地方层面，各省份也在医保在线支付方面开展了不同程度的探索，但是由于医保属地化管理的特点，“互联网+医保”的推进和模式复制难度较大。[①] 要想在全国范围打通互联网医疗在线医保支付的“最后一公里”，在国家利好政策的指引下，地方各级行政管理部门、各医疗机构及相关企业要密切协同，创新模式，使互联网医疗能带给人民群众更大便捷。

（二）需求导向

“互联网+医疗”快速发展既满足了患者需求，也推动了医院发展，可以说是“一场医患间的双向奔赴”。疫情期间，互联网医院发挥了重要作用，开辟了抗击疫情的第二战场，患者就医更方便快捷。善于通过互联网医院与患者沟通的医生、科室和医院也能从这一渠道聚集更多患者资源。医院管理者也进一步思考如何将通信技术与医疗深度融合，推动公立医院在服务模式、学科建设、科研转化等方面实现高质量发展。

患者线上诊疗习惯的培养和改变需要一个过程。慢病患者特别是老年慢病患者对“互联网+医疗”的知晓度、诊疗效果评价，智能设备使用熟练程度，是其互联网医院使用意愿的重要影响因素。互联网医院作为新兴事物，也应扩大宣传力度，主动推广互联网诊疗业务和便民服务措施，提升医生和患者对互联网医院、互联网诊疗的知晓度和认可度。[②]

① 康蕊、王震：《“互联网+”医疗服务医保基金监管的风险与对策》，《中国医疗保险》2021年第4期，第47~50页。

② 袁吉、肖煜吟、施贞夙等：《互联网医疗更好地满足慢病患者就医需求的分析和思考》，《中国医院》2022年第8期，第46页。

（三）技术因素

受配套的软硬件技术及互联网网络环境制约，不同互联网医院在网络环境，存储设备、患者的移动设备等硬件方面存在较大差异。软件方面，一方面是受限于医院的基础信息化水平；另一方面，软件系统操作便捷性、友好性、功能完备性和可扩展性，都有待于进一步完善和提升。

线上医疗服务匹配，是指医院和患者同时向互联网医院平台提供自身的需求信息，互联网医院平台根据双方提供的信息，实时计算最优匹配方案，满足患者个性化就诊需求的过程。[①] 准确、快速、科学的医疗服务匹配，是互联网医疗未来需要解决的技术难点之一。下一步，互联网医院需要考虑基于患者个性化需求的医疗服务匹配决策问题，构建兼具满意度和稳定性的目标导向的匹配决策模型。

互联网医院应积极探索数字技术与医疗深度融合应用，深入融合医学、信息学、管理学等优势学科，积极利用大数据、物联网、人工智能、区块链、5G、智能可穿戴设备等，助力疾病整体诊疗能力的提升，为患者提供更广泛、精准的服务。利用区块链技术对个人的诊疗数据、健康监测数据等进行收集整理并建立全生命周期健康档案，同时利用区块链的智能合约授权体系将云端的健康数据用于个人的疾病诊治、慢病管理等。

（四）管理运行因素

互联网医院目前仍缺乏有效的运营管理，包括尚未建立职责明确、独立有效的管理和服务机制；线上收费不合理且尚未建立有效的利益分配机制、成本补偿机制和激励评价机制。线上诊疗过程还存在诸多局限性，如接诊应答时间长、医生在线时长短、信息获取准确性不高、人文关怀措施不足等，一定程度上限制了线上诊疗活动。这些都需要在未来加以改进。

---

① 路薇、赵杰、翟运开：《混合决策下考虑第三方偏好的远程医疗服务匹配方法》，《控制与决策》2021年第11期，第2804~2804页。

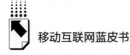

互联网医院发展如何“跑得既快又稳”？随着医疗服务从线下拓展至线上，医疗服务模式发生了变化，“互联网+医疗健康”也面临着创新，包括服务体系、行业标准、网络安全、人才队伍建设等方面。面对这种新业态，政府部门要创新监管方式，让互联网医疗服务在满足群众就医需求和为医务人员减负过程中规范发展、行稳致远。对医疗机构来说，要找准定位，实现线上、线下服务标准化、同质化。

未来，互联网医院的建设者需要完善顶层设计。一是明确互联网医院功能定位，规范线上执业，完善相关法律法规和制度，实现线上线下医保支付同质化，服务项目和层次收费标准差异化，完善激励评价机制，加强有效监管。二是不断提升医院优质医疗资源的供给能力和服务水平，提高医院整体运行效率，增强医院的区域影响力和支撑能力。三是促进区域医疗协同发展，提升区域整体医疗服务的可及性、便捷性和精准性，增强居民群众的就医获得感，推动区域分级诊疗政策落地。

参考文献

国家远程医疗与互联网医学中心、健康界：《2022 中国互联网医院发展报告》，2022 年 8 月。

卢清君：《人工智能在呼吸疾病诊治中的应用》，《生命科学》2022 年第 8 期。

康蕊、王震：《“互联网+”医疗服务医保基金监管的风险与对策》，《中国医疗保险》2021 年第 4 期。

袁吉、肖煜吟、施贞夙等：《互联网医疗更好地满足慢病患者就医需求的分析和思考》，《中国医院》2022 年第 8 期。

路薇、赵杰、翟运开：《混合决策下考虑第三方偏好的远程医疗服务匹配方法》，《控制与决策》2021 年第 11 期。

B.16

中国智能网联汽车行业发展现状与展望

李斌　公维洁　李宏海　张泽忠*

摘　要： 2022年，我国智能网联汽车技术、国家及地方政策法规进一步取得突破，交通运输部和工信部通过试点示范推动智能网联汽车在城市和城际典型交通应用场景落地。智能网联汽车的发展具备了更广阔的发展空间和更充沛的发展动力，将引领交通运输系统数字化、网联化、智能化发展，颠覆整个交通运输、运载工具及相关产业，优化国民经济社会产业格局，促进社会现代化发展。

关键词： 智能网联汽车　环境感知　自动驾驶　交通强国

一　智能网联汽车发展现状

智能网联汽车是搭载先进的车载传感器、控制器、执行器等装置，并融合现代通信与网络技术，实现车与人、路、后台等的智能信息交换共享，具备复杂的环境感知、智能决策、协同控制和执行等功能，实现安全、舒适、节能、高效行驶，并最终可替代人的操作的新一代汽车。①

---

* 李斌，研究员，工学博士，交通运输部公路科学研究院副院长兼总工程师，长期从事智能交通领域的基础前沿性、工程性以及战略性创新研究；公维洁，国家智能网联汽车创新中心副主任、中国智能网联汽车产业创新联盟秘书长；李宏海，交通运输部公路科学研究院自动驾驶行业研发中心副主任、研究员；张泽忠，国家智能网联汽车创新中心战略研究部路线图研究业务线总监。

① 中国汽车工程学会：《节能与新能源汽车技术路线图2.0》，2021年。

（一）关键技术研发现状

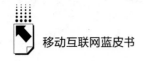

汽车、通信、信息科技等领域企业以应用为导向，加强关键算法和核心零部件研制，自动驾驶研发由前期的概念集成转向更加务实的技术攻关。

1. 环境感知技术

环境感知系统包括车载摄像头、毫米波雷达、激光雷达、超声波雷达和夜视仪等部件。整体来看，环境感知部件已基本实现国产化。车载摄像头像素逐步由 200 万增加到 800 万，国内相关厂商等企业已具备相关能力；毫米波雷达方面，国产毫米波雷达整机产品已经形成在量产车型上的前装搭载，MMIC① 芯片等毫米波雷达核心元器件完成自主开发；激光雷达方面，国产高性能、低成本的车载激光雷达传感器陆续实现量产，多家车企实现半固态激光雷达上车。此外，2022 年，基于闪光（FLASH）技术路线的国产纯固态侧向激光雷达面向市场发布，预计将在 2023 年形成量产。

2. 车载芯片和操作系统

车载芯片性能不断提升，在算力、算法等方面进一步迭代升级。国内厂商不断推出车规级 AI 计算芯片产品，在芯片算力、能效比等方面，逐步赶超进口芯片产品。2022 年，超 100TOPS 的大算力芯片已经在量产车型上得到应用，面向高等级自动驾驶功能与车辆中央计算等需求，各芯片企业正在积极规划更高算力计算芯片，从而形成面向覆盖智能座舱、不同等级自动驾驶需求的产品序列。

智能驾驶操作系统处于发展初期，是智能汽车发展的重要支撑。智能驾驶操作系统基于 QNX、Liux 等内核开发，主要用于支撑智能驾驶的感知、决策等功能，对芯片算力和系统实时性、安全性均有很高的要求。总体来看，当前智能操作系统处于发展初期，尚没有满足高等级自动驾驶要求的成熟技术方案。特斯拉、英伟达等国外企业的产品在高端车型上率先得到应用，我国华为、斑马、国汽智控等企业推出的智能驾驶操作系统也即将实现

① MMIC：单片微波集成电路（Monolithic Microwave Integrated Circuit）。

量产应用。

3. 通信技术

我国信息通信产业优势显著，正在构建智能网联特色发展路径。一方面，我国已经具备网联通信芯片—模组—终端全产业链供应能力，自主通信芯片、模组、终端性能满足行业需求。另一方面，经过多年的技术发展与产业推进，我国迎来 C-V2X[①] 市场化应用突破，多个车型前装 C-V2X 终端。截至 2022 年 12 月，一汽红旗 E-HS9、北汽极狐 αS、上汽 Marvel R、广汽 AION V、长城 WEY 摩卡、吉利星越 L、比亚迪汉、蔚来 ET7、威马 W6、华人运通高合 HiPhiX 等车型均已经量产或发布前装 C-V2X 车型，能够实现支持绿波车速、红绿灯信号、闯红灯预警、绿灯起步提醒、道路信息广播等车路协同场景。

4. 高精度地图与定位技术

在高精度地图方面，我国已经完成全国 30 余万公里高速公路与城市快速路的高精度地图采集；与此同时，相关高精度地图产品已经在相关量产车型上得到应用，能够实现厘米级定位，结合路径导航完成辅助驾驶。在高精度地图更新技术上，我国已经开始探索众包等多种采集方案及创新偏转加密模式，助力高精度地图快速更新。

在高精度定位技术方面，自 2020 年 7 月完成组网以来，北斗卫星在轨运行稳定，中国卫星导航系统管理办公室数据显示，北斗三号全球卫星导航系统全球范围实测定位精度水平方向优于 2.5 米，垂直方向优于 5.0 米，在交通运输领域形成规模应用。我国自主研发的 22nm 北斗高精度定位芯片已实现量产，千寻位置等差分定位服务商在全国范围内建设 RTK[②] 地基增强站超过 2800 个，可输出实时可靠的高精度位置、速度、时间、姿态等信息。与此同时，针对地下停车场、港口、矿区等卫星定位信号不足场景，UWB[③] 等室内定位技术不断突破并即将面向应用。

① C-V2X：基于蜂窝网络的车用无线通信技术（Cellular-Vehicle to Everything）。

② RTK：实时动态载波相位差分技术（Real-time Kinematic）。

③ UWB：超宽带（Ultra Wide Band）。

5. 测试技术

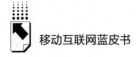

依托“多支柱法”，我国产业各界积极建立对应测试基础设施及服务能力，以满足智能网联汽车测试主体对技术开发、道路测试和示范应用的测试需求。在虚拟仿真测试方面，基本建成了集成中国道路特征的自动驾驶场景库与仿真测试平台；驾驶辅助功能的场景库相对成熟，高级别自动驾驶场景数据初具规模；部分测试示范区提供开放的自动驾驶汽车开发平台服务，平台能够支持车辆数据采集及数据处理的模型训练及算力支撑、仿真场景库建设、交通流仿真、测试评价系统等工作。在封闭场地测试方面，工信部、公安部、交通部已支持建设 17 个国家级智能网联汽车测试示范区。各示范区积极完善场地建设和基础设施布局，强化软硬件部署，为道路测试与示范应用提供检测支撑发挥重要作用。在开放道路方面，全国 27 个省（区、市）发放道路测试与示范应用牌照，申请总量 1000 余张；各地开放测试道路超 6000 公里，公开报道的自动驾驶车辆道路测试里程累计超千万公里。

6. 路侧支撑技术

路侧基础设施主要包括路侧感知设备、路侧单元（RSU）、交通管控设施、路侧计算单位和交通云控平台，主要实现环境感知、局部辅助定位以及交通信息实时获取，保障车与路、路与中心之间互联互通，实现交通信息及时传递给车辆和驾驶人。路侧感知设备、路侧单元（RSU）、交通管控设施和路侧计算单位已经基本实现国产化，但路侧设备中应用的芯片还部分依赖于国外，主要是国产芯片软硬件的适配性上还有一定的差距，国家以及地方政府积极推进路侧设备的国产化研究与应用，国内主要路侧设备研发企业也正在开展与寒武纪、地平线以及黑芝麻等芯片厂商的合作，逐步实现路侧设备的国产化替代。交通云控平台包括云控基础平台和云控应用平台，目前已经在城市和高速公路开展研究和示范，逐步实现车路云一体化发展，并着手团体标准的研究和制定工作。

（二）试点应用现状

国内创新主体纷纷结合具体场景开展自动驾驶试点应用，创造测试研发环境，加速技术研发，不断探索商业模式。交通运输部组织开展了自动驾驶先导应用试点工程，推进具体场景应用加速落地。

1. 辅助驾驶进入规模商用阶段

近年来我国智能网联汽车产业发展迅速，主要整车企业均已实现 L2 级（组合驾驶辅助）智能网联乘用车产品的规模化量产，并且在终端市场规模和渗透率两方面均实现大幅度增长。L2 级系统已经实现大规模前装量产应用，L3 级（有条件自动驾驶）系统、L4 级（高度自动驾驶）系统也正在积极推动商业化探索。在市场应用方面，截至 2022 年 11 月，L2 级智能网联乘用车销量 601.83 万辆，市场渗透率达 34.5%，同比增长 52.7%，产业发展已然驶入快车道[①]。截至 2022 年 12 月，营运车辆中客车新车前装 AEBS[②]、FCWS[③]、LDWS[④] 市场渗透率为 48.8%、48.4%和 50.7%，载货汽车新车前装 AEBS、FCWS、LDWS 市场渗透率为 2.9%、8.6%和 9.2%，牵引车辆新车前装 AEBS、FCWS、LDWS 市场渗透率为 11.8%、94.2%和 94.6%。

2. 智能交通先导应用试点[⑤]

交通运输部组织开展了第一批智能交通先导应用试点（自动驾驶和智能航运）工作，面向公路货物运输、城市出行与物流配送、园区内运输、港口集疏运和码头集装箱运输、沿海及内河智能航行等场景开展试点示范，探索新一代信息技术与交通运输深度融合的解决方案。2022 年 9 月，交通运输部公布第一批智能交通先导试点应用项目，其中道路自动驾驶项目包括北京、长春、上海奉贤区、苏州城市出行服务与物流自动驾驶先导应用试点，合肥滨湖国家森林公园园区自动驾驶先导应用试点，济南天桥至淄博淄川分拨中心干线物流自动驾驶先导应用试点，天津港至马驹桥物流园公路货

① 中国智能网联汽车产业创新联盟，https://mp.weixin.qq.com/s/UD13bErcQD6yJfkmOmR8Gw，2023 年 2 月。

② AEBS：自动紧急刹车系统（Autonomous Emergency Braking System）。

③ FCWS：前方碰撞预警系统（Front Collision Warning System）。

④ LDWS：车道偏离预警系统（Lane Departure Warning System）。

⑤ 交通运输部：《交通运输部办公厅关于公布第一批智能交通先导应用试点项目（自动驾驶和智能航运方向）的通知》，2022 年 9 月。

运自动驾驶先导应用试点，郑州快速公交自动驾驶先导应用试点，广州城市出行服务自动驾驶先导应用试点，西部（重庆）科学城园区自动驾驶先导应用试点等10个；港口区域集装箱自动驾驶项目有：上海港港区集装箱水平运输与港口集疏运自动驾驶先导应用试点，厦门远海码头、妈湾港、天津港集装箱水平运输自动驾驶先导应用试点等4个。

3. 智能网联汽车和智慧城市基础设施“双智”试点

住房和城乡建设部、工业和信息化部积极推动智慧城市基础设施与智能网联汽车（以下简称“双智”）协同发展试点。2021年4月和12月，两部门分批印发通知确定北京、上海、广州、武汉、长沙、无锡等6个城市为第一批试点城市，重庆、深圳、厦门、南京、济南、成都、合肥、沧州、芜湖、淄博等10个城市为第二批试点城市。目前，试点城市已开展一系列探索，并取得阶段性建设成效，各地车城网平台逐步上线，初步形成服务能力；基于“双智”建设成果，纷纷面向不同场景开展特色示范工作。试点城市均规划了示范区域，以支撑城市智能基础设施建设项目有序落地。北京1.0阶段重点围绕亦庄核心区12.1公里城市道路、双向10公里高速公路和1处停车场开展建设，涉及荣华中路、荣华南路、宏达中路等城市道路和京台高速，2.0阶段面向亦庄全域60平方公里推广。上海以嘉定区安亭镇为重点区域，新建开放测试道路三期，逐步构建形成完善的车路城协同应用环境。广州选取海珠琶洲核心区、黄埔区“双城双岛”（科学城、知识城、生物岛、长洲岛）、番禺区广汽智能网联新能源产业园等区域为试点任务落实载体，分区域同步推进建设进展。武汉经开区围绕通顺大道、经开大道、檀军公路等干路，规划建设智能化示范运营道路。长沙湘江新区预计在2023年实现智能感知与通信路侧单元区域性覆盖。无锡重点在锡山“双智”核心区和滨湖“双智”创新区开展建设，预计可实现核心测试区全息路口全覆盖，支撑监测城市人—车—路—环境一体化交通运行状态。

4. 高级别自动驾驶从示范逐步走向商业化应用

在Robotaxi[①]方面，百度、滴滴、小马智行、文远知行、AutoX等初创

① Robotaxi：自动驾驶出租车。

公司加速布局 Robotaxi 场景。2022 年 2 月，Auto X 宣布旗下无人车队已经超 1000 台。4 月，小马智行宣布中标广州市南沙区 2022 年出租车运力指标，这是国内首个颁发给自动驾驶企业的出租车经营许可。同月，《北京市智能网联汽车政策先行区乘用车无人化道路测试与示范应用管理实施细则》正式发布，在国内首开乘用车无人化运营试点，百度、小马智行成为首批获得先行区无人化示范应用道路测试通知书的企业。6 月，文远知行发布全新一代自动驾驶传感器套件 WeRide Sensor Suite 5.0，并宣布搭载该套件的 Robotaxi 车队已全面投入规模化测试与应用。

在自动驾驶巴士方面，中低速自动驾驶巴士开始进入公开道路常态化示范阶段。2022 年 4 月，广州市首批自动驾驶便民线正式开放载客测试，此次开放载客测试的两条自动驾驶便民线路分别为黄埔区生物岛地铁官洲站环线、广州塔西站环线，全长分别为 4 公里和 9 公里，共投入 5 台自动驾驶巴士。2022 年 5 月，福建省首条 L4 级别自动驾驶开放道路公交线落地运营，运营线全长 6 公里，共设有 6 个站点，将有 7 台金龙自动驾驶巴士和 7 台 L4 级自动驾驶园区车在集美新城常态化运行。自 2022 年 1 月起，武汉市经开区部署了 24 小时服务的车路协同无人驾驶接驳巴士东风悦享 Sharing-VAN “春笋号”，后续将逐步连通小军山、枫林、大军山三片核心区域，最终目标是覆盖整个军山新城中央生活区。

在无人场内运输方面，国内自动驾驶港口应用加速，逐步实现商业化试运营。目前国内已有 10 余个港口落地应用自动驾驶集卡，北—中—南沿海重要港口均有布局。2022 年 1 月，天津港港口自动驾驶示范区（二期）揭牌，由主线科技提供技术支持的 8 辆无人驾驶电动集卡与 30 辆人工驾驶电动集卡组成混合编队，现场正式开启实船作业。2022 年 3 月，广州南沙港引入 70 辆 IGV 车队，该车队由振华重工提供整车及控制系统解决方案，由一清创新提供车辆导航系统解决方案。

无人矿山场景方面，开始进入“安全员下车”常态化阶段。露天矿山是自动驾驶技术的重要应用场景，2022 年 3 月，踏歌智行鄂尔多斯永顺宽体车无人运输项目顺利进入“安全员下车”常态化阶段，现已实现 7X24 小时多编组宽体车无安全员作业，且作业效率达到人工效率的 80%以上，截至 6 月，踏歌智行已经落地 300 余台无人驾驶矿卡及宽体车。慧拓智能在 30 余个矿区落地无人驾驶车辆 200 余台，包括无人矿卡、无人驾驶宽体车、井下无轨胶轮车等矿区无人驾驶车辆。

此外，在功能型无人车方面，末端配送、环卫清扫等功能型无人车辆在疫情期间充分发挥积极作用。东风、京东、美团、新石器、智行者等企业的末端配送车、无人清洁消毒车陆续投入疫情防控工作，取得良好的示范应用效果，为自动驾驶车辆的示范应用奠定基础。2022 年 4 月，为助力上海疫情防控工作，CAICV 联盟—功能型无人车专项工作组积极组织协调行业资源，调配京东、美团等一批功能型无人车驰援上海市普陀区跨国采购会展中心方舱医院，协助解决物资运输及配送难题。6 月，东风悦享与谱尼医学携手打造的无人驾驶核酸采集车在武汉经开区军山新城投入使用。

（三）政策法规现状

为推动自动驾驶产业的发展，国务院、相关部委以及各地方政府先后出台了多项政策文件，大力支持自动驾驶技术及产业发展。

1. 国家层面高度重视

为深入贯彻《交通强国建设纲要》《国家综合立体交通网规划纲要》，推动落实《智能汽车创新发展战略》《交通运输部关于促进道路交通自动驾驶技术发展和应用的指导意见》有关任务，交通运输部、工业和信息化部继续深化政策，推动智能网联汽车的落地应用和创新发展。2022 年 8 月，交通运输部发布《自动驾驶汽车运输安全服务指南（试行）》（征求意见稿）[1]，针对车辆要求、经营方资质、道路适用、人员要求、安全保障以及监督管理提出了明确的规定。2022 年 11 月，工业和信息化部会同公安部组织起草《关于开展智能网联汽车准入和上路通行试点工作的通知（征求意

---

① 交通运输部：《关于〈自动驾驶汽车运输安全服务指南（试行）〉（征求意见稿）公开征求意见的通知》，2022 年 8 月。

见稿）》[①]，从试点城市条件、试点汽车生产企业条件、试点产品条件、试点使用主体条件四方面，对业务相关方开展试点工作做出规定。试点目标为在全国智能网联汽车道路测试与示范应用工作基础上，遴选符合条件的道路机动车辆生产企业和具备量产条件的搭载自动驾驶功能的智能网联汽车产品，开展准入试点；对通过准入试点的智能网联汽车产品，在试点城市的限定公共道路区域内开展上路通行试点。

2. 地方政府鼓励自动驾驶发展

在国家政策和地方发展需求的引导下，北京、苏州、重庆等多地继续优化完善道路测试和示范应用政策，拓展了我国智能网联汽车道路示范的广度和深度。深圳、上海等地方智能网联汽车立法工作取得了实质性突破。2022年6月23日，深圳市第七届人民代表大会常务委员会第十次会议通过《深圳经济特区智能网联汽车管理条例》。该条例是深圳市在新兴产业领域的重要立法，也是中国首部规范智能网联汽车管理的法规，对智能网联汽车的道路测试和示范应用、准入和登记、使用管理等作了全面规定，推动产业高质量可持续发展。2022年12月，上海市十五届人大常委会第四十六次会议表决通过《上海市浦东新区促进无驾驶人智能网联汽车创新应用规定》，旨在推动产业高质量发展，保障道路交通安全。本规定适用于在浦东新区行政区域内划定的路段、区域开展无驾驶人智能网联汽车道路测试、示范应用、示范运营、商业化运营等创新应用活动以及相关监督管理工作。在此基础上，上海、广州等多个地方开展了智能网联汽车创新发展实施方案和行动计划。

二　面临的问题和挑战

当前，汽车安全辅助驾驶技术已开始规模商用，支撑封闭环境下的自动

① 工业和信息化部：《关于开展智能网联汽车准入和上路通行试点工作的通知（征求意见稿）》，2022年11月。

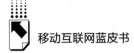

驾驶技术也已基本成熟，但支撑高级别自动驾驶，特别是开放环境下的高级别自动驾驶技术，依然面临不少挑战。

在基础方法和关键技术方面，当前自动驾驶系统仍难以覆盖全部场景，技术成熟度仍有待在更复杂环境下进行验证。从近年特斯拉、蔚来等公司自动驾驶功能引起的几起事故看，面对大量极端场景，环境感知依然是实现高级别自动驾驶功能的最大短板，例如车身广告印刷图案、路边行人手持标志牌、路中间的不明障碍物等成为困扰自动驾驶汽车准确识别与判断的主要问题。从目前主流厂商的环境感知技术路线上看，车载相机主要依赖基于深度神经网络的机器学习方法，该方法由于过于依赖大样本训练，存在解释性差，容易受到样本欺骗等问题；毫米波雷达在机理上存在识别对象单一、分辨率低等问题；激光雷达存在成本过高且成像较慢、受环境噪声影响大等问题；此外，在复杂交通环境下，现有的预测模型针对动态物体的轨迹预测存在更大不确定性，成为更大难点。综合来看，面对高级别自动驾驶需求，在场景及事件识别认知的可靠性上仍存在较大技术瓶颈，有待数学理论突破及产品性能迭代。

在底层软硬件支撑方面，智能网联汽车产业链长，同时涉及与人工智能、芯片、通信、地图定位等多产业的交叉融合，对产业体系的供给能力要求极高。总体来看，我国在一些底层核心技术及器件方面仍受制于人，构建完备且自主可控的智能网联汽车产业生态体系仍然面临较多挑战。一是基础软件与操作系统方面，目前相对成熟的内核系统及中间件等基本掌握在欧美厂商手中，国内尚且存在较大差距。二是在智能芯片方面，包括设计工具在内的硬件设计与制造产业链仍主要掌握在国际厂商手中，国内在车规级芯片的安全等级、性价比以及量产能力等方面仍有差距。车载摄像头、毫米波雷达、激光雷达等高精度传感器虽已基本实现国产化生产，但在产品稳定性、可靠性等方面，仍然需要长期验证，当前市场接受度与占有率远低于国际产品。此外，在研发测试工具链等方面，也还存在一定差距，产业链尚不完整，核心技术积累欠缺。

在政策法规方面，我国智能网联汽车相关法规政策呈现更加高效务实的特点，一方面，强调政策引导，推动自动驾驶技术产业落地，另一方面，强调主体责任，加强产品、数据和网络安全管理，同时细化管理规则、规范测试示范应用活动。然而，我国对智能网联汽车驶入开放道路系统仍持保守态度，并未纳入国家层面法律考量范围。特定开放区域内和封闭区域内的智能网联汽车应用虽已得到支持，但地图开放问题有待政策支撑，围绕成熟应用场景的商业运营政策供给不足，关于智能网联汽车的准入和营运政策出台仍需要进一步的努力。

在安全管理方面，随着智能网联汽车投入数量不断增加，对原有的交通系统运行带来了一定的挑战，智能网联汽车运行安全事故不断出现，混行交通运行安全及应急保障体系亟须构建。网络和数据安全方面，智能网联汽车网络安全和数据安全问题隐含重大风险，我国面向智能网联汽车的信息安全系列标准仍在布局和研制阶段，低级别和高级别智能网联汽车都需要信息安全监管，一套有公信力的网络安全评测体系与测评方法迫在眉睫。

在产业融合方面，我国跨部门统筹协同仍有待加强。智能网联汽车是跨界融合产物，涉及汽车、通信、测绘、交通等各个领域，需要在国家战略指引下，形成跨部门、跨领域的协同合作，打造顶层协同机制。2017 年 9 月，国务院设立国家制造强国建设领导小组车联网产业发展专委会，由工业和信息化部、国家发改委、科技部等国家 20 余个部门组成，通过每年召开一次部门会议，解决智能网联汽车产业发展中的重大问题，对统筹推进产业发展起到了重要作用。但是在部分专项领域的发展推进过程中，各部委的工作目标尚不统一，工作重点缺乏统筹，亟须进一步加强部门之间的协同，发挥体制机制优势，形成发展合力。

三　未来发展展望

随着我国智能网联汽车政策的不断优化、关键技术的不断进步、自动驾驶先导应用试点和“双智试点”的实施以及地方法律法规的突破，智能网联汽车的发展具备了更广阔的发展空间和更充沛的发展动力，势必将引领交通运输系统数字化、网联化、智能化发展，颠覆整个交通运输、运载工具及相关产业，优化国民经济社会产业格局，促进社会现代化发展。

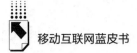

一是L2级以下的低级别自动驾驶技术（安全辅助驾驶技术）将进一步加快商用规模步伐，渗透率快速提升。上海、广州等多个地方制定了智能网联汽车创新发展实施方案和行动计划，到2025年具备组合驾驶辅助功能（L2级）和有条件自动驾驶功能（L3级）乘用汽车占新车生产比重均将超过50%。营运车辆控制类辅助驾驶实现中等规模运用，市场渗透率达到40%以上①。

二是高级别自动驾驶技术方面，一定场景下的营运车辆将有望率先商用落地。随着地方法规和政策的不断更新和完善，北京、上海、广州、深圳、武汉、重庆多个城市具备了城市公交、出租的自动驾驶试点示范、商业化应用的条件，此外，城际干线物流运输将是高级别自动驾驶技术最具商业化应用的场景。

三是全天候、全场景的高级别自动驾驶技术测试热度依旧，但进展速度暂时进入了平台期，一方面急需人工智能基础理论方法，以及新一代传感等核心技术的创新突破，另一方面要加强各企业、地区和部门之间测试数据的共享及工作的协同。

参考文献

中国汽车工程学会：《节能与新能源汽车技术路线图2.0》，2021年1月。

中国智能网联汽车产业创新联盟，https：//mp. weixin. qq. com/s/UD13bErcQD6yJfkmOmR8Gw，2023年2月。

交通运输部：《交通运输部办公厅关于公布第一批智能交通先导应用试点项目（自

① 中国智能交通产业联盟、道路运输装备科技创新联盟：《中国营运车辆智能化运用发展报告（2020）》，人民交通出版社，2020。

动驾驶和智能航运方向）的通知》，2022 年 9 月。

交通运输部：《关于〈自动驾驶汽车运输安全服务指南（试行）〉（征求意见稿）公开征求意见的通知》，2022 年 8 月。

工业和信息化部：《关于开展智能网联汽车准入和上路通行试点工作的通知（征求意见稿）》，2022 年 11 月。

中国智能交通产业联盟、道路运输装备科技创新联盟：《中国营运车辆智能化运用发展报告（2020）》，人民交通出版社，2020。

B.17
2022年虚实结合类技术发展趋势分析

杨　崑*

摘　要： 2022年，虚拟现实类（含VR/AR/MR等）技术在全球范围内继续加速普及，产业界推出了一系列新的产品以及消费应用和行业应用典型案例，政策支持有利于虚拟现实产业的长远布局。虽然产业实现和用户期待之间的落差给元宇宙的发展带来了影响，但虚拟现实技术与产品的持续升级和元宇宙生态体系不断丰富的整体趋势并未出现大的改变，更宏大的虚实共生场景已经初步显现。

关键词： 虚拟现实　元宇宙　虚实共生

一　2022年虚拟现实产业发展概况

（一）全球虚拟现实产业在根据市场变化调整策略

全球虚拟现实产业在2022年经历了先扬后抑，以目前作为市场销售主导的硬件终端为例，全球VR头显出货量在一季度为356.3万台，比2021年一季度增长了241.6%①；但到2022年三季度出货量就下降到138万台，同比下滑42%②；2022年全球VR出货量约858万台，比上一年减少

* 杨崑，中国信息通信研究院技术与标准研究所互联网和工业融合创新工业和信息化部重点实验室正高级工程师，中国通信标准化协会互动媒体工作委员会主席。

① IDC：《2022年第一季度VR市场报告》。

② VRAR星球：《Meta、PICO不给力，VR出货量跌了》，2022年11月27日。

5.3%[①]。出现销售下降主要是由于用户消费能力受到经济疲软和高通胀的冲击，而一些受关注的新产品比预计延迟推出等因素也带来一定影响。

产业界在坚持市场拓展的同时，面对现实的压力也进行了一定的策略调整。以元宇宙产业的核心骨干企业 Meta 为例，其继续对自己优势的硬件产品加大投入，规划了专业级和消费级两条产品线来继续稳固 Quest 头显的市场领先地位，还与雷朋公司合作推出了 Stories 系列智能眼镜以丰富产品线；同时在服务上从社交和娱乐向办公市场扩展，近期在 Quest 平台上增加了微软办公软件和 Adobe 3D 设计工具，就是希望将其打造为能取代计算机的联网办公工具。为应对巨大的财务压力，Meta 还收缩了部分阵线以聚焦核心产品，比如关闭了免费多人 VR 游戏《Echo VR》，还会关闭 DIY 游戏元宇宙平台 Crayta。其他大企业也在经历上半年发展高潮后陆续做出了调整，如微软关闭了免费 VR 社交应用 Altspace VR，压缩了用于构建混合现实体验的跨平台工具包（MRTK），暂时放弃自身主导的元宇宙体系转而为其他厂商提供配套产品与服务。国内 VR 产业也经历了类似的先扬后抑情况，2022 年一季度中国 VR 一体机的出货量达到 22.9 万台[②]，许多国内企业也陆续推出了 VR 产品。但在全球市场发展节奏变化后，国内厂商在下半年也陆续做出了调整并努力开拓海外市场，比如 PICO 陆续进入欧洲、日本、韩国等 18 个国家和地区，让 PICO Sans 等产品能支持更多语种。大朋将全栈 XR 技术与产品服务扩展到新加坡、马来西亚和日本等 40 余个国家。

（二）虚拟现实技术在行业领域推出新的应用案例

除了初期重点挖掘的消费娱乐市场外，产业界在医疗、教育、制造等领域的 VR 垂直化应用方面取得了新的进展。

在体育竞赛领域，Meta 在法国 2023 年橄榄球世界杯上展示了自己的 VR 产品，用户可以使用 Meta Quest 头显观看与赛事有关的各种历史资料，

---

① TrendForce 集邦咨询：《穿戴装置产业 2023 年展望：AR/VR、智慧手表/手环最新报告》。

② IDC：《2022 年第一季度 VR 市场报告》。

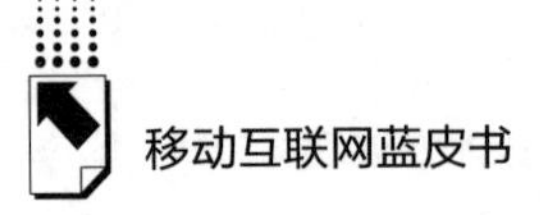

在虚拟的橄榄球场中近距离接触运动员，形成了一个初步与大型活动伴随的虚拟空间。而运动模拟类产品也在创新，比如篮球类应用 Gym Class，用户佩戴 Quest VR 时可以参加最多 8 人的在线篮球赛，通过 Quest 控制器在虚拟球场上完成投篮、传球、运球和扣篮等各种动作。

在影视领域，沉浸式电影开始局部摆脱制作成本与难度高、产出效率很低、商业模式缺乏、VR 硬件带来的不适感等问题，开始获得新的发展机遇。通过将 VR 电影发行相关的线上、线下、转授权等全渠道服务汇聚在一起，平台可以提供更多专业的 VR 内容全过程的支撑能力，明显降低了优质 VR 内容的制作和发行成本。比如 HTC 的一站式虚拟制片解决方案 VIVE Mars CamTrack，就是通过这种能力整合大大压缩了 VR 制作的时间，给优质虚拟影视内容生产创造了更好的条件。

在医疗健康领域，VR 技术已经从培训等辅助环节向手术治疗等核心环节渗透。比如英国和巴西医生通过 VR 技术，在相似的虚拟环境中事先进行演练，完成了世界上年龄最大的颅骨连体双胞胎分离手术。

在交通驾驶领域，VR/AR 技术已经开始在汽车销售、设计研发、培训、驾驶、娱乐等各个领域部署。比如布加迪公司的敞篷跑车 Bugatti W16 Mistral 和本田公司的 Pilot TrailSport 在开发过程中都采用 VR 技术进行设计；北京的东方时尚驾校开设 VR 学车营业部，除了常见驾驶培训外还可以给学员们提供针对不常见的危险情况的驾驶学习机会；大众汽车通过 VR+力反馈手套进行装配培训，能够让技术工程师很清楚地了解到装配结构和运作原理。

在军事领域，美军将大量资金、资源、时间投入陆海空各兵种 VR/AR 设备与训练之中。通过陆军全球虚拟战场训练平台 STE 让士兵们在数百万个人工智能实体构成的逼真战场中接受训练，进行身临其境的沉浸式作战体验；美国陆军还在研发基于 AR 技术的集成视觉增强系统 IVAS (Integrated Visual Augmentation System)，为步兵带来夜视、热视觉、战术边缘计算和增强态势感知能力。美军的 VR/AR 研发应用在各军种已经全面展开，VR 应用场景以各类军事训练为主，AR 应用以战场为主。我军近年也开始发展 VR 训练系统，用“科技+”为训练赋能。

此外，在商品销售方面，沃尔玛拟收购 AR 技术公司 Memomi，通过增强虚拟光学试穿，帮助客户实现轻松有趣的无缝全渠道体验。在办公方面，Zoom 与 Microsoft Teams 合作推出的 AI 和 VR 驱动功能显著提升了视频会议的用户体验。其他行业领域的 VR 创新也在 2022 年陆续取得了新的成果。

（三）国内外虚拟现实市场新产品不断推出

产业界目前仍然需要通过硬件产品的不断迭代创新来吸引用户关注。行业内对硬件设备性能的加速没有停止，预计索尼和苹果在 2023 年发售的 VR/MR 新产品依然是拉动用户量增长的重要因素。

作为产业的领军企业，Meta 主打两款产品分别覆盖消费端和企业端，依然占据着市场的绝大部分份额。Meta Quest 3 采用骁龙 XR 系列芯片，有望实现无须连接本地电脑直接玩 PC VR 游戏；而 Quest Pro 系列主打办公场景的应用。Meta 和雷朋合作推出的 Stories 系列智能眼镜可以取代手机的拍照、接打电话和听音乐等功能。Meta 还计划推出另外两款代号分别为 Nazare 和 Hypernova 的 AR 眼镜。其中的 Nazare 是一款可以独立于手机工作的智能眼镜，提供比视屏通话更加身临其境的沟通体验。

三星希望构建一个以自己为中心的 XR 生态系统，通过公开软件 SDK 吸引开发者来共建全生态链。2022 年初，三星和微软曾计划合作开发一个类似于 Meta Quest Pro 的 MR 头显，但已经取消。三星会与谷歌和高通合作共同开发一款 XR 设备，还计划将基于 VR 的视觉增强方案 Relumino 用于三星 Neo QLED 8K 和 4K 电视上，帮助视力障碍者观看电视内容。

苹果 AR/MR 头显受市场经济、产品开发进程等各项因素的影响，不断推迟发布计划。据称，产品拥有专有的系统和 App Store，以及超高分辨率的 8K 显示屏和先进的眼球追踪技术以对眼球进行精准识别和追踪等。苹果公司是希望在元宇宙上软硬件兼顾，继续打造自己独立的生态系统。

其他厂商也有新产品陆续在推出，比如索尼的 PS VR2 产品搭载 4K HDR OLED 面板，提供单眼 2000×2048 解析度、90/120Hz 更新率、110 度视野的画面显示。佳能支持 VST 透视的 MR 头显 MREAL X1，可以提供 MR 音乐会体验、沉浸式 AR 试驾体验。夏普 PC VR 头显采用超轻量级 VR 显示屏和明亮的超薄目镜，可连接智能手机并长时间使用。联想发布了专为工业元宇宙设计的 VR 头显 Think Reality VRX，可用于沉浸式培训、协作和 3D 设计等场景。HTC VIVE XR 兼具 VR 和 MR 功能，对应 VIV EPORT 平台也推出了近百款 XR 内容应用。创维发布国内首款折叠光路（pancake）超短焦一体机 PANCAKE 1C，目前有数十款 VR 游戏、影视资源和全国 5A 级景区全景视频可供使用。

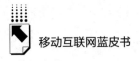

此外，还有大量 VR 新的配件推出。雷蛇为 Meta Quest 2 设计了专属头带和面部靠垫，可调节头带系统和面部接口使头显更加舒适。松下所属的 Shiftall 公司推出新 VR 手柄 FlipVR，用户用键盘打字等动作不会干扰对手部位置的追踪。日本初创公司 Aromajoin 发布了气味模拟方案 Aroma Shooter，可控制气味方向，并和音乐、视频同步，散发适配的味道。

（四）政策支持有利于虚拟现实产业的长远布局

国家新政策中鼓励虚拟实现产业发展的思路依然清晰，各地方有关虚拟现实和元宇宙的产业发展布局还在继续加速，而元宇宙可能带来的新社会问题开始引起有关部门的关注，更加有利于虚拟现实产业和元宇宙长期健康发展的政策环境正在成形。

2022 年由工业和信息化部、教育部、文化和旅游部、国家广播电视总局、国家体育总局等五个部门联合印发的《关于〈虚拟现实与行业应用融合发展行动计划（2022~2026 年）〉的通知》，无疑是对整个产业影响最为全面的一份文件，明确将加速虚拟现实的多行业多场景应用落地作为现阶段的重点任务，说明产业已经走到了商用推广阶段。该行动计划提出了量化的发展指标：到 2026 年，我国虚拟现实产业总体规模（含相关硬件、软件、应用等）超过 3500 亿元，虚拟现实终端销量超过 2500 万台，培育 100 家具有较强创新能力和行业影响力的骨干企业，开展 10 类虚拟视听制作应用示范，打造 10 个“虚拟现实+”融合应用领航城市及园区，形成至少 20 个特色应用场景、100 个融合应用先锋案例。

各地方积极布局虚拟现实产业和元宇宙的趋势在 2022 年并未改变。国内有 15 个城市颁布了 28 项元宇宙和虚拟现实有关的支持政策，其中提出的产业规模发展目标到 2025 年总计达到 8500 亿元。而上海、四川、河南、山东等地在 2023 年初的政府工作报告中再次强调了对相关产业的支持。

与此同时，相关部门也开始针对虚拟现实产业发展中暴露出来的问题制定相关规范，如国家互联网信息办公室等联合发布的《互联网信息服务深度合成管理规定》，对用深度学习、虚拟现实等生成合成类算法制作文本、图像、音频、视频、虚拟场景等网络信息的技术应用提出了进一步的要求。这标志着该领域的发展政策将会更加全面和完善，不仅鼓励发展，还要求健康发展。

二　虚拟现实领域取得的技术进步

（一）虚拟现实技术在软硬件方面的新进展

目前各 VR 硬件厂商均在探索新的技术提升路径以改善用户体验，光学模组、屏幕等是 2022 年比较集中的技术升级部分。从目前市面上新推出的 VR 头显设备参数来看，虽然比前几年有了一定的提升，但行业整体上还处于部分沉浸的发展阶段并在局部向深度沉浸过渡。新上市的头显设备多能达到 1.5K~2K 单眼分辨率，具有 100~120 度视场角和 4K/90Hz 渲染处理能力，在网络条件有保障的情况下可以实现 20 毫秒端到端（Motion To Photons，MTP）时延的指标。部分厂商已经采取更新的 Pancake（超短焦）光学方案、Micro LED 显示屏技术、性能升级的芯片，具备独立算力的一体式 VR 头显将在今后成为 VR 硬件的新主流形态。

作为 VR 硬件处理能力核心要素的芯片产品虽然只有部分改善，但产业出现的新竞争可能加速下一步的性能提升。高通公司的骁龙 XR2 芯片之前在市场中占据绝对优势，由于全志科技的 VR9 芯片、炬芯 S900VR 等竞争对手没有形成足够的替代作用，XR 芯片的性能升级较为缓慢。值得关注的是联发科公司推出了首款用于 VR 产品的芯片，并用于索尼的 PlayStation VR2 上。联发科在其他产品上的芯片通常具有费用低并提供交钥匙方案的优势，可能降低更多厂商进入 VR 领域的门槛，但高通公司拥有的专利和经验优势也可能对这一趋势产生阻碍作用。

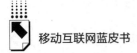

作为 VR 软件环境的关键组成，VR 内容的丰富度和供给能力对中长期的生态稳定发展有重要作用，尤其是在各家厂商的硬件产品没有拉开明显差距的情况下，内容的重要性不断凸显。各硬件和平台厂商都加强了自身内容生态的建设，加强 VR 内容生成技术的研发，不断加大合作和内容开发激励力度，出现了一些好的作品。国产 VR 厂商都在抓紧布局内容产业，2022 年光线传媒、蓝色光标、完美世界、恒信东方、芒果超媒、风语筑等厂商都宣布开始 VR 内容制作与分发；从现有内容储备丰富度来看，国内的爱奇艺、PICO 相对有优势。

（二）虚拟现实产业在高体验性技术方面加大投入

实现用户体验的提升始终是产业关注的重点，让虚实界面和内容设计更加贴近人的自然感受是具有技术挑战性的方向。2022 年，产业界已经在一些领域取得明显突破。

1. VR 触觉输入技术

VR 是虚拟世界的重要的交互界面，产业希望能彻底摆脱传统的手柄或触摸屏等物理输入方式，积极探索通过触觉、神经等更贴近人自然习惯的新手段让用户完成信息输入，以实现更完美的虚实交互体验。2022 年，最接近实用化的是 VR 触觉输入技术，如气动触觉技术、柔性电子皮肤技术、触觉手套等。

触觉手套领域在 2022 年不断涌现新的成果。AI SILK 采用了无机械器件的设计思路，以导电纤维为媒介与用户进行交互，让用户在元宇宙空间中感知、抓握并在各种动作中获得触觉反馈。荷兰的 Manu 公司则加强了获取用户运动状态数据的能力，通过全身动作头显 IK 系统获取全身运动数据，与具有 VR 动作捕捉功能的数据手套相互配合，形成与用户动作配合更紧密的运动虚拟画面。

凌空触觉技术的应用场景也有所增加。Ultraleap公司新发布的空中触觉传感器模块形成无接触的操控能力。红外线摄像头检测使用者的空中手势，在用户隔空操作时红外线感知的信息通过手部跟踪软件形成用户手部的对应数据，并将手部各种动作转换为屏幕上的光标来实现对屏幕的无接触操控；同时还可以通过骨骼跟踪技术生成使用者手部动作的虚拟模型，让抓取和推拉等各种动作在虚拟空间中更为自如地展现，再结合超声波技术形成的虚拟触摸感觉，大大提升用户的体验。

2. 脑机接口技术

理论上，比各类触觉技术能让用户获得更佳体验的是脑机接口技术。脑机接口技术在2022年的研究中有了新的进展。脑机接口技术早期被用于医疗和国防领域，比如美国军方研究的高精度双向脑机接口系统可让人与计算机系统之间进行高效和保密的军事通信。2022年，马斯克表示自己已将大脑上传至云端，并且和虚拟的自己进行了交流，这意味着马斯克的团队可能已在前几年脑机接口研发的基础上，在直接与人对接方面取得再一次进展。产业界关注这一技术是由于其能极大改善VR构建的虚拟体验，共同构成下一代人机交互的新平台，打造元宇宙的未来入口。同时，产业界也在审慎观察，脑机接口技术有可能给VR/AR技术带来的冲击，以及自身面临的技术、安全和伦理等多重挑战。

3. 生成式AI技术带来的竞合影响

用人工智能技术生成内容（AI Generated Content，AIGC）是闯入元宇宙等多个领域的“黑马”，从实验室的研发对象正在快速向商业化产品演变。Midjourney、Disco Diffusion等AI绘画工具能力升级的速度超出了很多人的预期，在逐渐打通不同内容展现形式之间的通道。而OpenAI发布的聊天机器人ChatGPT快速成为全球热点，其以搜索和自然语言理解技术的融合创新已经能够应对很多场景下的人机对话需要，甚至结合知识储备创作内容，编写代码。有声音甚至认为这些技术进步会改变元宇宙原先的发展预期，比如比尔·盖茨就表示，Web3和元宇宙并没有那么重要。

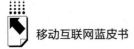

但从更广阔空间看，生成式 AI 技术也在对元宇宙未来发展产生助推作用，可能大大改变元宇宙虚拟空间中的内容生产体验。比如利用 AIGC 技术帮助元宇宙更高效地完成虚拟场景的创作，打破数字人建模技术目前的瓶颈，形成对海量数字藏品的创制；ChatGPT 可以用于元宇宙虚拟景象和数字人的交互能力提升中，在大大缩短反应时间的同时，还可以帮助数字人构建自我学习能力并实现自我升级。Nvidia 和谷歌等公司已经宣布了文本转 3D 的模型，这类尝试虽然还处于早期，但已经让我们展望新的应用场景——融合了生成式 AI 技术的元宇宙的虚拟景观、虚拟建筑的刻画更为细腻丰富，用户可以随心所想来改变周围的虚拟环境而无须长时间等待。

三　元宇宙的产业化在寻求更多支点

（一）国内元宇宙产业阵营开始寻找更多落地机会

元宇宙竞争的焦点是实现沉浸式虚拟空间体验与现实世界更好地无缝衔接。除了继续提升社交网络和游戏等热点领域的体验外，国内产业界也开始探索其他新的可能性，在投入重点方向上出现了分化的趋势。

百度将构建吸纳资源能力更强的基础设施作为重点，不断升级首个国产元宇宙平台“百度希壤”。其发布的元宇宙底座 MetaStack 是整合了全套元宇宙组件化基础设施的一站式开发平台。百度宣称，百度元宇宙生态链伙伴在平台的支持下，进入的门槛被大大降低，原本需要 6 个月到 1 年的元宇宙应用开发时间可以缩短到最少 40 天。

腾讯对原定的元宇宙发展路线做了全面的调整。2022 年曾经计划建立软硬一体的 XR 业务线，在软件、内容、系统、工具 SDK、硬件等诸多环节都进行积极尝试，但目前这些计划已经暂停运营。这背后其实和腾讯早就提出的全真互联网概念有很大关系。虽然认同虚实结合领域的发展前景，但全真互联网采用了由虚向实的路线，与元宇宙在策略上有很大差异，腾讯目前还是倾向于在全真互联网思路之下继续探索新的市场空间。

字节跳动上线了能提供各种虚拟形象的社交 APP 派对岛，收购了游戏开发团队等更多资源；PICO 还发布升级换代产品 PICO 4 VR 一体机，同时也在压缩元宇宙领域的一些项目，实现投入面向收益的聚焦。

（二）NFT 和数字人等典型领域发展趋势出现分化

1. 数字人是元宇宙领域现阶段发展前景最明朗的细分领域

数字人是现实世界与元宇宙虚拟空间交互的重要界面之一，虚拟偶像、虚拟主持人、虚拟营销员、虚拟话务员开始被越来越多的机构采用。数字人按照生成机理可分为算法驱动型和真人驱动型；按照用户视觉维度可分为 2D 型和 3D 型；依照商业定位分为服务型数字人和身份型数字人。到 2030 年，我国虚拟数字人整体市场规模将达到 2700 亿元左右。①

数字人的制作和运行在向智能化、精细化、多样化发展，面向游戏和传媒等消费市场的身份型数字人在这方面表现尤为突出。互联网和传媒公司都在积极推出自己的虚拟形象，比如阿里巴巴的“冬冬”、腾讯的“星瞳”、百度的“度晓晓”“希加加”、欧莱雅的“欧爷”、湖南卫视的“小漾”、华为的“云笙”、字节跳动的 A-SOUL 等。其中虚拟主持人是目前最受关注的应用场景，如北京卫视依据主持人春妮开发的数字人主播“时间小妮”，央视网数字虚拟主播小 C 亦是其中的代表；手语虚拟主播则是专门为残障人士提供的特殊形态，中国移动在世界杯期间推出的手语主播弋瑭就是专门为听障人士搭建的信息桥梁。在虚拟文化表演中应用也逐步增多。比如英国虚拟乐队 Gorillaz 中的每个数字人物在形象的精细刻画中与自己的 IP 属性是相应的，而且可以通过技术实现更大程度的弹性，在演出中让乐队成员以摩天大楼大小的虚拟化身出现在表演现场并且不出现大的失真。国内江苏卫视、四川卫视、东方卫视、B 站等也在各自的跨年文化活动中嵌入了数字人形象。而服务型数字人则更重视其专业功能，如红杉中国的数字虚拟员工 Hóng 就具备了部分全天候处理金融日常事务的能力。

① 《虚拟数字人深度产业报告丨元宇宙 Meta 洞见》，2021 年 12 月 30 日。

数字人亮丽的外形背后需要强大的技术能力集和巨大的资金投入，这使得更多用户被挡在门外。如何用更低的成本、更方便的方式，创造出更多形态逼真的数字人是产业界面临的难题。随着相关优化算法取得进步，云化生成环境的能力升级，UE5 和 MetaHuman 等引擎工具不断完善，各种数字素材的持续丰富，目前产业界已将数字人生产周期从数月缩短到数小时级别，将制作成本从百万元级降低到万元级别，这对于数字人的大规模市场推广将起到积极的作用。而海量数字人被投入运营后，还需考虑如何保障服务质量和减小社会、伦理等方面的负面影响等问题，需要在实践中一步一步去探索解答。与虚拟现实、元宇宙其他细分领域相比，数字人和现实市场需求更为贴近，商业思路接近清晰，在后续有可能得到更快的推广和普及。

2. NFT 技术需要实现商业模式破局

延续了之前在虚拟货币等互联网金融产品上取得的热度，NFT 产品在元宇宙发展之初就受到了极大关注。阿里巴巴、网易、京东等互联网企业在国内也开发了文化、传媒、创作有关的数字藏品。国外数字藏品通过开放式公链发行，用户可以自由查询 NFT 链上地址、智能合约、交易信息，而国内厂商基本是依托相对封闭的联盟链开展数字藏品发行，用户的使用方便性、可交易性、灵活性，以及数字藏品归属权的权威性和国外同类产品相比存在不足。国内数字藏品市场在经历初期的炒作后出现降温，国内企业也开始尝试开拓海外市场。

由于国内政策对数字藏品金融化炒作有明确的限制，很多海外热炒的 NFT 场景在国内缺乏实施的条件，也避免了国内产业出现太多泡沫。如作为 NFT 初期热点的虚拟房产，曾经在海外市场出现交易日均价达到 40000 美元以上的情况，但由于整个元宇宙的用户规模没有出现预期的快速增长，很快出现回调；虚拟房产平均价格从 2022 年 1 月的约 1.7 万美元每块，下降到 8 月的约 2500 美元每块，跌幅超 85%。[①]

从 2022 年整体的发展态势看，NFT 领域还缺乏可持续的盈利预期点，

① WeMeta：《海外主流虚拟房产平台上的数据分析》。

产业界对各类场景的探索还在不断深入，比如 NBA Top Shop 等项目发行的实时动态类 NFT，将各种形态的虚拟信息链接打通，在数字虚拟资产应用的形态和模式上不断进行创新。

四 虚实共生将拓展更大的市场空间

元宇宙初期的发展整合了虚拟现实类技术，虚拟用户、社交互动、在线游戏、虚拟货币等网络要素，形成了以 Meta 和 PICO 为代表的发展模式。在 2023 ICT 行业趋势年会上，中国工程院院士邬贺铨表示“元宇宙要尽快从炒作转向务实”。现有发展模式能否走出低谷取决于是否能极大改善体验晕眩、设备发热、传输延迟、VR 内容供给不足等问题，而且全球经济不景气带来的影响是否能尽快缓解也会带来很大影响。

但元宇宙已经展现了给我们的生产和生活带来巨大颠覆和改变的可能性，任何新技术初期的发展泡沫都会带来非理性的商业决策，只要能够贴近客户现实需求，就能很快扭转产业发展面临的不利局面。数字化社会对虚拟现实和元宇宙的需要已经不局限在社交或游戏这些有限的点上，围绕智慧城市等大场景的虚实共生已经提出了未来的发展蓝图，用户希望能在更广泛的场景中实现虚拟和现实的共存、交互和互操作，真正实现虚实空间的精准复合联动。而要实现这一目标，让新技术融合落地，还有很长的路要走。

从元宇宙产业目前实际状况来看，多个环节的推广门槛依然较高，无论是进入者还是使用者都需要一定的资金和技术储备。让更多的行业和用户可以进入这一领域是首要任务。产业界在 2022 年已经注意到这个问题，开始从搭建软件和硬件融合的开发和应用环境入手来降低产业链整体进入的成本。比如百度希壤推出了元宇宙底座 MetaStack，希望能通过整合各种基础能力的开发和生成平台，降低合作伙伴的开发成本，让更多创新能力进入百度的元宇宙生态体系中。尤其是针对目前广受关注的行业元宇宙应用，实现“高完成度、低成本”的轻量化开发环境已经逐步成为共识。

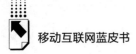

在经历了初期的“硬件销售拉动市场”阶段后，元宇宙还需要打造更多牵引力，首先就是破解虚拟现实等各类内容供给不足的问题。以游戏为例，截至2022年中，Steam平台应用总量为12.55万款，其中支持VR的应用仅6820款，占比约5.43%。[①] VR硬件的竞争正在不断稀释厂商利润，如果内容和服务不能拓展出新的空间，虚拟现实和元宇宙的长远发展就会缺少足够造血能力。

元宇宙目前推出的很多行业案例有很好的挖掘潜力，但产品的设计没有很好地与现实行业需求结合；此外，任何一家企业都很难依托自身的力量来完成重量级的虚拟世界构建，而各方还没有找到有效的协作道路。无论是元宇宙厂商之间的联通，还是元宇宙与现实行业之间的联通，都需要重构生态链关系、通用标准和场景设计。Meta和微软等企业已经尝试着从资源优化入手建立产业链内部的垂直合作关系，相关国际标准平台也已经开展运作，而元宇宙与实体行业之间的共识尚在不断探索中。只有实现有效联通，元宇宙愿景中更多的潜在空间才可能被真正挖掘出来，发挥出真正的虚实共生桥梁作用。

参考文献

VR星球：《全球最佳VR触觉技术创新》，2022年7月，https://author.baidu.com/home?from=bjh_article&app_id=1716549569830387。

前瞻经济学人：《2023年中国元宇宙产业核心层终端出货量与发展趋势分析》，2023年2月，https://author.baidu.com/home?from=bjh_article&app_id=1598514704362343。

VR星球：《全国VR/AR行业政策汇总》，2022~2023，https://author.baidu.com/home?from=bjh_article&app_id=1716549569830387。

① 青亭网统计数据。

B.18

2022年中国跨境电商发展趋势分析

李峄　洪勇*

摘　要：　2022年我国跨境电商仍保持快速发展态势，市场活力不断增强，物流、支付等服务体系持续优化，呈现品牌化、多元化、合规化等特征。跨境电商国内扶持政策以打通堵点难点为主，国际政策聚焦绿色环保、隐私保护和市场秩序等领域。未来，我国跨境电商在新兴市场、专业化和数实融合中将迎来新发展。

关键词：　跨境电商　品牌出海　合规建设

一　2022年中国跨境电商发展现状及特点

（一）总体概况

1. 跨境电商规模仍保持较快增长

2022年我国跨境电商进出口规模持续扩大。据海关总署测算，我国跨境电商进出口规模从2020年的1.69万亿元增长到2022年的2.11万亿元，年均增速为11.74%（见图1）；其中，2022年进出口总额同比增长9.80%，出口同比增长11.7%，进口同比增长4.9%。

* 李峄，商务部国际贸易经济合作研究院电子商务研究所副研究员，博士后，研究领域为数字经济、跨境电商；洪勇，商务部国际贸易经济合作研究院电子商务研究所副研究员，博士，研究领域为数字经济、电子商务。

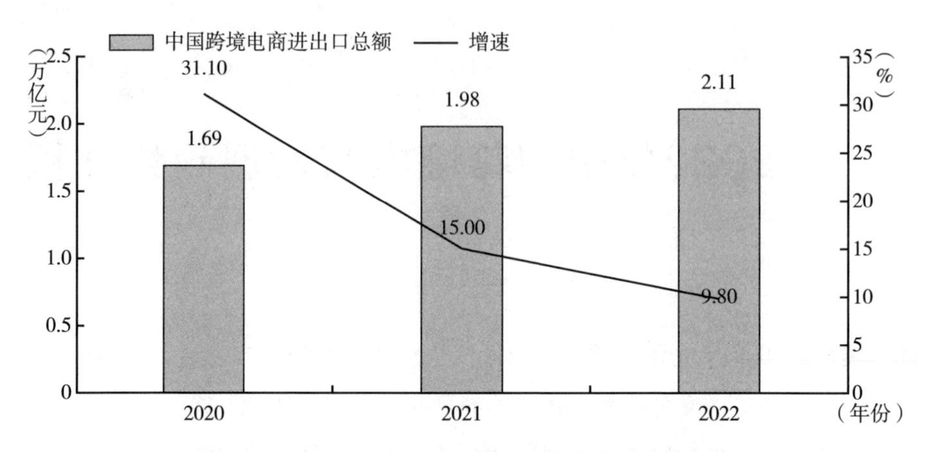

图 1　2020~2022 年中国跨境电商进出口总额及增速

资料来源：海关总署。

2. 跨境电商市场主体活力不断增强

2022 年我国跨境电商市场主体数量持续增长。通过查询企查查发现，2022 年我国跨境电商相关企业注册数量为 13711 家，同比增长 16.38%（见图 2）。

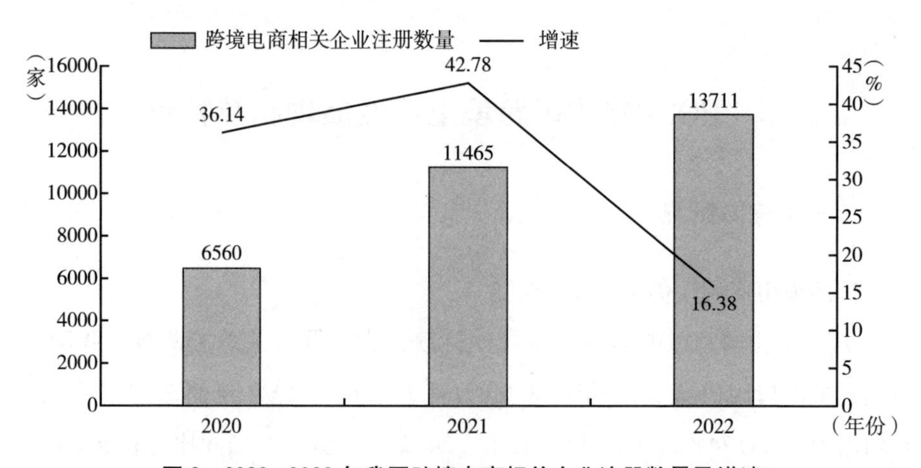

图 2　2020~2022 年我国跨境电商相关企业注册数量及增速

资料来源：企查查网站。

2022 年国内电商平台积极拓展跨境电商业务。速卖通、阿里巴巴国际站、敦煌网、兰亭集势、天猫国际、京东国际等跨境电商平台持续增强自身服务能力，为进出口商家提供更优质的线上市场秩序。如 2022 年 11 月阿里巴巴正式推出主要针对西班牙独立运营的跨境平台 Miravia，2022 年 6 月京东国际跨境 B2B 交易与服务平台“京东全球贸”正式开放运营。同时，社交、视频平台也加快发展跨境电商业务，为跨境电商发展增添了新活力。如 2022 年 9 月拼多多旗下跨境电商平台 Temu 在美国、加拿大、新加坡等海外市场同时上线，9~10 月其日均 GMV（商品交易总额）超过 150 万美元；字节旗下 TikTok Shop 2022 年上半年的 GMV 超过 10 亿美元。随着跨境电商平台的增多和优化，我国跨境电商市场活力不断增强。

（二）重点领域

1. 跨境电商物流体系持续优化

国内品牌出海“新基建”日益完善。海外仓服务能力和服务范围不断提升和扩大。据商务部统计，2022 年，我国海外仓超过 2400 个，面积 2500 万平方米，其中，跨境电商海外仓超过 1500 个，面积约 1900 万平方米。我国跨境电商物流企业，以海外仓为核心支点，持续提升自动化、库存管理、当地清关、退换维保、国际运输、末端配送等能力，满足国内品牌出海的多种业务场景需求。随着我国跨境电商 B2B（企业间的电子商务）出口试点全面铺开，“中欧班列”“集拼转口”等新模式与跨境电商加快融合，助力跨境电商出口企业更好开拓国际市场。除上合示范区—明斯克、义新欧、苏新欧、合肥—汉堡、合肥—威廉港等跨境电商专列外，2022 年新开通渝新欧、武威—汉堡、汉堡—西安、杜伊斯堡—西安、成都—波兰罗兹、杜伊斯堡—沈阳等跨境电商专列并实现常态化开行。

2. 跨境电商支付服务不断提升

人民币跨境支付体系日益完善，为我国跨境电商发展提供了更多便利化支付产品。一是人民币跨境支付量稳步增长。中国人民银行发布的数据显示，2022 年前三季度通过人民币跨境支付系统（CIPS）[①] 处理的人民币支

---

① CIPS 是我国重要的金融市场基础设施，是专业从事人民币跨境支付清算业务的批发类支付系统，该系统于 2015 年上线。

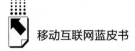

付业务308.62万笔，金额70.63万亿元，同比分别增长28%和21%，业务量稳步增长。二是人民币跨境支付范围不断扩大。中国人民银行发布的数据显示，截至2022年10月底，CIPS系统的参与者已达1347家，分布于全球107个国家和地区，服务遍及全球3900余家法人银行机构，覆盖全球180余个国家和地区。[①] 三是国内银行支付服务在跨境电商B2C（直接面向消费者销售产品和服务商业的零售模式）的基础上逐渐拓宽到跨境电商B2B。如2022年3月，中国工商银行推出全新一站式跨境电商综合金融服务平台，向支付机构、出口B2C电商企业、出口B2B电商平台、外贸综合服务企业和海外电商企业等五类跨境电商参与企业，提供清算、汇兑、申报、风险审查等一揽子综合金融服务；中国建设银行针对海外仓和跨境电商平台上的客群，推出了跨境电商专属的收汇、融资产品。四是第三方支付机构积极优化跨境电商支付方案。如2022年4月，蚂蚁集团与全球支付平台2C2P达成战略合作，共同加快数字支付的推广和创新，促进更多的全球和地区性商家无缝连接服务亚洲数亿消费者；连连国际依托全球数字支付网络，通过整合上下游有资质服务商资源，不断优化跨境支付、全球收单、资金分发、汇兑服务等一站式跨境服务解决方案。未来，跨境支付服务平台如何帮助跨境电商企业降低风险交易造成的损失，仍是重点。

（三）发展特征

1. 品牌化

2022年，主流跨境电商平台加快培育品牌。在出口方面，跨境电商出口平台优化品牌扶持计划并取得较好成效。如2022年阿里巴巴国际站持续升级全流程一站式出海解决方案，先后推出数字化混展、真人视频接待、数字化物流、跨境收付款等一揽子新产品新服务，增强中国外贸品牌竞争力；2022年12月，阿里巴巴国际站首度推出B2B品牌出海一站式数字化解决方

① 《CIPS：2022年前三季度人民币跨境支付系统处理支付额超70万亿》，移动支付网，https：//www.mpaypass.com.cn/news/202211/09101913.html。

案，加速孵化具有全球影响力的中国 B2B 品牌。2022 年 7 月，速卖通上线了主打精品跨境的品牌 AE Mall 频道，为国内优质供给打造全球品牌形象。在进口方面，跨境电商平台扩大海外品牌数量，满足国内多层次消费需求。如 2022 年海外直购正式与天猫国际业务融合，直购、平台、自营三大进口模式深度协同。截至目前，天猫国际已吸引全球 90 余个国家和地区的 39000 余个海外品牌入驻，覆盖了 7000 余个品类。[①]《2022 进口消费趋势报告》数据显示，2022 年上半年京东国际进口品牌商品库存量单位（Stock Keeping Unit，SKU）数量同比增长 51%，其中京东国际入驻进口食品品牌数量有显著增长。随着全球电子商务的快速发展，品牌化成为我国跨境电商持续健康发展的必由之路。

2. 多元化

2022 年，跨境电商商家积极采取多元化经营策略。随着流量红利的消失，直播、短视频等新引流模式成为跨境电商卖家多元经营的重点。2022 年是中国跨境直播电商的元年。据艾媒咨询测算，2022 年我国跨境直播电商市场规模超过 1000 亿元，同比增长率高达 210%[②]。我国跨境电商卖家借助直播渠道不断扩展市场。亿邦动力和 FastData 的数据显示，2022 年，TikTok Shop 英国站销售额排名前十的小店中有唯品会旗下的出海女装 NOWRAIN，也有我国跨境电商独立站大卖家 PatPat；在印尼站中京东印尼店（JD. ID）销售额排名第三，海贝丽致旗下品牌 Y. O. U 的小店销售额排名第五。在邮件、搜索引擎、广告、购物 APP 等引流模式的基础上，国内品牌商、独立站卖家、电商平台都在积极打通直播、短视频等社交引流模式。多元化引流成为泛娱乐、流量分散时代的必然选择。

3. 合规化

2022 年，跨境电商平台和商家加大合规建设力度。一方面，2022 年跨

---

① 京东研究院：《2022 进口消费趋势报告》，https：//mp. weixin. qq. com/s/LKqJHKqjhQ5g6pxwIoy1xg。

② 艾媒咨询：《2022 年中国跨境直播电商产业趋势研究报告》，https：//www. iimedia. cn/c400/83505. html。

境电商平台都新增了产品合规要求。自2022年1月1日以来，欧洲各国陆续推出了生产者责任延伸（EPR）合规政策。亚马逊、速卖通、eBay、Wish、兰亭集势、敦煌网等平台都要求商家在2022年6月30日前完成德国EPR注册，否则将会面临禁售、竞对投诉、产品下架，甚至高达20万欧元的罚款。另一方面，跨境电商合规服务快速发展。当前，跨境电商商家面临的合规要求主要集中在税务合规、产品合规、知识产权保护和市场公平竞争等四个领域，其中税务合规是跨境电商合规服务的主体。据艾瑞咨询测算，2022年我国跨境电商VAT税务合规服务市场规模为10.7亿元，同比增长25.8%，到2025年将增长到22.2亿元①。在各国合规政策的推动下，未来我国跨境电商合规要求将不断增多，合规服务将成为跨境电商刚需。

二　2022年中国跨境电商面临的政策环境

（一）国内相关政策

1. 国务院出台相关政策

2022年，国务院高度重视跨境电商，在扩围、规范、退换货、标准等领域颁布了系列政策（见表1），为推动跨境电商高质量发展提供了指引。

表1　2022年国务院出台跨境电商相关政策汇总

发布时间	政策	文号
1月11日	《关于做好跨周期调节进一步稳外贸的意见》	国办发〔2021〕57号
1月12日	《关于印发“十四五”数字经济发展规划的通知》	国发〔2021〕29号
1月19日	《关于促进内外贸一体化发展的意见》	国办发〔2021〕59号
2月8日	《关于同意在鄂尔多斯等27个城市和地区设立跨境电子商务综合试验区的批复》	国函〔2022〕8号
4月25日	《关于进一步释放消费潜力促进消费持续恢复的意见》	国办发〔2022〕9号

① 艾瑞咨询：《2022年中国跨境电商合规服务行业发展洞察》，https：//mp.weixin.qq.com/s/Tvo5pMfxZzWDN-ZqP12-Bg。

续表

发布时间	政策	文号
5月26日	《关于推动外贸保稳提质的意见》	国办发〔2022〕18号
9月15日	《关于进一步优化营商环境降低市场主体制度性交易成本的意见》	国办发〔2022〕30号
10月26日	《关于印发第十次全国深化“放管服”改革电视电话会议重点任务分工方案的通知》	国办发〔2022〕37号
11月24日	《关于同意在廊坊等33个城市和地区设立跨境电子商务综合试验区的批复》	国函〔2022〕126号
12月15日	《“十四五”现代物流发展规划》	国办发〔2022〕17号
12月19日	《关于构建数据基础制度更好发挥数据要素作用的意见》	

资料来源：国务院网站。

一是增设跨境电商综试区。2022年，国务院先后分两批新设60个跨境电商综合试验区。经过这两次扩围后，我国跨境电商综合试验区数量达到165个，实现了全国各省（区、市）全覆盖，为全国跨境电商协同发展提供了新契机。

二是促进跨境电商进口规范发展。2022年，国务院在稳外贸、促进内外贸一体化等相关意见中强调推动跨境电商进口规范健康发展，要求进一步调整优化跨境电商零售进口商品清单，为进一步释放国内消费潜力，加快跨境电商进口发展指明了方向。

三是推动跨境电商出口退换货试点。2022年，国务院在推动外贸保稳提质、优化营商环境等相关意见中提出要探索破解跨境电商退换货难题，加快出台便利跨境电商出口退换货的政策并开展试点。退货换是跨境电商闭环管理的重要环节，也是近年来跨境电商发展的堵点难点。退货换试点政策的出台落地，将增强我国跨境电商发展韧性，促进我国跨境电商全球供应链优化。

四是加强跨境电商服务标准建设。2022年，国务院在释放消费潜力、构建数据基础制度等相关意见中要求加快完善跨境电商、冷链物流等领域服务标准，探索跨境电商数据流动的安全方式。跨境电商标准建设是国际规则

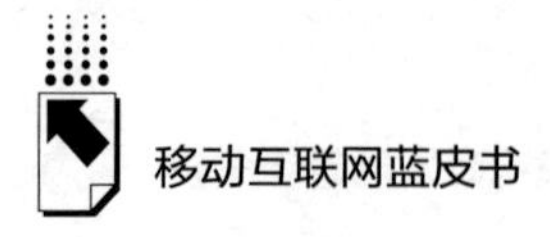

对接的重要抓手，其中数据跨境流动是全球电子商务规则探讨的重点。随着相关标准的探索、出台与实施，我国跨境电商发展将日益规范。

2. 主要部委出台相关政策

2022 年，主管跨境电商的相关部委针对融资、支付、担保、退税、进口清单、物流、国际合作、品牌出海、产业链等领域，出台了系列政策（见表 2），助力跨境电商高质量发展。

表 2　2022 年主要部委出台跨境电商相关政策汇总

发布时间	政策	文号
1 月 18 日	《关于推动平台经济规范健康持续发展的若干意见》	发改高技〔2021〕1872 号
1 月 24 日	《“十四五”现代流通体系建设规划》	发改经贸〔2022〕78 号
1 月 26 日	《关于高质量实施区域全面经济伙伴关系协定（RCEP）的指导意见》	商国际发〔2022〕10 号
2 月 21 日	《关于调整跨境电子商务零售进口商品清单的公告》	2022 年第 7 号
2 月 23 日	《关于加大出口信用保险支持　做好跨周期调节进一步稳外贸的工作通知》	商财函〔2022〕54 号
3 月 17 日	《关于用好服务贸易创新发展引导基金　支持贸易新业态新模式发展的通知》	商办财函〔2022〕47 号
4 月 11 日	《关于加快推进冷链物流运输高质量发展的实施意见》	交运发〔2022〕49 号
4 月 18 日	《关于做好疫情防控和经济社会发展金融服务的通知》	银发〔2022〕92 号
4 月 22 日	《关于进一步加大出口退税支持力度　促进外贸平稳发展的通知》	税总货劳发〔2022〕36 号
5 月 10 日	《关于开展内外贸一体化试点的通知》	商建函〔2022〕114 号
6 月 15 日	《关于阶段性加快出口退税办理进度有关工作的通知》	税总货劳函〔2022〕83 号
6 月 20 日	《关于支持外贸新业态跨境人民币结算的通知》	银发〔2022〕139 号
7 月 2 日	《数字化助力消费品工业“三品”行动方案（2022—2025 年）》	工信部联消费〔2022〕79 号
7 月 8 日	《关于支持国家综合货运枢纽补链强链的通知》	财建〔2022〕219 号
7 月 18 日	《关于推进对外文化贸易高质量发展的意见》	商服贸发〔2022〕102 号
9 月 27 日	《支持外贸稳定发展若干政策措施》	商贸发〔2022〕152 号
11 月 21 日	《关于巩固回升向好趋势加力振作工业经济的通知》	工信部联运行〔2022〕160 号

资料来源：各部委网站。

针对跨境电商重要环节，商务部、海关总署、财政部、中国人民银行、外汇管理局、税务总局等部委出台了针对性举措，打通跨境电商发展的堵点难点，优化监管体系。在融资方面，商务部发布的《关于用好服务贸易创新发展引导基金　支持贸易新业态新模式发展的通知》（商办财函〔2022〕47号）和《支持外贸稳定发展若干政策措施》（商贸发〔2022〕152号）中提出要聚焦跨境电商等新业态，用好服务贸易创新发展引导基金，鼓励地方相关基金及社会资本与服贸基金协同配合，统筹利用外经贸发展专项资金，进一步带动社会资本。在跨境支付方面，中国人民银行颁布的《关于支持外贸新业态跨境人民币结算的通知》（银发〔2022〕139号）中提出将支付机构跨境业务办理范围由货物贸易、服务贸易拓宽至经常项下，进一步明确了银行、支付机构等相关业务主体展业和备案要求，完善了跨境电商等外贸新业态跨境人民币业务相关政策。在担保方面，商务部和中国出口信用保险公司发布的《关于加大出口信用保险支持　做好跨周期调节进一步稳外贸的工作通知》（商财函〔2022〕54号）中提出信用保险政策要加大对跨境电商、海外仓等新业态的支持力度。在出口退税方面，税务总局等部委出台的《关于进一步加大出口退税支持力度　促进外贸平稳发展的通知》（税总货劳发〔2022〕36号）和《关于阶段性加快出口退税办理进度有关工作的通知》（税总货劳函〔2022〕83号）中明确要积极推动跨境电商企业适用出口退税政策，规范跨境电商零售出口税收管理，提高出口退税效率。在进口清单方面，财政部等部委发布《关于调整跨境电子商务零售进口商品清单的公告》（2022年第7号），增加了滑雪用具、家用洗碟机、番茄汁等29项近年来消费需求旺盛的商品，同时，根据近年我国税则税目变化情况调整了部分商品的税则号列，调整优化了部分清单商品备注。在物流方面，交通运输部等部委出台的《关于加快推进冷链物流运输高质量发展的实施意见》提出，要推进国际物流企业与跨境电商平台战略合作，充分发挥海运在跨境冷链物流服务中的优势作用。

为充分发挥跨境电商的引领作用，国家发改委、市场监管总局、工业和信息化部、商务部、海关总署、税务总局等部委出台系列规划和政策，促进跨境电商与多业态融合发展。在文化贸易融合方面，商务部等部委发布的《关于推进对外文化贸易高质量发展的意见》（商服贸发〔2022〕102号）提出，鼓励文化贸易企业运用跨境电商等新模式新渠道拓展海外市场。在平台融合发展方面，国家发改委等部委发布的《关于推动平台经济规范健康持续发展的若干意见》（发改高技〔2021〕1872号）提出，鼓励平台企业发展跨境电商，提升数字化、智能化、便利化水平，推动中小企业依托跨境电商平台拓展国际市场。在品牌培育方面，工信部等部委出台《数字化助力消费品工业“三品”行动方案（2022～2025年）》，支持跨境电商开展海外营销推广，巩固增强中国品牌国际竞争力。依托跨境电商推动品牌出海，开拓多元化市场。在产业链方面，工信部等部委出台的《关于巩固回升向好趋势加力振作工业经济的通知》（工信部联运行〔2022〕160号）提出，确保外贸产业链稳定，指导各地建立重点外贸企业服务保障制度，支持跨境电商、海外仓等外贸新业态发展。在内外贸融合方面，商务部等部委出台的《关于开展内外贸一体化试点的通知》（商建函〔2022〕114号）要求，促进与贸易新业态新模式相融合，对内外贸一体化新业态新模式实施包容审慎监管，鼓励创新发展。在流通方面，国家发改委发布的《“十四五”现代流通体系建设规划》（发改经贸〔2022〕78号）提出，支持发展保税进口、企业对企业（B2B）出口等模式，鼓励跨境电商平台完善功能。完善海外仓功能，提高商品跨境流通效率。在国际合作方面，商务部等部委出台的《关于高质量实施区域全面经济伙伴关系协定（RCEP）的指导意见》（商国际发〔2022〕10号）提出，推进数字证书、电子签名的国际互认，加强电子商务消费者保护和个人信息保护。

（二）主要市场国相关政策

2022年，我国跨境电商主要市场国的政策聚焦在绿色环保、隐私保护和市场秩序等方面，进一步加快了我国跨境电商规范发展步伐。

在绿色环保方面，欧盟、美国、英国、东盟等国家和地区针对包装和包装废弃物出台了相关法律法规。如2022年11月，欧盟委员会正式公布了关于包装和包装废弃物法规（PPWR）的提案，对现行包装和包装废弃物指令

94/62/EC（PPWD）进行修订，并直接对所有成员国生效，旨在防止包装废物的产生，促进高质量回收。2022 年 6 月，美国加利福尼亚州开启了实施该州创建的生产者责任延伸（Extended producer responsibility，EPR）计划和最严格的塑料减排目标的进程；要求到 2032 年，加利福尼亚州的所有包装都可回收或可堆肥，塑料包装产量减少 25%，且 65%的包装在使用后可回收。2022 年 4 月 1 日起，英国对在英国制造或进口到英国并且符合相关条件的塑料包装按每吨 200 英镑的税率征税。该塑料包装税预计将影响化妆品、消费品、食品和饮料、在线零售、石油、化学品、药品以及工业和包装制造等行业。2022 年 2 月，印度环境部发布关于扩大国内塑料包装生产者责任（EPR）计划的指南（立即生效）。该计划适用于消费前和消费后的塑料废物，对塑料生产商、进口商和品牌所有者设定了更严格的回收目标。

在隐私保护方面，英国、美国、加拿大、日本等国家在个人数据保护和数据流动方面积极搭建规则。如 2022 年 2 月，英国信息专员办公室（ICO）公布了新国际数据传输协议（IDTA）以及欧盟新 SCCs 协议[①]的英国附录（SCCs 附录），于 2022 年 3 月 21 日开始生效，旨在充分保护从英国出口的个人数据。同时，在 2022 年 5 月英国公布的《数据改革法案》（*Data reform bill*）中进一步明确了个人数据使用规则，旨在解决数据保护规则与人工智能等技术之间的矛盾，减轻企业的负担。2022 年 4 月，美国、加拿大、日本、韩国、菲律宾、新加坡、中国台湾共同发布《全球跨境隐私规则声明》（*Global Cross-Border Privacy Rules Declaration*），宣告成立“全球跨境隐私规则”（CBPR）论坛，旨在促进数据自由流动与隐私保护，建立全球跨境隐私规则（CBPR）和数据处理者隐私识别（PRP）系统的国际认证体系并推广，促进其与其他数据保护和隐私框架的互操作性。2022 年 1 月 1 日正式生效的《区域全面经济伙伴关系协定》（RCEP）中提出要求缔约方为电子

① 2021 年 6 月 4 日，欧盟委员会通过了新的两组标准合同条款（Standards Contractual Clauses，SCCs），其中一项适用于数据控制者与数据处理者之间的数据委托处理活动（简称为“委托处理 SCCs”），是首个欧盟层面的数据处理协议模板；另一项则适用于向第三国传输个人数据的情形（简称为“个人数据跨境传输标准合同条款”或“跨境传输 SCCs”）。

商务创造有利环境，保护电子商务用户的个人信息，为在线消费者提供保护，并针对非应邀商业电子信息加强监管和合作。

在市场秩序方面，欧盟、英国、日本、澳大利亚等国家和地区针对原产地、大型平台、贸易管理程序等领域出台了法律法规。如2022年4月的欧盟理事会决议（EU）2022/656，提出要在世界海关组织主持下成立的海关估价和原产地规则技术委员会内代表欧盟采取的立场，根据1994年关税及贸易总协定第Ⅶ条执行海关进口货物估价问题和原产地规则协定。2022年7月，欧洲理事会批准的《数字市场法案》明确了大型在线平台的权利和规则，旨在确保大型平台不滥用自己的地位，建立和完善数字服务市场秩序。2022年9月30日英国海关停止使用现行的清关系统（Customs Handling of Import & Export Freight，CHIEF）的进口申报服务，2022年10月1日全面启用新的海关申报系统（Customs Declaration Service，CDS），2023年3月31日完全关闭之前将会在CHIEF或国家出口系统（NES）上关闭出口申报。RCEP中提出，鼓励缔约方通过电子方式改善关于贸易管理与程序的条款；对计算机设施位置、通过电子方式跨境传输信息提出相关措施和方向，并设立了监管政策空间。

三　中国跨境电商发展趋势分析

（一）新兴市场将迎来新一轮增长

随着国际电子商务合作的不断扩围和深化，我国跨境电商将在新兴市场迎来新发展。一方面，2022年我国“丝路电商”新增新加坡、巴基斯坦伊斯兰共和国、泰国、老挝等4个国家。截至2022年底，我国已经与28个国家建立了双边电子商务合作机制，在政策沟通、产业对接、能力建设、地方合作等方面开展多层次、宽领域务实合作[1]，为加快双边跨境电商协同发展

① 《共享发展红利　“丝路电商”朋友圈不断扩大》，商务部，http：//www.mofcom.gov.cn/article/tj/tjzc/202212/20221203373025.shtml。

提供了契机。另一方面，RCEP 自 2022 年 1 月 1 日正式生效以来，在成员国逐渐落地。其中文莱、柬埔寨、老挝、新加坡、泰国、越南等东盟 6 国和中国、日本、新西兰、澳大利亚等非东盟 4 国是首批生效国家，随后 RCEP 对韩国生效（2022 年 2 月 1 日）[①]，2022 年 3 月 18 日起对马来西亚生效[②]，2023 年 1 月 2 日起对印度尼西亚生效[③]。作为全球体量最大的自贸区，RCEP 的生效将进一步激发我国跨境电商创新发展。

（二）跨境电商服务将向专业化发展

近年来，我国跨境电商正在经历税务、知识产权、产品安全、平台监管等合规化约束，跨境电商服务将在不同环节上加速专业化发展。继 2021 年亚马逊“封号”事件，2022 年 PayPal 针对产品侵权、过高投诉率、过高退款率、赃款等问题账号采取封号或冻结措施，以规范商家行为。平台监管逐渐收紧促使我国跨境电商企业日益重视合规化建设，与之相应的跨境电商服务将应时而生。未来，在传统的物流、通关、结汇、营销、代运营等支撑服务基础上，SaaS、产品注册（认证）、品牌培育、数据安全、供应链等衍生服务将快速发展并呈现专业化特征，以满足我国跨境电商合规发展需求。

（三）跨境电商将实现数实融合创新

近年来，我国跨境电商高速发展，对实体经济的带动作用日益增强。据商务部统计，我国跨境电商规模 5 年增长近 10 倍，是外贸新业态的主力军。随着跨境电商生态体系持续优化，跨境电商逐渐引导外贸相关实体经济的生产向数字化、智能化发展，供应链向全球化、敏捷化发展，价值链向高端化

---

① 《全球最大自贸区正式落地！RCEP：外贸增长加速器和新引擎》，澎拜新闻，https：//baijiahao. baidu. com/s？ id=1720706205295064858&wfr=spider&for=pc。

② 《马来西亚完成 RCEP 核准程序》，人民网，http：//world. people. com. cn/n1/2022/0121/c1002-32337083. html。

③ 《〈区域全面经济伙伴关系协定〉对印尼正式生效》，央广网，https：//news. cnr. cn/native/gd/20230102/t20230102_ 526111811. shtml。

发展，同时也促进消费的全球化和个性化。当前，已经形成了 F2C、DTC、M2C、O2O、“保税进口+零售加工”等数实融合模式。随着数实互动的频繁、高效以及新技术的广泛应用，未来，跨境电商领域的数实融合将迎来创新发展的新阶段。

四 中国跨境电商发展的对策建议

（一）支持跨境电商品牌出海

一是加强跨境电商品牌宣传。借助多元化渠道，向消费者传播跨境电商品牌故事和理念，增加消费者对跨境电商品牌的认知，提升品牌知名度。二是建立完善的跨境电商品牌监管机制。规范跨境电商品牌的服务行为，引导跨境电商品牌对标国际标准，保证产品和服务品质，提升跨境电商品牌的国际信誉。三是针对跨境电商品牌营造良好的政策环境。对跨境电商品牌培育给予资金支持，打通跨境电商品牌培育中的法律法规堵点，打造市场化法治化国际化的营商环境。四是提供优质的售后服务。及时解决消费者反馈的问题，改进产品和服务质量，提升消费者满意度，增强消费者对品牌的信任。

（二）优化跨境电商国际物流通道

一是优化报关流程。利用现代信息技术，实现自动化、流程化和信息化，减少报关时间和报关手续，提升运输效率。二是完善手续费用。优化报关费、报检费、报运费等手续费，提高跨境电商国际物流通道的综合效率。三是实施竞争监管。对跨境电商国际物流通道实施有效的竞争监管，加强行业监管，提升国际物流服务水平。四是促进技术创新。加强技术研发，引进智能化物流管理系统，提升物流效率。五是推进资源整合。积极倡导物流企业与跨境电商平台合作，支持跨境电商企业联合物流，提高物流网络覆盖率。

（三）构建跨境电商风险防控体系

一是完善法规体系。结合国际惯例，完善跨境电商风险防控相关法规，消除跨境电商发展过程中的法律风险，为企业提供更好的发展空间。二是加强信息技术应用。强化审查和检查机制，确保跨境电商经营活动的合规性，减少潜在的风险。利用大数据、云计算、物联网、人工智能等新技术，建立跨境电商风险防控信息系统，实现风险预警及全过程监控。三是加强监管执法。建立健全跨境电商风险防范管理机制，增强行政执法，维护市场秩序，确保跨境电商经营活动的安全性。

（四）完善跨境电商融资服务

一是营造良好的融资环境。通过外经贸专项资金引导融资方向，支持金融机构发放中小企业贷款，鼓励跨境电商创新投资理财。推动金融科技发展，为跨境电商提供更便捷更安全的融资服务。二是推动金融机构和跨境电商平台合作。依托跨境电商平台信用数据，推动金融机构为中小商家、海外仓企业提供融资担保服务，帮助跨境电商获得资金支持。三是支持跨境电商融资的投资项目。深化“放管服”改革，加快跨境电商融资项目的审批进程，为跨境电商提供融资保障。

（五）深化电子商务国际合作

一是加强数字贸易平台建设。整合关检、物流、支付、金融等服务，优化国际贸易“单一窗口”，搭建简便、安全、高效的贸易通道，逐步构建以交易为核心的数字贸易生态系统。二是积极参与电子商务国际规则制定。加大与外国政府、行业协会和研究机构的交流与合作，探索电子商务国际合作新路径。积极参与世贸组织、世界海关组织、万国邮联等与电子商务密切相关的国际组织峰会，提出中国方案，争取更多国际支持与合作。三是持续推进双边电子商务合作协议落地。基于多双边自贸协定，优化“丝路电商”合作模式，开拓新的“丝路电商”伙伴，推广直播电商、社交电商模式。

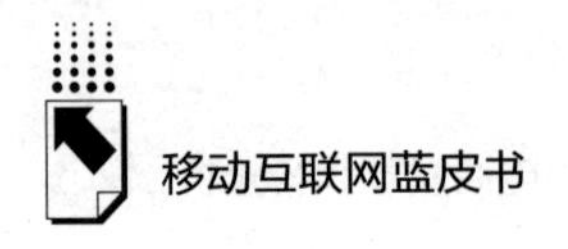

参考文献

中国社会科学院财经战略研究院、全球跨境电商品牌研究中心：《全球跨境电商品牌出海生态报告》，https：//mp. weixin. qq. com/s/Xgpadg1hF58bATmP_ DeJBg。

阿里研究院：《RCEP 与东盟国家跨境电商发展机遇研究报告》，https：//mp. weixin. qq. com/s/7M8_ LXPqsKqxEfJIgtDnwQ。

艾瑞咨询：《2022 年中国跨境电商服务行业趋势报告》，https：//mp. weixin. qq. com/s/e3SbHoKf4W9KZGsIU-rzHA。

张晓东：《国内外数字经济与实体经济融合发展的经验借鉴》，《当代经济》2022 年第 1 期。

B.19

中国基础教育数字化发展现状及趋势

胡婷玉　张春华　李国云*

摘　要： 2022年是教育数字化转型加速实施之年。我国教育数字化转型是一种系统性教育创变过程，包括数字化战略与愿景形成共识、数字化基础设施加速建设、数字化教育资源更加丰富、教与学的数字化成为新常态。面对挑战，我国基础教育数字化未来发展应完善统一建设标准，减少数字鸿沟，加大学生个性化发展支持力度，促进教学模式变革创新，建设数字化发展新生态，推动创新联盟形成。

关键词： 基础教育　数字化转型　数字素养

中国互联网络信息中心（CNNIC）发布的《第51次〈中国互联网络发展状况统计报告〉》显示，截至2022年12月，我国网民规模为10.67亿，互联网普及率达75.6%，网民用网环境持续改善，物联网终端增长推动“万物互联”，我国有世界上最大规模的在线教育群体，在线教育用户规模增长到3.77亿①。在线教育已成为我国常态化的教育方式。

2022年是教育数字化转型加速实施之年，《教育部2022年工作要点》明确提出实施教育数字化战略行动，加快推进教育数字化转型和智能升级，推进教

---

* 胡婷玉，希沃教育研究院研究员，研究方向为教育技术；张春华，北京开放大学副研究员，研究方向为教育信息化；李国云，希沃教育研究院高级顾问，研究方向为STEM教育。

① 中国互联网络信息中心（CNNIC）：《第51次〈中国互联网络发展状况统计报告〉》，https://www.cnnic.cn/n4/2023/0303/c88-10757.html。

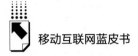

育新型基础设施建设，改进课堂教学模式和学生评价方式，构建基于数据的教育治理新模式①。教育数字化转型是系统化的转型，其实践和发展涉及基础设施建设、资源开发和优化、数字化治理能力提升、体制机制改革等多方面。

一 基础教育数字化发展现状

人工智能、大数据、物联网、云计算等技术在教育领域应用的研究与实践日渐深入，推动教育数字化成为世界范围内教育改革与创新的新趋势。

（一）国外基础教育数字化转型

互联网技术深刻地改变了人类的生产生活及学习方式，经济领域的数字化转型逐步扩展到教育领域，为了培养适应未来数字经济需求的现代化人才，全球国际组织及各国纷纷将教育数字化转型提升为教育的战略目标。例如，2020年，宽带委员会、国际电信联盟、联合国教科文组织和联合国儿童基金会联合发布《教育数字化转型：连接学校，赋能学习者》（*The digital transformation of education: connecting schools, empowering learners*）②。2021 年，欧盟委员会发布《数字教育行动计划（2021～2027）》［*Digital Education Action Plan (2021-2027)*］③，促进高性能欧洲数字教育生态系统的发展，并寻求提高公民数字化转型的能力和技能。经济合作与发展组织发布《2021 年数字教育展望——推动人工智能、区块链和机器人的前沿》（*DIGITAL EDUCATION OUTLOOK 2021: Pushing the frontiers with AI, blockchain, and robots*）④，旨在探

① 《教育部 2022 年工作要点》，http：//www.moe.gov.cn/jyb_sjzl/moe_164/202202/t20220208_597666.html，2022 年 2 月 8 日。

② 联合国教科文组织：《教育数字化转型：连接学校，赋能学习者》，https：//unesdoc.unesco.org/ark：/48223/pf0000374309。

③ 欧盟委员会：《数字教育行动计划（2021～2027）》，https：//education.ec.europa.eu/focus-topics/digital-education/action-plan。

④ 经济合作与发展组织：《2021 年数字教育展望——推动人工智能、区块链和机器人的前沿》，https：//www.oecd-ilibrary.org/education。

索智能技术改进教育系统和教育供给，提供更多受教育机会，促进教育公平，提升学习者学习质量。2021 年，联合国教科文组织发布《教育技术创新战略（2022~2025）》[①]，支持在技术应用于教育方面开展以人为本的创新，确保人人享有公平和包容的优质教育以及终身学习机会。

除了国际组织发布数字化发展的战略和目标外，各个国家也纷纷推出数字化发展规划。美国教育部教育技术办公室自 2010 年发布《国家教育技术计划》（National Education Technology Plan）以来，在利用技术改进学习方面取得了重大进展，此后每五年更新一次国家教育技术政策，确定利用技术改进教学方式及助力学习者实现随时随地学习的愿景，并将促进数字公平和数字包容、构建强大的数字生态系统、关注新兴趋势和技术作为数字化发展的优先事项[②]。2022 年 3 月，英国教育部发布《教育技术：探索学校数字化成熟度》（*Education Technology*：*Exploring Digital Maturity in Schools*）报告，研究了学校数字化成熟度与成就之间的关系，并将学校数字化成熟度分为三个“维度”：技术（Technology）、能力（Capability）和战略（Strategy）[③]。2022 年 9 月，新西兰发布《新西兰数字化战略》（*The Digital Strategy for Aotearoa*），愿景是让新西兰的人民、社区、教育、经济和环境在数字时代继续繁荣，并提出新西兰数字化的三个关键词：信任、包容和增长[④]。2022 年，韩国教育部发布《2022 年教育信息化实施计划》，重点将最新的智能技术融入教育信息化计划，形成以 AI（人工智能）+ICBM（物联网 IoT、云计算 Cloud、大数据 BigData、移动 Mobile）为基础的信息通信技术（ICT）教育数字化框架[⑤]。

---

① 联合国教科文组织：《教育技术创新战略（2022~2025）》，https：//unesdoc. unesco. org/ark：/48223/pf0000378847_ chi。

② 美国教育部教育技术办公室：《国家教育技术计划》，https：//tech. ed. gov/。

③ 英国教育部：《教育技术：探索学校数字化成熟度》，https：//assets. publishing. service. gov. uk/government/uploads/system/uploads/attachment_ data/file/1061797/Exploring_ digital_ maturity_ in_ schools. pdf。

④ 新西兰教育部：《新西兰数字化战略》，https：//www. digital. govt. nz/digital-government/strategy/digital-strategy-for-aotearoa-and-action-plan/the-digital-strategy-for-aotearoa/。

⑤ 韩国教育部：《2022 年教育信息化实施计划》，https：//www. korea. kr/news/policyNewsView. do？newsId=156521928。

各国不仅仅将教育数字化转型的目标设定为技术与教学的深度融合，更将技术作为推动教育公平、提升教育质量的重要手段。数字化转型持续推进教育体系的优化，形成与数字经济相适应的现代教育体系，其战略方向和价值主张意味着教育从工业时代跃入数字时代，每个教育机构的数字化发展都将面向数字化转型的未来。

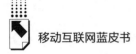

（二）国内基础教育数字化

在联合国教育变革峰会上，我国发布了《中国教育变革承诺书》，承诺积极推进教育数字化转型，深入实施中国教育数字化战略行动，推进新技术与教育教学融合，探索人才培养新模式，加快教育治理数字化转型①。

教育数字化转型是一种系统性教育创变过程，指将数字技术整合到教育领域的各个层面，从供给驱动变为需求驱动，实现教育优质公平与终身学习，形成具有开放性、适应性、柔韧性、永续性的良好教育生态②。从表象上看，是利用信息技术促进学习者、教育者及管理者的信息交互，而从系统来看，是一种教育方式的深刻变革，是教育观念的更新、教学模式的变革、教育体系的重构过程，目标是在智慧教育环境下形成一种更便捷、更高效、更具个性化的教育运行方式。从基础教育数字化的基本要素来看（见表 1），具备如下实践特征。

表 1　基础教育数字化的基本要素

主题	一级维度	二级维度	应用举例
数字化战略与愿景	包括国家及地方政府对数字化发展的战略部署及学校对数字化发展的规划目标	教育系统对教育数字化的认知与理解	数字化发展规划； 发展愿景； 发展目标； 行动纲领
		学校领导对教育数字化的有效指导和支持	
		数字技术嵌入学校自我评估的机制与政策	

① 《中国教育变革承诺书》，https://transformingeducationsummit.sdg4education2030.org/system/files/2022-09/China-National%20Statement%20of%20Commitment.pdf。

② 祝智庭、胡姣：《教育数字化转型的实践逻辑与发展机遇》，《电化教育研究》2022 年第 1 期。

续表

<table>
<tr><th>主题</th><th>一级维度</th><th>二级维度</th><th>应用举例</th></tr>
<tr><td rowspan="3">数字化基础设施</td><td rowspan="3">包括支持数字化教学开展所需的网络、设备及学习环境</td><td>智能学习设备</td><td rowspan="6">各类学习机；
中小学智慧教育平台；
各省云平台建设；
E-learning 学习资源库建设</td></tr>
<tr><td>网络覆盖</td></tr>
<tr><td>学习平台建设</td></tr>
<tr><td rowspan="3">数字化教育资源</td><td rowspan="3">包括支持教师备课、教研的数字化教学资源，以及支持学生个性化学习的数字化学习资源</td><td>资源及时性</td></tr>
<tr><td>资源优质性</td></tr>
<tr><td>资源个性化</td></tr>
<tr><td rowspan="5">教师数字化教学能力</td><td rowspan="5">包括数字素养，技术工具的使用，技术支持的教学设计、实施与评价等</td><td>教师数字素养能力提升</td><td rowspan="5">将数字技术融入新课标；
数字标准的制定；
学校各项支持服务</td></tr>
<tr><td>教学活动安排</td></tr>
<tr><td>教学评价与反馈</td></tr>
<tr><td>教师个性指导</td></tr>
<tr><td>创新教学案例的引介与推广</td></tr>
<tr><td rowspan="2">学生数字化学习能力</td><td rowspan="2">包括基本认识、基本技能、创新应用和安全伦理等</td><td>使用技术工具</td><td rowspan="2">各类学习软件；
基本网络认知</td></tr>
<tr><td>参与在线学习</td></tr>
</table>

1. 数字化战略与愿景

近年来，教育数字化转型已成为世界范围内教育改革与发展趋势，世界各国纷纷发布教育数字化战略框架、发展规划和各类目标文件，积极谋划数字化战略方案。党的二十大报告首次将“推进教育数字化”写入报告，明确了数字化在教育未来发展中的行动纲领。教育部将上海作为教育数字化转型试点区，上海市教委出台《上海市教育数字化转型实施方案（2021~2023）》，力争到2023年将上海建设成为全国教育数字化转型标杆。2022年12月，上海市各中小学校都可在上海智慧教育平台“应急教学服务”功能模块申请提供在线教学技术工具与必要的支持服务。我国从国家层面的顶层设计到省（区、市）的数字化战略及各个学校的数字化行动，自上而下稳步推进教育数字化转型。

2. 数字化基础设施建设

数字化基础设施建设是推进教育数字化的基础。主要包括推进学校日常管理及运维的智能信息终端系统，各类智慧教学空间、智慧学习空间、智慧实验室、虚拟仿真实验室、智慧图书馆等，以及普及化的、个性化的教育资源公共服务平台、教学管理平台、数字校园平台。数字化基础设施建设为中小学构建了新型的数字化教与学的环境，包括建设智慧校园，还有各类智慧教室的普及应用，以及各类智慧教育平台的开发建设。数字化的教学环境为智慧教学和智慧学习提供了技术保障，也为开放性学习提供了个性化环境，学校、家庭和社会实现了信息和资源共享、知识互联。

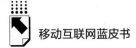

以智能教学终端系统希沃大屏的配套软件希沃白板 5[①] 为例，2021 年 9 月至 2022 年 6 月，希沃白板 5 的新增注册教师用户覆盖率为 28.1%，新增用户覆盖率最高的是义务教育阶段，近三年希沃白板 5 活跃教师用户增长率为 118.9%，华南地区增长率最高（174.7%），华中地区增长率最低（76.4%）。

3. 数字化教育资源

教育信息化 1.0 时代从平台开发走向了资源建设，而 2.0 时代则走向了资源真正共建共享以及资源服务的创新[②]。数字化教育资源包括支持教师备课、教研的数字化教学资源，也包括支持学生个性化学习的学习资源。数字化资源发挥作用的关键，是具备开放共享的教育环境，为用户提供“愿意用、喜欢用、坚持用”的良好体验。因此，保持教育资源良好的畅通性、适切性、及时性、个性化非常重要。2022 年 3 月 28 日，国家智慧教育平台正式上线，资源总量达到 28052 条，这是我国教育数字化战略行动取得的阶段性成果。各省份和学校还可以根据地方特色和教育需求，对国家资源进行二次开发，建立适合本地的专题教育资源。

4. 教与学的数字化

教与学的数字化是指教学中关键要素及主要流程的数字化，教师的教学设计、教学过程、学生的课堂互动、课后作业、学习评价和教育管理都可以通过数字化的技术手段进行支持和反馈。教师的数字化教学能力和学生的数

---

① 希沃白板 5 是希沃大屏配套的软件系统，专为教师设计的互动式课件制作工具，具有多种模式生动展现教学思路、操作简单的特点。

② 虎莹：《5G 时代如何建好用好教育数字资源》，《中国教育报》2022 年 7 月 6 日。

字化学习能力成为教与学数字化实现的关键。

教师数字化教学能力包括数字环境下的教学迁移能力、数据分析能力、教学设计能力、教学评价能力及数字协作能力等。教师依靠各种智能教学系统，分析了解学生的个性特点和学习需求，掌握学生的学习状态及学习进展，分析学习过程中潜在的学习风险和症结所在，设计契合大多数学生需求的学习活动和教学安排，并针对性地开展个性化教学指导。在各科具体教学过程中，教师也可以根据学科特点及学生学习情况设计特色教学活动，及时调整教学进度，灵活调整教学重点和难点，实现课堂效果最优，促进学生的个性化发展和差异化发展。根据教育部发布的教育统计数据，2020 年基础教育阶段专任教师总数为 1514. 2 万人，2021 年 9 月至 2022 年 6 月，希沃系列软件活跃教师用户规模数为 607. 3 万人，占全国专任教师规模的 40. 1%。活跃教师用户覆盖率最高的学段为小学学段（41. 9%），最低为幼儿园学段（9. 5%）。

学生数字化学习能力是指学生借助数字化技术开展适合自己特点的高效学习的能力，包括使用信息工具获取和处理信息的能力、进行交流和协作的能力及数字化社会公民素养等①。学生在数字环境下对信息形成基本认知，掌握学习工具的基本操作技能，能够对技术进行创新应用，并具有网络环境下的安全伦理观。学生在教师指导下，选择适切的学习内容和学习资源，借助智能设备和互动工具，开展多样化的学习实践和学习活动，如个人自主学习、小组协作学习、项目式学习等。

（三）我国基础教育数字化应用案例

1. 赣州市经开区“三个课堂”让教育发展更加均衡

（1）背景

江西省赣州市经开区共有 15 所教学点，由于条件限制，教学点基本没

① 王永军：《技术赋能的未来学习者——新版 ISTE 学生标准解读及其对我国中小学学生信息化学习能力建设的启示》，《中国远程教育》2019 年第 4 期。

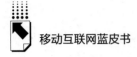

有配备音体美专职教师，导致教学点的音体美课程基本上处于“开不出”“开不足”“开不好”的局面。加上全区2600名中小学教师中近1000名是农村教师，大多是近几年刚毕业就分配到农村，教学经验普遍不足，城乡的教学水平有较大的差距。

（2）主要技术（方案）

借助希沃录播设备及整体解决方案，赣州经开区在多个乡村教学点打造数字化课堂，学生通过教室中的希沃交互一体机和城区的名师互动，享受城区学校资深教师的授课，获取和城区孩子同样的教育资源。与此同时，乡村教师通过线上教研，提升了自身教学能力。区域之间、城区和乡村之间的教学差距正在缩小。

（3）建设路径

2017年，选择1所城区学校和两所教学点进行试点。2020年，经开区实现了“0+N”模式的全面普及，专递课堂覆盖经开区所有教学点。2021年，赣州经开区开始名师课堂试点，通过专递课堂的教学环境设备实现城乡教师线上线下交流结对，结合城区学校校本教研、城乡学校之间的线上教研，最终促进区域城乡教师教育教学能力的整体提升。

（4）阶段性成果

赣州经开区已经实现全区的专递课堂常态化应用，经开区名师课堂也被纳入了学校学科常规教研，构建了一批有区域特点的名师课堂。未来将把“三个课堂”建设工作作为“十四五”期间的工作重点，把所有参与“三个课堂”的教师全部纳入学校绩效考核。

2. 科技赋能区域教育，“富平模式”彰显数字化魅力

（1）背景

为加快推进富平县中小学教师信息技术应用能力提升工程2.0应用工作，富平县开展了一系列关于提升教师信息技术与学科教学融合能力的相关工作，推动县域优质教育资源整合与共建共享。作为数字化教育的技术支持方，希沃通过组织在线信息化培训，为富平县实现数字化手段与区域教育深度融合提供“智慧动力”。

（2）主要技术（方案）

首先在各校推动希沃备授课软件、教研数字化管理平台、课堂教学评价与班级管理软件、微课制作软件的实践应用。其次在课后服务和知识点辅导的过程中，利用希沃知识胶囊录制教学辅导视频对学生进行辅导，让科技在应用中深入学校的方方面面。

（3）建设路径

在常态应用的基础上，教育局举办了线上教师集体备课大赛，通过大赛的形式，鼓励教师利用希沃系统和软件进行集体备课、录课，形成教学反思，从而汇集了大量精品教学教育教研资源。并通过区域数字化管理平台的“区校资源库”进行集中管理及全国分享。通过收集全国的反馈意见（下载及互动）对资源进行优化和迭代，形成真正让教师欢迎的优质资源，并推动区域的均衡发展。

（4）阶段性成果

富平县充分利用信息化平台，收集来自区县各校教师教学资源，进行数据综合挖掘，切实提高精准诊断、及时干预和个性化服务教师能力。同时，将教师研修学习、教学实践等活动纳入评估范畴，以评促用。建立多元评价机制，通过开展常态化监测，构建教师信息技术应用能力监测评价体系。

二　基础教育数字化发展面临的挑战

（一）学校：信息孤岛与数字鸿沟挑战巨大

1. 教育装备标准不统一导致信息孤岛

教育数字化虽有国家统筹规划，但各地对教育数字化的认识和理解存在差异，教育数字化的标准和规范建设也滞后于数字化的发展速度，从而导致有的地方盲目追求技术领先，过度强化技术的作用，一切按“高标准”进行设计；有的地方教学与技术融合不够，只重视硬件环境，忽略教师的数字

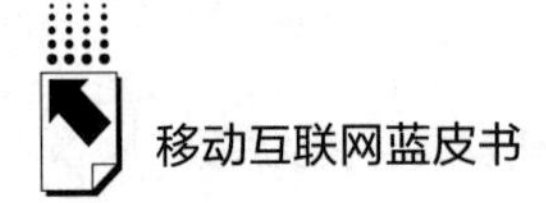

素养及教学应用；还有的地方教育资源重复建设，多个平台难以互通，各自为政，技术应用参差不齐，信息孤岛现象频发，系统兼容性差，重复投资大量存在。

2. 教育数字化发展不均衡带来数字鸿沟

2018年4月，教育部发布的《教育信息化2.0行动计划》指出，教育信息化必将成为促进教育公平、提高教育质量的有效手段。让每个孩子获得个性化发展，充分发展每个孩子个人潜能的教育才是真正意义上的教育公平①。2022年受到疫情严重冲击，居家学习成为基础教育学习的新样态，各级基础教育部门通过整合技术力量和优质资源，为学生提供“有学上”和“上好学”的基本前提，并通过各级各类学校的具体指导，确保学生居家也“能学好”。但教育发展的区域不平衡、层次结构不平衡、受教育群体不平衡“三个不平衡”，导致优质教育资源不充分、教育质量提升不充分、适应新的教育发展格局思想准备不充分“三个不充分”并存②。

（二）教师：技术与教学深度融合不够

基础教育数字化需要教师借助技术赋能课堂：基于数字技术提升课堂教学的趣味性和有效性，从而带动学生学习的积极性、主动性和参与性；基于学习数据和学习分析技术精准判断学生的学习状态及知识掌握情况，及时改进优化课堂教学；基于教育资源为学生提供适切性的学习内容，促进学习的个性化；充分利用数字技术，积极开展项目式、小组式、探究式、启发式教学，提高学生的核心素养。

教师开展数字化教学，离不开规范、正确、适度地使用数字技术，而熟练应用技术的基础就是教师的数字素养。教师数字素养与所授学科、年龄层

① 熊才平、丁继红、葛军、胡萍：《信息技术促进教育公平整体推进策略的转移逻辑》，《教育研究》2016年第11期，第39~46页。

② 胡小勇、许婷、曹宇星、徐欢云：《信息化促进新时代基础教育公平理论研究：内涵、路径与策略》，《电化教育研究》2020年第9期，第34~40页。

次、教学理念都存在极大关联。目前，部分教师的教学理念仍停留在传统阶段，对学生学习能力和学习风格的个体差异及个性化需求分析不够，关注不多。现代信息技术与基础教育教学的融合，远非技术层面的问题，这种融合是对基础教育学校的教育教学理念、教育形态、教师角色的冲击，也是对师生关系、教学方式、学习方式的冲击①。这种融合对于教学组织形态、教师布局以及教育教学管理体制机制提出了一系列挑战。

（三）学生：数字素养不足导致数字责任担当乏力

教师和学生是推进基础教育数字化的主体。数字素养是指安全、有效和负责任地使用技术所需的技能，既包括教师的数字化教学能力，也包括学生的数字化学习能力。对于中小学生来说，在设备使用的时间管理、数字身份的确立、数字隐私与安全的保护、数字交往礼仪的遵守、网络欺凌的应对、数字信息真伪的辨别和传播上都面临一定程度的挑战。防治网络沉迷的措施和方法虽然很多，但成效往往取决于学生的内在驱动力和个人对网络的认知。数字身份的确认需要学生识别线上与线下，线上也不是法外之地，应该将网络作为更好地表达、记录、展示和探索的空间。虽然数字素养不能完全避免学生在网上面临安全挑战，但它可以赋予学生保护自己安全和隐私的重要知识、工具、技能和资源。数字素养还应考虑数字责任，即以合乎伦理的方式在线消费和交流信息的能力，懂得数字交往礼仪，语言表达规范，考虑态度与语言不当对别人造成的不适和伤害。懂得网络欺凌与校园欺凌一样严重，学会辨别网络欺凌的发生并掌握应对的措施和方法。此外，日益增强的技术依赖使学生面临版权、抄袭、信息泄露、信息真伪辨别以及负责任地与他人互动交流的挑战。数字素养技能帮助学生掌握理解和有效应对这些挑战的能力，使他们成为更负责任的数字公民。

---

① 钟秉林、袁振国、孙杰远、朱旭东、朱德全、邬志辉、刘海峰、李铁安、徐士强、倪娟、李政涛：《教育数字化背景下的未来教育与基础教育学建设（下）》，《基础教育》2022 年第 4 期，第 39~67 页。

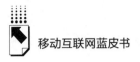

（四）校际协同创新的难度较大

《关于“十三五”期间全面深入推进教育信息化工作的指导意见》强调利用网络的优势，探索校际教学、资源共享、协同教研、教师研修、科研合作新模式。2018 年，教育部提出“省部共建协同创新中心”，由省、部共同支持建设、运行，高校作为建设主体，聚焦区域、行业战略需求，加强产学研合作。在基础教育领域，集团化办学既是学校管理体制机制的创新，也是教育资源配置的创新，而区域化的校际协同创新尚没有形成优势，也缺乏可借鉴和共享的机制。优秀教师的教学创新没有形成带动的力量，技术融入教学的创新实践也缺乏展示的平台，因此，基础教育数字化转型的教学实践和教学创新亟须形成协同创新平台的共研、共享机制，探索以区域协作教学、教研创新为突破，形成教学创新互动联盟，推进教学创新的数字化变革。促进区域教育均衡发展成为基础教育领域教学创新面临的新挑战。

应充分利用信息技术构建校际协同创新平台，形成教学协同创新的区域联盟，围绕教学创新实践开展研讨、分享和传播，构建协作环境，促进教学创新要素的有效汇聚和集成，促进区域教育协同创新，提升人才培养的质量，促进教研科研双向互动。注重实效，坚持以“有特色、高水准、可操作”为标准，整合教学创新优秀实践，累积优势资源，积极推进校内、校际、校企的深度合作，加强合作共享机制研究，为教师提供专业化可持续有目标的推优择优平台。

三　基础教育数字化未来发展趋势

（一）完善统一建设标准，推动教育数字化转型规范健康发展

科学统一的数字教育标准是数字化生态融合发展的前提，是数字教育领域实现“双循环”的基础①。教育数字化的过程是教育内容丰富、教育环境

① 张伟：《营造良好生态，推进教育数字化转型发展》，《光明日报》2023 年 2 月 21 日。

泛化、教学模式创新的过程，也是教育的新业态和新形态不断丰富的过程。已有的规范与标准很难满足数字化发展新要求，需要制定新的统一的数字化标准，确保数据的有序对接、信息畅通运转以及数字环境下的教育治理。此外，还要打破各层级“信息孤岛”，使信息系统向可兼容、可共享、可整合、可共通的融合化方向发展，最终实现多级分布、全面覆盖、开放获取、协同创新的数字教育公共服务体系。

（二）减少数字鸿沟，实现教育资源优质均衡发展

数字公平包括三个相互关联的组成部分——数字基础、学习条件和有意义的学习机会，包括：在校内外具备优质的数字设备，如高速互联网和上网设备；具备应用技术服务学习的知识和技能；易于访问的优质教育资源；学生有开展体验性的、有意义的学习机会。

实现数字公平，减少数字鸿沟。首先，应重视加强数字化基础设施建设和教育资源建设，为数字化转型提供基础条件，满足数字化转型的区域化和本土化需求；其次，准确分析和研判区域及学校的基础教育数字化发展薄弱环节，有重点分步骤地规划好发展路线，加大校企合作力度，探索数字技术促进区域教育创新的方式，拓展教育与技术融合的广度和深度；最后，为教师的数字化教学、学生的数字化学习提供环境和技术支持，完善有助于促进教育公平的评价和激励体系。

（三）加大学生个性化发展支持力度，促进教学模式变革创新

个性化学习旨在根据每个学生的个人需求、兴趣和学习风格定制学习体验。个性化学习的关键原则之一是利用技术支持个性化教学，提供学习管理系统（LMS）和其他教育技术工具，帮助教师向学生提供定制的教学。这些工具可以提供实时反馈，适应学生的学习需求，也为教师提供数据支持，为调整优化教学提供依据。此外，个性化学习还涉及教学实践的转变，教师应更加凸显作为设计者、评学者、促学者、咨询者的角色，为学生能力发展构

建数字化环境和活动[①]。综合应用多源数据对学生及学习需求、进展成效、情感情绪、问题风险进行分析研判，持续性地监测学生学习进程、学习情绪和健康状况，并实施针对性支持和干预，以帮助学生实现自我规划并达到最优的学习状态，善于发现学生的优点和特点，激励并帮助其健康成长。

（四）建设数字化发展新生态，推动形成创新联盟

在丰富的数字生态系统中建立互联互通性，充分利用数字化的潜力，支持和促进创新环境，构建一个相互依赖且系统各部分相互关联、相互影响的系统。不仅要在学校环境的人文组织方面，实现互联互通，减少“孤岛”，为教师提供良好的生态环境，还要鼓励教师开展教学实验，为教师专业发展提供全方位支持服务，形成校内良好的榜样力量。要为校级教学创新搭建共享平台，促进教学创新校级联盟的发展。要关注人的发展和创新型人才培养方式，形成基础教育数字化发展的良好氛围和数字化教育发展的新型文化。

参考文献

祝智庭、胡姣：《教育数字化转型的实践逻辑与发展机遇》，《电化教育研究》2022年第1期。

钟绍春：《课堂教学新模式构建方向与途径研究》，《中国电化教育》2020年第10期。

胡小勇、许婷、曹宇星、徐欢云：《信息化促进新时代基础教育公平理论研究：内涵、路径与策略》，《电化教育研究》2020年第9期。

钟秉林、袁振国、孙杰远、朱旭东、朱德全、邬志辉、刘海峰、李铁安、徐士强、倪娟、李政涛：《教育数字化背景下的未来教育与基础教育学建设（下）》，《基础教育》2022年第4期。

周全：《数字化转型赋能基础教育高质量发展路径研究——以国家级信息化教学实验区为例》，《中国电化教育》2022年第11期。

① 魏非、祝智庭：《面向教育数字化转型的教师信息化能力建设方略》，《中国教育学刊》2022年第9期，第13~20页。

B.20

2022年中国智慧体育发展及趋势分析

杨国庆　胡海旭*

摘　要： 2022年，紧随北京冬奥会办赛备赛参赛热潮，我国智慧体育在竞技体育、全民健身、学校体育、体育产业等领域得以快速发展。在智慧体育相关政策支持引导下，体育各领域得以更好更快地开拓智慧体育应用场景，并取得了积极建设成效。与此同时，智慧体育因前期基础薄弱、发展样态繁多等问题而面临专业人才缺乏、推进落实乏力、政策法规有待完善等挑战。

关键词： 智慧体育场馆　智慧体育赛事　智慧体育校园　智慧运动训练

一　智慧体育发展现状

“智慧体育”是指利用大数据、区块链、物联网、云计算、人工智能、5G/6G等先进信息化技术，以数字化、网络化、智能化为特点，创新发展而成的智慧竞技运动训练、智慧体育赛事、智慧体育馆、体育“智”造业、智慧体育公园、智慧体育公共服务平台等体育新业态，为体育生活与生产提供更互联、高效和智能的服务。

（一）政策法规现状

为推动智慧体育产业的发展，国务院、相关部委以及各地方政府先后出

* 杨国庆，南京体育学院院长，研究领域为竞技体育管理、智慧体育；胡海旭，南京体育学院副教授，博士（后），研究领域为智慧体育、数字化运动训练。

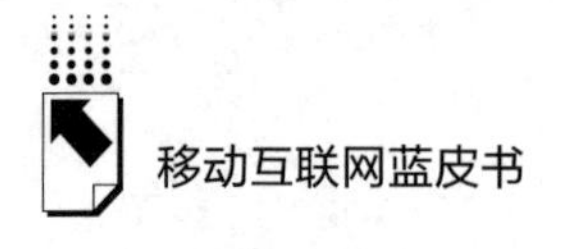

台了多项政策文件，从顶层设计、技术标准、试点示范等方面大力支持智慧体育试点及产业发展。

1. 国家层面高度重视

2018 年以来，国家对智慧体育发展高度重视，发布多条政策大力支持其发展，涉及领域逐渐扩展，智慧体育也呈现多业态发展趋势。

2018 年 12 月 11 日，《国务院办公厅关于加快发展体育竞赛表演产业的指导意见》发布，提出积极运用信息通信技术，打造智慧冬奥，鼓励以移动互联网、大数据、云计算技术为支撑，提升赛事报名、赛事转播、媒体报道、交流互动、赛事参与等综合服务水平。

2019 年 8 月 10 日，国务院办公厅发布《体育强国建设纲要》，提出推进智慧健身路径、智慧健身步道、智慧体育公园建设。

2019 年 9 月 17 日，国务院办公厅发布《关于促进全民健身和体育消费推动体育产业高质量发展的意见》，提出支持体育用品制造业创新发展，推动智能制造、大数据、人工智能等新兴技术在体育制造领域应用。

2020 年 9 月 30 日，《国务院办公厅关于加强全民健身场地设施建设发展群众体育的意见》发布，提出提高全民健身公共服务智能化、信息化、数字化水平。

2021 年 10 月 25 日，国家体育总局发布《“十四五”体育发展规划》，提出数字体育建设工程，包括打造全民健身服务“一张网”，加快体育场地设施数字化改造，完善运动员注册与等级管理系统，建设数字体育实验室、国家体育大数据中心和各省（区、市）体育数据中心等。

2022 年 3 月 7 日，国家体育总局办公厅印发《2022 群众体育工作要点》，提到指导场馆进行数字化、信息化升级改造，进一步提升开放服务水平。

2022 年 7 月 7 日，国家体育总局办公厅《关于体育助力稳经济促消费激活力的工作方案》发布，提到加快体育与 5G、大数据、人工智能等新技术的融合，大力发展数字体育。

2. 加强跨部门协同合作

文化和旅游部、工业和信息化部、教育部以及科技公司之间也积极加强合作，在大数据、5G、云计算、虚拟现实等方面集中拓展，为我国体育的信息化、数字化、智能化发展提供了有力支撑。

2021 年 2 月 10 日，文化和旅游部、国家发改委、国家体育总局共同发布《冰雪旅游发展行动计划（2021—2023 年）》，旨在加强科技赋能，大力发展“互联网+冰雪旅游”，推动冰雪旅游与大数据、物联网、云计算、5G 等新技术结合。

2022 年 7 月 14 日，由国家体育总局体育信息中心、华为技术有限公司、华体集团和北京市标准化研究院等联合编制的《体育场馆智慧化标准体系建设指南》发布，初步明确了智慧体育场馆的标准体系以及今后场馆工作的评价标准。

2022 年 10 月 28 日，工业和信息化部、教育部、文化和旅游部、国家广播电视总局、国家体育总局联合印发《虚拟现实与行业应用融合发展行动计划（2022—2026 年）》，目标是推进虚拟现实在训练和赛事中的应用，打造线上与线下相结合的新型体育运动解决方案，构建大众健身新业态。

3. 地方政府鼓励智慧体育发展

在国家政策的引导下，全国各地纷纷开始在智慧体育发展模式主要涉及的体育场馆、体育公园、体育赛事等方面积极布局，为我国智慧体育的发展开辟了新领域。

2017 年 8 月，重庆市首个“智能场馆”在重庆奥体中心上线。2018 年，重庆市人民政府办公厅出台《利用主城建成区边角地建设社区体育文化公园实施方案》。截至 2020 年 6 月，已经累计建成 50 个“智慧化”社区体育文化公园。苏州市人民政府在 2017 年 4 月 18 日与阿里签约携手共同打造体育城市之苏州模式。

2021 年 9 月 13 日，上海市人民政府办公厅印发《上海市体育发展“十四五”规划》，推进互联网、人工智能、大数据等新技术在体育领域的应用，鼓励企业研究制定智能体育赛事各项标准，促进智能体育的发展。

2021 年 11 月 22 日，《南京市“十四五”体育发展规划》提出促进智慧体育创新发展，设置“体育智慧化建设工程”。为贯彻落实《全民健身计划（2021—2025年）》，提升全民健身智慧化服务，南京市体育局创建“宁体汇”APP方便人们进行场馆的预订。

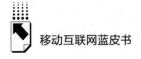

2022年3月18日，重庆市人民政府印发《重庆市全民健身实施计划（2021—2025年）》。计划提到支持智能健身、云赛事、虚拟运动等体育新业态发展，完善重庆体育公共服务平台、重庆体育大数据中心等全民健身信息服务平台，促进体育资源互联互通。

2022年9月13日，西安市人民政府印发《西安市“十四五”公共服务体系建设规划》，提到借助高科技载体，繁荣体育文化创意产品市场，深化“放管服”改革，助力“智慧体育西安”建设。

2022年12月12日，成都市人民政府办公厅印发《关于加快建设世界赛事名城赋能体育产业高质量发展的实施意见》，提出加强体育领域信息基础设施建设，推进5G、8K、VR等技术在体育赛事中的应用，加快培育本土体育智慧场馆、智慧公园、智慧绿道、智慧社区及智慧健身中心等解决方案提供商。

在国家政策和地方发展需求的引导下，重庆、上海、苏州等地优化完善智慧体育应用政策，推动了我国智慧体育示范向更广、更深发展。

（二）场景应用现状

1. 智慧运动训练系统

在东京奥运会和北京冬奥会上，出现了许多智慧运动训练系统的应用。百度智能云与中国国家跳水队合作，推出了3D+AI跳水辅助训练系统。该系统可以针对技术动作的重难点进行视频采集和分类整理，找出运动员的优势和不足。通过智能化的分析可直接对运动员动作完成质量评分，并自动同步各种关键数据供教练员观看。浙江大学将大数据分析运用在乒乓球对手击球分析中，预测对手的击球规律和特点，在比赛结束时生成技战术分析报告推送给中国乒乓球队的教练员和运动员。华中科技大学在冰雪装备开发、数字孪生训练系统以及交互、虚拟训练等方面助力北京冬奥会。

2. 智慧体育赛事

5G+体育赛事应用场景在多个重大体育赛事中成功落地，在北京冬奥会中随处可见智慧体育赛事的身影。例如，2022 年冬奥会期间，中国联通 5G 无线对讲系统提供 1.4 万余部耐低温对讲终端，为赛事的正常运行提供了有力保障。在赛事服务方面，冬奥会期间，中国联通打造 5G 智能车联网系统，不仅开展 5G 无人清扫创新业务，还完成 5G 无人车接驳任务，为冬奥会不同人群提供了优质的智慧出行体验。在医疗服务方面，冬奥会期间，中国联通助力北京急救中心升级了 25 辆 5G 智慧急救车，急救车配有除颤监护仪、心电图机等先进的监护抢救设备，还可以通过高速网络将受伤运动员的体征数据和医院进行连接从而实现远程诊断病情和生命体征，满足紧急救治需求。在观赛体验上，北京冬奥会中采取虚拟现实观赛、5G 高铁演播观赛等方式满足观众和运动员的不同需求。

3. 智慧体育场馆

智慧体育场馆是指拥有以数字平台为核心且具有全面感知、泛在互联、综合分析、辅助决策和智能控制等功能的融合基础设施，集信息采集、信息感知、信息融合、指挥调度、互联互通等功能于一体的体育场馆。江苏五台山体育中心自智慧系统上线运营后，目前互联网订场率已超过 90%，自助购票率超过 80%。并且每年能耗可节约近 200 万元，场馆利用效率反而提升了 30%[①]。湖南耒阳体育馆结合 BIM（建筑信息模型）+IOT（物联网）技术打造的智慧运维管理平台，融合了“设备设施”“消防管理”“安防管理”“智能楼宇”“空间管理”“赛事管理”“物业管理”“统计分析”“系统管理”等功能模块，利用三维可视化功能，让整个体育馆管理更加直观、便捷，更高效。当前主要有华为、当红齐天、中体竞赛、咪咕等企业围绕体育场馆智能化技术进行研发投入。

4. 智慧体育公园

智慧体育公园即采用“体育+科技”概念，将物联网、互联网、移动通

① 王辉：《智慧体育场馆建设按下“加速键”》，国家体育总局官网（sport.gov.cn），https://www.sport.gov.cn/n4/n15334/c983571/content.html。

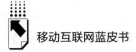

信和云计算等新兴的信息技术集成起来构建智慧网络，增强经营方的感知、控制和管理能力，实现以更加精细和动态的方式进行管理，为全民健身带来个性化、科学化、智慧化的运动体验。比如南京市雨花台区永盛奥林匹克公园基于全民健身的基本理念建设，公园共设有残障人士健身区、中老年保健区、驿站休憩区、儿童游乐区等六大功能区，配置了体测组合器材、三维拉伸器等二代智慧型健身器材，依托“二代智慧健身区”搭载云服务平台，可以让健身者开展自我体质检测、自我评估、自我锻炼，满足不同年龄段、不同人群的需求，可服务整个岱山片区约 15 万居民。重庆涪陵区江南滨江体育公园、江东滨江体育公园、锦绣洲体育公园等 3 座智慧体育公园于 2022 年 5 月建成，设置项目包括智慧步道、陪跑光带、AI 语音导览、AI 互动跑酷、自行车喷泉、AI 武术大屏、AI 太极大屏等智慧体育“黑科技”，通过科学智能手段实时监测市民健身运动情况，向市民提供良好的科学健身指导。

5. 智慧体育校园

校园的智慧化转型适应时代的发展，有助于培养现代社会需求的高质量人才，国内学校纷纷在智慧体育校园建设中开展探索实践。上海市闵行区田园外语实验小学自 2018 年起开始了智慧体育校园建设，通过对学生数据的汇集和分析计算不同项目的优良比例，进而提出针对性的改进措施。上海市黄浦区卢湾一中心小学在课堂上引入可穿戴设备，获取学生体温、心率、血氧饱和度等生理基础数据，据此合理安排体育课中的运动负荷。2021 年 7 月，南京市南湖二中建造智慧操场，在引体向上、立定跳远等中考体育项目中全部安装了自动视觉分析和自助测试套件，满足学生单独锻炼和安全监督需求的同时，激励学生利用碎片化时间自主进行体育锻炼。

6. 体育“智”造

在智能化时代，人们对体育产品的智能化需求越来越高，智慧体育推动体育产业主体转型升级。安踏集团通过推动四大数字化转型项目落地，提升集团的零售力、品牌力、商品力以及平台能力。自主研发的零售系统及电商中台系统，可每日实时自动处理海量的销售小票和库存变动数据单，“双十一”期间的巨大交易量也可通过中央系统处理。另外，体育产品的智能化设计也日新月异。运动手表几乎成为必备，有苹果 iwatch、佳明、华为运动手表等诸多品牌可供大众选择，其通过血氧、心率、跌倒提醒、气压和海拔等指标的计算，满足了消费者进行自我安全监督和进阶训练的需求。

（三）运营模式发展

1.“智慧体育+金融”

“智慧体育+金融”打造数字化智慧体育场馆方面，浦发银行冠名上海东方体育中心，积极整合资源，以东方体育中心为引擎，开发新产品、新模式，共同激活体育场馆和数字金融的融合生态，探索体育产业资源平台。此外，比较成熟的有“支付宝+智慧体育”模式，这一模式在体育平台打造、大数据分析、体育赛事合作、体育场馆预订等方面取得显著成效。支付宝推出了一款名为“蚂蚁体育”的 APP，其作为支付宝体育平台的核心，集成了运动健身、赛事直播、门票购买、社交互动等多种功能，用户可以通过该平台预订场馆、购买门票、参加比赛、分享运动成果等；支付宝利用其庞大的用户数据资源，结合智能算法和机器学习技术，对用户的运动数据进行分析，为用户提供个性化的运动方案和健康管理服务；支付宝积极开展体育赛事合作，包括赞助国内外知名赛事、提供门票购买服务、为运动员提供金融支持等。

2.“智慧体育+文化内容”

“智慧体育+文化内容”展示中国文化底蕴，增强文化自信。中国体育博物馆在 2012~2021 年，新增藏品 3613 件（套），通过实地展示以及线上博物馆等形式，利用新兴技术手段让藏品“活起来”，丰富历史文化传播内容。2022 年 7 月，中国体育博物馆携中体数藏首发“双奥之路”系列数字藏品，首期推出战国青铜镂雕矛头、民国彩绣婴戏百子图（局部）、清代骨质弈棋纹挂饰 3 款数字藏品，它们也是“传承 · 超越——双奥之路中华体育文化展”展出的古代体育文物中的精品。数字藏品以区块链技术赋能中国传统体育文化，拓展了传统体育文化的传播形式与传承深度，生动诠释了中华武术、蹴鞠、围棋等传统体育活动的文化内涵，进一步凸显了中国体育文物的艺术价值与收藏价值。

3. “智慧体育+房地产”

“智慧体育+房地产”使房地产找到竞争的突破口，为其转型升级提供出路的同时，推动体育产品开发。如体育特色小镇的发展体现了我国房地产行业的转型升级，能够利用小镇当地的风土人貌，开发适宜的体育项目及配套设施，如打造“体育运动+旅游养生”的度假类型开发模式，探索“体育赛事+IP”的旅游类型开发模式，以及“运动休闲+电竞”的泛娱乐类型开发模式。不同主题的开发模式，满足个性化需求，从而打开面向不同人群的消费市场。

4. “智慧体育+数字游戏”

“智慧体育+数字游戏”通过元宇宙技术打造虚拟体育赛场。2021 年以来，香港数字健身元宇宙公司 Olive X 将物理健身与移动视频游戏结合，通过居家或户外锻炼的方式，完成相应的运动任务，获得相应的虚拟货币。在体育赛事的转播市场中，2021 年以来，UFC 宣布与游戏引擎公司 Unity 达成合作伙伴关系，对参赛选手以 VR 形式进行全景拍摄，并通过 3D 体育平台实时传播画面，运动员的各个角度都能够被观众无障碍观看到，观众仿佛身临其境。又如利用虚拟现实技术，通过佩戴 VR 眼镜选取不同运动项目，不仅活动场地需求小，运动项目多样，还能达到健身交友的目的。

5. “智慧体育+城市规划”

“智慧体育+城市规划”通过体育小镇推动城镇结合，在跨行业、跨领域的不断融合中，实现跨界颠覆、连接共生，创设全新的沉浸式体育体验方式。如北京丰台足球小镇建设过程中，加入了智能场地技术，将竞技体育与群众体育相结合，满足不同人群需求，能够上传实时数据并进行数据分析。同时，推动形成足球产业集群和足球产业链，生成融合足球竞赛、文化、科技等方面要素的创新发展平台。体育城市的融合发展能够完善城市基础设施，提高城市知名度，并促进城市精神文明建设。

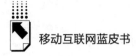

二　智慧体育发展面临的问题和挑战

当前，智慧体育的需求和应用场景已经十分明晰且在不断增加，但在智慧体育体系建设的基础性支撑、创造性转化与创新性发展方面依然面临不少挑战。

（一）专业人才缺乏

智慧体育的建设离不开人才基础支撑，人才是智慧体育发展的第一要素。智慧体育对人才质量有较高的要求，但现有人才质量水平与智慧体育发展要求之间存在着供需失衡等问题，其原因主要有两个方面。一是智慧体育人才教学培养体系不完善。智慧体育的发展，需要掌握体育知识，并且熟悉政治、经济、管理、科技等方面知识的复合型人才，相关人才培养需要健全的教学体系。然而，当前我国以高校为主的传统体育专业人才教学培养体系缺少智慧体育元素内容，智慧体育人才培养体系出现教学标准不明晰、教学目标不明确、教学模式不清晰等情况，无法满足智慧体育需求。二是智慧体育人才培养周期长，师资力量不足。智慧体育人才需求量大，标准要求高，但其培养受到培养周期、师资力量等多种现实因素的制约。随着智慧体育时代骤然临近，尚无现成的培养体系能在短期内培养所需人才，体育与智慧技术相关专业的融合基础薄弱，进一步阻碍了人才成才。同时，也进一步暴露了智慧体育所需的复合型专业师资力量的严重不足问题。

（二）推进落实乏力

当前智慧体育处于逐步进入群众日常生活的阶段，但要使其真正地融入群众的日常生活仍面临诸多困境。一是智慧体育设施重视外形却忽视内部建设，缺乏与生态社会环境相融合的设计规划。不少智慧体育设施只求外形上美观，引人注目，没有根据社区居民真实需求、自然环境特点去建设，导致一些以“智慧体育”为主题的公园只是形式上的网红打卡地，而非可长久使用的健身场所。二是智慧体育设施使用率低，智慧体育健身技术与方法缺乏宣传与普及。一些智慧体育设施所在地的专业指导人员缺乏，当地居民健身意识较差，智慧健身技术方法宣传力度不足，导致智慧体育设施使用率低，难以发挥其智慧价值。例如，某智能健身房拥有全面的健身设施和健身模式，可以通过一些智慧平台获取体检报告，形成健身方案，但在应用中，由于缺乏使用方法说明，出现中老年人不懂数据、不会操作，操作复杂降低使用积极性等现象，难以发挥智慧效用。

（三）政策法规有待完善

智慧信息技术是智能时代的产物，体育领域因其广阔的应用场景而得到快速发展。但是，我国在政策立法、市场准入等方面并未做好充分准备。一是政策立法不完善，缺乏约束规范机制。实践推广中对智慧体育领域相关企业的管理法规不健全，未能形成有效的约束规范机制。例如，近些年，随着网络发展，电子竞技兴盛，因缺乏完善的规范管理机制而导致大批青少年沉迷于电子竞技，对青少年健康造成较大威胁。二是体育资源分配不均衡，市场准入制度不完善。智慧体育市场应当是全域性覆盖，但实际发展中是以发达城市地区为主，如此进一步扩大了农村与城市体育资源的不均衡分配。此外，由于市场准入制度不完善，导致市场难以发挥有效的资源配置作用。

三　智慧体育未来展望

智慧体育为人们提供了更便捷、高效的体育参与、体验、消费等生产生活方式，是建设体育强国的重要体现。当前，我国智慧体育发展尚处于起步阶段，需要加强人才培养、科技创新、政策保障等，以促进其又快又好发展。未来主要发展建议如下。

一是要加强体育信息技术人才培养，支撑智慧体育建设。智慧体育是多学科交融的产物，是体育领域发展的大势所趋，智慧化要求从业人员熟悉信息技术。首先，要加强体育信息人才培养的顶层设计。应重点培养体育与信息技术交融的复合型人才，完善智慧体育教学课程，构建系统的智慧体育人才培养体系。其次，高校作为人才培养基地，要承担起体育信息人才培养的重任。要充分挖掘自身优势，紧跟时代步伐，创设智慧体育相关专业，开设体育信息实验室或科研中心，培养智慧体育专业人才，为智慧体育服务。最后，实践出真知、实践长才干，须在大量实践应用场景中将已学知识巩固、活化，满足智慧体育发展需求。

二是广泛宣传，促进群众参与智慧体育活动。智慧体育的蓬勃发展离不开人民群众的积极参与。随着科技赋能体育，要及时宣传引导群众接受并参与更加多样的体育样态，如 3D 和 AI 技术的应用，可让群众沉浸式观赛，切实感受智慧体育“黑科技”。要建造智慧体育应用场所、研发新设备，并设立相关维护部门，保障智能化设备正常运行，让群众体验智慧化锻炼的乐趣和便捷，激发群众积极性。要针对不同年龄层次群众的真实需求，考虑到他们的自身特点，提供人性化设备和服务。

三是形成多主体合作研究联动机制，加快智慧体育科技创新。智慧体育不单单局限于体育领域，更重要的是要加强跨部门的协同合作，将体育与多个学科交叉融合是实现智慧体育的关键一环，政府要大力支持相关技术的创新和研发工作，从而实现真正的智能化体育。我国智慧体育研究尚处于初始阶段，研究机构、研究者之间尚未建立良好的合作关系，各大高校、运动项目协会、体育俱乐部和科研中心等应加强合作，构建跨地域、跨部门、跨行业、跨学科的复合型协作创新平台。加强对智慧体育前端的体育行为智能传感器和后端体育行为分析决策平台的研发，为智慧体育场馆、智慧体育社区、智能化运动训练等应用场景打造更加智能化、便捷化、精确化的仪器设备和数据收集处理平台，使其更好地服务于运动员训练和大众健身。

四是强化政策法规导向，引领智慧体育发展。智慧体育作为体育领域的新兴研究领域，是建设体育强国的重要体现，需坚定发展方向，健全政策体系，确保智慧体育合理发展。智慧体育作为新兴产业，要以国家政策为目标导向，明确智慧体育的定位，制定发展规划，各省市级单位根据发展实际，实行特色化发展。要建立政策支持体系，制定激励政策。政府要积极鼓励企业、社会组织参与智慧体育设施建设，可对参与智慧体育建设的非政府主体减少税收、进行财政补贴，引入市场机制增添活力。政府要根据群众需求以及社会发展的要求制定智慧体育治理目标，明确智慧体育各方面的治理规则，区分群众体育、竞技体育、学校体育的发展特点，同时也应加强评价与监督机制，促进智慧体育稳健发展。

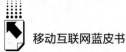

参考文献

中国信息通信研究院、中国联合网络通信集团有限公司、中国移动通信集团有限公司、中国电信集团有限公司：《5G+体育赛事场景和应用》，2022年。

王永杰、陈林会、刘青：《大型体育赛事促进城市形象传播的价值、经验与推进路径》，《体育文化导刊》2022年第6期。

李在军、李正鑫：《智慧体育：特征、发展困境与推进路径》，《沈阳体育学院学报》2022年第4期。

专题篇

Special Reports

B.21 区块链应用生态现状与未来发展

唐晓丹*

摘　要： 近年来，我国区块链产业已进入成熟期，应用的关键特征是追求规模化和可持续发展。以区块链应用为重点的区块链产业链结构已较为完善，经历“自然选择”过程后，已形成了一批成熟度较高和竞争力较强的区块链企业。在应用生态扩大和应用标准体系化等方面还面临挑战，建议从政策、企业、应用技术和应用服务等方面综合推进。

关键词： 区块链　分布式账本　应用生态　产业链

---

* 唐晓丹，博士，中国电子技术标准化研究院高级工程师，主要研究方向为区块链产业生态、公共政策、应用方法及标准化。

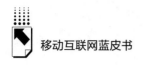

一　区块链应用发展总体形势

（一）全球区块链市场持续看好，复合增长率居高不下

从全球来看，近年来区块链市场规模不断提升，在一些行业细分领域的市场扩张引发关注。根据国际数据公司（IDC）的数据，2024 年全球区块链市场将达到 189.5 亿美元，五年预测期内（2020~2024 年）实现约 48%的复合增长率①。其还预测，到 2027 年，区块链技术将进入主流，涉及超过 70%的常见消费活动，如游戏、内容创建和电子商务②。同时，区块链技术经过多年的应用探索和筛选，在一些领域的应用潜力愈加亮眼。在区块链市值分布上，银行业和制造业是全球占比最高的两大行业③。而在产品应用方面，根据市场研究机构大视野研究（Grand View Research）于 2023 年 2 月发布的一项报告，到 2030 年，全球区块链消息应用程序市场规模预计将达到 5.365 亿美元④。

（二）我国区块链市场规模保持增长，应用是最大板块

我国区块链市场以联盟链为主，其对于经济社会各行业的支持作用更为突出和深入，因此具有很大的市场体量。IDC 数据显示，中国区块链行业市场规模在 2021 年就已超过 4.5 亿美元⑤，是全球第二大区块链支出经济体。

---

① 《市场调研机构 IDC 预测：中国区块链市场规模　有望在 2024 年突破 25 亿美元》，2021，http：//www.mofcom.gov.cn/article/i/jyjl/j/202103/20210303047886.shtml。

② IDC FutureScape：Worldwide Future Consumer 2023 Predictions-Asia/Pacific excluding Japan（APeJ）Implications，2022，https：//www.idc.com/getdoc.jsp? containerId=prAP49974122.

③ Distribution of blockchain market value worldwide in 2020，by vertical，2022，https：//www.statista.com/statistics/804775/worldwide-market-share-of-blockchain-by-sector/.

④ Blockchain Technology Market Size，Share & Trends Analysis Report，2021，https：//www.grandviewresearch.com/industry-analysis/blockchain-technology-market.

⑤ IDC：《数字时代，区块链加速发展的三大信号》，2022，https：//mp.weixin.qq.com/s/bWfwdsmABvSO2o0tpVUomA。

在政策引导方面，我国政府对于区块链应用的培育力度逐步提升，“十四五”规划中强调“以联盟链为重点，发展区块链服务平台和金融科技、供应链管理、政务服务等领域应用方案”，网信办等部委联合推行国家区块链创新应用试点。根据中商情报网的统计数据，2021 年我国区块链业务形态中占比最大的为应用板块（占比为 36.4%）①。在应用行业领域分布上，根据赛迪区块链研究院的统计，2021 年新增的区块链应用中，政务服务、金融、司法是数量排名前三的行业领域②。

（三）我国区块链应用特点鲜明，规模化、可持续应用成趋势

近年来，基于联盟链的区块链行业应用在联盟规模、用户规模、数据规模等方面，相较于早期试点验证式的项目有明显发展③。在我国，大规模的区块链用户发展迅速，行业应用的发展从技术供应商驱动逐渐转变为用户自发组织驱动。一方面，政府部门在数字政府建设中支持区块链在政务服务中的应用，例如政务数据共享、城市管理等方向；另一方面，金融、能源、交通运输等行业的龙头企业将区块链技术作为其产品解决方案的重要技术组件，基于区块链提供供应链金融、碳交易、物流等应用。在区块链应用的发展模式上，多数行业用户已摒弃盲目试验和无序扩张的模式，而是将更多的精力放在可以规模化和可持续性发展的应用方向上，再结合自身生态基础进行持续推广。

（四）网络关注热度趋于平缓，技术生命周期进入成熟期

从百度指数变化趋势来看，区块链在经历了 2018~2020 年的多轮热点、新点关注峰值后，目前已进入较为平缓的变化期，在过去超过两年时间内没有大的变化（见图 1）。这一方面反映了区块链的技术概念普及已经较为成

① 《2022 年中国区块链市场现状及发展前景预测分析》，2022，https://baijiahao.baidu.com/s?id=1730609322559708029&wfr=spider&for=pc。

② 赛迪区块链研究院：《2021 年中国区块链年度发展白皮书》，2022。

③ 唐维红主编《中国移动互联网发展报告（2022）》，社会科学文献出版社，2022。

熟，另一方面也反映了我国区块链政策环境经过数年的发展逐渐稳定，正面的政策环境使行业内对于区块链技术不再有诸多争议。

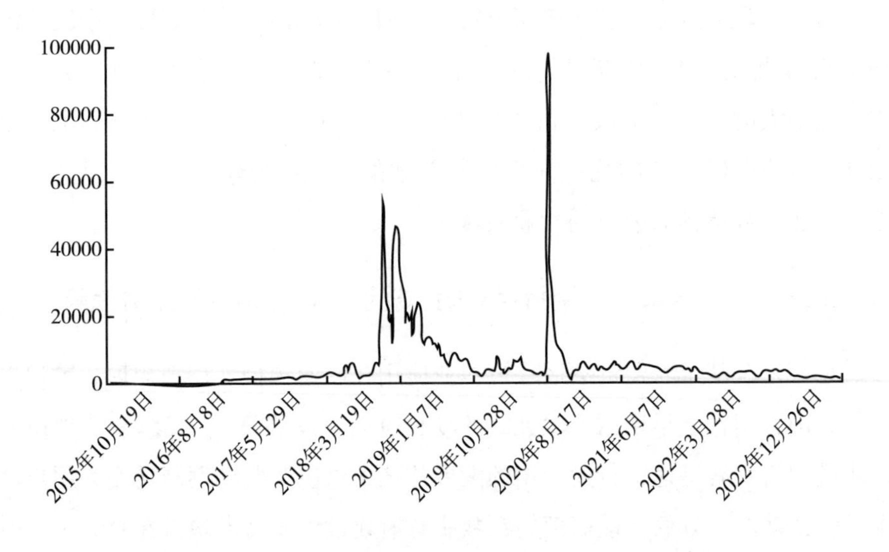

图1　百度区块链搜索指数变化趋势（2015~2022年）

资料来源：百度指数。

从专利申请数量来看，区块链领域的新增申请专利数量在2021年和2022年均出现了下降（见图2），这反映了行业内对于区块链技术的布局已初步完成。结合萌芽期、成长期、成熟期、衰退期的“四步法”技术生命周期理论，尽管单就专利数量变化趋势而言区块链发展出现了衰退期的特征，但同时，区块链市场预期以及技术应用正处于规模化发展中，产业积极性仍然很高，因此综合判断，区块链技术目前处于成熟期。

二　我国区块链应用生态发展分析

（一）我国区块链企业发展特点

据统计，2014~2020年，区块链相关注册企业数量增长迅速，年增长率

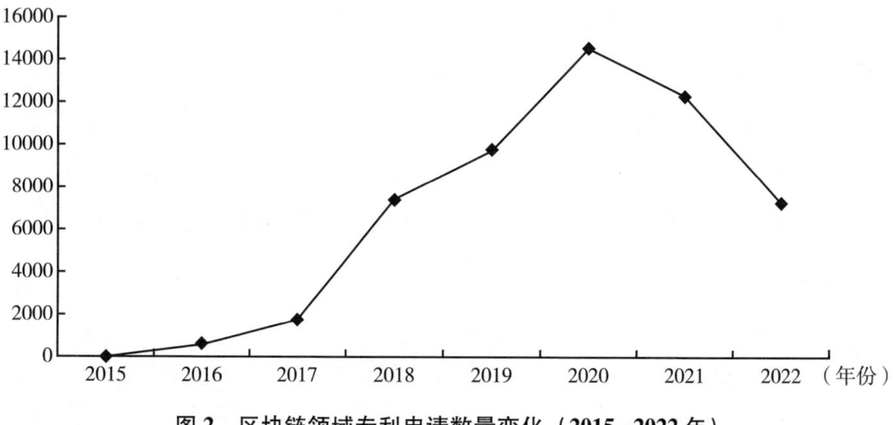

图 2　区块链领域专利申请数量变化（2015~2022 年）

资料来源：国家知识产权公共服务网。

一度超过 200%，2020 年底时企业数量已达到 6.4 万家[①]。而另据有关数据，截至 2021 年底，我国提供区块链专业技术支持、产品、解决方案等服务，有投入或产出的区块链企业数量超过 1600 家[②]。以上两个数据的对比体现了有实质性区块链业务的企业比例偏低，反映了区块链领域曾存在盲目跟风和概念炒作现象。而经过产业回归理性，企业“大浪淘沙”的过程，产业内已不再追求新企业的无序增长，抑或是企业在新领域探索的“圈地运动”，转而着眼于推动业务的高质量发展和“拳头”产品的打造。

（二）区块链产业链发展情况

1. 我国区块链产业链结构

我国区块链产业链结构如图 3 所示。上游主要围绕区块链底层技术和基础软硬件等产品和服务，涉及开展区块链底层技术研发的企业和机构，提供运算类服务器、芯片、智能设备、一体化机等硬件的企业，以及提供基础协议、数据存储、计算服务、底层基础平台等基础软件、工具及相关基础服务的企业；中游主要围绕区块链应用基础设施、平台及服务等产品和服务，涉

① 清华大学互联网产业研究院：《中国区块链产业生态地图报告（2020~2021）》，2021。

② 赛迪区块链研究院：《2021 年中国区块链年度发展白皮书》，2022。

及提供智能合约、安全服务、数据服务、分布式存储、测试评价、标准化等软件、平台、工具及相关服务的企业，以及提供区块链即服务（Blockchain as a Service，BaaS）、通用区块链基础设施、行业级区块链基础设施等应用平台、基础设施及相关配套服务的企业；下游主要涉及区块链在各行业的应用，涉及金融、工业、能源电力、交通运输、农业等行业的应用提供企业和用户等。

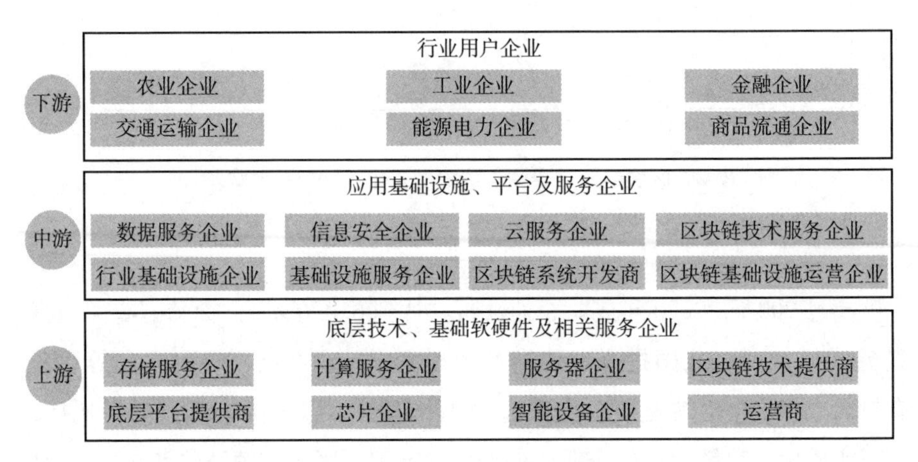

图 3　区块链产业链结构示意

2. 我国区块链产业链发展特点

我国区块链产业链具有结构完备、整体基础较好的优势，但同时存在发展较为不均衡的问题。整体上看，我国区块链产业链上游与国外先进水平还存在差距，中游力量发展迅速，下游应用正在不断取得突破。未来发展仍需着力突破产业上游基础能力，加快产业中游力量培养，强化下游发展优势。

国内企业近年来对区块链底层技术和基础软硬件投入较大，已积累了良好的发展基础。例如，在底层基础平台方面，我国建设了自主区块链开源社区，并孵化了多个区块链底层平台。再如，在硬件创新方面，蚂蚁区块链发布区块链应用一体机，为开发者提供即用即上链的服务。但是总体上看，在底层技术研发方面，共识机制、智能合约、隐私保护等基础技术原始性创新相较于美国等发达国家仍然处于追赶的状态，国内市场仍未改变对国外开源项目的依赖。

区块链产业中游相对于上游、下游来说发展较晚。在技术基础已经形成、行业应用需求全面释放后，面向开发者提供产品化服务，以提高开发应用的便捷性和可拓展性的产业中游力量也逐步发展起来。目前，相比于国外，我国在区块链产业中游紧密跟随，差距正在逐渐缩小。例如，2015 年以来，国际上微软、IBM、AWS 等企业相继发布 BaaS 产品，国内腾讯、阿里、华为、浪潮等紧随其后，也相继发布 BaaS 平台。再如，在区块链应用基础设施方面，我国相关基础设施建设进度已经领先于国外项目，2019 年以来启动了多个区块链基础设施项目，已取得较快进展[①]。

在区块链与经济社会融合的产业应用，特别是联盟链应用方面，我国已经积累了明显的优势。相比于国外重点发展基于公有链的涉币应用，我国区块链产业发展重点在于与经济社会结合更为紧密的企业级联盟链应用，并有部分应用逐步走向规模化。例如，在票据方面，基于区块链技术的电子发票已覆盖餐饮、零售、交通等民生领域；在防伪溯源方面，天猫商城、京东等纷纷投入基于区块链的食品、药品等防伪溯源应用，实现了数以亿计件商品的溯源。

（三）我国区块链应用生态特征

从区块链产业链发展阶段与特点来看，目前我国区块链应用生态已具备很好的基础，参与力量不断壮大。首先，大型用户企业加快入场。在区块链政策环境不断完善和区块链技术能力日益提升的双重因素下，大型企业对于应用区块链技术的信心显著增强。据统计，早在 2020 年，中央企业涉足区块链领域的就已过半数[②]，涉及应用端，涉及政务、能源、金融、通信、医疗、电商、制造、交通等领域。近两年，中央企业主导的一些区块链应用已取得积极成效。例如，中国远洋海运集团牵头组建的航运业区块链联盟在国内 11 个港口进行无纸化放货应用，被列入交通运输部民生实事工程之

① 唐晓丹、邓小铁、别荣芳主编《区块链应用指南：方法与实践》，电子工业出版社，2021。
② 央企区块链合作平台：《中央企业区块链创新发展报告（2021）》，2021。

“畅行工程”；中国节能和华能集团在湖北碳排放权交易中心系统实现区块链碳排放额核证碳资产的交易；国家电网成立专业区块链公司，支撑建成基于区块链的绿电交易平台，推进绿电、绿证交易与绿电消纳保障机制的融合创新；中国南方航空集团建设基于区块链技术的维修电子记录系统，确保全维修生产环节数据信息真实可靠。其次，区块链初创企业热潮减退，产业门槛有所提高。区块链初创企业一般处于区块链应用的供应端，伴随着市场的发展演进，一部分初创企业建立了技术和市场优势，自身规模也获得发展，与此同时另一部分企业遭到“自然淘汰”，这提高了新企业的进入门槛。

三　推动区块链应用生态进一步发展面临的问题及应对建议

（一）我国区块链应用生态发展面临的问题和挑战

1. 应用生态扩大面临瓶颈

区块链应用规模提升的关键在于应用生态的扩张，参与企业的数量直接关系到应用效应的实现程度。很多企业构建了行业综合的区块链应用，但生态扩张的速度达不到预期，导致投入不能及时收到回报，难以实现应用的可持续发展。很多联盟链的早期构建是基于某一家企业原有的产业生态直接移植，但要吸引更多企业参与，从而真正实现通过区块链扩大企业生态，一方面需要更多联盟合作模式的探索，另一方面也需要更多数据安全和隐私保护的保障，使企业的参与有动力且无后顾之忧。同时，从整个行业来看，区块链的应用可能并不能促进大的竞争企业的强强联合，反而趋向于形成围绕不同大企业的抱团发展，这种情况下，更需要考虑应用的互联互通，防止形成新型的“数据孤岛”。

2. 围绕特定应用领域的标准体系缺乏

由于区块链应用通常由多家合作方协同构建，标准的地位和作用在应用构建和运行中显得尤为重要。当前，国际标准化组织（ISO）、国际电信联盟（ITU）等国际组织都在开展区块链国际标准研制，我国也成立了专门的区块链国家标准组织，加上行业标准组织和团体标准组织，都在推动相关区块链标准研制，目前国内外的区块链标准数量已经十分可观[①]。尽管针对具体行业的区块链应用标准也较为多见，但是总体来看，这些应用型标准在针对性和体系化方面还相对缺乏，企业在构建行业区块链应用时常常需要同时参照原有的行业标准和区块链标准。

（二）推动区块链应用生态进一步发展的建议

1. 加快政策实施落地，精准扶持规模化应用

从整个行业来看，区块链应用发展已经成为重点，并且我国已经建成了较为完善的区块链政策体系，在实体经济、公共服务的多个行业通过应用示范、技术研发扶持、产业配套升级等举措综合推进区块链技术和应用发展。综合当前发展阶段的特征，建议相关政府部门在现有政策体系下加大政策实施力度，并适时进行必要的政策补足和优化。

一是加强产业应用顶层设计，相关行业主管部门组织开展区块链在金融、交通、能源、制造业等行业中应用的需求和路径分析，推进政策实施方案研究，分阶段、有层次地推进区块链在各行业的发展。

二是加大资金支持力度，探索通过大平台规划与建设、数据上链补贴等方式鼓励建设行业级区块链应用系统，鼓励地方政府通过合作建设规模化区块链应用项目，搭建城市级区块链应用网络。

三是在导向上坚持不唯“链”，强调区块链应用的经济社会效益、对产业数字化转型的支撑效果，研究形成区块链应用的长效评价机制，避免不能长久运行和服务经济社会的“政绩工程”。

2. 结合市场需求，培育优质产品和服务

对于区块链领域的企业而言，目前行业已不再是野蛮生长和抢占先机的

① Xiaodan Tang, Towards an Aligned Blockchain Standard System: Challenges and Trends, Blockchain and Trustworthy Systems-3rd International Conference, 2021.

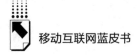

阶段，需要更多注重自身技术能力建设，精准定位，深耕细作，打造优质产品，加强品牌建设，注重合作共赢，建立长远的市场竞争优势。

一是精准定位，寻求差异化发展，优化区块链业务发展策略，通过优势行业深耕、已有产品升级等方式，打造若干区块链领域的“拳头”产品和服务，持续宣传和推广，形成企业自身特色的竞争壁垒，实现区块链业务的可持续发展。

二是强化区块链应用模式推广，加强行业应用联盟合作，推进面向区块链应用企业的横向和产业链上下合作模式创新，通过区块链应用合作促进大中小型企业融通发展，实现生态共建共赢。

三是培育区块链应用服务，助力提升区块链应用质量。相关服务机构可面向区块链应用的规划、设计、开发和推广等阶段需求，提供需求发布与对接、用例对标研究、应用系统规划、应用推广咨询等服务，为区块链应用的不断升级提供支持。

3. 加快应用技术升级，推动行业应用标准研制

我国在区块链领域的基础技术与平台发展已经具有一定基础，框架体系也已形成，应用技术需要跟随应用发展进度及时迭代更新。建议加大研发力度，特别是在支撑大规模复杂性高的区块链应用的关键技术、协议、组件和标准等方面。

一是加强技术融合，促进行业应用综合解决方案培育。面向重点行业核心业务需求，持续优化通过区块链与人工智能、云计算、物联网等新兴技术融合的综合解决方案，弱化技术边界，侧重于技术融合的效能，关注技术应用的实际效果。

二是加强行业应用标准研制，通过标准促进应用规模化与互联互通。针对实体经济领域的复杂应用场景，结合已有行业标准，通过利用原有行业标准和研制新标准相结合，研究构建区块链行业应用标准体系，研制通用的区块链用例、应用指南、行业数据互操作性等标准。

参考文献

赛迪区块链研究院：《2021 年中国区块链年度发展白皮书》，2022。

唐维红主编《中国移动互联网发展报告（2022）》，社会科学文献出版社，2022。

清华大学互联网产业研究院：《中国区块链产业生态地图报告（2020~2021）》，2021。

唐晓丹、邓小铁、别荣芳主编《区块链应用指南：方法与实践》，电子工业出版社，2021。

央企区块链合作平台：《中央企业区块链创新发展报告（2021）》，2021。

Xiaodan Tang, Towards an Aligned Blockchain Standard System: Challenges and Trends, Blockchain and Trustworthy Systems-3rd International Conference, 2021.

B.22

疫情中的机遇与挑战：2022年中国移动互联网数据治理与创新研究

翁之颢　裴文静*

摘　要： 2022年，随着疫情进入常态化防控阶段，移动数据在社会治理中的作用愈发凸显；与此同时，信息孤岛、平台垄断、数据安全、人才缺口、数据鸿沟等突出问题也亟待解决。面向后疫情时代，既要厘清数据在社会治理体系中的不同角色与作用，也要在制度、技术、产业、法律等多个层面为数据确立规范准则，合力构筑共建共治共享的数字社会治理新体系。

关键词： 移动互联网　数据资源　数据治理　数字社会

当今世界，科技革命和产业变革日新月异，以互联网、大数据、人工智能为代表的新一代信息技术蓬勃发展，深刻改变着人类的生存方式和社会交往方式，也对人类社会文明及治理体系产生了深远的影响。

2020年，中共中央、国务院发布的《关于构建更加完善的要素市场化配置体制机制的意见》，首次将数据作为一种新型生产要素，明确提出“加快培育数据要素市场”，围绕推进政府数据开放共享、提升社会数据资源价值、加强数据资源整合和安全保护三个方面做出了前瞻性布局与战略性

* 翁之颢，复旦大学新闻学院青年副研究员，硕士生导师，仲英青年学者，研究方向为新闻实务、新媒体传播；裴文静，复旦大学新闻学院，研究方向为新媒体传播、公共管理。

规划。①

一场突如其来的新冠疫情为我国社会治理的数字化转型按下了“加速键”。2022 年，随着移动数据在疫情防控常态化中的应用领域进一步拓展，移动数据的“双刃剑”效应也日趋显现。一方面，以“健康码”为代表的移动数据应用，使整个社会变得可感知、可分析，为政府决策提供了科学依据，为协助地方开展小范围精准防控、维持社会整体正常运转提供了技术基础。另一方面，移动互联网大数据目前仍处在起步和探索的阶段，由于缺乏完备的制度体系，同样也面临着信息孤岛、平台垄断、数据安全、人才缺口、数据鸿沟等严峻挑战。并且，随着我国疫情防控“新十条”的落地实施，此前“健康码”所收集、流转和存储的海量数据能否在退场阶段做到完全销毁，也成为后疫情时代探索数据治理的重要命题。

后疫情时代的数据治理具有复杂性与多样性。数据既是治理的对象和工具，在特定语境中也能成为治理的主体，发挥协同联动、全域融合的价值与作用。党的二十大报告明确提出：“完善社会治理体系，健全共建共治共享的社会治理制度，提升社会治理效能”。② 在国家宏观政策的指引下，未来，以更多面向开发和应用数据，实现数据治理与社会发展的良性互动，合力构筑共建共治共享的数字社会治理新体系，对于推进国家治理体系和治理能力现代化意义深远。

一　数据治理的时代语境与本土语境

在移动互联网时代，数据既是一种前沿信息技术，也是重要的资源、思

---

① 《中共中央　国务院关于构建更加完善的要素市场化配置体制机制的意见》，新华社，2020 年 4 月，http：//www.gov.cn/zhengce/2020-04/09/content_ 5500622.htm。

② 《习近平：高举中国特色社会主义伟大旗帜　为全面建设社会主义现代化国家而团结奋斗——在中国共产党第二十次全国代表大会上的报告》，新华社，2022 年 10 月，http：//www.gov.cn/xinwen/2022-10/25/content_ 5721685.htm。

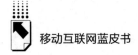

维方式和能力。短期看来，面对新冠疫情这一近年来最严重的公共卫生危机，各级政府需要借助移动互联网大数据的力量研判疫情态势、开展科学防控、洞悉网络舆情；长远看来，依托大数据持续提升政府治理能力将成为我国社会治理创新的重要方向，也是国家治理体系与治理能力现代化的重要推力。

（一）打赢疫情防控攻坚战的现实需要

2022 年 4 月，习近平总书记在海南考察时强调要“提高科学精准防控本领，完善各种应急预案，严格落实常态化防控措施，最大限度减少疫情对经济社会发展的影响”。[①] 12 月 26 日，国务院应对新型冠状病毒感染疫情联防联控机制综合组统筹考虑病毒特点、疫情形势、疫苗接种、医疗资源和防控经验等因素，制定了《关于对新型冠状病毒感染实施“乙类乙管”的总体方案》，标志着我国新冠疫情防控工作进入新阶段。[②]

高效统筹疫情防控和经济社会发展，“精准”是道必答题——既要适应疫情防控的新形势和新冠病毒变异的新特点，不断优化疫情防控的策略和方针；又要在落实各项防疫举措的同时加强分析研判和预测，借助 5G、大数据、云计算、人工智能等数字技术不断提升疫情防控的科学性、精准性，坚决打赢常态化疫情防控攻坚战。[③]

互联网日益普及、移动设备爆炸性增长、在线平台快速发展，其生成的海量数据应用于公共卫生领域，可为疫情防控提供更广阔的视野和更敏捷的洞察力：从时间维度看，在疾病暴发之前发现风险，预警可以更加及时；从空间范围看，将疾病蔓延与社会背景相关联能够判断更准确；线上与线下数

① 《习近平在海南考察：解放思想开拓创新团结奋斗攻坚克难　加快建设具有世界影响力的中国特色自由贸易港》，新华社，2022 年 4 月，http：//www.gov.cn/xinwen/2022-04/13/content_5685109.htm。

② 《〈关于对新型冠状病毒感染实施“乙类乙管”的总体方案〉解读问答》，卫生健康委网站，2022 年 12 月，http：//www.gov.cn/zhengce/2022-12/27/content_5733743.htm。

③ 《坚决打赢常态化疫情防控攻坚战》，《人民日报》2022 年 11 月，http：//www.zgjssw.gov.cn/dangjianxinlun/202211/t20221112_7751310.shtml。

据相结合可以实现更加全面的监测；将本地数据与全球数据相融合能够防控更广泛。①

（二）推进国家治理体系与治理能力现代化的顶层设计

党的二十大报告明确提出要不断完善网格化管理、精细化服务、信息化支撑的基层治理平台。数据作为一种新型生产要素，已快速融入生产、分配、交换、消费和社会服务管理等各个环节，能够有效地连接各级政府、平台企业、社会组织、公众个人等多元主体，在当前共建共治共享社会治理共同体的发展进程中，理应发挥基础性、战略性的重要作用。

2022 年 6 月，国务院印发《关于加强数字政府建设的指导意见》，提出加强党对数字政府建设工作的领导，充分释放数据要素价值，以数字政府建设全面引领驱动数字化发展，优化数字社会环境，营造良好的数字生态，服务于建设数字中国的重大战略部署。②

2022 年 9 月，国务院办公厅印发《全国一体化政务大数据体系建设指南》，梳理了我国政务数据在经济调节、市场监管、社会管理、公共服务、生态环保等方面所取得的突出成效，以及现阶段我国政务数据存在的统筹管理待完善、供需对接不充分、应用水平待提升、规范体系不健全、安全保障能力需强化等问题，并提出了全国一体化大数据体系“三类平台+三大支撑”的总体架构，加快实现“七个一体化”建设目标，为更好发挥数据要素的功能与作用提供技术依托。③

此外，随着人工智能、大数据、云计算、物联网、区块链等信息技术被广泛应用于经济社会、军事国防等领域，数据也成为国家重要的基础性战略资源，保障数据安全、维护数据主权成为当前最迫切的发展命题之一。2022

---

① 丁波涛：《疫情防控中的大数据应用伦理问题研究》，《情报理论与实践》2021 年第 3 期。

② 国务院：《关于加强数字政府建设的指导意见》，2022 年 6 月，http：//www.gov.cn/zhengce/content/2022-06/23/content_ 5697299.htm。

③ 国务院办公厅：《全国一体化政务大数据体系建设指南》，2022 年 9 月，http：//www.gov.cn/zhengce/content/2022-10/28/content_ 5722322.htm。

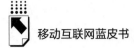

年7月，中央网信办公布了《数据出境安全评估办法》，为规范各行业企业的数据出境活动、保护个人信息权益提出了更加具体的要求和措施，在维持数字经济繁荣、促进数据跨境流通的同时，也能有效防范数据风险、保障国家安全和社会公共利益。

二　2022年中国数据治理的在地实践

（一）疫情防控背景下的数据治理创新

1. 数据赋能精准防疫

在常态化疫情防控工作中，“大数据+网格化”模式成为一种创新的治理手段。通过将大数据技术快速分析、精准匹配的能力与网格化治理全面、深入掌握情况的优势相互结合起来，既有利于研判疫情形势、开展精准防控，又能洞察疫情舆情、进行有效引导，从而将疫情防控和舆情引导的积极效果发挥到最优。

借助“大数据+网格化”治理模式，各地区积极开发并运用大数据分析平台和工具，对网格化管理提供的基础数据进行更加综合、细致的分析，从而准确判定不同地区的疫情风险等级、精准掌握个人的健康状况和感染风险。[①] 重庆等地通过建立大数据管理平台进行企业复工复产申请的提交与查验，并能准确掌握员工个人的活动轨迹，在优化审查流程的同时也提高了办事效率，助力精准防疫目标的实现。[②]

维持人员流动和物流渠道通畅是统筹常态化疫情防控与保障经济社会发展的重要前提。在此方面，部分省份充分挖掘移动大数据的应用前景，将数字治理优势转化为疫情防控的效能优势。浙江省首创“五色疫情图”，根据

---

① 王森：《“大数据+网格化”模式中的公共数据治理问题研究——以突发公共卫生事件防控为视角》，《电子政务》2021年第1期。

② 夏元：《线上服务助全市工业企业有序“重启”》，《重庆日报》2020年3月，https://www.12371.gov.cn/Item/553855.aspx。

多个指标综合考量计算风险程度，把全省各地划分成由高到低的五个等级的疫情风险区，并相应地在地图上标注红、橙、黄、蓝、绿五色，有助于全面精准地掌握各区域疫情动态并分区分级指导，成效显著。①

此外，依托于支付宝/微信的“健康码”也在疫情防控期间发挥了重要作用。“健康码”以个人自主申报为基础，通过关联内外部数据库进行交叉核验，可以精确识别人们的身份特征、实时位置信息，生成个人精准画像，由政府和企业联合推广，助力实现对红、黄、绿三种不同类型赋码人员的分类管控，在疫情防控中逐步发展为证明个人健康情况、实现人员流动的通用凭证。每一次的扫码、亮码，都意味着与个人紧密相关的新的数据被实时编织到系统中。② 重大疫情带来的复杂社会面貌被简化为具有可读性的数字语言。

根据中国互联网络信息中心（CNNIC）《第 50 次〈中国互联网络发展状况统计报告〉》（以下简称《报告》），截至 2021 年底，微信健康码累计用户达 13 亿，累计访问量达 1800 亿次，成为新冠疫情期间验证健康和出行状态的最常用电子通行证。③

2. 数据立法不断完善

我国政府在数据治理中充分发挥了主导作用，由政府相关部门根据法定职责，依法维护公民权益、公共利益和国家安全，并在依法治理互联网数据的同时，积极倡导行业自律和公众监督。近年来，针对数据的法律法规主要集中在两方面：一是对数据中包含的公民个人信息的保护，二是对数据背后平台垄断现象的遏制。

2021 年 8 月 20 日，《个人信息保护法》经全国人大审议通过，并于同年 11 月 1 日起正式施行。作为我国个人信息保护领域的一部专门性立法，《个人信息保护法》的出台标志着我国对个人信息的处理活动将迎来“强监

① 宋哲：《用好大数据是浙江抗疫经验的关键》，《公共管理学报》2020 年第 2 期。

② 孙玮、李梦颖：《扫码：可编程城市的数字沟通力》，《福建师范大学学报》（哲学社会科学版）2021 年第 6 期。

③ 中国互联网络信息中心（CNNIC）：《第 50 次〈中国互联网络发展状况统计报告〉》，2022 年 8 月 31 日。

管”时期，具体包括对个人信息的收集、存储、使用、加工、传输、提供、公开、删除以及跨境流动等诸多领域。①

数字平台的崛起及其展现的多边市场、网络效应和数据驱动等技术经济特征，从根本上改变着数字市场不同参与者之间的关系，催生了垄断性平台这种新型产业组织形态。② 近年来，基于现代信息技术的平台经济快速发展，诸如阿里巴巴、美团“二选一”等平台垄断现象频繁出现。为了维护市场公平竞争、消费者权益和社会公共利益，国家陆续出台了一系列的法律规范，加强对平台经济领域垄断行为的预防和制止。

2022 年 8 月，首次修订的《中华人民共和国反垄断法》实施，纳入了数字经济背景下可能涉及的新垄断形态。其中第九条专门提出，经营者不得利用数据和算法、技术、资本优势以及平台规则等从事本法禁止的垄断行为，“算法共谋”“大数据杀熟”等行为将受到法律的严正制裁。

此外，党和国家不断加强数据安全治理，已经逐步形成了以数据安全管控策略为核心、以管理体系为指导、以运营体系为纽带、以技术体系为支撑的“三位一体”数据安全治理框架，动态且持续地保障数据处理活动的有序、安全开展。③ 2022 年 3 月，国务院总理李克强作 2022 年政府工作报告，报告中明确提到推进国家安全体系和能力建设，强化网络安全、数据安全和个人信息保护。④ CNNIC 发布的《报告》数据显示，2022 年上半年，工业和信息化部网络安全威胁和漏洞信息共享平台总计接报网络安全事件 15654 件，较 2021 年同期（49605 件）下降 68.4%⑤。

---

① 李俊慧：《我国个人信息保护立法梳理与回顾：共 411 件法律文件，最早可追溯至 2002 年》，搜狐网，2021 年 8 月，https://www.sohu.com/a/486479810_123380。

② 刘戒骄：《数字平台反垄断监管：前沿问题、理论难点及策略》，《财经问题研究》2022 年第 7 期。

③ 中关村网络安全与信息化产业联盟数据安全治理专业委员会编著《数据安全治理白皮书 4.0》，2022，https://dsj.guizhou.gov.cn/xwzx/gnyw/202206/t20220609_74678503.html。

④《政府工作报告》（全文），新华社，2022 年 3 月，http://news.cyol.com/gb/articles/2022-03/12/content_OYB0jiW5M.html。

⑤ 中国互联网络信息中心（CNNIC）：《第 50 次〈中国互联网络发展状况统计报告〉》，2022 年 8 月 31 日。

（二）疫情防控背景下的数据治理困境

1. 数据孤岛

在数字化时代，突发性公共危机的治理不能单纯地依赖于以往的经验决策，而是需要借助互联网平台和信息技术，实现“用网络办事，用数据决策”的智慧治理局面。在新冠疫情防控实践中，一些管理部门缺乏数据共享的理念和意识，出现不同地区、部门“各自为政”的割裂局面，大量零散的碎片化信息难以共享和流通，“数据孤岛”现象十分严重。①

在疫情防控中，政府公共数据共享不畅的问题主要体现在以下两个方面：一是不同地区之间的数据流动和互认存在困难，其中以“健康码”跨地区流动中存在的互认问题最为明显；二是同一地区各个政府部门之间的数据共享存在障碍，例如，部分地区的交通运输、公安、民政等部门的信息联动不够完全，对于确诊、疑似病例的密切接触者的身体状况、活动路线等涉及多部门的信息对接不够顺畅，甚至出现不同部门之间数据相互冲突的情况，造成大数据分析筛查效率低下，难以有效应对疫情危机。

2. 权力让渡

在新冠疫情初期，互联网平台依托自身的数据优势、终端优势、人才优势迅速创新，与政府通力合作，共同搭建“健康码”系统并提供数据支持。但依托于阿里巴巴支付宝/腾讯微信的“健康码”具有很强的网络效应、数据驱动等技术经济特征。“健康码”的创新发展高度依赖于互联网平台的技术优势，政府需要接受各平台的服务架构及其内部运行规范，这就使政府在一定程度上将自身的数据权力、治理权力无形之中让渡给了各个互联网平台。②

由于互联网平台是通过数字服务的形式促进拥有不同要素的主体之间进行互动交流的信息技术服务企业，自然是以商业价值、经济利益的考量为

① 王钺：《“互联网+国家治理”破解突发性公共卫生事件的机理及其思考——以新型冠状病毒肺炎疫情防控为例》，《情报理论与实践》2021 年第 2 期。

② 别君华、金慧芳：《健康码治理的媒介化创新过程与风险规制路径》，《未来传播》2022 年第 1 期。

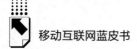

先，加之相关政府部门的监管滞后于平台的技术发展，互联网平台同时扮演了运动员和裁判员的双重角色，接管了原本应该由公共权力行使的职责，这就助长了平台借助公共权力进一步谋求企业利益最大化的错位思想，增加了平台垄断的风险。[①]

3. 数据泄露与滥用

公共卫生治理是国家、政府、社会、个人等多元主体协同推动公共健康维护的过程。为了有效开展新冠疫情防控工作，出于控制传染源、切断传播途径等现实需要，一些原本属于个人私有的数据有必要被社会管理者向广大群众公开。但在实践操作环节中，数据收集、分析、处理的流程缺乏规范性，加之当前社会成员的信息保护与数据安全意识有待提高，经常出现数据公开超过必要范围和限度、数据公开未完全脱敏等问题，造成个人隐私信息的泄露与暴露，损害了公民的个人权利。

疫情期间，天津、山西临汾、江西赣州、内蒙古鄂尔多斯、湖南益阳等地发生了20余起新冠肺炎患者隐私泄露事件。[②] 2022年6月，"河南村镇银行储户红码事件"引起舆论广泛关注，也暴露了部分政府机关及其工作人员缺乏数据使用的法律意识，违背了"健康码"用于精准防疫的设计初衷。

此外，疫情防控中搜集的数据信息形式多样、种类复杂，涵盖了生物数据、流调数据、管理数据等多个方面的内容，这些数据内容与国家的生物信息、政务网络信息和地理信息安全等密切相关。2022年7月，国家网信办会同公安部、国家安全部、自然资源部、交通运输部、国家税务总局、市场监管总局等部门联合进驻滴滴出行科技有限公司开展网络安全审查，通报了多个严重违规问题。

4. 人才缺失

数据治理是一项非常复杂的系统性工程，需要大量拥有多学科背景的复合型人才。只有治理主体在大数据理论与应用、业务操作、管理运营等多个

① 方兴东、钟祥铭：《互联网平台反垄断的本质与对策》，《现代出版》2021年第2期。

② 王伟玲：《从重大公共安全事件探析数据治理瓶颈与对策》，《领导科学》2020年第22期。

方面都具备专业的知识与能力，才能更好地制定规则制度、开展治理活动。

根据清华大学经管学院联合领英发布的《中国经济的数字化转型：人才与就业》报告，全国（不含港、澳、台地区）大数据核心人才仍存在较大缺口。并且，大数据人才分布不均衡，主要集中在北、上、广、深和杭州等推动数字化转型的“引领型”城市，以及互联网和金融两大垂直领域。由于人才培养的速度和数量难以满足现实需求，大数据人才缺口持续增大，预计到2025年全国大数据核心人才缺口将达到230万人。[①] 人才紧缺已经成为制约数据应用效能提升和数字社会转型发展的主要因素。

从现实情况看，目前政府组织机构内部普遍面临着缺乏兼具科技能力和业务理解能力的数字化复合人才的困境。在政府部门内部处理信息的多为行政管理人员，他们每天面对着大量的数据信息却无法科学准确地分析出数据背后的社会价值。此外，由于大数据信息的来源多元化、种类多样化，数据挖掘和处理更需要不同专业背景的技术人员的相互配合与协作，数据资源的开发与应用也对数据治理领域的专业人才培养提出了更高要求。[②]

三　后疫情时代的数据治理策略：对象、工具与主体

（一）作为治理对象的数据

数据作为治理对象，强调的是对数据本身的治理，要重点治理诸如元数据、移动数据、健康数据、环境数据、生物数据、公共行政数据以及科学技术数据等不同类型的数据资源[③]，关注海量化的数据在临床科研、医疗健康、公共卫生、经济金融、公共管理等不同场景中的具体应用。针对如何有效治理数据，可以从法律体系、行政规章、行业规范、社会监督以及公民数

① 清华大学经管学院、领英：《中国经济的数字化转型：人才与就业》，2017年11月。

② 王山：《大数据时代中国政府治理能力建设与公共治理创新》，《求实》2017年第1期。

③ 中国信息通信研究院：《数据治理研究报告——数据要素权益配置路径（2022年）》，2022年7月。

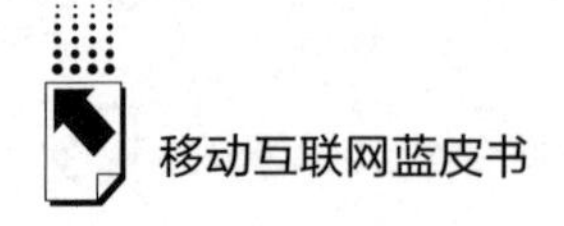

据素养五个层次来着手，建立健全数据采集和公开过程中的使用规范，从思维和实践两方面共同推动数据开放，逐步构建起后疫情时代完整的数据治理框架。

1. 健全使用规范，优化体系结构

在数据采集阶段，首先要以正式的法律法规来明确具有数据采集权限的主体，建立健全互联网平台的数据使用规范，明晰不同主体的权责界限，确保数据权力合法合规行使；其次要优化各类数据的报送流程，并按照相应标准加以分类保存、开发应用，形成科学完善的数据体系结构。在数据公开阶段，同样也要出台相关法律规定来明确有权公开个人信息的主体、可公开个人信息的范围与标准，增强信息保护意识，必要时可进行脱敏处理，合理划分数据权力的行使界限。

2. 破除数据垄断，推动数据开放

推进数据共享的实现，是优化公共数据整合、实现数据规模效应的有效途径。为了更加有效地破除数据垄断、推动数据开放，从思维层面看，要树立网络治理思维，增强数据共享意识。面对突发性公共危机，应该摒除各部门、各机构间的利益冲突，实现从传统的独立、分散的管理思维到开放、共赢的治理思维的转变；从实践角度看，应建设开放的数据共享机制与平台，为不同主体之间的数据信息交流提供渠道、搭建桥梁；同时还要建立数据公开和利用的社会监督体系，及时遏止数据霸权和数据寻租等问题的产生。

（二）作为治理工具的数据

作为一种辅助社会治理的工具，数据在优化原有的治理方式、提升治理效率等方面，具有不可替代的优势。疫情防控中，浙江首创的“五色疫情图”和“健康码”、江苏涌现的“大数据+网格化+铁脚板”做法以及全国各地建立的大数据舆情监测系统，都是将数据作为工具运用在社会治理中的积极探索与有益实践，在提升精准防疫效率、加快推动复工复产、优化传统治理方式、保障人民群众生命安全和身体健康等多方面都发挥了重要作用。

1. 培育数字人才，保障应急管理

面对突发性危机事件，具备大数据专业知识与能力的技术人才是实现数字化时代数据治理能力提升的前提和保障。一方面，要重视专业化数字人才的培育。各类高校应紧跟时代的发展变化，增强与互联网应用相关的专业和课程的设置，大力培养兼具数字化技术能力与网络化管理思维的复合型人才。另一方面，政府也需要积极引进和吸纳拥有互联网知识与能力的高端人才，以开放的姿态加强与企业、高校的合作，通过产学研用相结合的方式，创造各种优惠条件吸引高技术人才的加入，为应急管理工作的开展增添后备力量。

2. 推动技术创新，加强国际合作

科学技术的创新发展并不是为了垄断与霸权，更不是为了凭借自身技术优势在民众之中制造新的不平等。在数据治理过程中，要让数字化变革普惠广大发展中国家，确保全球范围内不同种族和地区的民众都能够享受到科技进步的成果。为此，应当积极推动不同国家、不同地区、不同领域的专家学者、研发人员充分交流、通力合作，不断加强互联互通，共同攻克人类文明发展进程中的技术难题，构建包容性、普惠性的数据治理框架，实现科技成果价值的最大化。[①]

（三）作为治理主体的数据

数据作为治理主体，强调的是发挥数据的主导作用，有效串联社会治理网络。在后疫情时代，生产数据的部门、机构、企业、个人等都进入社会治理体系当中，并且各自扮演着不同的角色、分布在治理体系的不同层次，相互之间以数据为核心纽带紧密联系。具体来看，企业凭借技术优势主要负责数据的生产与开发，各级政府部门承担着数据管理与规范的职责，媒体、专家学者、广大公众等组织和个人共同扮演着数据民主监督的角色。多元主体在数据生产与应用的不同环节协同配合，为构筑数字社会治理新体系做出

① 高望来：《人工智能与后疫情时代的数字治理》，《当代世界与社会主义》2021 年第 6 期。

贡献。

1. 凝聚多方力量，倡导协同联动

目前我国正处于加速转型时期，传统的数据治理模式主要强调政府单个主体的角色与职责，显然已难以适应新时代数字化转型的发展要求。在应对各类危机时，应充分凝聚多方力量，以数据资源为核心，将政府的行政职能、企业的技术优势、媒体的舆论宣传、专家学者的智力支持、社会公众的民主监督都汇集起来，共同建立一个多元主体协同联动的整体性社会治理网络。[①]

2. 促进全域融合，共建共治共享

数据治理作为一个以数据为核心资源的动态的、持续的、渐进的治理过程，既需要社会多元主体的协同联动，也需要不同地区、不同机构、不同部门之间的相互配合。促进数据资源的全域融合，应保持开放、共享的价值理念，积极围绕所属区域内的数据展开互联互通，形成全域范围内的数据资源开发与应用的网络，建立以多重互动机制为基础、以数据共建共享为核心的治理体系。[②]

四　数据治理的未来发展趋势

2022 年 12 月，《中共中央国务院关于构建数据基础制度更好发挥数据要素作用的意见》正式发布，强调从数据产权、流通交易、收益分配、安全治理等方面构建数据基础制度。未来，我国的移动互联网数据治理会在制度、合作、技术、产业等维度进一步发力，加快推进数据价值释放，实现数据在更大范围内的流通与应用。

---

① 周林兴、徐承来、宋大成：《重大疫情灾害中政府数据开放模式研究——以新型冠状病毒肺炎疫情为实证分析》，《现代情报》2020 年第 6 期。

② 张梦茜、王超：《大数据驱动的重大公共安全风险治理：内在逻辑与模式构建》，《甘肃行政学院学报》2020 年第 4 期。

（一）政企协同

提高数据治理效能，需要进一步平衡好政府与互联网企业之间的关系，明确政企双方协同共治、共享发展的定位与目标，维护数据开放共享治理链条。通过秉持开放合作、平等互惠的价值观，综合考虑科技、产业、社会发展效率与个人信息保护、数据安全等多种因素，充分发挥政府与市场的各自优势，打造政府与企业协同联动的数据治理模式。①

（二）国际竞合

数字空间的国际竞合进入新阶段，经济利益、价值理念、国家安全等因素在数据治理过程中发挥着重要作用，世界各国围绕数据治理能力展开的竞争日趋激烈。不同国家以各自利益为根本出发点，审慎研判数据治理领域的发展现状，在增强本国数据治理效能、保障国家安全的前提下，积极推动全球范围内的技术交流与合作，参与国际规则体系建设，携手构建网络空间命运共同体。②

（三）智能驱动

随着5G、物联网、云计算和人工智能等数字技术的迭代发展，数字化时代的信息环境已发生颠覆式的变化，数据形式更加灵活多样，给移动互联网的数据治理带来了发展机遇。依靠数据采集、数字建模、虚拟仿真等多种技术手段获得的数据信息，具有整体性、可视化、客观性等特征，能够有效推动数据治理朝科学化、智能化的方向发展。③

① 陈凯华、康瑾：《加快构建数据要素国家治理体系》，光明网-理论频道，2022年7月，https：//theory. gmw. cn/2022-07/06/content_ 35863473. htm。

② 邱静：《数据规则的国内构建、国际竞争和协调》，《安徽师范大学学报》（人文社会科学版）2023年第1期。

③ 林园春：《人工智能驱动政府治理模式变革的逻辑与策略》，《中州学刊》2022年第9期。

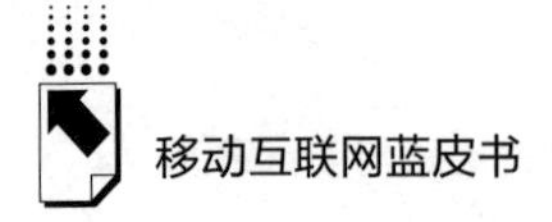

（四）产业升级

数据是新时代重要的生产要素，也是国家的基础性战略资源，能够有效推动经济社会的质量变革、效率变革、动力变革。当前，我国正处于新一轮科技革命和产业变革深入发展的关键机遇期，充分挖掘并释放数据要素的价值，拓展数据治理的力度与广度，完善数据安全保障体系，有利于促进传统制造业的转型升级，推动产业生态良性发展。①

数据治理是一个整体性问题，未来仍会持续出现棘手的挑战：一方面，我国的数字技术发展水平虽已名列前茅，但与发达国家相比，仍存在不小的差距，尤其是在作为国之重器的关键核心技术领域，需要投入更多的人力、物力、财力，坚决打赢关键核心技术攻坚战；另一方面，数字化时代背景下，人工智能、算法、区块链等技术已被广泛应用，给政府数据治理的管理权威、安全监管和法律秩序等方面带来了挑战，需要坚持“科技向善”的理念，推动科技理性与价值理性的平衡。②

参考文献

用友平台与数据智能团队：《一本书讲透数据治理：战略　方法　工具与实践》，机械工业出版社，2021。

祝守宇、蔡春久：《数据治理：工业企业数字化转型之道》，电子工业出版社，2020。

① 《〈“十四五”大数据产业发展规划〉解读》，工业和信息化部网站，2021 年 12 月，http：//www. gov. cn/zhengce/2021-12/01/content_ 5655197. htm。

② 戚学祥：《区块链技术在政府数据治理中的应用：优势、挑战与对策》，《北京理工大学学报》（社会科学版）2018 年第 5 期。

B.23

5G时代的基层治理数字化转型：协同路径与创新实践*

张楠　詹萌　刘渊**

摘　要：　近年来，各地基层政府不断通过技术应用和业务模式创新赋能基层治理，治理能力与精细化水平显著提升，但同时仍面临系统联通、数据共享、业务协同等方面的突出问题。本报告聚焦数字政府建设强省浙江省运用5G时代数字技术提升治理效能过程中的创新实践，建议未来在基层治理数字化转型三种协同路径的框架下，进一步围绕协同问题进行数字化转型技术创新和模式创新。

关键词：　5G技术　数字政府　基层治理　数字化转型　协同治理

一　5G网络普及与数字政府建设推进

自2019年以来，我国全面推进5G商用部署和规模化应用，积极培育壮大发展新动能。我国5G建设在全球保持领先水平。当前，我国的5G基站占全球总数的60%以上，已经建成全球最大规模的5G网络，覆盖全国所

---

* 国家自然科学基金重大研究计划集成项目“大数据驱动的政府社会治理数字化转型与示范研究”（编号：92146001）资助成果。

** 张楠，清华大学公共管理学院教授、清华大学计算社会科学与国家治理实验室副主任，研究方向为数字政府与政策信息学；詹萌，清华大学公共管理学院，研究方向为公共管理与数字治理；刘渊，浙江大学管理学院教授，浙江数字化发展与治理研究中心主任，研究方向为数字化治理与评价。

有的地市级城市、县城城区和92%以上的乡镇镇区[1]。根据工业和信息化部发布的《2022 年通信业统计公报》，截至 2022 年底，我国 5G 基站总数达 231.2 万个，全年新建 5G 基站 88.7 万个，占移动基站总数的 21.3%，占比较上年末提升 7 个百分点。同时，三家基础电信企业的 5G 移动电话用户达到 5.61 亿户[2]，已成为全球最大的用户群体。

除了城市地区 5G 覆盖深度不断提升、农村及边远地区覆盖广度不断拓展，5G 网络应用场景也在不断丰富创新，加速赋能经济社会各行各业。目前 5G 应用已覆盖国民经济 40 个大类，并在工业、医疗、教育、交通等多个领域逐步推广。中国信息通信研究院在 2022 年中国 5G 发展大会上联合发布的《5G 应用创新发展白皮书》显示，工业互联网、智慧矿山、智慧医疗、智慧港口等行业已进入快速发展阶段，文旅、物流、教育等行业正在探寻行业用户需求，明确应用场景，开发产品并形成解决方案，智慧城市和融合媒体等行业需求正在逐步清晰，金融、水利等行业正在积极进行技术验证。5G 技术已逐渐从信息架构建设走向业务模式拓展，面向行业的应用正成为经济创新发展新引擎。

党的十八大以来，党中央、国务院就推进大数据发展、“互联网+政务服务”等工作做出系列部署，开启了全国各级政府数字化转型的序幕。2022 年 4 月 19 日，中央全面深化改革委员会第二十五次会议审议通过《关于加强数字政府建设的指导意见》（下称《指导意见》）。习近平总书记强调，要全面贯彻网络强国战略，把数字技术广泛应用于政府管理服务，推动政府数字化、智能化运行，为推进国家治理体系和治理能力现代化提供有力支撑。基层治理是国家治理的微观基础，是党和政府联系和服务群众的“最后一公里”。基层治理数字化转型是建设数字中国的重要内容，对提高保障和改善民生水平，加强和创新社会治理有至关重要的作用。

---

① 《5G 迈入高速发展期》，《经济日报》2022 年 11 月 8 日，http：//m. ce. cn/ttt/202211/08/t20221108_ 38215955. shtml。

② 中华人民共和国工业和信息化部：《2022 年通信业统计公报》，https：//www. miit. gov. cn/jgsj/yxj/xxfb/art/2023/art_ 3f427b68c962460cbe8ebdd754fe7528. html，2023 年 1 月 19 日。

网络和信息技术的飞速发展也为政府职能转变、建设数字政府带来了新的机遇。《指导意见》总结了数字政府建设“三融五跨”的方法路径，提出要强化系统观念，破除体制机制障碍，统筹推进技术融合、业务融合、数据融合，提升跨层级、跨地域、跨系统、跨部门、跨业务的协同管理和服务水平①，推动政府部门横向联动、纵向贯通，促进数字政府建设与数字经济、数字社会协调发展。近年来，各地政府不断通过科技优化基层治理手段，通过数字改变基层治理模式，以技术应用和业务模式创新赋能基层治理，治理的精度、深度和温度不断提升。

二　基层治理数字化转型的基本情况

基层治理是国家治理的基石。“十四五”规划提出要加强数字社会、数字政府建设，提升公共服务、社会治理等数字化智能化水平。互联网、大数据、云计算、物联网、人工智能等新一代信息技术在社会治理中的融合应用为基层治理创新提供了重要支撑。回顾梳理基层治理数字化转型的发展历程，数字化应用场景不断拓宽，应用效果走深走实，政府、企业和社会组织力量互联互动、形成合力，协同发展成为重要趋势，基层治理在数字化转型的过程中不断朝着防风险、保安全、护稳定、促发展、惠民生等治理目标稳步前进。

（一）数字化应用场景不断拓宽，应用内容更加丰富

将数字技术应用于基层治理，加强基层政府数字化建设，是提升基层治理体系和治理能力现代化水平的重要内容。

在抗击新冠疫情过程中，依托数字化平台建立上至市区下至社区的数字化疫情防控指挥部，推动基层社区成为外防输入、内防扩散最有效的防线。

① 《国务院关于加强数字政府建设的指导意见》，http：//www.gov.cn/zhengce/content/2022-06/23/content_ 5697299.htm，2022 年 6 月 23 日。

在政务服务和社会治理中，基层政府部门的“最多跑一次”“一网通办”等改革举措，以及社情民意“一键直达”“你钉我办”等业务创新，对落实以人民为中心的发展思想、推动基层治理体系和治理能力现代化起到了积极促进作用。智慧党建、智慧乡村、智慧反诈、智慧巡查，基层“智治”、互联网+医疗健康、5G+数字养老……从政府办公到政务服务，从社会文明到乡村振兴，数字化应用场景融入基层社会治理的各个方面。各类任务事件一体集成融合，广泛应用，从多维度为百姓贴心服务、为企业纾难解困，不断提升数字政府治理效率、丰富服务内涵。

（二）数字化应用效果走深走实，治理精细化水平不断提升

实现基层社会治理数字化转型作为一项系统化的工作，需要对基层社会治理的全流程进行改革，以数字化驱动社会治理创新。基层数字政府建设打破了时空局限，实现了群众诉求“一键响应”：搭建数字“办事大厅”，织密服务群众“一张网”；构建“微信矩阵”，打通联系群众“最后一公里”；线上线下同频共振，群众问题“一起通办”。随着数字化在基层的广泛渗透，数字化治理体系下探到组织最基层和区域最末梢，治理精细化水平不断提升，助力破解企业和群众“急难愁盼”问题。

2022 年 10 月，国务院办公厅发布《关于扩大政务服务“跨省通办”范围进一步提升服务效能的意见》，进一步增加了 22 项高频政务服务“跨省通办”事项，包括临时身份证办理、城乡居民养老保险参保登记、租房提取住房公积金、提前退休提取住房公积金等①。群众办事便利程度大幅提升，群众办理高频户政业务“多地跑”“折返跑”已成为历史。

（三）政府、企业、社会实现“三位一体”共建、共治、共享

在政府信息化项目建设中，企业对新技术的开发及应用具有高度敏感

---

①《国务院办公厅关于扩大政务服务“跨省通办”范围进一步提升服务效能的意见》，http：//www.gov.cn/zhengce/content/2022-10/05/content_ 5715850.htm，2022 年 10 月 5 日。

性，政企协作最大化地发挥了企业技术优势，如通过“建造—移交”模式推动“互联网+基层+公共服务”重塑，实现部分公共服务的市场化运作；通过“服务购买模式”最大化保障数据安全，实现政府在数据采集、清洗、脱敏、分析等方面全流程掌控；通过“业务流程外包模式”将海量文档扫描工作等重复性工作外包，减轻基层工作压力。

目前，基层政府与企业、社会组织以互惠合作为引领，开展了不同形式的协同治理。在“政府即平台”的发展背景下，市场组织、社会力量的参与，实现了在基层政府治理转型中政府、市场、社会组织三者的良性互动，提升了政府服务水平，帮助企业抓住平台经济崛起的机遇，不断提高社会参与水平。如政府数据开放平台的建立，在保障数据安全和用户隐私的基础上，为企业创新提供了必要数据基础。政府建立的网民建言征集平台充分发挥协商民主机制优势，广泛动员社会参与，以民生“关键小事”为抓手不断提升基层治理能力。

（四）基层治理数字化转型面临业务协同难等突出问题

基层治理数字化转型的核心问题仍是数据资源共享和协同。基层治理面临着任务繁多、工作量大、治理主体之间权责界限模糊等多种挑战，有必要加强各治理单元之间的协同联动，通过数字技术提升基层资源配置效率，加速信息流转，提升政府协同效能。2022 年 8 月，国家互联网信息办公室发布的《数字中国发展报告（2021 年）》（下称《报告》）显示，十九大以来数字中国建设取得显著成就，并在数字基础设施、数字技术创新、数字政府、数字社会等多个方面取得不同程度进展。但部分地区数字政府建设中系统联通难、数据共享难、业务协同难等问题仍然较为明显，基层数字服务的供给能力和质量还不适应群众对美好生活的新期待[①]。

针对这一问题，地方政府积极创新，在疫情防控、政务服务、综合执法

① 《国家互联网信息办公室发布〈数字中国发展报告（2021 年）〉》，http：//www.cac.gov.cn/2022-08/02/c_ 1661066515613920.htm，2022 年 8 月 2 日。

等各个领域涌现了一批数据协同创新优秀案例。如多地打通智慧城市治理各条线形成了“一网管全城”模式，并建设“健康码”助力疫情防控的快速响应机制。基层政府协同具体实践，既验证了利用大数据、物联网、区块链、云计算、人工智能等各类颠覆式创新信息技术推动基层治理数字化转型的可行路径，也根据地方数字化水平和协同文化衍生出差异化的协作模式。在《报告》发布的数字中国发展水平评估中，浙江省排名首位，其在各层级数字化转型发展中的典型做法，尤其是在基层数字化转型中的前沿探索值得深入剖析。

三　基层治理数字化转型的创新实践

基层治理数字化转型的协同路径，根据治理主体的类型可以分为政府跨部门协同以及政府与企业、社会组织的协同，而根据基层数字化转型建设路径，又有信息架构和业务模式的协同，是不同维度下的三种协同路径。

综观全国各地的社会治理实践，浙江省政府一直走在前列。在2021年《省级政府和重点城市一体化政务服务能力调查评估报告》中，浙江省政务服务总体指数排名第一[①]。而根据2022年的最新评估报告，浙江省自2017年以来已连续6年保持全国领先水平[②]。自2003年提出建设“数字浙江”以来，浙江政府数字化转型业已形成先发优势：2014年建设电子政务云，形成“四张清单一张网”，开全国之先；2017年全面启动“最多跑一次”改革，让数据多跑路、群众少跑腿；2018年进入政府数字化转型阶段，树立“整体智治、唯实惟先”的现代政府理念，到2020年基本建成“掌上办事之省”“掌上办公之省”；2021年2月18日，浙江省委召开全省数字化改

① 中共中央党校（国家行政学院）：《省级政府和重点城市一体化政务服务能力调查评估报告（2021）》，http：//zwpg. egovernment. gov. cn/art/2021/5/26/art_ 1331_ 6343. html，2021年5月26日。

② 中共中央党校（国家行政学院）：《省级政府和重点城市一体化政务服务能力评估报告（2022）》，http：//zwpg. egovernment. gov. cn/art/2022/9/8/art_ 1329_ 6413. html，2022年9月8日。

革大会，全面部署浙江省数字化改革工作，进一步加快建设数字浙江。2022年8月30日，浙江省委召开全省数字化改革推进会，数字化改革进入收获成果、打造金名牌的新阶段。因此，以浙江省在基层治理数字化转型方面的创新实践为案例，能够较好观察上述三种协同路径的创新发展。

（一）德清“数字乡村一张图”创新实践

在加快推进基层治理数字化转型的实践中，浙江德清走在了全国前列。早在2019年，德清县委、县政府就高度重视乡村治理数字化建设。为实现县域乡村治理数字化平台全覆盖，推动县域农村生产、生态、生活全面转型，德清统筹运用数字化技术、数字化思维、数字化认知，围绕农村全域和农业全产业链，充分依托省域空间治理数字化平台，并借助于地理信息小镇众多企业的技术支持，展开“数字乡村一张图”建设，以此积极探索“一图感知”的新模式，以数字赋能来寻找乡村治理的新路子。德清“数字乡村一张图”不仅是一张乡村实景地理图，还是实现全景感知与动态管理的治理图，更是推动未来乡村建设和创建全域数字治理的新蓝图。通过构建“数字乡村一张图”，即乡村治理数字化平台，乡村规划、乡村经营、乡村环境、乡村服务等内容以可视化的形式，一一呈现在人们的眼前。

2022年7月，全国数字乡村建设现场推进会在德清召开，推广德清经验。德清“数字乡村一张图”建设着力于党建引领、需求驱动、科技赋能、产业培育、共治共富等五个方面，充分发挥县委、县政府的引领作用，以现实需求为驱动，以乡村为服务主体，统筹生产、生态、生活三大空间布局，促进“三生融合”发展。德清立足本地优势资源，加速数字赋能乡村产业发展，优化产业布局，持续释放数字生产力，在宅基地改革、数字渔业、数字农业工厂、民宿经济、安心畅游等多个应用场景中进行了有效实践。通过积极探索利用数字孪生的思想与技术工具，德清在垃圾分类、渣土管理、治淤治污、公众护水、遥感监测等多个应用场景中展开了积极探索，有效实现了数字赋能乡村美丽生态的治理目标。德清在推进“数字乡村一张图”落地实施的过程中，通过智慧养老、平安乡村、浙里智惠、数字生活智能服务站、清松办、基层治理、疫情防控等多个场景的应用，有效解决了乡村居民在医疗服务、政务服务、生活服务等方面的问题，进行了较好的实践探索。运用数字技术进行科技赋能，引导和服务“千人千面”的用户需求场景，推进乡村治理数字化应用，构建现代乡村治理体系，擘画体现社会价值、生态价值、文化价值的未来乡村发展新愿景，促进全体人民共同富裕。

（二）县乡协同、部门协同强化基层治理能力

2021年以来，浙江省在多地开展“县乡一体、条抓块统”基层智治改革试点。作为试点地之一，衢州市抓住跨部门多业务协同流程再造和数字化平台化集成应用两大关键，探索建立即时感知、科学决策、主动服务、高效运行、智能监管的新平台、新机制、新模式，通过技术融合、数据融合、业务融合，推进跨层级、跨地域、跨系统、跨部门、跨业务高效协同，推动数字赋能新型治理形态和治理模式。通过“基层治理大脑”，衢州市将数字化改革六大系统应用综合集成到党建统领、经济生态、平安法治、公共服务四条跑道上，全面融入共同富裕五大图景，真正实现了乡镇（街道）核心业务全覆盖和业务协同、数据共享。其中，党建统领包括7张问题清单、权力监督、干部考评等内容，经济生态分析经济指标、重大项目和企业运行等情况，平安法治侧重矛盾纠纷化解、执法办案和应急管理等方面，公共服务聚焦审批服务、民生事项、社区建设等环节。

在疫情防控过程中，浙江省多个基层社区依托数字化平台建立了“市—区—街—社”数字化疫情防控四级作战指挥部，实现各部门协同作战，统一指挥，高效调度。2022年1月14日，杭州市五常街道某社区突发疫情，利用“防疫通”从地级市到楼宇网格的六级组织架构体系，社区快速响应并建立50余个楼幢专项群，紧急排查了小区内6000余名居民，其中包括33名特殊人群（含孕妇、重症等），接受了居民提出的700余项求助反馈，平稳度过封控期，成功精准防控疫情。

（三）政企协作、社会参与提升基层治理水平

充分发挥企业在信息化技术创新方面的优势，加强政企协作，是促进基层服务智能化、减轻基层工作压力的有效途径。杭州未来科技城示范街区与阿里巴巴集团合作，开发应用了“AI 自动巡逻”和“AI 驻店小助手”，帮助示范街实现“门前三包”，以及违规经营、垃圾抛洒、沿街晾晒等违规行为的自我管理和自查自改。自 AI 视频巡逻应用以来，2021 年共提醒违停车辆 198290 辆次，驶离 109244 辆次，智能技术有效减少违法行为，减少罚款 1638 万余元，这一创新做法也成功入围第六届“中国法治政府奖”，成为全国城管治理系统唯一入围项目①。

在浙江多地，基层治理水平的提升还依托于市场组织、社会力量的广泛参与。2022 年以来，绍兴市柯桥区全面推广“浙里兴村（治社）共富”数字化场景应用“自上而下”场景，迭代升级新时期驻村指导员、民情日记制度，创新构建民情触发、民情分析、民情处置、民情评价、民情榜单的“自下而上”业务闭环，实现问题报送“一键直达”、问题解决快速精准，问题平均 1~2 天得到闭环解决。2022 年 4 月 17 日，绍兴市柯桥区马鞍街道通过“浙里兴村（治社）共富”场景应用，一键启动党员志愿者招募、全员核酸检测等事项。全区 15 个镇街仅用了不到 1 小时，就集结了 733 名镇村党员和志愿者，在半天内完成马鞍街道第四轮全员核酸检测，通过数字赋能形成上下同欲、齐心抗疫的强大合力。

（四）技术赋能、业务重构优化基层智慧服务

利用“一站式”智能平台推动基层智能治理，运用信息化技术赋能社会公共服务，在浙江基层实践中已日趋成熟。在杭州市余杭区仓前街道葛巷社区，通过社区驾驶舱，基层工作者不仅对本社区人、地、事、物、情等数

① 余杭区委、区政府：《余杭首创执法项目入围“中国法治政府奖”》，http：//www. yuhang. gov. cn/art/2022/1/7/art_ 1532128_ 59004421. html，2022 年 1 月 7 日。

据实现实时了解，同时还与网事警情、社区文化、健康余杭等其他已建数字化系统进行了融合集成，实现数据的上传与回落，并在部分场景嵌入二级子页面，实现“一屏观社区”，为葛巷社区运营方、治理者等不同对象提供精准化决策支持，打造“看得见、看得清、看得全、看得远”“能管理”的领导指挥决策系统。同时，通过“仓前未来社区”支付宝轻量化小程序，社区居民可获取蓝牙开门、生活缴费等日常服务，还可直接访问健康余杭等政府类高频应用。

余杭区五常街道通过一体化的政民沟通平台和便民服务平台——“小邻通”居民在线服务系统，畅通辖区 18 个社区居民与社区的沟通渠道，并在统一平台基础上，根据不同社区进行个性化部署。依托系统的线上“街道—社区—小区—楼栋—房号—人员”组织架构，管理端可精准管理社区居民，居民端可对社区工作人员和物业服务人员进行精准求助和意见反馈。

在萧山区临浦镇横一村，不管遇到大事小事，只要打开“临云智”应用中的“你钉我办”功能，输入事件详情，点击上报，事件就可以推送到村干部的手机上，村干部处理不了的事件还能一键转送到镇级平台，由区镇两级部门协同处置。目前，横一村村民通过“你钉我办”每月上报事件约 80 件，受理办结率达 99.8%，事件平均处置时间为 2 小时，90%的事件在 12 小时内办结完成，村庄治理的实效大大提升①。

随着信息化技术的发展，传统封闭、独立、线性化的单一协同模式已经不再满足高度复杂和不确定的信息化项目建设需求。因此，政府需要采取开放、网络化、复合化的协作模式与企业、社会组织进行交互。而在政府内部，在合作、协调、配合的协同思路下，基层政府通过技术赋能将分散在各业务部门的数据资源连接或共享起来，推动政府业务流程重构、职能机构整合和治理主体协同，通过组织变革和厘清业务流程中各参与主体的数据权利和数据责任，推动职能与权力合并，实现多部门数据集成应用。

① 资料来源：横一村数字乡村建设概况汇报。

与此同时，将技术创新和业务需求有机结合的理念贯穿数据协同治理的全生命周期，通过技术赋能和业务模式流程重构的“双轨驱动”，推动基层数据资源跨部门、跨组织、跨业务协同共享，进一步加速基层治理数字化转型。

四　总结与展望

综上所述，基层治理的数字化转型的核心在于协同，协同既是转型追求的目标，也是转型实现的手段。未来围绕协同问题进行数字化转型技术创新和模式创新将是数字化基层治理的新焦点，其中以下三方面尤为关键。

首先，坚持数据为基，打通基层各部门间藩篱，围绕代表性办事服务展现“三融五跨”[①]“联办通办”成效。作为数字化转型的出发点和落脚点，数据是基层治理的重要抓手。数据回流基层，助力基层治理，完善数据共享闭环至关重要。以区块链、智能合约为代表的技术演进将为基层跨部门协同奠定技术基础。

其次，倡导多方共赢，创新基层治理中的多方协作模式，充分调动各方力量参与基层治理的意愿和能力。充分认识基层治理工作的复杂性及在新技术环境下政府、企业、社会的能力边界。在技术创新的基础上探索“互联网+”模式创新，形成可持续的多方参与的基层治理长效机制。

最后，推进规划迭代，处理好技术发展与模式演进的辩证关系，形成可动态调整的基层治理数字化发展规划体系。鼓励政府部门了解新技术，拥抱新技术，基于新技术环境破解管理难题；同时鼓励技术企业深入业务场景，关注实践问题，以破解管理问题为终极目标，从而进一步归纳形成一批根植中国基层治理实践的数字化转型典型案例，推动数字化转型的落地与深化。

---

① 即统筹推进技术融合、业务融合、数据融合，提升跨层级、跨地域、跨系统、跨部门、跨业务的协同管理和服务水平。

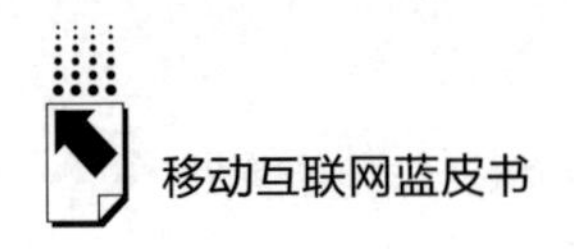

参考文献

中华人民共和国工业和信息化部：《2022 年通信业统计公报》，https://www.miit.gov.cn/jgsj/yxj/xxfb/art/2023/art_3f427b68c962460cbe8ebdd754fe7528.html，2023 年 1 月 19 日。

《国务院办公厅关于扩大政务服务“跨省通办”范围进一步提升服务效能的意见》，http://www.gov.cn/zhengce/content/2022-10/05/content_5715850.htm，2022 年 10 月 5 日。

中共中央党校（国家行政学院）：《省级政府和重点城市一体化政务服务能力评估报告（2022）》，http://zwpg.egovernment.gov.cn/art/2022/9/8/art_1329_6413.html，2022 年 9 月 8 日。

B.24

数字技能的内涵、框架与中国面临的挑战和应对

韩 巍*

摘 要： 数字技能具有层次性、交互性、发展性、普遍性和创新性特征。英国、欧盟、澳大利亚等制定了数字技能框架以指导数字技能的评估、训练并进行政策支持。我国的数字技能开发存在供给不能满足市场需求等问题。建议完善支持数字技能开发的顶层设计和有关政策，制定数字技能框架与标准，大规模开展数字技能培训，建立数字技能评价制度，推进数字技能开发领域的合作伙伴关系。

关键词： 数字技能 数字素养 技能培训

国家《"十四五"数字经济发展规划》指出，数字经济是继农业经济、工业经济之后的主要经济形态，是以数据资源为关键要素，以现代信息网络为主要载体，以信息通信技术融合应用、全要素数字化转型为重要推动力，促进公平与效率更加统一的新经济形态。近年来，我国数字经济迅速发展，数字技术催生许多新业态、新模式，衍生一批数字化新职业。与此同时，数字技术使传统职业被赋予数字化新内涵，产业链和人才链的创新正在同步发生，产业、职业变化对劳动者提出了掌握和提升数字技能的迫切要求。2021 年 4 月，人社部发布《提升全民数字技能工作方案》，提出重点开展人工智能、大

* 韩巍，中国劳动和社会保障科学研究院副研究员，中国劳动学会现代服务业分会秘书长，主要研究方向为劳动保障、农民工问题、照护经济。

数据、云计算等数字技能培训。11 月，中央网信办发布《提升全民数字素养与技能行动纲要》，明确了 2025 年全民数字技能达到发达国家水平和 2035 年基本建成数字人才强国的发展目标。我国在数字技能培训制度、培训资源、培训政策以及相关研究方面仍处于起步阶段，关于数字技能培训的实践多由企业和培训机构自发探索，有待进一步规范化、系统化、科学化。本报告对数字技能的基本概念进行了辨析，梳理了国际上数字技能培养的主要做法，分析了我国在数字技能培训方面存在的主要问题并提出了对策建议。

一　数字技能的内涵

到目前为止，数字技能（digital skills）还没有统一的定义，在各类文献中，数字技能也通常与数字能力（digital capacity）、数字素养（digital literacy）、数字胜任力（digital competence）等概念混用。我国中央网信办提出数字素养与技能是数字社会公民学习、工作、生活应具备的数字获取、制作、使用、评价、交互、分享、创新、安全保障、伦理道德等一系列素质与能力的集合。联合国教科文组织 2018 年出版的《培养面向未来的数字技能——我们能从国际比较指标中得出什么结论》中提出“广义而言，数字技能不仅指导如何应用信息通信技术（ICT）来获取、分享、生产信息，而且指能够应用信息通信技术来批判性地评估和处理信息，运用精准的技术获取和生产信息，以解决复杂问题”，并且将数字技能分为三类：基本使用数字技能、通用数字技能和以能给人带来变革的方式使用数字技术的高阶技能。澳大利亚发布的《2019 年职业技能预测报告》将数字技能分为两类：一是通识性的数字素养（digital literacy），二是与行业特定软件或技术相关的数字技能（digital competence）。欧盟委员会的《欧洲公民数字能力框架》认为数字能力涵盖了信息与数据素养、沟通与协作、数字内容创作、安全保障、问题解决等 5 个领域。国际图联从结果的角度将其阐述为：具备数字素养意味着个体能够充分（高效、有效与道德地）利用技术，满足个人、公民和职业生活中的信息需求。新媒体联盟（new media consortium）提出数字素养包括三种模式：通用素养（universal literacy），指熟练使用基本数字工具；创意素养（creative literacy），包括通用素养以及制作更加丰富的内容必需的、难度更大的技术技能；贯穿各个学科的素养（literacy cross disciplines），指根据具体学习内容，以恰当方式在不同课程教学中传播的数字素养。英国联合信息系统委员会提出的《数字能力框架》中包含了六个方面的内容：信息通信技术水平，信息数据和媒体素养，数字制作、解决问题和创新，数字交流、协作与参与，数字学习和发展，数字身份和健康。

一些学者也对数字技能相关概念做了阐述。亚历山大、亚当斯·贝克和库明斯述评了450余位教育工作者对数字素养的反馈，认为数字素养包含"以负责任的态度恰当使用技术，强调数字交流、数字礼仪、数字健康以及数字权利和责任等方面[①]"。荷兰传播学学者范迪克和范德森在《数字技能：解锁信息社会》中认为，数字技能可以分为与媒介相关的技能和与内容相关的技能，前者又包括了使用数字媒介的技术型技能、在网络上浏览或导航的形式型技能两类，后者包括了信息技能（能够在数字媒体中搜索、选择和评估信息）、沟通技能（能够在互联网上交流）、内容创建技能（能够生成内容）和战略技能（能够使用数字媒介作为实现特定个人或职业目标的手段）[②]。崔秋立认为数字技能是通过云计算、大数据、物联网等信息通信技术，生产、获取、分析、传输信息，以解决复杂问题、确保数据安全等的能力素养，可以被分为"数字应用技能"和"数字专业技能"。

可以看到，对数字技能的认识既有共识，也存在差异，共识体现在数字技能在未来社会扮演重要角色的一致性上，差异则是从不同角度、不同受众出发，认为数字技能是关乎社会和人的根本问题，而不仅仅是一些操作设备的技能。综合来看，当前数字技能的概念有如下基本特征。

一是层次性。从信息浏览到信息检索、处理、交流，再到使用专业化数

① 马克·布朗、肖俊洪：《数字素养的挑战：从有限的技能到批判性思维方式的跨越》，《中国远程教育》2018年第4期，第42~53、79~80页。

② 王不凡：《数字技能的鸿沟问题及其应对策略》，《哲学分析》2022年第4期，第164~173、199页。

据软硬件，直至软硬件的设计、生产，数字技能具有显著的层次性，其中基础性的、利用通用的软硬件进行数字化交流和信息检索处理，可以被归为“数字素养”的范畴，而更高阶的技能则带有更强的专业性。对于不同的行业、不同职业，数字技能的应用层次也有较大差异。

二是交互性。一方面，数字技能的训练和运用要依托于一定的数字化设施设备，并且一些专业的数字技能要依赖于专门的数字化设施设备。另一方面，通过数字技能与数字内容进行交互，认知、创造、改编数字内容。随着人工智能、元宇宙等数字技术的发展，交互性开始呈现“沉浸式”的特征，数字技能劳动者与数字环境交互融合更加紧密。

三是发展性。数字技术的发展一日千里，对数字劳动者提出了持续提升技能的要求。因此，数字技能培训须得秉持终身学习的理念，在标准制定、课程设置等方面要具有前瞻性。

四是普遍性。近年来，数字技术与产业发展的结合日益紧密，呈现数字化产业和产业数字化两大趋势。在新冠疫情期间，数字化技术加速对传统产业的渗透和改造，几乎所有的行业都在不同程度上具备数字化甚至数智化的特征。数字技能向劳动者技能渗透的步伐在加快，数字化职业不断涌现，传统职业的技能结构中也在不断增加数字技能的内容，数字技能正在成为劳动者的基本技能。

五是创新性。一般技能是通过实践训练或模拟实践训练获得身体的灵活操作技能，而数字技能则是对数字化工具、系统和信息的创造性应用，数字技能的关键不是通过手部操作体现，而是通过大脑对数字化内容进行情景化处理，所以数字技能强调认知的批判性和创新性，运用数字技能的过程就是创造新的数字内容的过程。

二　典型国家和地区的数字技能框架

（一）英国：基本数字技能国家标准

2020 年 4 月，英国政府发布了新的基本数字技能国家标准，取代了之前的国家信息和通信技术标准。新标准规定了成人生活、从事大多数工作和进一步学习所需的全部基本数字技能。为此，英国设定了两个层次的数字技能资格（qualification），分别是基本数字技能资格（Essential Digital Skills qualifications，EDSQ）和数字功能技能资格（Digital Functional Skills qualifications，FSQ）。EDSQ 是数字技能的入门级资格，旨在满足没有数字技能或数字技能较低的成年人的各种需求，EDSQ 可以有不同的目标，反映不同的学习需求、动机和出发点，而 EDSQ 的具体内容也将因其目的而异；数字功能技能资格（FSQ）是数字技能一级资格（level 1），专门面向有使用数字设备和互联网经验但缺乏基本数字技能的成年人设计。从 2023 年 8 月起，数字功能技能资格（FSQ）将取代信息和通信技术（ICT）领域的 FSQ，数字 FSQ 具有标准化的内容和评估，为雇主提供了数字技能的基准。英国的基本数字技能国家标准包含了五方面的内容，分别是使用设备和处理信息、创建和编辑、通信、交易以及在线安全和负责任地使用，两个层次的数字技能资格的标准如下。

表 1　英国入门级和一级数字技能资格标准

项目		入门级	一级
使用设备和处理信息	使用设备	了解硬件、软件、操作系统和应用程序的含义；定位并安装应用程序；应用系统设置，包括可访问性设置	持续更新操作系统和应用程序
	检索和评估信息	使用超链接、菜单和其他导航元素导航在线内容以查找所需信息；进行搜索以查找信息和内容	考虑时效性、相关性和可靠性等因素，使用适当的技术来执行和优化搜索，并意识到结果是由搜索引擎排序的
	管理和存储信息	通过适当的命名习惯从文件中打开、读取和保存信息；使用文件和文件夹在远程或者本地存储、组织和检索信息	使用文件、文件夹、层次结构和标记来组织和存储信息，以实现设备上和设备之间的高效信息检索
	识别和解决技术问题	识别遇到技术问题的时间，解决简单的技术问题，并在无法解决技术问题时寻求帮助	使用在线教程、常见问题解答和帮助工具，识别常见技术问题的解决方案并加以应用
	培养数字技能		确定并使用适当的在线学习资源来保持和提高数字技能

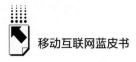

续表

项目		入门级	一级
创建和编辑	创建和编辑文档	使用合适的应用程序输入、编辑和格式化信息(包括文本、数字和图形)	使用应用程序输入、编辑、格式化和布局信息(包括文本、表格、图形和图表),以满足不同目的和受众的需要
	创建和编辑数字媒介	捕捉并保存图像、声音和视频	编辑和修订图像
	处理数值型数据		输入、编辑、排序、处理、格式化和图表化数字数据
通信	沟通和分享	建立、编辑和参与在线联系,与单个和多个对象进行在线沟通,发送和接收文本和其他数字内容;发起并参与视频通话	为各种背景和受众确定并使用适当的在线沟通模式
	管理可追溯的在线活动	识别留下"数字足迹"的数字活动类型,并了解其含义	采取措施管理在线身份
交易	使用在线服务	填写并提交作为在线交易一部分的信息表格,并遵守验证检查	与在线交易服务交互并管理账户设置
	安全地在线购买	使用选定的在线支付方式在线购买商品/服务	比较在线购买商品/服务的不同选项,并确定最佳选项
在线安全和负责任地使用	保护隐私	识别设备和在线活动可能存储个人信息的情况;识别并使用基本的方法来保护个人信息和隐私	保护个人信息和隐私,了解控制个人数据使用方面的个人权利和选项
	保护数据	意识到在线风险和威胁;识别并使用基本方法保护设备和数据,使其免受在线风险和威胁;注意使用公共 WiFi 的安全风险	保护设备和数据,使其免受在线风险和威胁
		配置并利用安全方式访问设备和在线服务	配置并使用多因素身份验证来访问和使用在线服务
			在本地和使用云存储方式备份数据
	负责任的在线行为	了解如何报告与在线内容有关的问题	
			在线使用适当的语言和行为
	数字健康	认识到并尽量减少上网带来的身体压力	使用设备时,采用简单的方法避免身体和心理健康风险

资料来源: https: //www. gov. uk/government/publications/national-standards-for-essential-digital-skills。

（二）澳大利亚：核心技能框架（ACSF）的组成部分

澳大利亚在2020年制定出台的《数字素养技能框架》中提出，数字素养是使用数字技术实现个人目标、提高就业能力以及支持教育和培训的技能。数字素养与学习、阅读、写作、口语和算术等核心技能并列，被认为是第六项“核心技能”，由此也反映出数字素养对于个人参与劳动力市场的重要性。按照框架，数字素养技能被分为四个层级——预科A段和B段、1级、2级、3级。数字素养包括两个方面的内容：作为数字用户的积极自我意识，数字扫盲技能的知识、使用和应用。这两个方面又被分解，“作为数字用户的积极自我意识”被分为连接、沟通与协作，数字身份和安全两个“领域”（Areas）；“数字扫盲技能的知识、使用和应用”被分为数字技术和系统，创建、组织、呈现和问题解决等领域。每个层级相应的胜任力要求如表2所示。

（三）欧盟：公民数字能力框架

工作和生活的数字技能是欧洲政策议程的首要任务。2020年7月1日正式颁布的《欧洲技能议程》支持所有人的数字技能，包括支持《数字教育行动计划》提出的提高数字技能和数字转型能力以及促进高绩效数字教育系统的发展的目标。《数字指南针》和《欧洲社会权利支柱行动计划》提出，2030年至少达到80%的人口具备基本数字技能，并拥有2000万名信息和通信技术专家。《公民数字能力框架》（DigComp，以下简称《框架》）是欧盟范围内提高公民数字能力的工具，帮助决策者制定支持数字能力建设的政策，并制定教育和培训计划以提高特定目标群体的数字能力，它为识别和描述数字能力的关键领域提供了一种通用语言。《框架》在横向上将数字能力分为5个主要领域，纵向上在每个能力领域建立了“能力领域—能力—熟练程度（分为8级）—所需知识、技能、态度列举—使用案例”五个分析维度。《框架》中的能力领域和能力两个维度如表3所示。

表 2　澳大利亚核心技能框架（ACSF）中的数字技能部分

层级	作为数字用户的积极自我意识		数字扫盲技能的知识、使用和应用	
	连接、沟通与协作	数字身份和安全	数字技术和系统	创建、组织、呈现和问题解决
预科A段	开始认识到有经常用于与他人连接的不同数字设备； 数字设备的使用极其有限； 开始认识到与他人进行数字连接的一些好处	显示了作为用户出于不同目的进行数字连接的一些认识； 复制简单的风险保护代码	开始识别极其熟悉的数字设备； 对维护数字设备的理解极其有限； 开始识别极其熟悉的数字符号	使用极为有限的数字字母和符号； 遵循单步口头或图形说明，激活或停用数字工具； 开始使用数字周边设备； 对极其有限的几个数字警报或符号做出响应
预科B段	开始了解一些常用数字设备和软件应用程序的用途； 开始了解互联网连接； 开始使用数量极其有限的数字设备和软件应用程序； 了解有限的与他人数字连接存在的好处和缺点	开始了解与提供信息相关的风险； 开始认识到数字风险保护的目的； 开始理解隐私的概念； 制定简单的风险保护代码	开始了解一些非常熟悉的数字设备和软件的用途； 维护数字设备的能力极为有限； 开始浏览极其简单的数字屏幕	使用数量极其有限的数字设备和软件应用程序； 识别并响应有限数量的数字提示或警报、文本和符号； 展示了对数字外围设备和屏幕操作之间关系的认识； 开始了解内容可以更改
1级	使用有限范围的数字设备和软件通过互联网与他人连接； 使用互联网进行有限范围的常规数字活动； 开始理解和采用在线网络礼仪的一些基本惯例； 了解有限范围的简短、高度明确的数字文本和任务	开始认识到自己的数字足迹及其永久性； 识别并应用非常有限的数字风险保护软件和隐私策略； 开始识别不安全的 Web 链接和警告； 对数字设备和软件的个人使用和与工作相关的使用进行一些区分； 开始识别一些不适当的内容	为即时任务确定一些适当的数字设备和软件； 识别有限范围的术语、符号和图标，并对其含义有所了解； 对网站和屏幕的基本布局惯例有一定的了解； 了解非常常规的数字设备和软件的用途和关键功能	使用有限数量的数字设备和软件应用程序的关键功能； 从数字系统中检索简短的信息； 使用常规的软件创建新文件； 导航到所需的数字位置； 开始使用一些基本的故障排除策略； 使用非常熟悉的数字周边设备； 使用非常常规的软件和自适应技术来增强可访问性和可用性

续表

层级	作为数字用户的积极自我意识		数字扫盲技能的知识、使用和应用	
	连接、沟通与协作	数字身份和安全	数字技术和系统	创建、组织、呈现和问题解决
2 级	使用各种数字设备和软件与他人进行连接和合作,进行交易和通信;互联网用于活动和交易的范围越来越广; 了解并应用有限数量的数字网络礼仪惯例;启动、维护和终止在线通信	开始显现在互联网上共享信息时的一些洞察力; 了解安全信息和隐私的重要性; 在识别和管理风险因素方面负起个人责任; 确保下载和更新安全保护软件; 选择合适的受众进行沟通	识别常见的数字系统以完成熟悉的任务; 了解数字设备和系统的一些一般设计和操作原理; 熟悉网站和电子文档的布局约定; 确定用于搜索即时信息的适当数字系统	使用有限数量的软件包; 有效使用搜索引擎; 确保操作系统是最新的; 使用有限范围的数字外围设备; 使用与数字世界相关的通用符号和术语; 使用熟悉的数据管理系统; 使用常规的数字系统和设备访问、组织和展示信息; 解决常见问题并知道何时寻求帮助; 使用基于互联网的服务开展一系列活动和交易
3 级	识别连接互联网的不同方式; 使用无线数字设备和软件与他人进行连接和协作,以进行交易和通信; 理解如何管理:为了通信和交易而使用互联网; 了解数字网络礼仪如何影响沟通	设置软件应用程序的用户偏好; 展示对病毒防护软件的理解; 展示系统安全知识,以确保在系统发生故障时数据得到保护; 在线安全以完成财务交易; 展示对减少数字或在线活动潜在负面影响的策略的认识; 确定一系列在线内容和/或软件的目的和预期受众; 采用符合人体工程学的技术	使用一系列熟悉的数字技术和系统解决新情况; 确定可用于连接一系列设备以完成任务的有线和无线数字连接方法,包括云存储; 按照说明将设备连接到网络、连接未配对的设备或在设备之间无线传输文件; 说明如何将设备连接到网络、连接未配对的设备或在设备之间无线传输文件	下载并安装软件应用程序; 使用适当的数字设备和软件来满足新的通信或信息需求; 使用一系列软件应用程序进行通信,组织和显示信息; 使用有线和无线连接访问、组织和展示信息;使用 internet 搜索命令来改进和缩小搜索结果;使用一系列将设备连接到网络,或通过有线和无线方式连接设备的相关符号和术语;按步骤执行重复出现的数字技术问题的解决方案

资料来源:https://www.dewr.gov.au/foundation-skills-your-future-program/resources/digital-literacy-skills-framework。

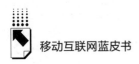

表 3　欧盟公民数字能力框架中的能力领域和能力

能力领域	能力
信息与数据素养	浏览、检索、过滤数据、信息和数字内容
	评价数据、信息和数字内容
	管理数据、信息和数字内容
沟通与合作	通过数字技术进行交互
	通过数字技术共享信息和内容
	通过数字技术参与公民身份
	通过数字技术开展合作
	网络礼仪
	管理数字身份
创建数字内容	开发数字内容
	整合和再阐释数字内容
	版权和许可
	程序设计
安全	保护设备
	保护个人数据和隐私
	保护健康和福祉
	保护环境
解决问题	解决技术问题
	识别需要并给予技术回应
	创造性地使用数字技术
	识别数字能力鸿沟

资料来源：https：//publications. jrc. ec. europa. eu/repository/handle/JRC128415。

三　我国数字技能培育存在的主要问题和对策建议

（一）存在的主要问题

1. 数字技能人才供给难以满足市场需求

随着数字技术向各行业的广泛渗透，数字技能人才的需求大幅提升，但是相关人才的供给难以满足需求。2022 年 7 月，中国信息通信研究院发布的《数字经济就业影响研究报告》显示，中国数字化人才缺口已接近1100万。具体来看，数字技能人才缺乏主要表现在以下几个方面：一是数字化产业人才的不足，数字经济的发展要求数字化产业向各行各业技术赋能，而数字化赋能对相关人才提出了要求；二是产业数字化要求各行业劳动者在不同程度、不同层次上掌握数字技能，但是目前非ICT行业劳动者的数字技能与数字技术的快速发展和产业数字化的速度并不同步，难以适应行业发展需要；三是随着数字技术的发展，数字技能也在不断迭代更新，给ICT行业和非ICT行业从业者的数字技能及发展提出了挑战。

2. 数字技能相关标准和规范缺位

标准和规范界定了数字技能的主要内容、分级分类、培训方式方法，是评估劳动者数字技能水平、开展数字技能培育以及制定相关政策的基础。虽然市场对数字技能的诉求强烈，但是到目前尚未形成体系化的数字技能框架、标准等指导数字技能开发的基础性文件，不利于数字技能的培育。综观各主要发达国家或地区，都已经制定了数字技能或数字素养框架并进一步制定相应标准，而我国的数字技能开发则刚刚起步，缺乏对当前数字技能水平评价的基本框架和认证制度，也缺乏对产业发展背景下数字技能需求的深入分析。

3. 数字技能培养能力有待提升

数字技能培养需要系统的软硬件设施和师资，具有持续性、终身性，需要随着数字技术的发展不断更新内容和方式方法。目前我国数字技能的培养面临师资短缺，虽然不少院校开设了大数据技术和数据科学专业，但普遍存在师资短缺问题，同时具备理论知识与实践经验的教师更是稀缺。另外，在培养方式方面，高阶数字技能层面的大数据、云计算、人工智能等专业，在培养过程中以理论教学为主，教材与实训平台不足。国际上倡导数字技能培育中相关各方的“伙伴关系”，我国也在积极推动校企合作、产教融合，但是合作的深度仍有待拓展，培养方式有待进一步优化。

4. 数字技能的顶层设计和配套政策存在短板

各大国都将数字技能视为支撑数字经济发展的重要引擎，在数字经济发展的纲领性文件中都强调数字技能的作用，并专门制定支持数字技能开发的政策文件，实施数字技能开发项目。为了弥补数字技能差异引起的“数字鸿沟”，一些国家面向妇女、青年、老年等群体施行专门的数字技能项目。我国也出台了两份部级层面的指导性文件，但在更深入的支持政策、配套投入、设立项目等方面尚未出台专门的政策。

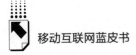

（二）对策建议

1. 完善数字技能开发的顶层设计，制定相关支持政策

在当前两部门出台的政策基础上，结合未来 15 年乃至更长时期的数字产业化和产业数字化规划，明确数字技能开发的目标和主要措施，从资金投入、项目推进、政策优惠、基础设施等多方面制定出台鼓励数字技能开发的政策，使数字技能开发在人才培养、技能培训中占据重要位置。

2. 制定数字技能框架和标准

借鉴国外数字技能框架编制的经验，立足我国数字经济发展对数字技能需求的现状和未来趋势，开发我国数字技能框架，建立分级分维度的数字技能框架体系，用以指导劳动者数字技能的评估、培训课程开发和相关政策的制定。建立数字技能框架和标准的动态更新机制，随着数字经济发展不断更新相关要求。

3. 大规模、分类型开展数字技能培训

将数字技能融入职业技能培训、院校人才培养课程体系当中，形成“专业技能+数字技能”的技能培养结构，结合 ICT 行业和非 ICT 行业、不同岗位，梳理相应的数字技能清单，编制差异化的培训计划和教材，分门别类开展数字技能培训。

4. 建立数字技能评价制度

通过商业认证与国家认证相结合的方式，对数字技能进行评价。一方面，借鉴商业领域认证体系，如工业和信息化部的《数据分析师职业技术证书》、阿里巴巴的阿里云大数据分析师等专业的认证制度，加强对相关专业人才的评价；另一方面，借鉴国外微证书认证制度，通过数字技能专项能

力证书或商业化“微证书”方式开展通用数字技能的认证。

5. 推进数字技能开发领域的合作伙伴关系

发挥龙头企业、行业协会的作用，积极推进数字技能开发中的校企合作、产教融合，通过共建产业学院、实训基地，联合开设专业、订单班，联合开发课程体系和相关标准，共享人才、共同举办数字技能竞赛等多种方式，促进院校与企业、行业的深度融合，使数字技能开发及时回应市场需求变化。

参考文献

王不凡：《数字技能的鸿沟问题及其应对策略》，《哲学分析》2022 年第 4 期。

商宪丽、张俊：《欧盟全民数字素养与技能培育实践要素及启示》，《图书馆学研究》2022 年第 5 期。

吕耀中、孔琳：《巨大鸿沟：欧盟劳动力中的数字化与数字技能差距》，《世界教育信息》2017 年第 15 期。

〔新西兰〕马克·布朗：《数字素养的挑战：从有限的技能到批判性思维方式的跨越》，《中国远程教育》2018 年第 4 期。

B.25
2022年中国芯片产业发展情况及未来策略

李 洁 郭 亮 谢丽娜*

摘 要： 当前全球芯片产业市场规模持续增长。我国芯片产量飞速提升，进出口规模逐步加大，已初步建立生态体系，龙头企业在芯片产业链核心环节涌现。但同时我国芯片产业面临工艺制程、设计工具等技术壁垒待攻破，人才储备待加强，核心材料自给率较低等困境和挑战，建议未来通过政策扶持、构建“双循环”格局、完善产业生态等加强芯片生态体系构建。

关键词： 芯片产业 市场规模 产业链

一 整体发展环境分析

1956年，北京大学、复旦大学等高校联合在北京大学物理系创办了中国第一个半导体专业，学界称之为“半导体的黄埔军校第一期”，由此拉开了我国半导体研究和发展的序幕。随着第四次工业革命和新一轮科技产业变革的到来，对于芯片技术和应用的重视和发展成为全球的共识。作为信息化基础元件，芯片在现代生活中发挥着不可替代的作用。无论是5G技术、人

* 李洁，中国信息通信研究院云计算与大数据研究所副所长，研究方向为算力政策、设施相关技术与标准制定；郭亮，中国信息通信研究院云计算与大数据研究所副总工，研究方向为算力网络相关技术与标准制定；谢丽娜，中国信息通信研究院云计算与大数据研究所数据中心部副主任，研究方向为算力设施相关技术。

工智能、物联网，还是智能汽车等产业都离不开芯片的支持，芯片已成为数字经济的核心“基石”。当下全球芯片产业格局生变，电子信息化、智能化社会发展与芯片供应链条的矛盾导致全球芯片短缺。在国际竞争形势的影响下，我国芯片产业发展迎来了新的机遇。《中华人民共和国国民经济和社会发展第十四个五年规划和2035年远景目标纲要》的提出，为我国发挥数字经济优势，推动数据赋能全产业链协同转型提供了指导思想。芯片产业已在智能交通、智慧物流、智能能源、智慧医疗等领域开展试点示范，加快了产业市场需求量的提升，我国芯片产业正迈向快速发展新时期。

（一）全球产业经济环境收紧，我国加大产业支持力度

近年来，受存储芯片市场持续低迷的影响，芯片产业经济环境收紧，供需矛盾加剧，头部厂商业绩大幅下滑。2022年，AMD、美光、英特尔、三星、英伟达等芯片企业纷纷下调未来的需求预期，且在不同应用领域已经出现较为明显的分化。世界半导体贸易统计协会数据显示，英特尔由于PC市场萎靡2022年第二季度营业收入同比下调16.5%，英伟达营业收入同比下调19%，而AMD得益于收购活动，营业收入提升了11.3%。[①] 三星公布了截至2022年9月30日第三季度的财报情况，财报显示三星首次出现利润负增长，利润为10.8万亿韩元，同比下跌31.7%。[②] 针对全球芯片产业经济环境紧缩的态势，市场研究机构发出预警，据中国信息通信研究院统计，2022年全球芯片市场规模为6548亿美元，增长率较2021年大幅放缓至7%，预计2023年市场规模同比有小幅下降。[③]

为优化芯片产业发展环境，我国颁布相应政策措施，加大芯片产业的投

① 《全球半导体TOP15最新排名出炉!》，芯司机，2022年11月11日，https://mp.weixin.qq.com/s?__biz=MzUyNzA2MDA0OQ==&mid=2247549502&idx=2&sn=619ab8921e984a0c4f585cea66758bc8&chksm=fa071f00cd709616cb35b785f61d870b07d06e7a6ea9993bbc2e1a224004f2352557401bee55&scene=27。

② 《中期合并财务状况表》，三星电子官网，2022年10月7日，https://www.samsung.com/global/ir/financial-information/audited-financial-statements/。

③ 中国信息通信研究院：《集成电路产业数据报告》，2022年10月。

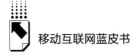

入力度。2020 年 8 月，国务院出台《新时期促进集成电路产业和软件产业高质量发展的若干政策》，大力支持集成电路产业和软件产业的高质量发展，规范芯片行业投资，引导芯片产业朝提升创新技术能力和发展质量迈进。2022 年 3 月，国家发改委、工信部、财政部、海关总署、国家税务总局发布的《关于做好 2022 年享受税收优惠政策的集成电路企业或项目、软件企业清单制定工作有关要求的通知》规定了有关程序、享受税收优惠政策的企业条件和项目标准。2022 年 11 月，工业和信息化部发布《"十四五"信息通信行业发展规划》，明确加快集成电路关键技术攻关。

（二）我国产业链布局趋优化，高端技术亟须寻求突破

从产业链布局角度来看，我国较为薄弱的环节是产业链上游电子设计自动化（Electronic Design Automation，EDA）软件、材料研究和先进设备制造。进一步整合创新资源、优化产业生态、平衡国产芯片全产业链上下游供给关系成为我国芯片产业发展制胜的关键。针对弱势环节导致的产业链供需问题，工业和信息化部提出积极推动协调芯片企业与应用企业的对接交流，加强内外企业投资力度，为供需双方搭建交流合作平台，创造良好产业应用环境，保障芯片产业链上下游产品供给，满足市场的需要。

从技术研发角度来看，我国芯片制程方面受困于技术、光刻机等高端设备以及高端材料，芯片设计、芯片制造领域优势较弱，高端技术仍需继续突破壁垒。2022 年 6 月，台积电、三星宣布可量产 3nm 制程芯片，2025 年可量产 2nm 制程芯片。我国芯片制程工艺在不断研发当中，但由于芯片生产工艺流程复杂，生产设备及材料需求量大，且对高端技术要求高，目前与国际先进水平仍有较大的差距。随着全球产业链的第三次转移，我国芯片产业发展进入新产能高速扩张阶段，芯片产业发展前景广阔，产业链技术突破是发展高端芯片的重点。

（三）国内产业投资热度上升，企业出海投资出现疲软

当前全球芯片产业加速向我国转移，加之国产芯片自主研发技术的热

潮，国内产业投资掀起新一轮的热潮，海外投资却出现与之相反的局面。国内方面，受科创板开板以及国产自主化推进的影响，芯片产业投融资数量从2019年开始稳步增长。据IT桔子统计，在2019~2021年中国芯片半导体行业投融资数量从348起升至804起，2022年截至11月投融资数量已达到675起。[①] 芯片产业并购，受资本关注度的影响，以小额并购项目居多。据中国信息通信研究院统计，2021年半导体产业并购项目数量达到21项，2022年上半年数量为10项，以数字芯片、半导体材料、模拟芯片项目投资并购最多。[②] 海外方面，受到疫情和国际政策的影响，2019年以来，我国芯片企业出海投资并购减少，并购资金出现断崖式下跌，并购技术方面也转向了收购封装领域的成熟技术。

二　产业发展态势分析

（一）规模：全球趋于稳定，我国飞速增长

1. 全球产业市场规模持续扩大

2022年全球芯片产业市场规模继续增长。据中国信息通信研究院统计，2019年全球集成电路市场规模呈现下滑的趋势，相比2018年下降12%，2020年开始缓和恢复，增长率达到11%。2021年全球产业市场加剧扩大，集成电路产业营业收入突破6000亿美元后，增速开始大幅放缓，从25%下降至2022年的7%，预计2023年，产业市场仍保持下降趋势，市场规模预计达到6525亿美元，具体参见图1。[③]

2. 我国芯片市场发展前景向好

我国下游市场电子消费、新能源汽车的需求旺盛，带动了芯片产业产量的增长。2017~2020年，我国工业集成电路产量逐年递增，年复合增长率

① 《2022年中国芯片半导体投融资分析报告》，IT桔子，2022年12月。

② 中国信息通信研究院：《集成电路产业数据报告》，2022年10月。

③ 中国信息通信研究院：《集成电路产业数据报告》，2022年10月。

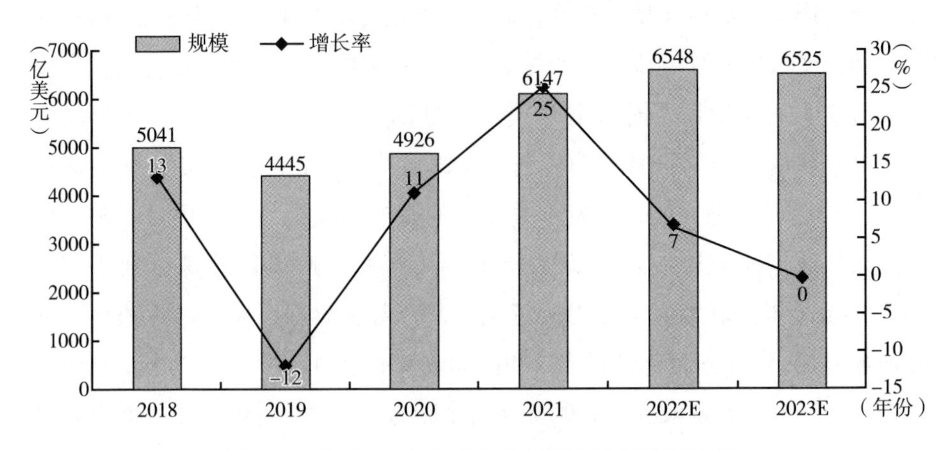

图 1　2018~2023 年全球集成电路市场规模及增速

资料来源：IC Insights。

18.67%①。根据国家统计局发布的数据，2021 年集成电路产量飞速提升，达到 3594.3 亿块，同比增长 37.5%。② 2022 年受经济形势变化和疫情等因素影响，集成电路产量为 3242.0 亿块，同比降低 9.8%，但从近五年发展趋势看，产业生产规模整体向好（见图 2）。③

从销售额角度来看，全球整体产业市场增长速率波动较大，我国产业市场则一直迅速增长。2017~2021 年我国集成电路产业销售额年均复合增长率达到 17.9%（见图 3），超过全球产业复合增长率的 3 倍之多，④ 凸显了中国芯片行业规模增长速度快、市场前景好的特点。随着芯片产业发展环境和开放力度进一步优化，加上我国疫情管控措施的调整，我国芯片将继续迎来新的发展机遇。

① 根据国家统计局《国民经济和社会发展统计公报》历年公布数据计算得出。

② 《中华人民共和国 2021 年国民经济和社会发展统计公报》，国家统计局官网，2022 年 2 月 28 日，http：//www.stats.gov.cn/xxgk/sjfb/zxfb2020/202202/t20220228_1827971.html。

③ 《2022 年 12 月份规模以上工业增加值增长 1.3%》，国家统计局官网，2023 年 1 月 17 日，http：//www.stats.gov.cn/xxgk/sjfb/zxfb2020/202301/t20230117_1892124.html。

④ 《近十年我国集成电路产业复合增长率为 19%是全球增速的 3 倍》，央广网，2022 年 11 月 7 日，https：//baijiahao.baidu.com/s?id=1748840230631475788&wfr=spider&for=pc。

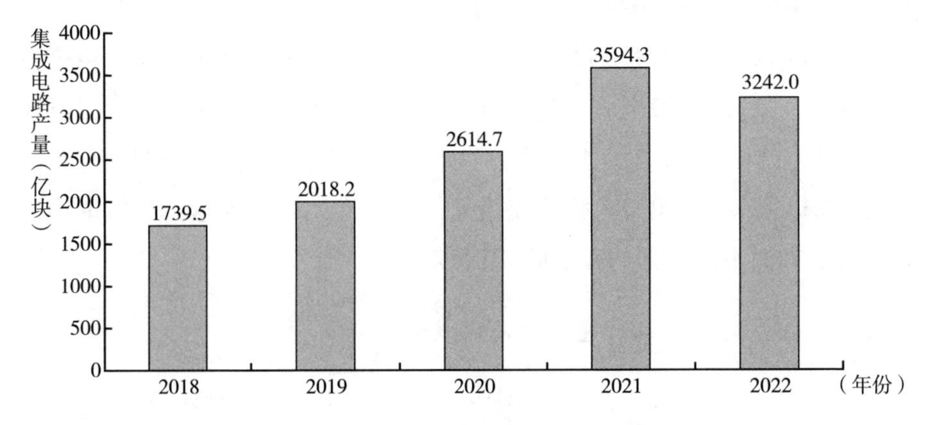

图 2　2018~2022 年集成电路生产数据

资料来源：国家统计局、工业和信息化部、中国信息通信研究院。

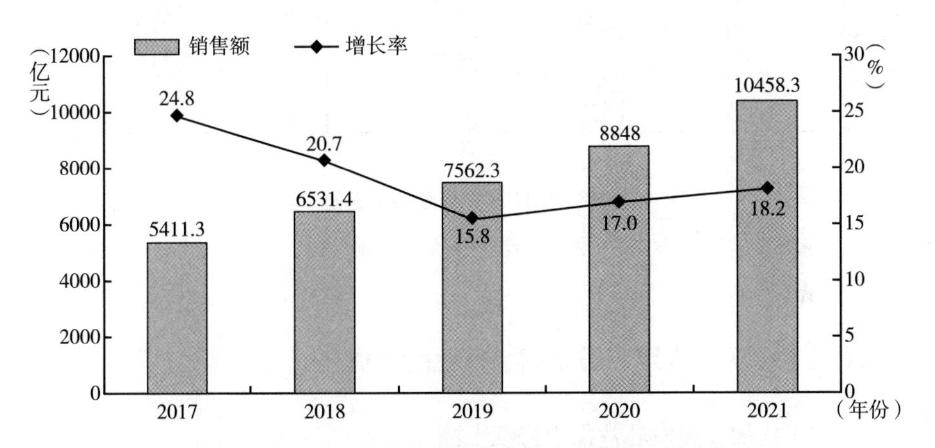

图 3　2017~2021 年中国集成电路产业销售额及增长情况

资料来源：中国半导体行业协会。

3. 产业进出口规模明显提升

根据中国海关总署统计资料，2022 年我国集成电路进口金额占总进出口金额的 6.6%，超过了石油原油、成品油、铁矿石、粮食、煤炭、天然气等其他各类大宗商品，处于极为重要的位置。如图 4、图 5 所示，2022 年中国进口集成电路数量 5384 亿块，金额达 4155.8 亿美元，金额累计比上年同期减少 3.9%，进口数量较同期减少 15.3%，进口单价为 5.14 元/块；2022 年中国出口集成电路数量 2734.0 亿块，金额达 1539.2 亿美元，出口单价为 3.75 元/块。尽管 2022 年产业进出口规模不同于 2021 年的强劲表现，但从进出口整体趋势来看，我国集成电路进出口规模正逐步提升。在进出口单价方面，2017~2022 年出口单价快速接近进口单价，2017 年达到进口单价的 47.46%，2022 年达到进口单价的 72.96%。[①]

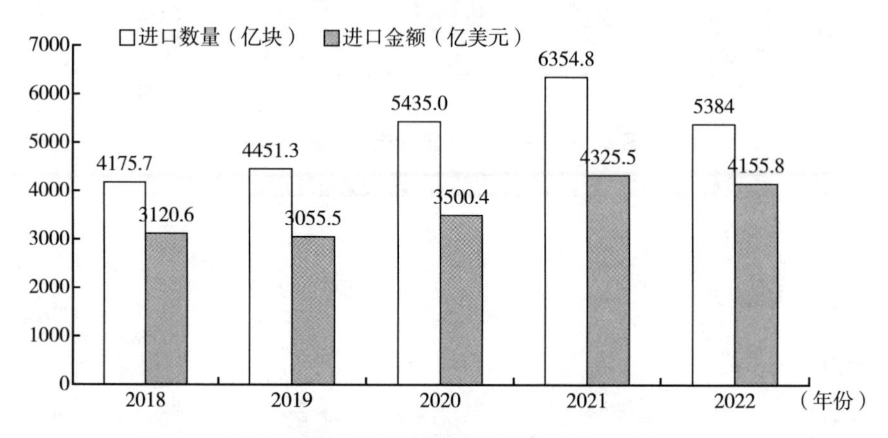

图 4　2018~2022 年中国集成电路进口情况

资料来源：中华人民共和国海关总署、中国信息通信研究院。

（二）需求：应用场景丰富，行业需求提升

1. 数字化加速激发芯片需求持续上涨

我国智能化和数字化的加速推动，使得智能产业发展核心零部件——芯片处于供应紧缺的状态。数字产业化、产业数字化浪潮下，新型信息基础设施建设加快，相关产业的规模迅速提升。工业和信息化部发布的数据显示，2022 年我国软件和信息技术服务业收入 108126 亿元，

① 《2022 年 12 月进口主要商品量值表》，中华人民共和国海关总署官网，2023 年 1 月 18 日，http：//www.customs.gov.cn//customs/302249/zfxxgk/2799825/302274/302277/302276/4807029/index.html，其中部分数据为计算得出。

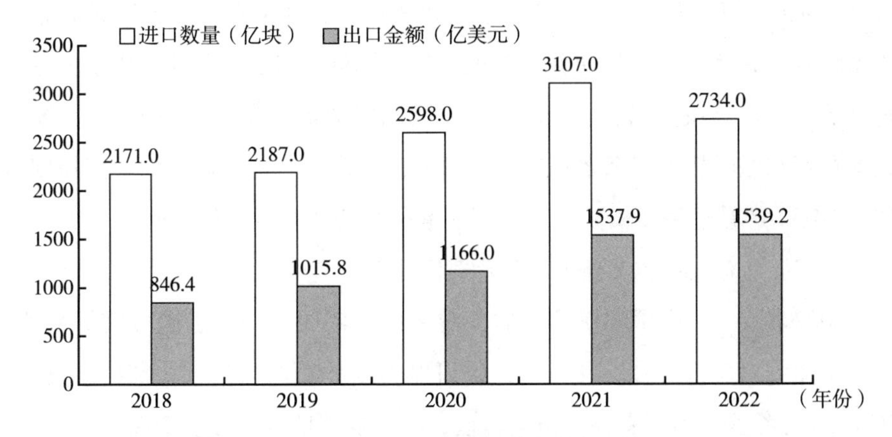

图 5　2018~2022 年中国集成电路出口情况

资料来源：中华人民共和国海关总署、中国信息通信研究院。

同比增长 11.2%。[①] 数字化转型同样加速芯片需求的扩张，全球集成电路的产能持续紧张，汽车、电子消费、发光二极管（Light Emitting Diode，LED）、电力等行业受到“缺芯”的冲击，集成电路供应链的稳定性面临严峻的挑战。

2. 应用场景丰富多样促使芯片多元发展

人工智能应用场景的多样化为芯片多元发展带来广阔空间，不同细分领域均涌现优秀企业代表。人工智能在云端、边缘、终端等多场景发展繁荣，形成如工业制造、金融消费、医疗健康、智能家居、智慧物联等丰富的应用领域，促使图形处理器（Graphic Processing Unit，GPU）、现场可编程门阵列（Field-Programmable Gate Array，FPGA）、专用集成电路（Application Specific Integrated Circuit，ASIC）等多元产品形态加快创新[②]。工业制造方面，百度昆仑芯片在工业智能质检设备部署上线，作为中国自研人工智能（Artificial

① 《2022 年软件和信息技术服务业统计公报》，中华人民共和国工业和信息化部官网，2023 年 1 月 31 日，https://www.miit.gov.cn/jgsj/yxj/xxfb/art/2023/art_f1f73a658e3a405eaa99d638edf2983c.html。

② 郭亮、吴美希、王峰等：《数据中心算力评估：现状与机遇》，《信息通信技术与政策》2021 年第 2 期。

Intelligence，AI）芯片大规模应用于工业领域；金融消费方面，紫光同心组建团队研发芯片产品，搭建数字人民币支付场景，将安全芯片应用于金融支付领域；医疗健康方面，联影医疗发布高端医学影像专用“中国芯”，填补我国在高端医学影像设备自研专用芯领域的空白；智能物联方面，兆易创新推出 GD32 产品适用于安防监控、智能家居和智能物联网的应用。

3. 5G 等信息技术革新引领芯片迭代升级

2022 年是 5G 应用规模发展的关键之年，依照党中央、国务院的部署，我国正加大对关键芯片、核心器件的研发力度。工业和信息化部信息显示，5G 网络已覆盖全国所有一级市县城区，87%乡镇地区，截至 2022 年底新建 5G 基站 88.7 万个，促进“5G+工业互联网”“5G+医疗健康”“5G+智慧教育”等应用场景深化和拓展。[①] 5G 技术标准朝 5G-Advanced 升级，在移动宽带增强、超高可靠低时延、海量机器类通信能力的基础上，向垂直行业、智能运维领域探索，正激发芯片的迭代与更新。5G 技术将推动更多企业推出多价位、多层次的 5G 芯片组模产品，满足各行各业对 5G 差异性和定制化的需求。

（三）结构：生态初步建立，进程仍需完善

芯片产业具有独特的内部结构和产业特性，其产业链分为上游、中游、下游。上游为原材料及生产设备，中游为芯片设计、晶圆制造和封装测试，下游应用领域为移动通信、智能汽车、电子消费、人工智能等，具体情况如图 6 所示。

1. 上游供给：原材料和生产设备市场旺盛

全球半导体行业景气度向上，晶圆厂资本开支持续走高，半导体材料需求持续上升。晶圆制造材料包括溅射靶材、光刻胶、电子特气等原材料，半导体靶材是芯片制造的重要组成部分之一。随着市场需求持续释放，溅射靶

---

① 《2022 年通信业统计公报》，中华人民共和国工业和信息化部官网，2023 年 1 月 19 日，https://www.miit.gov.cn/jgsj/yxj/xxfb/art/2023/art_3f427b68c962460cbe8ebdd754fe7528.html。

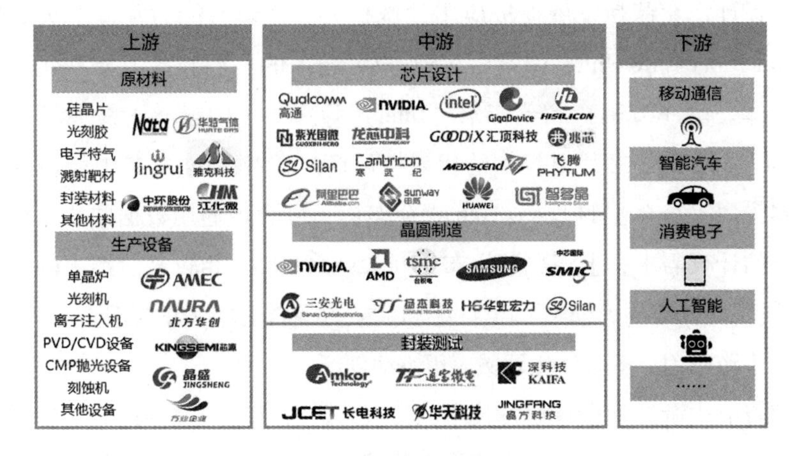

图 6　芯片产业代表性企业图谱

资料来源：中国信息通信研究院、企业公开信息。

材行业规模逐渐增长，预计 2022 年全球溅射靶材市场规模已超过 200 亿美元。光刻胶主要用于芯片与半导体分立器的细微加工，据国际半导体产业协会统计，光刻胶市场规模增速较快，2021 年全球半导体光刻胶市场规模达 24.71 亿美元，中国大陆半导体光刻胶市场规模达 4.93 亿美元，同比增长率为 43.7%，增长速率超过全球增长速率。① 电子特气应用于芯片产业中游晶圆制造的各个环节，中国半导体协会指出，2020 年我国电子特气市场规模为 174 亿元，同比增长 31%，预计 2022 年市场规模增长达到 200 亿元。②

2. 中游市场：设计生产企业高速成长

芯片设计是芯片产业三大环节之一，同样是芯片产业发展的关键环节。芯片设计产业在提升自给率、政策支持、规格升级与创新应用等的驱动下，保持高速成长的趋势。近些年，芯片设计龙头企业涌现，国产芯片性能逐渐

---

① 《技术不断突破，A 股半导体光刻胶厂商谁最有“真材实料”》，第一财经，2022 年 8 月 24 日，https：//baijiahao. baidu. com/s？ id=1742031555368198654&wfr=spider&for=pc。

② 《电子气体产业发展亟待提质升级》，中国质量新闻网，2022 年 10 月 13 日，https：//www. cqn. com. cn/zgzlb/content/2022-10/13/content_ 8869154. htm。

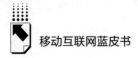

升高，设计产业蓬勃发展促进应用领域扩大。全球有能力掌握中央处理器（Central Processing Unit，CPU）、GPU 核心技术的厂商较少，典型代表有超威半导体公司（AMD）和英特尔（Intel）等。龙芯中科和上海兆芯是国内掌握 CPU、GPU、芯片组技术的代表性厂商。2022 年，龙芯中科新发布的处理器采用完全自主的 LoongArch 指令架构，可满足通用数据中心、智能算力中心的计算需求；上海兆芯发布先开 KX-6000G，相较之前推出的芯片产品在 CPU 计算架构、GPU 图形性能和能效方面都有极大的提升。

3. 下游应用：多载体和领域应用驱动创新

随着上中游芯片设计研发技术的发展，芯片在越来越多的新兴领域得到应用，助推移动通信、智能汽车、电子消费、人工智能等行业加快发展。例如，华为、紫光展锐推出了首款 5G 基带芯片，支持智能手机、家用客户终端设备（Customer Premise Equipment，CPE）、移动无线路由器（Mobile WIFI，MiFi）及物联网终端多种应用场景；智能汽车芯片实现智能驾驶，涉及人机交互、视觉处理、智能决策等功能；消费电子领域内芯片包括智能视频芯片、智能音频芯片和智能显示终端芯片等；AI 芯片支持人工智能领域的机器人、语言识别、图像识别以及自然语言处理等场景。

三　重点企业发展态势

（一）算力时代通用和智能算力齐头并进

1. 通用算力：CPU 芯片输出计算能力

通用算力主要以 CPU 为代表，CPU 按指令集架构可分为 x86 架构与非 x86 架构。由于 CPU 芯片存在较高技术壁垒，国内外仅有少部分企业能够实现产品供应。国外代表厂商有采用 x86 架构的 Intel、AMD；国内代表厂商有采用 ARM 架构的飞腾、海思等，采用 MIPS 架构的龙芯，采用 Alpha 架构的申威，采用 RISC-V 架构的阿里巴巴等。IC Insights 数据显示，2021 年全球计算机 CPU 市场规模约为 350 亿美元，其中 Intel 及 AMD 几乎占据所有市场份额，比例约为7∶3。①

国内厂商着力推进通用算力发展。其中华为公司自主设计的基于ARM架构的鲲鹏920处理器已在行业领先，采用7nm工艺，通过提升运算单元数量、优化算法等方式在低功耗的同时提升了芯片性能。阿里平头哥于2022年发布全新RISC-V处理器C908，支持多核多簇架构，采用多通道多模式数据预取技术大幅提升数据访问带宽，可以应用于智能交互、智慧视觉、5G等不同领域。

2. 智能算力：AI加速芯片输出智能计算能力

智能算力主要以GPU、FPGA、AI芯片为代表。当前GPU市场几乎被国外厂商所垄断，英伟达、AMD、Intel占据大部分市场份额。FPGA市场中，赛灵思（已被AMD收购）和Intel几乎占据市场全部份额。国内具备自主研发能力的厂商有西安智多晶微电子、紫光同创、安路信息科技等。其中紫光同创发布的Titan系列是我国第一款国产自主产权千万门级高性能FPGA芯片，采用成熟工艺以及LUT5架构，应用涵盖工业、通信等各个领域。

随着国家第十四个五年规划明确提出聚焦高端芯片、人工智能关键算法等关键领域，加快布局神经芯片等前沿技术，我国AI芯片产业技术也得到了迅速提升，华为、寒武纪、燧原科技等新兴AI芯片持续涌现。华为昇腾芯片采用华为自研达芬奇架构，昇腾910作为业界算力最强的AI处理器，支持云边端全栈场景应用。寒武纪发布的第三代云端AI芯片思元370，是寒武纪首款采用Chiplet技术的AI芯片。

（二）核心环节多领域龙头企业涌现

随着近年来国家政策支持、国内企业的资金支持以及我国芯片行业自身技术飞速发展，产业链核心环节上，多领域龙头企业开始涌现，在全球市场逐渐占据更重要的地位。

① 《国产CPU龙头正迎来关键发展机遇》，中信证券，2022年8月12日，https：//baijiahao.baidu.com/s？id=1740913594768902216&wfr=spider&for=pc。

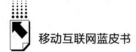

在存储芯片设计领域，兆易创新是国内最先进的存储芯片厂商之一，其核心产品为 Flash 存储器、32 位通用型 MCU 等，是全球知名的无晶圆厂 Flash 供应商以及中国龙头的 Arm 通用型 MCU 供应商。当前半导体分立器件领域龙头企业为扬杰科技与士兰微，其中士兰微在小于和等于 6 英寸的芯片制造产能中排在全球前列，是国内率先拥有 8 英寸生产线的民营 IDM 公司。晶圆代工方面，中芯国际是技术先进、配套完善的跨国经营芯片制造厂商，产能布局从 90nm 扩展到 14nm，目前正在推进 7nm 制程芯片的发展。三安光电作为 LED 芯片领军企业，主要从事全色系超高亮度 LED 芯片的研发、生产与销售。

四　产业困境和面临的挑战分析

（一）技术壁垒待攻破

当前我国大力推动芯片自主研发，芯片技术正不断提高，但由于发展起步较晚，我国企业在芯片设计、制造、装备、材料上与发达国家仍然存在较大差距。制造技术方面，我国芯片封装测试技术处于世界前列，但在工艺制程上存在差距。目前我国处于领先地位的中芯国际在工艺制程方面已经实现了 28nm、14nm 量产。相比而言，英特尔正在推进 4nm、3nm 芯片量产，台积电已实现 3nm 芯片量产。在制造技术的关键设备光刻机方面，上海微电子装备（SMEE）生产的 DUV 光刻机制程达到 90nm，为我国最先进的光刻机。目前世界上最先进的光刻机为荷兰 ASML 公司生产的 EUV 光刻机，工艺制程达到 5nm、3nm。在芯片设计方面，EDA 的使用涵盖了芯片设计的整个流程，国内 EDA 龙头企业为九大华天，其实现了模拟与平板显示设计电路的全流程覆盖，但在模拟电路设计全流程中，除仿真工具支持 5nm 量产工艺制程外，其他模拟电路设计工具只支持 28nm 工艺制程，与国际先进水平存在差距。半导体行业作为高端产业皇冠上的明珠，存在技术壁垒，是我国未来推动产业升级所必须解决的问题。

（二）人才储备待加强

我国芯片行业发展时间较短，行业顶尖人才积累不足，人才结构失衡。半导体行业对人才要求较高，对具有国际视野的高端芯片行业人才以及相关背景的专业人才的需求较大，而此类人才培养周期较长，导致了人才短缺。中国半导体行业协会等机构发布的《中国集成电路产业人才发展报告（2020—2021 年版）》指出，预计到 2023 年，全行业人才需求将达到 76.65 万人左右，将面临 20 万左右的人才缺口。[①] 除行业领军人才外，应用型人才、创新型人才与复合型人才同样缺乏。造成此现象的原因主要有三点：首先，国外政府与企业限制我国芯片行业发展，导致海外高端人才的引进困难；其次，国内能开设芯片相关专业的学校有限以及学校开设的相关课程较少，无法大规模培养有深厚学术基础的专业人才；最后，人才队伍组建困难，企业之间人才流动大，导致研发人才流失严重。这三方面原因导致了芯片行业在技术研发、生产管理、产品开发等方面专业人才严重不足。

（三）产业结构需完善

当前世界芯片行业龙头企业主要是国外企业，我国虽在芯片设计与封装测试方面取得了很大进步，但缺乏战略布局与生态培育，产业链条不完整，缺乏如英特尔、三星、台积电等在行业起主导地位的龙头企业[②]。我国芯片产品占全球份额较低，核心科技能力较弱，交换专利较少。据 IC Insights 提供的数据，2021 年我国半导体 IC 市场规模为 1865 亿美元，中国 IC 产值达到 312 亿美元，IC 自给率为 16.7%。2021 年中国生产的芯片占全球芯片产量的 6.1%，总部位于中国大陆的芯片公司总计生产了全球 2.4%的芯片。[③]

---

① 中国半导体行业协会：《中国集成电路产业人才发展报告（2020—2021 年版）》，2021 年 10 月 21 日。

② 王悦、张荣航：《促进中国芯片产业和数字经济发展的产业政策与税收政策分析》，《湖南税务高等专科学校学报》2018 年第 4 期。

③ 艾瑞咨询：《中国半导体 IC 产业研究报告》，2022 年 9 月。

当前芯片产业主要由垂直整合（IDM）模式及分工模式两大类组成。前者代表公司有英特尔、东芝、三星等，集设计制造封测于一身，具备完备的产业链，后者将芯片生产的各个环节分配给对应的公司完成。我国半导体行业起步较晚，上下游产业格局并不稳固，过去企业对芯片的制造过度依赖进口，忽略了芯片产业上下游的配合与孵化，导致当前我国芯片产业模式主要采用分工模式。我国目前的 IDM 企业主要为中小规模公司，缺乏有影响力的大型 IDM 企业。其原因在于 IDM 主要以产品为导向，而国内企业缺乏大量产品支撑，导致 IDM 规模无法扩大，产业结构亟须完善。

（四）核心材料需自主

半导体材料包括硅片、掩膜版、特种气体、光刻胶、CMP 抛光材料、靶材、湿电子化学品等，与半导体设备共同构建上游供应链。根据 SEMI 及中国电子材料行业协会统计，在 12 英寸硅片、光刻胶、掩模版、靶材等领域，中国大陆厂商自给能力较低。[①] 中国电子专用设备工业协会数据显示，2021 年半导体设备国产化率仅有 20%，预计 2022 年提升至 25%。[②] 在高端 EUV 光刻机领域，ASML（阿斯麦）占绝对主导地位，随着近年来英特尔、三星等厂商对 ASML 不断投资导致 ASML 装备供应向国外厂商倾斜，以及当前一系列限制 ASML 出口光刻机政策，导致国内厂商难以引进设备。我国半导体设备主要依赖于进口，国内厂商技术分散无法整合，导致芯片设备研发能力无法有效提升。

五　产业未来发展策略

（一）加强政策扶持，营造良好环境

国家通过出台政策对芯片产业发展提供支持，应将自主可控作为发展方

---

① 艾瑞咨询：《中国半导体 IC 产业研究报告》，2022 年 9 月。

② 《半导体设备国产化率逐年提升——2021 年市场回顾以及 2022 年基本情况》，科闻社，2022 年 11 月 3 日，https：//baijiahao. baidu. com/s? id=1748353627621127248&wfr=spider&for=pc。

向，通过制定相应政策保障供应链安全可靠，为国产替代提供支撑。为营造良好的产业环境，国家与各地方政府可出台相应政策支持芯片产业发展。在税收上，对符合条件的企业给予优惠或减免。在企业培育上，支持企业扩大规模，根据企业营业收入的提升给予相应的奖励。鼓励企业以商招商，为完善产业链及配套链，引进相关半导体零部件厂商与设备厂商。支持企业研发投入，根据营业收入及研发投入占比提供研发补助。对优秀的创新平台进行评估并给予奖励。支持高端人才引入与基础人才培养，在高校专业开设与择业上进行引导，对人才提供相应补贴，在住房、医疗、生活等方面提供保障。鼓励高校与企业合作办学，针对行业需求制定人才培养计划。

（二）构建“双循环”格局，加速进口替代

在2020年4月10日的中央财经委员会第七次会议上，习近平总书记强调，要构建以国内大循环为主体、国内国际双循环相互促进的新发展格局。我国芯片产业内循环目前已具备相应的政府支持政策、高速发展的市场规模以及稳步提升的集成电路产量。对于外循环，当前存在自给率不足，中高端芯片依赖进口，进出口存在较大贸易逆差等问题。为推动“双循环”体系构建，应在政策支持基础上扩大开放，吸引外资参与，颁布法规打造良好的投资环境。除此之外，应强化半导体产业链构建，摆脱以往依赖进口的发展模式，聚焦关键技术发展，推动自主创新，通过开放与整合来提升产业链价值。在“双循环”驱动下，力争在高端供应链推动核心技术发展，加速进口替代，提升半导体材料、设备自给率，同时应以市场需求为导向推进芯片厂商发展，提升芯片供应能力。

（三）完善产业生态，加强多元突破

步入5G时代，万物互联等概念的兴起带来了新兴产业的蓬勃发展。半导体产业作为国家信息产业基石，下游应用广泛，涵盖云计算、大数据、虚拟现实、人工智能、物联网、网络通信、军事等各个领域。半导体产业生态体系的构建依托于产业链整体的构筑，以实现规模经济的上下协同。新的生

态体系下芯片与终端软硬件的融合加深。中国作为全球最大的芯片市场，应利用其下游市场的优势，通过扩大应用面完善芯片产业生态。随着芯片产业自主化的推进，跨界造芯成为产业发展趋势，越来越多的厂商开展芯片的研制，根据各自领域的需要推动芯片差异化设计。应用厂商加入芯片产业，根据自身需求开展研制工作，将打破原有产业分工体系，加大竞争力度。从长远来看，设计公司与应用厂商将通过需求与设计相结合的形式互相协作，从而促进产业生态融合。

参考文献

刘赟、周爽：《芯片产业发展现状与展望》，《现代商业》2021 年第 3 期。

郭亮、吴美希、王峰等：《数据中心算力评估：现状与机遇》，《信息通信技术与政策》2021 年第 2 期。

张百尚、商惠敏：《国内外芯片产业技术现状与趋势分析》，《科技管理研究》2019 年第 17 期。

王悦、张荣航：《促进中国芯片产业和数字经济发展的产业政策与税收政策分析》，《湖南税务高等专科学校学报》2018 年第 4 期。

高乔子：《中国集成电路产业发展现状及破局策略研究》，《管理观察》2019 年第 3 期。

B.26

卫星互联网：发展、现状与未来

谢　鹰*

摘　要： 当前，卫星通信进入移动通信发展主航道。我国在2020年将卫星互联网纳入“新基建”，由于航空、海洋等卫星应用需求强劲，国内卫星互联网得以迅猛发展。未来，低轨道星座或将成为发展方向，卫星直连手机成为主流趋势，相控阵天线将推动卫星互联网应用进一步普及。

关键词： 高通量卫星　相控阵天线　非地面网络　低轨道星座　卫星直连手机

一　卫星通信发展与移动通信融合

（一）我国卫星通信发展概况

二战后，卫星通信横空出世。1970年，东方红一号卫星成功进入太空，标志我国开始迈入卫星时代。1972年美国总统尼克松访华，带来了两套卫星通信设备，将中美领导人历史性会面画面第一时间传回美国。同时，也开启了我国卫星通信发展的序幕。

1984年，东方红二号卫星同步轨道定位成功，标志着我国开始拥有自己的卫星通信网络，但在容量、性能、寿命等方面，与欧美存在较大差距。1997年，东方红三号卫星发射成功。该卫星采用全三轴姿态稳定技术、双

* 谢鹰，联通航美网络有限公司副总裁，高级工程师，国家注册咨询工程师（投资），中国互联网协会特聘专家，中国宇航学会卫星应用专委会委员。

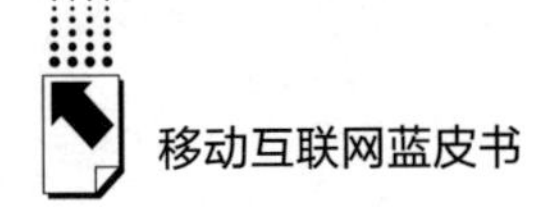

组元统一推进技术、碳纤维复合材料结构等先进技术，达到了国际同类通信卫星的先进水平。

90 年代以后，我国卫星通信进入产业化发展阶段，香港成立了亚洲卫星、亚太卫星公司，内地成立了鑫诺卫星公司。2001 年，电信行业重组，组建中国卫通通信集团，同时将中国电信按北 10 省和南 21 省分拆，其中北 10 省划入中国网通（北 10 省的卫星运营能力也一并划入）；2008 年电信行业重组，网通与联通合并成为新联通，中国卫通一拆为二，卫星资源划归航天科技，卫星运营牌照划至中国电信；2018 年，中国卫通（航天科技旗下）重新获得基础电信牌照，交信集团、中国移动也陆续获得卫星业务基础运营牌照。

目前，我国拥有卫星基础电信业务运营牌照的运营商有中国联通、中国电信、中国卫通、中国移动、交信集团，拥有卫星资源的公司有中国卫通、亚洲卫星（中信卫星）、亚太卫星 3 家。

（二）卫星通信技术发展脉络

卫星通信最初是用来承载广播电视业务的，如中美建交的电视转播就是由卫星通信完成。20 世纪八九十年代，美国摩托罗拉公司开始着手铱星系统研究和建设，提供全球卫星语音业务。然而，随着陆地移动通信的迅猛发展，铱星系统因其高昂的运营和终端成本，最终走到破产境地。

早期的卫星通信采用的技术都是以 SCPC（单路单载波）、FDM/FM（频分复用/频率调制）为主，属于模拟通信技术，提供的均为低速率业务。随着地面互联网的出现，卫星通信也从模拟通信走向数字通信，出现了 IDR（中速数据速率）业务。IDR 是一种数字制式升级，属于 TDM/FDMA（时分复用/频分多址）体制。IDR 业务虽然速率有了一定程度的提升，但相比于日益增长的用户数量，仍然无法满足其需求。

甚小孔径终端（VSAT）组网灵活、成本低、应用多、安装操作简单，大大促进了卫星的应用普及，摆脱了以往从大型卫星地球站到大型卫星地球站的通信。卫星通信使用的频率也从 L 频段、S 频段、C 频段，逐步走向

Ku、Ka 高频段，也正是 Ku、Ka 频段在卫星网络中的应用，使 VSAT 应用走入各行各业。

技术的迭代促使卫星容量从几百兆提升到几个 G，通过频率的不断拓展，卫星终端口径也开始越来越小，其应用也越来越灵活。卫星覆盖也从传统大波束覆盖，开始走向高通量卫星点波束覆盖。通过不断划小卫星覆盖波束，卫星的容量得到了几十倍乃至上百倍的提升，高通量（High Throughput Satellite，HTS）卫星通信技术的出现，使卫星容量从几个 G 提升到上百 G 甚至 1T 量级，也让传统卫星的大波束覆盖，升级到数百个波束覆盖。在不同的波束里，频率、极化方式得到复用，使卫星进入宽带互联网时代。宽带卫星互联网业务应用开始在海洋、航空、陆地等场域出现。

卫星通信设备发展始于地球同步轨道卫星，彼时高轨道卫星（GEO）位于 3.6 万公里的高空，物理距离等客观因素，导致卫星通信的时延问题时常发生。但越来越多的通信业务则提出更高的要求，中轨道卫星（MEO）和低轨道卫星（LEO）星座由此应运而生。

根据物理学定律可知，MEO、LEO 卫星星座无法像 GEO 卫星星座那样相对于地面静止不动，都是相对地面运动的，所以 MEO、LEO 卫星不能像 GEO 卫星那样做到区域覆盖，而是面向全球覆盖。近年来，我国对卫星技术日益重视，成立了中国卫星网络集团有限公司（以下简称中国星网），统筹规划建设全球 LEO 卫星星座。

（三）卫星通信进入移动通信发展主航道

我国移动通信发展经历了从 1G 到 5G 的不同阶段，拥有全球最大的移动网络和最大的电信设备供应商，实现了 95%以上的人口覆盖。但在地域覆盖上，尚有高山、草原、森林、沙漠等区域未完成。我国移动通信的发展目标是“5W”（whoever、wherever、whenever、whomever、whatever），即任何人可在任何时候、任何地方与任何人进行任何形式的通信。其中，任何地方（wherever）这一目标，从 1G 发展到 5G 仍然没有实现，未来将依靠卫星通信来解决，而卫星通信与 5G 融合也成为当前热点。不可否认，卫星通信融入移动通信主航道已成为业界共识，中国星网的成立更凸显了国家发展卫星互联网的决心。尽管我国5G在全球居于领先地位，但卫星行业发展与欧美差距不小。

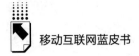

依托5G产学研用的强大优势，我国高通量卫星和低轨道卫星星座得到了快速发展，越来越多移动通信的中坚力量，如华为、中兴、中国联通、中国电信、中国移动等都积极投身于卫星互联网相关行业，移动通信网络从平面走向天地一体化网络的发展趋势明显。

为了满足移动通信天地一体化需要，国际标准化组织3GPP在第17版（Release 17，Rel-17）中，将卫星网络和技术融入移动通信标准体系，提出了面向非地面网络（NTN）的5G NR，这里的NTN包含GEO同步卫星、MEO中轨卫星、LEO低轨卫星等多种卫星通信形态。

当前，手机与卫星直连大大促进了移动通信网络与卫星网络融合，虽然当前的手机直连卫星尚处于短消息通信层面，与5G NTN没有直接联系，但StarLink与T-Mobile携手合作推动下一代LEO星座建设，卫星直连手机或将成为未来移动通信主要发展方向。而这种方案也颠覆了传统移动通信的覆盖解决方案和思路，未来陆地移动通信重点是解决室内和密集城区覆盖和容量问题，而在广覆盖区域则依靠LEO卫星网络直连手机，满足无所不在的移动通信需求，这符合6G空天地一体化无线泛在网络的发展愿景。

二　卫星互联网产业链架构与国内外发展现状

（一）卫星互联网产业链架构

卫星互联网产业链，主要可分为三大环节：上游的卫星制造、卫星发射、地面设备，中游的卫星运营及服务，以及下游的大众消费通信服务、卫星固定通信服务和卫星移动通信服务等。

上游产业链主要是电子元器件及材料、燃料厂商，下游产业链主要是企业、政府、高校、个人等终端用户，中游产业链分为卫星制造、卫星发射、地面设备制造和卫星运营及服务四个环节（见图1）。

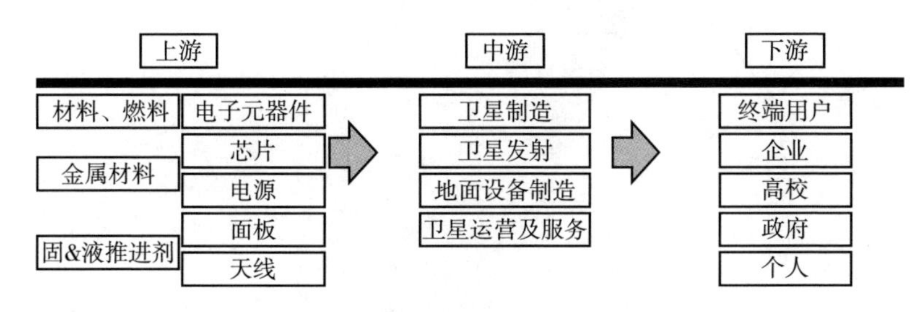

图1　卫星互联网产业链构成

中游产业链的卫星制造包括卫星平台和有效载荷两个部分；卫星发射包括运载火箭研制、发射服务提供和卫星在轨交付；地面设备制造包括网络设备和大众消费设备；卫星运营及服务则主要由地面运营商、卫星通信运营商、北斗导航运营商和遥感数据运营商组成（见图2）。

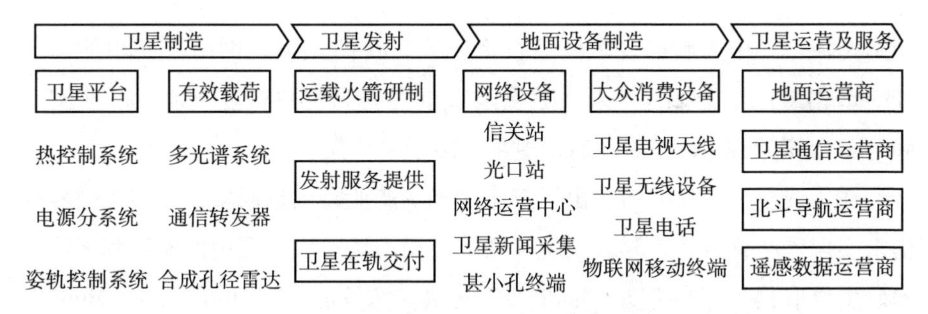

图2　卫星互联网产业链中游构成

从卫星产业链行业收入占比情况来看，卫星发射和卫星制造占比较低，均不超过5%，地面设备制造和卫星运营及服务的收入占比最高。以卫星设备制造为例，随着我国卫星产业的快速发展，在卫星设备集成层面，国产设备商以高性价比产品，在国内占据了主导地位。但在一些核心部件，如调制解调器（Modem）等关键部件，除了政府和军用市场外，仍以欧美设备厂家为主，比如Idirect、Hughs、Comtec、Newtec、Gilat等，而国内厂家的调

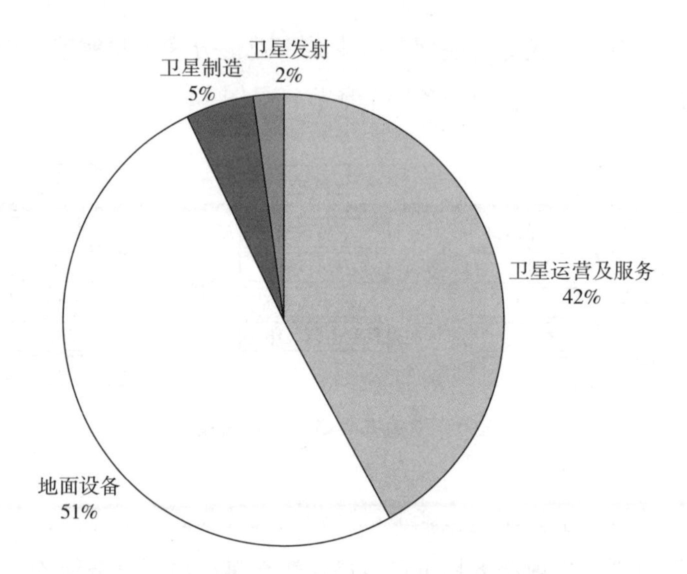

图3　卫星互联网产业链中游各细分行业收入占比

资料来源：美国卫星产业协会（SIA）2022 年 6 月发布的《全球卫星行业研究报告》。

制解调器多集中在政府、军队等特殊行业，在商业卫星网络中使用的国产 Modem 仍然比较少。近年来，随着国家重视国内卫星产业发展，一些国产 Modem 也开始在 Ku、Ka 高通量卫星网络规模应用。

在传统卫星设备领域，由于工艺水平及产业需求量因素，一些关键器件仍未实现国产化替代。随着卫星互联网应用市场扩大，国内的相控阵天线技术研发也取得长足的进步，同时 5G 网络多入多出（Multiple-Input Multiple Output，MIMO）技术的应用，对相控阵天线需求量日益增大，使国内相控阵天线技术取得了长足的发展和进步，可以预见，卫星相控阵天线批量成本有望借力 5G 实现大幅度下降。

（二）卫星互联网发展现状

1. 国外卫星互联网发展现状

（1）美国 StarLink 星链

StarLink 星链是美国 SpaceX 太空探索技术公司的一个项目，计划 2019~

2024 年在太空搭建“星链”网络提供互联网服务。“星链”网络由约 1.2 万颗卫星组成，其中 1584 颗将部署在地球上空 550 千米处的近地轨道，并从 2020 年开始工作，目前已经完成了 71 次发射任务，共计发射了 3930 颗卫星，在轨 3638 颗卫星。后续 SpaceX 公司还会将 StarLink 星链规模从 1.2 万颗扩展到 4.2 万颗。

星链可以提供家庭、车载、海事、航空卫星互联网应用业务，截止到 2022 年底，用户规模超过 100 万。

（2）欧洲 OneWeb 星座

2014 年成立的英国一网公司（OneWeb）目标是打造低轨卫星星座，为偏远或落后地区提供价格适宜的互联网接入服务。一网星座布局设计应该包括 6372 颗 LEO 卫星和 1280 颗中地球轨道卫星，首期建设 648 颗 LEO 卫星星座，目前在轨卫星数量大约 450 颗。

（3）美国 Viasat-3 卫星星座

Viasat-3 是由 3 颗高通量 Ka 波段地球同步轨道卫星（GEO）所组成的卫星星座，将覆盖除极地以外的地球，每颗卫星容量高达 1T，预计 2023 年初开始陆续发射升空。

（4）欧洲 SES O3b 星座

欧洲卫星公司（SES）的第二代 O3b 卫星星座，系统容量将是 ViaSat 的 ViaSat-3 的 3 倍，达到 10Tbps。

2. 国内卫星互联网发展现状

我国在 2020 年将卫星互联网纳入“新基建”，由于航空、海洋等卫星应用需求强劲，国内卫星互联网得以迅猛发展。

（1）中国星网星座

国内陆续出现了鸿雁、虹云、电科天地一体化等多个规模超百的低轨道星座。国家从战略层面组建中国卫星网络集团有限公司，统筹规划建设中国低轨道星座，一方面服务国家战略，另一方面面向商业应用，打造服务“一带一路”的卫星宽带互联网。

中国星网一期卫星以服务国家战略为主，兼顾民用需要，共 168 颗卫星；

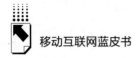

二期卫星以民用为主，初期规模将达到1800颗，未来可拓展到1.2万颗。

（2）高通量卫星

随着中星16 Ka高通量卫星、亚太6D Ku高通量卫星的成功发射，我国开始构建Ku高通量卫星和Ka高通量卫星星座。覆盖“一带一路”的高通量卫星容量大于200G，后续卫星将于2023~2024年陆续发射。

（3）其他民营卫星星座

国内除了中国星网星座外，还有银河航天、时空道宇、天启星座、垣星卫信、九天微星等商业星座，随着中国星网星座启动，许多投身卫星星座运营的公司会成为星网的上下游，而非竞争者。

随着6G空天地一体化无线泛在网络技术的发展，现有的移动运营商，如中国联通、中国电信、中国移动凭借庞大的C端客户资源和2B运营能力，参与到卫星互联网各个领域，比如数字化战场业务（于断路、断电、断网情况下，如何借助卫星通信快速恢复网络通信），数字畜牧、数字森林、数字电网等陆地卫星宽窄带业务应用，远洋货轮、南北线商船、近海渔船等宽带入海业务，飞机空中接入互联网服务、数字客舱等智慧民航相关业务。针对消费市场，华为发布“全球首款支持北斗卫星通信的智能手机”，卫星功能将逐步成为未来高端智能手机的标配。在一些牌照要求不明确的卫星物联网和海洋业务领域，卫星互联网公司也有诸多行业应用案例。

三　卫星互联网发展展望

（一）低轨道星座或将成为未来发展方向

20世纪摩托罗拉的铱星系统属于低轨道星座，当时技术较为先进，但最终在商业上败给了陆地移动通信网络。时隔20年，低轨道星座或将再次成为卫星互联网发展的新方向。

现在，人们不再简单地要求“人的通信”，有的甚至要求万物互联，有些业务对时延要求也越来越高。同步轨道卫星，轨位稀缺，资源有限，面临两极及高纬度地区覆盖死角等问题。由于轨道位置高，终端小型化低成本、覆盖仰角、直连手机、时延等诸多问题无法得到有效解决。而低轨道星座的轨道位置、频率资源都具有较大优势，可回收火箭发射、一箭多星、卫星生产流水线等技术升级，使得低轨道星座建设和运营成本大幅下降。同时，市场空间和需求又在迸发，越来越多的巨量低轨道卫星星座发布，海量网络资源在供给端的投入，让宽带卫星互联网惠及全球成为可能。

人类进入信息时代后，低轨空间成为更重要的资源。地球近地轨道只能容纳约6万颗卫星，这种“坑位”本质上是一种稀缺资源，所以获得先发优势显得格外重要，拥有自己的空间轨道和通信频段是卫星正常运行的前提条件。国外“星链”计划等项目实施的首要目的是构建低成本卫星互联网，抢占有限的低轨空间资源。与国外企业“星链”计划等项目相比，我国低轨卫星互联网星座建设在规模和模式上明显滞后。因此，需要高度重视，尽早尽快发展中国版低轨道星座，在这场空间资源竞争中占据主动。

（二）卫星直连手机成为主流趋势

SpaceX、AST SpaceMobile、Globalstar、Apple 和 Lynk Global 正在开展“智能手机直连卫星”创新尝试。要满足手机直连卫星上网的需求，卫星首先必须使用手机支持的频段，比如 SpaceX 与 T-Mobile 合作，新一代的 StarLink 卫星除了有 Ku/Ka 载荷外，还会支持 PCS 频率（T-Mobile 地面移动网主用频率）。此外，还要解决通信链路预算问题，LEO 低轨道星座可能就成了首选。手机终端发射功率和接收灵敏度无法改变，要想解决数百公里的通信问题，卫星需要通过高接收灵敏度和高增益天线，弥补链路预算上传输距离上增加的链路损耗。所以，StarLink 二代卫星将拥有巨大的卫星天线，使用24平方米的大天线。可以说，在技术上普通手机直连 LEO 卫星是可行的。当然，由于中低频段的频率资源有限，同时为了解决频率干扰问题，LEO 卫星会选用 C 频段或者 L 频段部分专用频率，来解决 LEO 卫星与地面移动网络的频率干扰问题，所以 StarLink 二代对外官宣的容量仅有2~4Mbps，如果能投入更多的频率资源，其容量可以进一步提升。

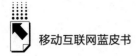

普通手机直连卫星模式，彻底颠覆了传统移动通信的覆盖规划思路，未来地面移动网络仅需关注密集区域容量需求和覆盖，解决室内覆盖，而广袤的地域和空间，容量和覆盖依靠 LEO 5G 卫星就可以解决。这样相比于传统地面移动网络覆盖建设模式，网络建设成本将大幅度降低。

（三）相控阵天线将推动卫星互联网应用普及

低轨道星座的出现，不仅打开了更大的卫星应用市场，还使相控阵天线成为必选。相比于传统的卫星天线，相控阵天线的突出特点是研发成本高昂，但批量成本可大幅降低，毕竟剔除研发摊销，相控阵天线无外乎是硅基材料的堆积，抑或是砷化镓、液晶等新型材料，加上卫星相控阵天线与 5G 天线产业重叠复用，其成本下降空间非常大。未来，宽带卫星终端降至千元、百元级别或将成为可能。巨型低轨道星座充裕的卫星容量，加上高性价比的卫星相控阵终端产品，将推动卫星互联网应用进一步普及。

卫星互联网应用普及，将卫星拉下神坛，走向普通大众，特别是卫星直连手机的趋势，使卫星可以从现在的数万最多几十万用户量级，拓展至上亿用户量级。无论是用户的智能终端，抑或是驾驶的汽车，使用的工具物品，未来都可能用上卫星互联网产品。与 5G 的融合发展，为卫星互联网未来的规模发展奠定坚实基础。卫星终于从通信发展的边缘角落走入主航道，我们相信卫星互联网必将在不久的将来，与地面移动网络深度融合，6G 空天地一体化无线泛在网络时代终将来临。

参考文献

谢鹰：《特朗普、5G、6G 及卫星通信》，《卫星与网络》2019 年第 3 期。

谢鹰：《未来卫星通信行业需要华为吗?》，《卫星与网络》2019 年第 10 期。

美国卫星产业协会（SIA）：《全球卫星行业研究报告》，2022 年 6 月，https：//sia.org/news-resources/state-of-the-satellite-industry-report/。

附　录　2022年移动互联网大事记

1. 全国12315移动工作平台上线

1月1日，全国12315移动工作平台正式上线，该平台的上线将为市场监管总局、省、市、县、所五级搭建高效、安全的移动办公平台，实现了12315办理向移动端延伸，具备移动处置、云端调解室、掌上培训测评等功能。

2. 多地政府大力培育发展元宇宙相关产业

1月8日，上海徐汇区政府工作报告指出，将探索成立元宇宙创新联盟，打造能生产元宇宙“爆款产品”的转化应用之地。1月10日，合肥市政府工作报告提及，前瞻布局未来产业，瞄准量子信息、核能技术、元宇宙、超导技术、精准医疗等前沿领域。1月23日，成都市政府工作报告指出，成都将主动抢占量子通信、元宇宙等未来赛道，打造数字化制造“灯塔工厂”。此外，浙江、江苏无锡、湖北武汉等省市在相关产业规划中明确了元宇宙领域的发展方向，北京也将推动组建元宇宙新型创新联合体，探索建设元宇宙产业聚集区。

3. 九部门印发关于推动平台经济规范健康持续发展的若干意见

1月20日，国家发展改革委等九部门联合印发《关于推动平台经济规范健康持续发展的若干意见》，提出将完善平台经济相关规则制度，如修订《反垄断法》，完善数据安全法、个人信息保护法配套规则；制定出台禁止网络不正当竞争行为的规定；细化平台企业数据处理规则等。

4. 工信部公布首批通过适老化及无障碍水平测试网站和APP

1月20日，工业和信息化部“互联网应用适老化及无障碍改造专项行动”公布了首批通过适老化及无障碍水平评测的网站和 APP。中国移动等 51 个 APP 及中华人民共和国外交部门户网站等 176 家网站首批通过评测。截至 2022 年 12 月，已累计有 648 家（款）网站和 APP 通过适老化及无障碍改造和评测。

5. 2022年北京冬奥会应用5G 技术实现突破

2022 年北京冬奥会 2 月 4 日开幕。京张线成为全球首条实现 5G 全覆盖的高铁线路。中国联通架设了全球首个 5G 高清高铁演播室，让观众可以在时速 350 公里的列车上体验 5G+4K 的冬奥视觉盛宴。此外，在北京冬奥会上，5G 毫米波示范广泛应用于运动员竞技体验、5G 混合现实智慧雪场、8K 视频传输、5G 全视角赛事服务、自由视角赛事直播和 5G 无人混合采访等场景。

6. “东数西算”工程全面启动

2 月 17 日，国家发展改革委、中央网信办、工业和信息化部、国家能源局联合印发文件，同意在京津冀、长三角、粤港澳大湾区、成渝、内蒙古、贵州、甘肃、宁夏启动建设国家算力枢纽节点，并规划了张家口集群等 10 个国家数据中心集群。标志着全国一体化大数据中心体系完成总体布局设计，“东数西算”工程正式全面启动。

7. 银保监会发布关于“元宇宙”的风险提示

2 月 18 日，中国银保监会对“元宇宙”作出涉嫌“非法集资”的风险提示。3 月 15 日，北京银保监局对学生群体发布风险提示，建议“理性消费不乱贷”，并点名批评“元宇宙”“区块链”网络陷阱。

8. 国家中小学智慧教育平台上线

3 月 1 日，教育部宣布国家中小学智慧教育平台上线试运行。平台由原来的“国家中小学网络云平台”改版升级而来，有专题教育、课程教学、课后服务、教师研修、家庭教育和教改实践经验等 6 个板块，各类资源全部免费使用。平台用户不仅覆盖了全国各省区市，还有 180 余个国家和地区的用户参与使用。截至 2023 年 2 月，平台访问总量超过 67 亿次，成为世界最大的教育资源库。

9.《互联网信息服务算法推荐管理规定》实施

3月1日，《互联网信息服务算法推荐管理规定》正式实施。规定明确，算法推荐服务提供者向消费者销售商品或者提供服务的，应当保护消费者公平交易的权利，不得根据消费者的偏好、交易习惯等特征，利用算法在交易价格等交易条件上实施不合理的差别待遇等违法行为。

10. 2022年《政府工作报告》提出加快发展工业互联网等内容

3月5日李克强总理作《政府工作报告》，提出要“加快发展工业互联网，培育壮大集成电路、人工智能等数字产业，提升关键软硬件技术创新和供给能力。”这是“工业互联网”连续第5年被写入《政府工作报告》。此外，《政府工作报告》继续强调强化网络安全、数据安全和个人信息保护，提出加强和创新互联网内容建设，深化网络生态治理等。

11. 国家文物局规定文博单位不应直接将文物原始数据作为限量商品发售

4月13日，国家文物局有关司室在北京组织召开数字藏品有关情况座谈会，鼓励社会力量通过正规授权方式利用文物资源进行合理的创新创作，以信息技术激发文物价值阐释传播，文博单位不应直接将文物原始数据作为限量商品发售。

12. 工信部发文支持符合条件的工业互联网企业上市

4月13日，工信部发布关于印发《工业互联网专项工作组2022年工作计划》的通知，支持符合条件的工业互联网企业首次公开发行证券并上市，在全国股转系统基础层和创新层挂牌，以及通过增发、配股、可转债等方式再融资。

13. 我国工业互联网产业规模突破万亿元

4月19日，工业和信息化部新闻发言人表示，我国工业互联网产业规模目前已迈过了万亿元大关。2022年一季度，工业互联网标识解析体系国际根节点、国家工业互联网大数据中心等75个项目建成并投入运行，全国“5G+工业互联网”在建项目总数达到2400个。目前，工业互联网已经在45个国民经济大类中得到应用。

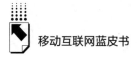

14. 京沪广共建虚实交互创新平台

4月，京沪广等地多家单位以“政产学”协同合作的方式，联合组建虚实交互综合性创新平台和创新中心。截至4月底，已有20家政府单位、著名高校、科技园区和国际国内知名元宇宙龙头企业投入资源参与共建。

15. 我国牵头的首个5G卫星无线电接口国际标准取得重大进展

5月16日召开的国际电信联盟无线电通信第四研究组第二工作组第51次全体会议上，由中国信通院牵头，联合中信科移动、中国卫通、华为、中兴等单位立项的IMT-2020卫星无线电接口国际标准报告书主体部分已经完成，标准名称确定为《IMT-2020卫星无线电接口愿景与需求报告书》，标志着5G卫星国际标准化工作方面取得了重大突破。

16. 工信部：适度超前建设数字基础设施

在5月26日举办的2022年中国国际大数据产业博览会开幕式上，工业和信息化部表示，要坚持适度超前建设数字基础设施，全面推进5G网络和千兆光网建设，加快工业互联网、车联网等布局。

17. 中国制定全球首个工业互联网系统功能架构国际标准

5月28日，国际电工委员会（IEC）官网公布，由卡奥斯COSMOPlat联合机械工业仪器仪表综合技术经济研究所牵头制定的全球首个工业互联网系统功能架构国际标准IEC PAS 63441 *Functional Architecture of Industrial Internet System for Industral Autornation Applications* 通过IEC/TC65（工业测控和自动化）投票。该项标准的通过不仅填补了国际相关领域的空白，也标志着我国参与工业互联网领域国际标准化工作取得重要突破。

18. 国务院印发《关于加强数字政府建设的指导意见》

6月6日，国务院印发《关于加强数字政府建设的指导意见》，提出大力推行“互联网+监管”，构建全国一体化在线监管平台，推动监管数据和行政执法信息归集共享和有效利用，强化监管数据治理，提升数字贸易跨境监管能力。

19. 中国广电正式启动5G试商用

6月27日，中国广电正式宣布启动5G网络服务，20个省份作为首批广电 5G“192”开网放号的试商用地区。7 月，增加 9 个省份完成商用。9 月 27 日，西藏、青海两地也启动广电 5G 网络服务，全国除港澳台以外的 31 个省区市全部开通，中国广电 5G 商用体系正式打造完成。至 2023 年 1 月，中国广电的 192 号段用户超过 500 万户，500 余款 5G 手机支持 700MHz 频段。

20. 我国算力规模居全球第二，产业链市场超两万亿元

6 月 30 日，工信部负责人在北京举行的中国算力大会新闻发布会上透露，我国近五年算力年均增速超过 30%，算力规模排名全球第二。截至 2021 年底，全国在用超大型、大型数据中心超过 450 个，智算中心超过 20 个。数据中心、云计算、人工智能、大数据等跟算力紧密相关的算力产业链市场规模超过 2 万亿元。

21. 国家网信办发布《个人信息出境标准合同规定（征求意见稿）》

6 月 30 日，国家互联网信息办公室发布《个人信息出境标准合同规定（征求意见稿）》。个人信息处理者同时符合以下四方面情形，可通过签订标准合同的方式向境外提供个人信息。一是非关键信息基础设施运营者；二是处理个人信息不满 100 万人的；三是自上年 1 月 1 日起累计向境外提供未达到 10 万人个人信息的；四是自上年 1 月 1 日起累计向境外提供未达到 1 万人敏感个人信息的。

22. 国家网信办对滴滴依法作出网络安全审查相关行政处罚

7 月 21 日，国家互联网信息办公室依据《网络安全法》《数据安全法》《个人信息保护法》《行政处罚法》等法律法规，对滴滴全球股份有限公司处人民币 80.26 亿元罚款，对滴滴全球股份有限公司董事长兼 CEO 程维、总裁柳青各处人民币 100 万元罚款。

23. 国务院同意建立数字经济发展部际联席会议制度

7 月 25 日，国务院办公厅发布关于同意建立数字经济发展部际联席会议制度的函。函件显示，国务院同意建立由国家发展改革委牵头的数字经济发展部际联席会议制度。联席会议由国家发展改革委、中央网信办等 20 个部门组成，主要职责包括：推进实施数字经济发展战略，统筹数字经济发展

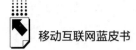

工作，研究和协调数字经济领域重大问题，指导落实数字经济发展重大任务并开展推进情况评估，研究提出相关政策建议。

24. 我国已初步建成三级协同工业互联网安全技术监测服务体系

7月26日，相关负责人在工信部举行的新闻发布会上表示，党的十八大以来，工业和信息化部实施工业互联网创新发展工程，建成五大标识解析国家顶级节点和183个二级节点，实施381个试点示范项目，形成系列典型应用场景和解决方案，初步建成国家、省、企业三级协同的工业互联网安全技术监测服务体系。

25. 北京发布国内首个数字人产业专项支持政策

8月13日，北京市经济和信息化局发布《北京市促进数字人产业创新发展行动计划（2022—2025年）》，这是国内首个数字人产业专项支持政策。根据行动计划，到2025年，北京市数字人产业规模将突破500亿元，初步形成具有互联网3.0特征的技术体系、商业模式和治理机制，成为全国数字人产业创新高地。

26. 国家西部算力产业联盟成立

8月25日，国家西部算力产业联盟在宁夏银川成立。该联盟成立后，将形成宁夏与京津冀地区、长三角地区、粤港澳大湾区及成渝地区四大核心区域，打通“数”动脉和“算”循环，共同构建国家算力聚合、智能共享、立体融合格局和产业链。

27. 移动网络“物”连接数规模首超“人”连接

工信部数据显示，截至2022年8月末，三家基础电信企业发展蜂窝物联网终端用户16.98亿户，较上年末净增3亿户，移动网连接终端中代表“物”连接的蜂窝物联网终端用户数，首次超出代表“人”连接的移动电话用户数，占比已达50.3%。

28. 西北工业大学遭境外网络攻击

2022年9月5日，国家计算机病毒应急处理中心发布了关于西北工业大学遭受境外网络攻击的调查报告。报告指出，来自境外的黑客组织和不法分子向该校师生发送包含木马程序的钓鱼邮件，企图窃取相关师生邮件数据和公民个人信息。

29. 全球首款“北斗量子手机”发布

9 月 18 日，在 2022 中国—东盟卫星应用产业合作论坛上，全球首款“北斗量子手机”发布。这款手机通过北斗技术和量子技术融合，采用国际首创北斗量子通导加密一体化技术，支持全天候、全天时信息传输，具备“不换卡、不换号、不限运营商”4G/5G/北斗短报文自适应量子加密通信的能力。

30. 北斗卫星日定位量首次突破1000亿

9 月 30 日，百度地图发布了北斗卫星导航系统应用的最新进展，数据表明北斗卫星的日定位量首次突破 1000 亿次。北斗是我国自主研制建设的全球卫星导航系统，是空间信息网络的重要组成，主要用于定位、导航与授时。

31.《互联网弹窗信息推送服务管理规定》施行

9 月 30 日，由国家互联网信息办公室、工业和信息化部、国家市场监督管理总局联合发布的《互联网弹窗信息推送服务管理规定》正式实行。规定要求，互联网弹窗信息推送服务提供者应当落实信息内容管理主体责任，建立健全信息内容审核、生态治理、数据安全和个人信息保护、未成年人保护等管理制度。

32. 国际首个5G终端空口性能标准正式发布

2022 年 9 月，中国信息通信研究院主导的《NR 用户设备多输入多输出（MIMO）空口（OTA）性能要求》国际标准项目在 3GPP RAN#97 次全会上获批结项。在此基础上，国际标准 TS38. 151 正式发布，标志着 5G 终端空口性能要求标准正式落地。

33. 4项两化融合国家标准正式发布实施

10 月 14 日，国家市场监督管理总局（国家标准化管理委员会）发布2022 年第 13 号中国国家标准公告，批准《信息化和工业化融合　数字化转型　价值效益参考模型》（GB/T 23011-2022）等 4 项国家标准正式发布。这是立足新发展阶段、深入推进两化深度融合、加速数字化转型的最新成

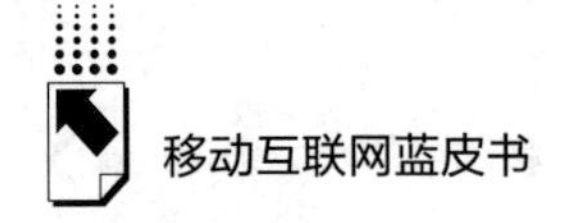

果，对加快新型工业化发展具有重要意义。

34. 党的二十大报告：加快建设网络强国

中国共产党第二十次全国代表大会于2022年10月16日至22日在北京召开。党的二十大报告提出，加快建设网络强国、数字中国。推动战略性新兴产业融合集群发展，构建新一代信息技术、人工智能等一批新的增长引擎。健全网络综合治理体系，推动形成良好网络生态。

35. 五部门联合发文：2026年虚拟现实产业总规模超3500亿元

11月2日，由工业和信息化部、教育部等五部门联合编制的《虚拟现实与行业应用融合发展行动计划（2022—2026年）》发布，提出到2026年，我国虚拟现实产业总体规模（含相关硬件、软件、应用等）超过3500亿元，虚拟现实终端销量超过2500万台，培育100家具有较强创新能力和行业影响力的骨干企业。

36. 我国牵头制定全球首个工业互联网系统功能架构国际标准

11月4日，国际电工委员会（IEC）正式发布由我国牵头组织制定的《面向工业自动化应用的工业互联网系统功能架构》，该标准成为全球首个工业互联网系统功能架构国际标准。该标准是工业互联网领域的核心基础类标准，首次规范了工业互联网系统的端边云架构，有效填补了国际标准空白。

37. 国家网信办等联合发布《互联网信息服务深度合成管理规定》

11月3日，国家互联网信息办公室、工业和信息化部、公安部联合发布《互联网信息服务深度合成管理规定》，自2023年1月10日起施行。规定强调，提供智能对话、合成人声、人脸生成、沉浸式拟真场景等生成或者显著改变信息内容功能的服务，应当进行显著标识，避免公众混淆或者误认。

38. 2022年世界互联网大会乌镇峰会在浙江乌镇举办

11月9日，2022年世界互联网大会乌镇峰会在浙江省桐乡市乌镇开幕，主题为“共建网络世界　共创数字未来——携手构建网络空间命运共同体”。国家主席习近平致贺信强调，中国愿同世界各国一道，携手走出一条数字资源共建共享、数字经济活力迸发、数字治理精准高效、数字文化繁荣发展、数字安全保障有力、数字合作互利共赢的全球数字发展道路，加快构建网络空间命运共同体，为世界和平发展和人类文明进步贡献智慧和力量。

39. 工信部给中国商飞公司发放第一张企业5G专网的频率许可

11月，工业和信息化部给中国商飞公司发放了第一张企业5G专网的频率许可，这是5925~6125MHz和24.750~25.15GHz的工业无线专用频段，具有高速率、低时延等技术优势。此举是中国扩大“5G+工业互联网”应用的一部分，这一前沿领域被世界各国普遍视为提高制造业实力的关键。

40. 我国工业互联网标识解析体系国家顶级节点全面建成

11月20日，在2022中国5G+工业互联网大会开幕式上，工业互联网标识解析体系——国家顶级节点全面建成发布仪式举行，标志着工业互联网标识解析体系——“5+2”国家顶级节点全面建成。

41. “通信行程卡”下线删除海量个人信息

12月12日，通信行程卡微信公众号发布公告称，12月13日0时起，正式下线“通信行程卡”服务。三大运营商先后表示，“通信行程卡”服务下线后，同步删除用户行程相关数据，依法保障个人信息安全。

42. 两部门印发通告进一步规范移动智能终端应用软件预置行为

12月14日，工信部、国家网信办联合印发《关于进一步规范移动智能终端应用软件预置行为的通告》。通告指出，移动智能终端应用软件预置行为应遵循依法合规、用户至上、安全便捷、最小必要的原则，依据谁预置、谁负责的要求，落实企业主体责任，尊重并依法维护用户知情权、选择权，保障用户合法权益。

43. 国家互联网信息办公室修订《互联网跟帖评论服务管理规定》发布施行

国家互联网信息办公室发布新修订的《互联网跟帖评论服务管理规定》自2022年12月15日起施行。新规定强调，公众账号生产运营者可按照用户服务协议向跟帖评论服务提供者申请跟帖评论区管理权限。跟帖评论服务提供者应当对公众账号生产运营者的跟帖评论管理情况进行信用评估后，合理设置管理权限，提供相关技术支持。

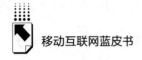

44. “数据二十条”公布：我国数据基础制度体系初步搭建

12 月 19 日，《中共中央、国务院关于构建数据基础制度更好发挥数据要素作用的意见》对外公布。意见从数据产权、流通交易、收益分配、安全治理四个方面初步搭建我国数据基础制度体系，并提出了 20 条政策举措。

45. 知网因滥用市场支配地位行为被处罚

12 月 26 日，国家市场监管总局公布了对知网在中国境内中文学术文献网络数据库服务市场滥用市场支配地位行为的立案调查结果，依法对知网作出行政处罚决定，责令知网停止违法行为，并处以 8760 万元罚款。

46. 我国5G 套餐用户总数达到近11亿户

中国三大运营商公布的 2022 年全年的运营数据显示，截至 2022 年 12 月，中国移动 5G 套餐客户累计达 6. 14 亿户，中国电信 2. 67 亿户，中国联通 2. 12 亿户，5G 套餐用户总数约为 10. 93 亿户。

47. 我国5G 基站231. 2万个，占全球比重超过60%

工信部发布的 2022 年通信业统计公报显示，2022 年我国 5G 基站新增 88. 7 万个。截至 2022 年底，我国 5G 基站已达到 231. 2 万个，总量占全球比重超过 60%。移动电话用户规模为 16. 83 亿户，5G 移动电话用户达 5. 61 亿户。三家基础电信企业发展蜂窝物联网用户 18. 45 亿户，2022 年全年净增 4. 47 亿户。移动互联网接入流量达 2618 亿 GB，比上年增长 18. 1%。

48. 我国网民规模达10. 67亿

中国互联网络信息中心（CNNIC）发布《第 51 次〈中国互联网络发展状况统计报告〉》显示，截至 2022 年 12 月，我国网民规模达 10. 67 亿，较 2021 年 12 月增加 3549 万，互联网普及率达 75. 6%。

Abstract

In 2022, China's mobile internet connected more cellular terminals than mobile phone users for the first time, marking a new stage of large scale mobile technology application and fostering new economic growth drivers. Mobile applications are improving people's livelihoods. Cybersecurity and related legal support have been enhanced, while mainstream thoughts and public opinion have been cemented and have grown stronger on the public opinion field of the mobile internet. Looking forward, the mobile internet will continue to empower China's modernization drive. The landscape in which the number of mobile internet connections surpasses that of mobile phone users will usher in a new era of intelligent interconnectivity, where 5G technology will power further integration between digital and real economies, infrastructure building will expand data application, cybersecurity will be further strengthened, and application of Web 3.0 and satellite communications will be effectively expanded. Mobile platform enterprises will enter a new period of strategic development.

In 2022, in the field of mobile internet, planning for related laws, regulations and policies was accelerated, the crackdown on cyber crimes and governance of cyberspace content was enhanced, and supervision over new internet business forms was strengthened. China's rural network infrastructure has significantly improved, and the mobile internet has fostered "new agricultural tools" in rural industries, bridging the "last mile" of rural governance. The digitalization of culture has embraced some inevitable trends, including superior quality and large quantity, importance being attached to both inside and outside the industry, mutual reinforcement and inter-connectivity, and common governance and sharing. Against the backdrop of resistance to globalization and increasingly fierce digital competition, the more prominent role of the government has become apparent in global internet governance. How to seek new momentum for recovery amid geopolitical conflicts and technological innovation has become a common challenge facing humanity in the post-pandemic era.

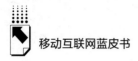

In 2022, the integration of 5G and other industries led to the industrial chain being extended to the integrated industrial ecology, presenting a development trend featuring "alternating promotion and phased progress". China leads the world in internet building scale, consolidates the network infrastructure, and speeds up the advancement of mobile Internet of Things (IoT). Mobile smart phones have seen sluggish development; the core technology innovation of terminal components has brought about products; and the mobile internet has optimized the core technologies in both hardware and software. China's industrial internet has entered a critical period of development, with a better policy system, stronger infrastructure support, an increasingly large platform system, more comprehensive security guarantees, and higher efficiency in achieving integrated empowerment.

In 2022, the scale of China's mobile application industry continued to expand. The blockchain industrial chain structure with a focus on blockchain application was basically completed. Internet plus healthcare has become one of the new trends for the high-quality development of public hospitals. Further breakthroughs have been made in the technology, policies and regulations of intelligent connected vehicles, which have been put in place in typical urban and intercity transportation scenarios. Virtual reality technologies (including VR, AR, MR, etc.) have accelerated in popularity, emerging with a host of new products and typical application cases. Cross-border e-commerce continued to develop rapidly; the digital transformation of education has accelerated; and sectors such as smart sports have attempted to explore more application scenarios.

In 2022, the role of mobile data in social governance became increasingly prominent. Local governments continue to empower primary-level governance through technology application and working model innovations. In the future, they will still need to further carry out technology innovation and model innovation centered on coordination issues to fuel the digital transformation. China faces some problems in digital skill development, such as insufficient supply. It is still necessary to improve top-level design and relevant policies. China's chip industry has initially established an ecosystem, but still faces difficulties and challenges such as technical barriers. With the rapid development of domestic satellite internet, related applications are expected to become further popularized in the future.

Keywords: 5G; Mobile Internet Connections More Than Mobile Phone Users; Cybersecurity; Web 3. 0; Chinese Modernization

Contents

Ⅰ General Report

Abstract: In 2022, China's mobile internet connected more cellular terminals than mobile phone users for the first time, marking a new stage of large scale mobile technology application and fostering new economic growth drivers. Mobile applications are improving people's livelihoods. Cybersecurity and related legal support have been enhanced, while mainstream thoughts and public opinion have been cemented and have grown stronger on the public opinion field of the mobile internet. Looking forward, the mobile internet will continue to empower China's modernization drive. The landscape in which the number of mobile internet connections surpasses that of mobile phone users will usher in a new era of intelligent interconnectivity, where 5G technology will power further integration between digital and real economies, infrastructure building will expand data application, cybersecurity will be further strengthened, and application of Web 3.0 and satellite communications will be effectively expanded. Mobile platform enterprises will enter a new period of strategic development.

Keywords: 5G; Mobile Internet Connections More Than Mobile Phone Users; Cybersecurity; Web 3.0; Chinese Modernization

Ⅱ Overall Reports

Abstract: With the developments of regulations and policies in the field of mobile internet, significant achievements can be seen in various areas such as network crime, digital government, network content governance, industry digitization, new business models for networks, data protection and rights of particular groups. In the future, what the field of mobile internet need to be improved is about legal connection, network security law and governance effects.

Keywords: Mobile Internet; Regulations and Policies; Digital Governance

Abstract: In 2022, China's rural network infrastructure has been significantly improved. Mobile Internet has promoted the formation of "new agricultural tools" in rural industries, opened up the "last mile" of rural governance, and promoted inclusive and convenient rural public services. In the face of various problems that may arise, it is necessary to accelerate the completion of rural digital infrastructure weaknesses, vigorously expand mobile Internet application scenarios, make efforts to improve the digital literacy and skills of rural residents, and build a firm line of defense for rural network security, to help the modernization of agriculture and rural areas to take a new step.

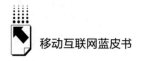

Keywords: Mobile Internet; Agricultural and Rural Modernization; Digital Village

Abstract: Both The Opinions on Promoting the Implementation of National Cultural Digitization Strategy released in 2022 and the report to the 20th National Congress of the Communist Party of China emphasize the importance of building a country with a strong socialist culture and network power. With the deepening of China's grand plan of cultural digitisation, new cultural industries are springing up and new industrial structures have been formed with the support of Internet technology. China's cultural digital infrastructure is being gradually improved, and the digital consumer market has huge potential, which is conducive to the coordinated development of the cultural industry and other sectors of the national economy. In particular, the focus on building a high-quality, both physical and spiritual, mutually-promoting and interconnected, shared governance pattern will also become a feature and trend in the innovative development of mobile internet and cultural digitisation in China.

Keywords: Mobile Internet; Cultural Digitization; National Cultural Digitization Strategy

Abstract: New technologies and applications bring new risks to mobile Internet security, including the "fundamental" pressure as an important support for

technological innovation, application empowerment and internationalization. At the same time, China's mobile Internet industry development is also facing many challenges. We need to strengthen the supporting capacity of digital infrastructure, continue to advance the development of technologies and standards, accelerate the application of the mobile internet industry, raise the level of industry supervision, improve the mechanism for protecting workers' rights and interests, and enhance our international competitiveness.

Keywords: Mobile Internet Industry; 5G; Digital Economy; Digital China

B.8 Analysis on Development and Application of China Wireless Mobile Communication in 2022

Pan Feng, Liu Jiawei and Li Zejie / 108

Abstract: In 2022, China will launch a horizontal and vertical 5G policy linkage mode. Leading the world in the scale of network construction, consolidating the foundation of infrastructure. The rapid development of the mobile Internet of Things, "things" connection quickly surpassed "people" connection. 5G technology, industry and ecology are gradually maturing, and new products such as 5G chips, modules and terminals are constantly emerging, increasing the supply capacity to the industry. 5G applications' convergence has achieved "simultaneous flight of quantity and quality". As 5G enters the critical period of application scale development, the effect of 5G on economic and social development will be amplified, superimposed and multiplied gradually.

Keywords: 5G; 5G Application Scale; Wireless Economy

B.9 Analysis on Development of China Mobile Internet Core Technology in 2022

Wang Qiong, Wang Hanhua and Huang Wei / 119

Abstract: In 2022, mobile smartphones will enter the cold winter period, the core technology innovation of terminal components will enter the product period, Cross-terminal operating system market progress is accelerated, artificial intelligence will become one of the main technologies to promote the development of mobile Internet. China Mobile's smartphone market reshuffles all companies evenly matched. Cellular IoT chips are developing rapidly, operating system technology and ecology are accelerating the establishment.

Keywords: Chip; Mobile Operating System; Mobile Smartphone

B.10 Development Trend of Mobile Communication Terminal in 2022

Li Dongyu, Zhao Xiaoxin, Kang Jie and Li Juan / 132

Abstract: The annual shipments of the global and domestic mobile phone markets in 2022 are the worst in nearly a decade. Domestic brands still occupy a great advantage in the domestic market. The folding screen mobile phone increases against the trend in 2022, and the shipment of wearable devices decreases for the first time, but the mobile animal network terminal in our country has achieved great transcendence, and the market scale is growing. In the future, smartphones will focus on improving product performance, and 1 -inch IMX989 super-sole sensor and 10bit HDR video will be applied to more models. The integration of fast charging technology will become the optimal solution to solve the domestic quick filling point.

Keywords: Smartphone; Folding Screen Mobile Phone; Universal Fast Charging; Wearable Device

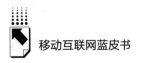

B.11 Analysis of Development Status of 5G Integration Industry

Du Jiadong, *Xin Wei* / 148

Abstract: In 2022, the integration of 5G and industry has promoted the traditional consumer-oriented 5G industrial chain to extend to the 5G integrated industrial ecology of all industries. The 5G integration industry has two major characteristics of industry customization and integration, presenting the development trend of "alternating promotion and stage development", and initially forming an industrial system in the three sub-industries of integration terminal, customized network and application, and forming a certain industrial scale. The 5G integration industry needs to play the dual role of policy guidance and market traction, and build an industrial supply system with rich product systems and high cost performance.

Keywords: 5G Application; 5G Integration Industry; Integration Technology and Industry

B.12 Analysis of Development Status and Thends on China's Industrial Internet in 2022

Yin Limei, *Wang Mengzi* / 158

Abstract: In 2022, China's industrial internet has entered a critical period of development. The policy system of industrial internet has been constantly improved, the foundation of industrial internet has become more solid, the platform system has continued to expended, the security guarantee has been improved, and the integration and empowerment have been accelerated. The innovative development of "5G+industrial internet" entered the fast track. The industrial internet enabled the digital transformation of small and medium-sized enterprises to develop further. The integration ecology continued to grow. However, at the same time, it also faces problems and challenges such as the interest barrier of open cooperation of industrial internet platform to be broken.

Keywords: Industrial Internet; 5G + Industrial Internet; Industrial Data; Integration and Empowerment

B.13 Development Status and Industry Analysis of Mobile IoT of China in 2022 *Zhang Shengtai, Qiu Luyi and Hou Qin* / 170

Abstract: In 2022, China's mobile IoT industry has entered a new phase. As an important part of the new infrastructure, mobile IoT has integrated with many traditional industries, injecting new momentum and giving full play to its great role of empowering industrial upgrading, enriching social life and enhancing governance. In the future, with the boom of mobile IoT construction, issues such as computing power demand, network security, and consumer innovation and upgrad require continuous breakthrough in the development process to ensure the healthy and rapid growth of the industry.

Keywords: Mobile IoT; Industry Digitization; Smart Living; Intelligent Governance

Ⅳ Market Reports

B.14 Ecological Analysis and Future Direction of Mobile Application Industry in China in 2022

Zhang Yi, Li Manting / 185

Abstract: In 2022, the scale of China's mobile application industry will continue to expand, and the number of mobile applications will gradually increase. At present, China's mobile applications are mainly divided into five categories: pan-entertainment, shopping, social networking, life services and commercial office. China's mobile application industry presents two major features: application adapting to the needs of the elderly and various category applications manufacturers

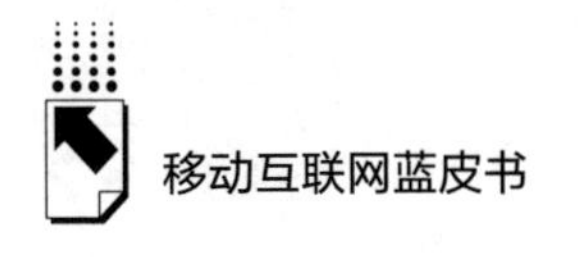

exploring overseas markets. In the future, new mobile application track will continue to expand and the overseas market will remain the main battleground of competition. Mobile applications will develop towards aging and standardization.

Keywords: Mobile Application; Industry Ecology; Elderly-Friendly

B.15 Analysis of Development Status and Trend of Internet Hospitals in China in 2022

Yang Xuelai, *Yin Lin* / 202

Abstract: Internet + medical treatment is one of the new trends in the high-quality development of public hospitals. It is not only an indispensable part of the complete medical system, but also the rigid demand of people for medical treatment. Over the past few years, internet hospitals in China have grown from single digits to thousands of digits. Internet hospitals provide safe, effective, convenient and accessible medical care for patients across the country, enhance people's sense of gain, and promote the development of public hospitals.

Keywords: Internet Hospital; Internet + Medical; Telemedicine; Public Hospital; High-Quality Development

B.16 Development Status and Future Prospects of Intelligent and Connected Vehicle in China

Li Bin, *Gong Weijie*, *Li Honghai and Zhang Zezhong* / 217

Abstract: In 2022, China made further breakthroughs in the technology of intelligent connected vehicle, together with national and local policies and regulations. The Ministry of Transport and the Ministry of Industry and Information Technology promoted the realization and application process of intelligent connected vehicle in typical urban and intercity transport application

scenarios through pilot demonstrations. The development of intelligent connected vehicles which has a broader and more abundant development space and power is bound to lead the digital, connected, and intelligent development of transportation system, overturn the entire transportation, carrier, and related industries, optimize the industrial pattern of national economy and society, and promote the development of social modernization.

Keywords: Intelligent and Connected Vehicle; Driving Environment Detection; Automated Driving Vehicles; Transportation Power of China

Abstract: In 2022, virtual reality technology (including VR/AR/MR) will continue to accelerate its popularity worldwide. The industry has launched a series of new products and typical cases of consumer applications and industrial applications. Policy support is conducive to the long-term layout of the virtual reality industry. Although the gap between industrial realization and user expectations has had an impact on the development of the metauniverse, the overall trend of the continuous upgrading of virtual reality technology and products and the continuous enrichment of the metauniverse ecosystem has not changed significantly, and a larger virtual reality symbiosis scenario has initially emerged.

Keywords: Virtual Reality; Meta Universe; Virtual and Real Symbiosis

Abstract: In 2022, the cross-border e-commerce sector in China is expected to experience a sustained period of growth, with a persistently dynamic market and continued optimizations in the logistics, payment, and related service systems. This sector is poised to exhibit hallmark traits of branding, diversification, and standardization. Government support policies at the domestic level are centered on alleviating obstacles and addressing challenges, while international policies prioritize environmental sustainability, protection of personal information, and maintaining market order. In the future, China's cross-border e-commerce industry is expected to embrace new avenues of development in emerging markets, specialization, and the integration of digital and physical commerce.

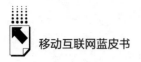

Keywords: Cross-Border E-Commerce; Brand Globally; Compliance Construction

B.19 Development and Trend of Digitization of K-12 Education in China

Hu Tingyu, Zhang Chunhua and Li Guoyun / 259

Abstract: The digitization of K-12 education is accelerated in 2022. The digitization of education is a systematic process of educational innovation, including the formation of consensus on the digital strategy and vision, the acceleration of the construction of digital infrastructure, the improvement and enrichment of digital educational resources, and the digitalization of teaching and learning becoming the new normal. Facing the challenges, the future digitalization of K-12 education should improve the unify construction standards, reduce the digital divide, increase the support for students' personalized development to promote the reform and innovation of teaching models, and build a new ecosystem of digital development to promote the formation of innovation alliances.

Keywords: K-12 Education; Digitization; Digital Literacy

Abstract: In 2022, following the boom in preparation for the Beijing Winter Olympics, China's smart sports have developed rapidly in competitive sports, sports and fitness for all, school sports, and sports industry. Under the guidance of relevant policies and guidance of smart sports, various fields of sports have been able to better and faster develop smart sports application scenarios, and achieved positive construction results. At the same time, smart sports face many challenges due to problems such as weak foundation and many development patterns in the early stage.

Keywords: Smart Stadium; Smart Sports Event; Smart Sports Campus; Smart Sports Training

V Special Reports

Abstract: In recent years, the blockchain industry has entered the mature stage, and the key feature of its application is the pursuit of scale and sustainable development. The industrial chain structure focusing on blockchain application has been relatively completed, and after experiencing "natural selection", has incubating a number of mature and competitive blockchain enterprises. However, there are still various challenges in areas such as application ecology and application standards. It is suggested to comprehensively promote future development from the aspects of policies, enterprises, application technologies and application services.

Keywords: Blockchain; Distributed Ledger; Application Ecology; Industrial Chain

Abstract: In 2022, as the epidemic enters the stage of normalized prevention and control, the role of mobile data in social governance has become more prominent. At the same time, outstanding problems such as information island, platform monopoly, data security, talent gap, and digital divide also need to be solved urgently. Facing the post-epidemic era, it is necessary not only to clarify the different roles and functions of data in the social governance system, but also to establish normative standards for data at multiple levels including system, technology, industry and law, and jointly build a new digital society governance system for co-construction, co-governance and sharing.

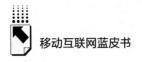

Keywords: Mobile Internet; Data RResources; Data Governance; Digital Society

Abstract: The popularization and application of mobile internet technology led by 5G has brought important opportunities to the construction of digital government in China. Lots of local governments have empowered grassroots governance through the application of multiple technologies and the innovation of business models, with its governance capacity and refinement level improving significantly. However, digital government still faces prominent problems in system connectivity, data sharing, business collaboration and other aspects. On the basis of summarizing the development of digital transformation in grassroot governance during 2022, this chapter focuse on the innovative practice of Zhejiang Province, which has used digital technology to improve governance efficiency in 5G era. Through case analysis, we put forward strategic suggestions which are under the framework of three collaborative paths to further carry out digital transformation technology innovation and model innovation around the issue of synergy promote In the future.

Keywords: 5G Technology; Digital Government; Grassroot Governance; Digital Transformation; Collaborative Governance

Abstract: Digital skills are characterized by hierarchy, interactivity, development, universality and innovation. The United Kingdom, the European Union, Australia and other countries have developed a digital skills framework to guide the evaluation, training and policy support of digital skills. There are some problems in China's digital skills development, such as the supply cannot meet the market demand. It is suggested to improve the top-level design and relevant policies supporting the development of digital skills, formulate the framework and standards of digital skills, carry out large-scale digital skills training, establish a digital skills evaluation system, and promote partnerships in the field of digital skills development.

Keywords: Digital Skills; Framework; Skill Training

Abstract: The current global chip industry market continues to grow. China's chip production is rapidly increasing, and the scale of import and export is gradually increasing. At present, an ecological system has been initially established, and leading companies have emerged in the core links of the chip industry chain. However, at the same time, China's chip industry is facing difficulties and challenges such as technological barriers like chip process and design tools to be overcome, talent reserves to be strengthened, and a low self-sufficiency rate of core materials. It is recommended to strengthen the construction of the chip ecosystem through policy support, construction of a "dual cycle" pattern, and improvement of industrial ecology in the future.

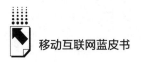

Keywords: Chip; Market Size; Industry Chain

Abstract: At present, satellite communication has entered the main channel of mobile communication development. China will incorporate the satellite internet into the new infrastructure in 2020. Due to the strong demand for satellite applications such as aviation and ocean, the domestic satellite internet has developed rapidly. In the future, the low orbit constellation may become the development direction, the satellite direct connection mobile phone will become the mainstream trend, and the phased array antenna will promote the further popularization of satellite Internet applications.

Keywords: High-Throughput Satellite; Phased Array Antenna; Non-Terrestrial Network; Low Earth Orbit Constellation; Satellite Direct Connection Mobile phone

中国社会发展数据库（下设 12 个专题子库）

紧扣人口、政治、外交、法律、教育、医疗卫生、资源环境等 12 个社会发展领域的前沿和热点，全面整合专业著作、智库报告、学术资讯、调研数据等类型资源，帮助用户追踪中国社会发展动态、研究社会发展战略与政策、了解社会热点问题、分析社会发展趋势。

中国经济发展数据库（下设 12 专题子库）

内容涵盖宏观经济、产业经济、工业经济、农业经济、财政金融、房地产经济、城市经济、商业贸易等12个重点经济领域，为把握经济运行态势、洞察经济发展规律、研判经济发展趋势、进行经济调控决策提供参考和依据。

中国行业发展数据库（下设 17 个专题子库）

以中国国民经济行业分类为依据，覆盖金融业、旅游业、交通运输业、能源矿产业、制造业等 100 多个行业，跟踪分析国民经济相关行业市场运行状况和政策导向，汇集行业发展前沿资讯，为投资、从业及各种经济决策提供理论支撑和实践指导。

中国区域发展数据库（下设 4 个专题子库）

对中国特定区域内的经济、社会、文化等领域现状与发展情况进行深度分析和预测，涉及省级行政区、城市群、城市、农村等不同维度，研究层级至县及县以下行政区，为学者研究地方经济社会宏观态势、经验模式、发展案例提供支撑，为地方政府决策提供参考。

中国文化传媒数据库（下设 18 个专题子库）

内容覆盖文化产业、新闻传播、电影娱乐、文学艺术、群众文化、图书情报等 18 个重点研究领域，聚焦文化传媒领域发展前沿、热点话题、行业实践，服务用户的教学科研、文化投资、企业规划等需要。

世界经济与国际关系数据库（下设 6 个专题子库）

整合世界经济、国际政治、世界文化与科技、全球性问题、国际组织与国际法、区域研究 6 大领域研究成果，对世界经济形势、国际形势进行连续性深度分析，对年度热点问题进行专题解读，为研判全球发展趋势提供事实和数据支持。

法律声明